Hanswerner Dellweg

Biotechnologie verständlich

Mit 121 Abbildungen

D1725778

Ernst Klett Schulbuchverlag
Stuttgart Düsseldorf Berlin Leipzig

Professor Dr. Hanswerner Dellweg
Heiligendammer Str. 15
14199 Berlin

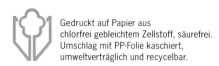
Gedruckt auf Papier aus
chlorfrei gebleichtem Zellstoff, säurefrei.
Umschlag mit PP-Folie kaschiert,
umweltverträglich und recycelbar.

Sonderauflage für Ernst Klett Schulbuchverlag

ISBN 3-12-984350-7 Ernst Klett Schulbuchverlag
Stuttgart Düsseldorf Berlin Leipzig

1. Auflage   1 5 4 3 2 1 | 1998 97 96 95 94

Alle Drucke dieser Auflage können im Unterricht nebeneinander benutzt werden, sie sind untereinander unverändert. Die letzte Zahl bezeichnet das Jahr dieses Druckes.

© Springer-Verlag Berlin Heidelberg 1994
Printed in Germany

Einbandentwurf: Manfred Muraro, Ludwigsburg (unter Verwendung der Aufnahme eines Labor-Bioreaktors. Foto: Roland Steiner)
Herstellung: Hans Schönefeldt, Berlin
Satz: Fotosatz-Service Köhler OHG, Würzburg
Druck: Saladruck Berlin

Vorwort

Der ursprüngliche Auftrag lautete, ein leicht verständliches Lexikon zu schreiben, das dem fachfremden Leser helfen sollte, häufig verwendete Begriffe aus den verschiedenen Bereichen der Biotechnologie zu verstehen. Bald stellte sich aber heraus, daß eine bloße Sammlung von drei- bis vierhundert Fachbegriffen wenig sinnvoll ist, denn ein gutes Biotechnologie-Lexikon enthält etwa zehnmal so viele Begriffe. Ein Fachlexikon wird danach bewertet, welche Spezialausdrücke darin zu finden sind, und es wird verurteilt aufgrund der Eintragungen, die man vergeblich darin sucht.

Einen Ausweg glaubten wir in einem Kompromiß zu finden, einem *„Lesebuch mit Lexikon"*. Die Texte sollen den Leser in einer leicht verständlichen und erzählenden Art in die verschiedenen Bereiche der modernen Biotechnologie hineinführen und zum Weiterlesen anregen. Die Darstellungen sollen sachlich richtig sein, ohne aber allzu tief in die Materie einzudringen. Meine Fachkollegen aus Industrie und Hochschule sollten das Buch alsbald wieder aus der Hand legen – und mir verzeihen; es ist nicht für sie geschrieben. Die verwendeten Fachbegriffe sind an den wichtigsten Stellen dieser Texte im Druck hervorgehoben, so daß ihre Definitionen im Bedarfsfall im lexikalischen Teil des Buches nachgelesen werden können. Um aber auch die umgekehrte Richtung zu ermöglichen, wird der Leser bei den meisten Eintragungen des Lexikons Verweise auf die Textpassagen finden, in denen dieser Begriff im größeren Zusammenhang eine Rolle spielt.

Die Schwerpunktgebiete der modernen Biotechnologie werden im Textteil in zwölf einzelnen Kapiteln behandelt. Mikroorganismen spielen aufgrund ihrer besonderen Eigenschaften (Kap. 1) bei der Herstellung und Verarbeitung von Lebensmitteln (Kap. 2) und zur Gewinnung von zahlreichen anderen Fermentationsprodukten (Kap. 3), wie Aminosäuren und Steroiden (Kap. 4) und von Antibiotika für die medizinische Vorsorge für Mensch und Tier (Kap. 5) eine wichtige Rolle. Mikrobielle Enzyme werden inzwischen bei verschiedenen Prozessen im technischen Maßstab eingesetzt (Kap. 6). Die Durchführung solcher Prozesse im großen erfordert besondere Verfahrenstechniken (Kap. 7), vor allem auch im Bereich der biologischen Abwasserreinigung (Kap. 8). Die hierzu erforderlichen biochemischen Umsetzungen sind im Erbmuster der Mikroorganismen programmiert, und die Erforschung der genetischen Grundlagen macht es heute möglich, die Leistungsfähigkeiten von Mikroorganismen auf gentechnischen Wegen gezielt in gewünschter Weise zu verändern (Kap. 9).

So kann man heute schon biologisch hoch aktive Eiweißstoffe, die im menschlichen Organismus nur in Spuren vorkommen, mit Hilfe von genetisch veränderten Bakterien erzeugen und für therapeutische Zwecke bereitstellen (Kap. 10). Biotechnische Prozesse sind aber nicht nur mit Mikroorganismen, sondern inzwischen auch mit Zellkulturen von Pflanzen oder höheren Tieren möglich (Kap. 11). Wie diese Entwicklung weitergehen mag, wird im abschließenden Kapitel 12 kurz dargestellt. Ich möchte hoffen, daß diese etwas ungewöhnliche Verbindung von Text und Lexikon dem interessierten Leser einen Einblick in und einen Überblick über das Fachgebiet Biotechnologie auf verständliche Weise leicht macht.

Berlin, im April 1994   H. Dellweg

Inhaltsverzeichnis

Einleitung:
Biotechnologie – Technik zum Leben

Das Präfix „Bio" ist heutzutage ein beliebtes Etikett, das dem Namen aller möglichen Produkte oder Verfahren vorangestellt wird. Es soll wohl beim Verbraucher den Eindruck erwecken, daß es sich um besonders gesunde, wenig schädliche Erzeugnisse handelt, die unter möglichst umweltfreundlichen Bedingungen hergestellt wurden. Da gibt es „Biogemüse" aus dem „Bioanbau" in „Bioverpackungen", „Biowaschmittel", „Bioanstrichfarben" und „Biozahncreme", bis hin zu „Biobier" und „Biojoghurt" – wobei eine Herstellung von Bier oder Joghurt auf nichtbiologischem Wege schlechterdings undenkbar ist. „BIOTECHNOLOGIE"[1] also eine besonders umweltfreundliche Technologie? Keineswegs; auch bei biotechnischen Prozessen entsteht eine Menge Abfall: In einer mittleren Hefefabrik z.B., in der monatlich 3000 t FRISCHBACKHEFE hergestellt werden, fallen täglich 1200 m^3 ABWASSER an. Das entspricht etwa der Abwassermenge einer Kleinstadt von 6000 Einwohnern. Bezogen auf die Menge an gelösten Stoffen im Hefeabwasser (die sog. *Schmutzfracht*) liegt die vergleichbare Einwohnerzahl sogar noch ganz erheblich höher. Dieser Vergleich ist äußerst eindrucksvoll und man gibt daher den Verschmutzungsgrad von Industrieabwässern gern in EINWOHNERGLEICHWERTEN an (s. Kap. 8).

Der Begriff BIOTECHNOLOGIE wurde schon Ende der Fünfziger Jahre unseres Jahrhunderts geprägt, also lange vor der „Biowelle". Man verstand darunter zunächst nur die großtechnische Herstellung oder Umwandlung, wie auch den Abbau von Substanzen auf biologischen Wegen. Dies erfolgt unter Einsatz von MIKROORGANISMEN, wie Bakterien, Hefen, anderen Pilzen, Algen usw. Später lernte man dann, biotechnische Prozesse auch mit Einzelzellen aus höheren Organismen, also mit Pflanzen- oder Tierzellkulturen (s. ZELLKULTUREN) durchzuführen.

So kann man beispielsweise bestimmte Bakterien unter geeigneten Bedingungen in einem flüssigen NÄHRMEDIUM dazu bringen, daß sie sich nicht nur vermehren, sondern außerdem auch noch ein Produkt in das Medium ausscheiden, z.B. ein ENZYM (s. Abb. 0.1). Um dieses Enzym in großer Menge (z.B. als Zusatz zu biologisch aktiven Waschmitteln) herzustellen, muß der Prozeß in entsprechend großen Behältern ausgeführt werden. Diese werden als BIOREAKTOREN oder auch häufiger als FERMENTER bezeichnet und haben oft ein Fassungsvermögen von mehreren hundert Kubikmetern. Dann müssen zumeist die Bakterien abgetrennt und anschließend muß das Enzym, das meistens nur in geringer Konzentration in der Fermenterbrühe vorliegt, isoliert und je nach dem beabsichtigten Verwendungszweck weiter gereinigt werden. Es ist einleuchtend, daß im Waschmittelsektor (schon aus Kostengründen) nur rohe Enzympräparate Verwendung finden, während für medizinisch-therapeutische und -diagnostische Zwecke nur hochgereinigte Enzyme in Frage kommen.

Sowohl bei der Fermentation, als auch bei der Produktaufarbeitung ergeben sich zahlreiche verfahrenstechnische und regelungstechnische Probleme. Hier zeigt sich bereits das Wesen der Biotechnologie als ein interdisziplinäres Arbeitsgebiet, in dem mehrere Wissenschaftszweige zusammentreffen: Mikrobiologie und Biochemie; Technische Chemie, Verfahrenstechnik sowie Meß- und Regelungstechnik; in jüngerer Zeit auch Mo-

---

1 Die in Versalien gesetzten Wörter sind Fachbegriffe, die im lexikalischen Teil ausführlich erklärt werden.

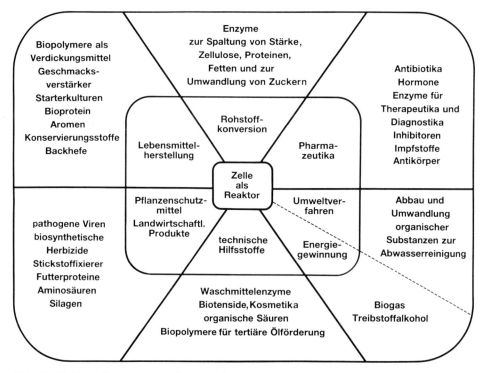

Abb. 0.1. Nutzbare Produkte von Mikroorganismen

lekularbiologie, Gentechnik und Immunbiologie; ferner sind Datenerfassung und -verarbeitung sowie Computerwissenschaften für die Biotechnologie unverzichtbar. Die Ausbildung und das Berufsbild in der Biotechnologie sind demgemäß auch vielschichtig und oft nicht einheitlich und es gibt demzufolge in Deutschland verschiedene Ansätze für ein Biotechnologie-Studium:

• Als *Vollstudium* oder eigenständiges Studium (wie z. B. an den Technischen Universitäten in Berlin und Braunschweig),

• als *Schwerpunktstudium* (ergänzendes Studium),

• als *Aufbaustudium* (weiterbildendes Studium) und

• als *Fachhochschulstudium* (BIOINGENIEUR).

Ein Vollstudium ist von Anfang an speziell auf Biotechnologie ausgerichtet, es ermöglicht eine Grundlagen-Ausbildung in allen Kernfächern, läßt aber für ein vertieftes Studium in

einem der Teilbereiche wenig Möglichkeiten. Das Schwerpunktstudium basiert auf einer breiten, fachlichen Ausbildung in einem traditionellen Studiengang, die nach dem Vorexamen durch einschlägige Kurse in den anderen Fächern ergänzt wird. Ein Aufbaustudium sieht für den Hochschulabsolventen einer Fachrichtung eine Reihe von Fortbildungskursen mit hohem wissenschaftlichem Niveau auf bestimmten Gebieten der Biotechnologie vor; dies ist zweifellos der beste und sicherste Einstieg in die Biotechnologie, aber auch der zeit- und kostenaufwendigste Weg. Das Fachhochschulstudium wird meist in gestraffter Form angeboten, mit kürzeren Studienzeiten und stärkerem Anwendungsbezug. Eine wissenschaftliche Vertiefung ist dabei jedoch kaum möglich und das Fächerspektrum ist zumeist begrenzt und vorwiegend verfahrenstechnisch orientiert.

In den genannten Fortbildungskursen soll ausgebildeten Mikrobiologen, Biochemikern oder Verfahrenstechnikern Gelegenheit gegeben werden, sich in den Ergänzungsgebieten weiterzuqualifizieren. Solche Kurse werden von der DECHEMA (Deutsche Gesellschaft für Chemisches Apparatewesen, Chemische Technik und Biotechnologie e.V. in Frankfurt/Main) in Zusammenarbeit mit der Gesellschaft Deutscher Chemiker (GDCh), der Gesellschaft für Biotechnologische Forschung mbH (GBF in Braunschweig-Stöckheim), der Deutschen Gesellschaft für Hygiene und Mikrobiologie (DGHM) und der Eidgenössischen Technischen Hochschule (ETH in Zürich) in zwangloser Reihenfolge angeboten.

Die wichtigste Aufgabe der so Ausgebildeten liegt in der interdisziplinären Zusammenarbeit mit den Vertretern der anderen Fachrichtungen. Voraussetzung hierfür ist die Fähigkeit, Einblicke in und Kenntnisse über die Gebiete der anderen Fachvertreter zu haben und mit ihrer (Formel-)Sprache und ihren Denkansätzen vertraut zu sein. Nach bisherigen Erfahrungen suchen Großbetriebe eher den Spezialisierten zur Zusammenarbeit mit anderen Spezialisten. Mittlere Betriebe hingegen bevorzugen meist den Generalisten, der schon unmittelbar nach dem Studium oder der Promotion umfassende Aufgaben übernehmen soll. Er ist hier oft auf sich selbst gestellt und muß ein größeres Aufgabengebiet übersehen können. Kleine Betriebe sind im biotechnischen Bereich selten, da die Produktionsanlagen sehr kapitalintensiv sind und bei Neuentwicklungen lange Anlaufphasen zu überbrücken sind. Aus diesem Grund ist auch der Weg in die Selbständigkeit unmittelbar nach der Ausbildung an der Universität (z.B. als Gründer in einem Technologiepark) in der Biotechnologie wesentlich seltener als in anderen Branchen. Eine Ausnahme bilden hier allerdings die zahlreichen Neugründungen von Beratungsunternehmen in den Bereichen *Umwelttechnik, Bodensanierung* usw. in der jüngsten Zeit. Die wichtigsten Tätigkeitsfelder für Absolventen der Biotechnologie liegen zur Zeit, neben der Forschung und Entwicklung in der Industrie, in der Arbeit in Großforschungseinrichtungen und an Hochschulen. Arbeitsmöglichkeiten bieten sich ferner in anderen Bereichen des öffentlichen Dienstes, bei Behörden und Ämtern mit rechtsschöpfenden oder rechtsanwendenden Aktivitäten im Bereich der Biotechnik, von Patentämtern über Gewerbeaufsichtsämter bis hin zu Bundes- und Landesbehörden für den Umweltschutz.

Literatur zu Ausbildung und Berufseinsatz

Bundesanstalt für Arbeit (Hrsg.): Diplom-Ingenieur/Diplom-Ingenieurin (Fachhochschule) – Biotechnologie, Blätter zur Berufskunde 2-I E 32, Bertelsmann-Verl. 1987; dito: Biotechnologe/Biotechnologin, Blätter zur Berufskunde 3-I E 03, 1989; R. Böhm (Hrsg.): Bio-Technologie – Der Studienführer, Polycom Verl. GmbH, Postfach 4380, D-38106 Braunschweig 1989.

Im Prinzip benutzt man in der Biotechnologie die mitunter erstaunlichen Fähigkeiten von Mikroorganismen oder auch von einzelnen Enzymen aus ihren Zellen zur Produktion oder zur Umwandlung von Stoffen im technischen Umfang. Selbst für relativ einfache Verbindungen, wie z.B. CITRONENSÄURE gibt es kein chemisches Syntheseverfahren, das dem mikrobiellen Prozeß in Bezug auf Schnelligkeit, Ausbeute und Reinheit des Produktes ebenbürtig wäre. So werden die 350 000 t Citronensäure, die heute jährlich weltweit erzeugt werden, ausschließlich durch Fermentierung von billigen Zuckern als Nährstoffe mit Hilfe eines SCHIMMELPILZES, der uns als „schwarzer Brotschimmel" bekannt ist, mikrobiell hergestellt.

Geschichtliches

Biotechnologie umfaßt aber keineswegs nur die modernen und hochentwickelten Prozesse der vergangenen 50 Jahre, sie wird vom Menschen schon seit Jahrtausenden – bewußt oder unbewußt – eingesetzt (s. Zeittafel auf S. 4). Ihre Anfänge liegen verborgen im Dunkel der menschlichen Frühgeschichte. Wahrscheinlich waren es zunächst Entdeckungen und Erfahrungen Einzelner über die Bereitung von berauschenden Getränken, von Sauermilchprodukten, von Käse und (in Fernost) von fermentierten Sojabohnen, die schließ-

Zeittafel zur Entdeckungsgeschichte der Biotechnologie (verändert nach Präve, Faust, Sittig, u. Sukatsch, Handbuch der Biotechnologie, Akademische Verl. Ges., Wiesbaden, 1982)

Unbewußte Nutzung der Biotechnologie bei der Nahrungsmittelbereitung der Naturvölker	7000 v. Chr.?
Brotsäuerung mit Sauerteig, alkoholische Gärung von Fruchtsäften	4000 v. Chr.
Bierherstellung bei den Sumerern, und Babyloniern	2000 v. Chr.
Essig aus vergorenen Säften	3. Jahrh. v. Chr.
Weingeist aus Wein durch Destillation	12. Jahrh. n. Chr.
Industrielle Essigherstellung in Orléans	14. Jahrh.
Künstliche Champignonzucht in Frankreich	seit etwa 1650
Sichtbarmachung von Hefezellen durch Leeuwenhoek	um 1680
Entdeckung der Gärungseigenschaften von Hefen (Erxleben)	1818
Systematische Untersuchungen an Eiweiß (Mulder)	1838
Beschreibung der Milchsäure-Gärung (Pasteur)	1857
Entdeckung von „Nuclein", später Nucleinsäure (Miescher)	1868
Entdeckung der Essigbakterien (Hansen)	1879
Herstellung von Milchsäure auf mikrobiellem Wege	1881
Nachweis von Gärungsenzymen in Hefe (Buchner)	1897
Erste kommunale Abwasseranlagen in Berlin, Hamburg, München, Paris und anderen Städten	ab Ende des 19. Jahrh.
„Erstes Schema" der alkoholischen Gärung (Neuberg)	1912
Kinetische Theorie der Enzym-Katalyse (Michaelis u. Menten)	1913
Zulaufverfahren zur Backhefeherstellung, (Delbrück, Hayduck u. a.)	1915
Gärprozeß zur Gewinnung von Butanol/Aceton (Weizmann)	1915/1916
Glycerin durch Hefegärung unter Sulfitzusatz (Connstein, Lüdecke)	1915/1916
Citronensäureherstellung im Oberflächenverfahren aus *Aspergillus*	etwa ab 1920
Entdeckung des Penicillins (Fleming)	1928/1929
Isolierung des „Gelben Atmungsferments" (Warburg)	1932
Beginn der Penicillinherstellung	1941/1944
Korrelation von DNA und genetischem Material (Avery)	1944
Streptomycin entdeckt (Waksman)	1944
Chlortetracyclin entdeckt (Duggar)	1948
Submersverfahren zur Essigsäureherstellung	1949
Herstellung von Vitamin B_{12}	etwa ab 1949
Technische mikrobielle Stoffumwandlungen	etwa seit 1949
Doppelhelixstruktur und Replikationsprinzip der DNA (Watson u Crick)	1953
Citronensäureherstellung im Submersverfahren	seit 1955/1960
Glutaminsäure und andere Aminosäuren aus Bakterien (Kinoshita u. a.)	seit 1957
Zusatz von Enzymen zu Waschmitteln im großen Maßstab	ab 1960
Transkription, Translation, Boten-RNA, genetischer Code	1962/1966
Operator-Modell (Jacob und Monod)	1963
Mikrobielles Rennin zur Käseherstellung	ab 1965
Glucose-Isomerase, „high fructose corn syrup"	ab 1970
Sequenzspezifische Restriktions-Endonucleasen	1972
In vitro Neukombination von DNA-Fragmenten, Plasmidvektoren (Cohen und Boyer)	1972/1973
Monoklonale Antikörper (Köhler und Milstein)	1975
Schnelle DNA-Sequenzanalyse (Sanger, Gilbert)	ab 1976
Gewinnung von Säuger-Hormonen aus *Escherichia coli*	ab 1977
Chemische Synthese eines voll funktionsfähigen Gens (Khorana)	1978
Kommerzielle Verwertung von „bakteriellem" Insulin	ab 1982
Hepatitis-B-Impfstoff aus Hefe	1986
Wachstumshormon aus *Escherichia coli*	1986
Gewebsplasminogenaktivator (Herzinfarkt) aus Säugerzellen	1987
Erythropoietin aus Hamsterzellkulturen (Anämieerkrankungen)	1989
Gamma-Interferon, Tumornekrosefaktor, Interleukine u. a.	seit 1990/92

lich zum allgemeinen Wissensgut geworden sind. Nach Meinung der Archäologen war schon 7000 Jahre vor der Zeitrechnung die Bereitung von Bier (durch Vergärung von Brot oder Getreide) bekannt; 3000 v. Chr. kannten die Babylonier bereits 20 verschiedene Biersorten. Auch die Bereitung von Wein aus Traubensaft läßt sich im Gebiet des „fruchtbaren Halbmonds", zwischen Unterägypten und Mesopotamien auf Zeiten zurückführen, die lange vor Beginn der Hochkulturen in diesen Gebieten lagen. Im Ägypten des Alten Reiches (ca. 2600 v. Chr.) galten Brot und Bier als Volksnahrungsmittel und die Bierbrauerei war königliches Monopol. Reisbier war am chinesischen Kaiserhof der Hsia-Dynastie nachweislich schon im Jahre 2200 v. Chr. bekannt. Altüberlieferte Fermentationsverfahren setzten sich dann dort durch, wo geeignete Rohstoffe zur Verfügung standen: Gerstenbier in Mitteleuropa, Reiswein in Ostasien, Kwaß in Rußland, Pombe in Südamerika, Pulque seit der Aztekenzeit in Mittelamerika. In Gebieten mit Milchviehzucht entstanden Sauermilchprodukte und Käseerzeugnisse. So galt ein Schimmelkäse nach Art des Roquefort schon um 250 n. Chr. als eine gallische Spezialität, die auf dem Schiffswege nach Rom eingeführt wurde.

An der Art dieser altüberlieferten Fermentationsprozesse änderte sich bis zur Mitte des vorigen Jahrhunderts nur wenig. Von den beteiligten Mikroorganismen und den durch sie bewirkten Umwandlungen wußte man so gut wie nichts, und das Gelingen oder Mißlingen der Verfahren blieb vielfach dem Zufall überlassen. Wichtige Beiträge zum besseren Verständnis dieser Prozesse lieferten in erster Linie zwei Franzosen. Gay-Lussac konnte um 1815 die allgemeine Gleichung für die Vergärung von Zucker zu Alkohol und Kohlendioxid aufstellen (s. ALKOHOLISCHE GÄRUNG) und um 1860 fand Louis Pasteur, daß die verschiedenen Gärprozesse von unterschiedlichen Gärungserregern verursacht werden (Hefen, Milchsäure-, Essigsäure-, Buttersäurebakterien usw.).

1 Mikroorganismen, die fleißigen Helfer in der Biotechnologie

Mikroorganismen, das sind zumeist mikroskopisch kleine Lebewesen, zu denen die Bakterien, die niederen Pilze und die niederen Algen zählen. Sie sind noch immer die klassischen Hauptdarsteller in der Biotechnologie. Überall in der Natur sind sie anzutreffen und sie haben wichtige Funktionen beim Abbau von organischen Materialien zu erfüllen.

Wenn man bedenkt, daß durch den Prozeß der PHOTOSYNTHESE (Abb. 1.1) alljährlich auf der Erde 10^{11} (hundert Milliarden) t Kohlendioxid assimiliert und in Pflanzenmaterial umgewandelt werden, so käme dieser Prozeß bald zum Stillstand, wenn die abgestorbenen Pflanzenteile und Tiere nicht ständig mit Hilfe von Mikroorganismen wieder abgebaut würden. D.h. sie werden in einfache Verbindungen wie Kohlendioxid oder Methan und in mineralische, anorganische Verbindungen zurückverwandelt (MINERALISIERUNG, Abb. 1.2).

Dieser globale Kreislauf von Kohlenstoff und anderen Elementen wird in erster Linie durch Mikroorganismen aufrechterhalten. Mikroorganismen finden sich in Seen und Sümpfen, im Ackerboden, auf unseren Nahrungsmitteln und selbst im Darm von Mensch und Tier; überall führen sie ihre Abbautätigkeit aus und ihre Stoffumsatzleistungen sind riesengroß.

Die meisten Bakterien sind winzige, einzellige Organismen, die nur unter einem guten Mikroskop beobachtet werden können. Sie sind im allgemeinen nur wenige Mikrometer (μm, ein Tausendstel Millimeter) groß (Abb. 1.3). Auch die meisten HEFE-Pilze sind einzellig, jedoch etwas größer, gewöhnlich 6–12 μm. Diese Kleinheit hat allerdings einen großen Vorteil: das Verhältnis von Oberfläche zum Volumen ist sehr groß. Stellt man sich einen Würfel von 1 cm Kantenlänge vor (Volumen = 1 cm³, Oberfläche = 6 cm²) und teilt man diesen in Würfel von 1 μm Kantenlänge, so erhält man 10^{12} Würfel mit einem Volumen von je 1 μm³ und einer gesamten Oberfläche von 60 000 cm². Mikroorganismen können daher einen sehr schnellen Stoff-

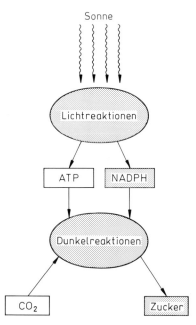

Abb. 1.1. Photosynthese einer grünen Pflanze in zwei Phasen. Lichtreaktionen wandeln die Energie des sichtbaren Lichts in chemische Energie um. Sonnenlicht regt in den Pigmentmolekülen der Pflanze Elektronen an. Freigesetzt steht diese Anregungsenergie für die Synthese der Energiespeicher ATP und NADPH zur Verfügung. Sie lösen in Dunkelreaktionen kohlenstoffbindende Vorgänge aus. Dabei wird das Kohlendioxid der Luft in Zucker und weitere organische Verbindungen umgesetzt: Zusammengefaßt lautet die allgemeine Gleichung der Photosynthese: Licht + CO_2 + H_2O → Zucker + O_2

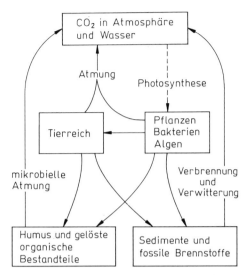

Abb. 1.2. Kohlenstoffkreislauf. Einzelne Kohlenstoffatome werden über die Photosynthese in organische Moleküle der belebten Natur eingebaut. Von hier aus wandern sie in Boden und Wasser. Durch oxidativen Abbau organischer Verbindungen in Zellen oder durch Verbrennen fossiler Stoffe gelangen sie zurück in die Atmosphäre

austausch mit ihrer Umgebung durchführen und die Folgen sind sehr hohe Umsatz- und WACHSTUMSRATEN. Manche Bakterien können unter optimalen Bedingungen ihre Zellzahl alle 20 Minuten verdoppeln, sodaß aus einer Bakterienzelle im Verlauf von nur 4 Stunden theoretisch mehr als 4000 (2^{12}) Zellen hervorgehen können.

Damit liegt auch die PRODUKTIVITÄT von Mikroorganismen beträchtlich über der von höheren Organismen. BACKHEFE z.B. synthetisiert in der gleichen Zeit einige hundertmal mehr Protein als die gleiche Menge Sojabohnenpflanzen und dreitausendmal so viel wie die Zellen eines Rindes. Diese Überlegungen sind die Grundlage für die Herstellung von EINZELLERPROTEIN, also von Futter- und Nahrungs-Eiweiß aus billigen Rohstoffen mit Hilfe von Mikroorganismen (s. Kap. 3).

Wie der Mensch auch, benötigen Mikroorganismen kohlenstoffhaltige Verbindungen für ihre Ernährung. In den meisten Fällen ist dies der Zucker GLUCOSE, für deren Verwertung

die Organismen über die entsprechende Enzymausstattung verfügen. Daher kommen *fossile Rohstoffe* (z.B. Erdöl-Kohlenwasserstoffe oder Erdgas) nur in speziellen Fällen infrage. Die Kohlenstoffquelle für die meisten biotechnischen Prozesse findet man unter den *nachwachsenden Rohstoffen* (z.B. Stärke, SACCHAROSE, Zellulose), die ja alle aus Glucose-Einheiten aufgebaut sind (Abb. 1.4). In manchen Fällen können die Mikroorganismen diese Nährstoffe selbst zerlegen, in anderen Fällen müssen die Rohstoffe durch physikalisch-chemische oder enzymatische Vorbehandlung für die Organismen mundgerecht aufbereitet werden.

Die Kleinheit einer Bakterienzelle bietet nur Raum für einige hunderttausend Proteinmoleküle und nicht benötigte Enzyme können somit nicht vorrätig gehalten werden. Daher

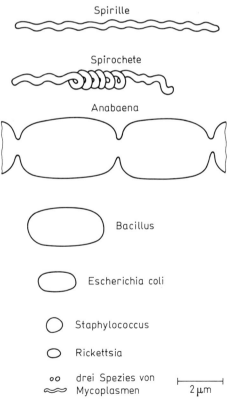

Abb. 1.3. Größenvergleich einiger prokaryontischer Zellen

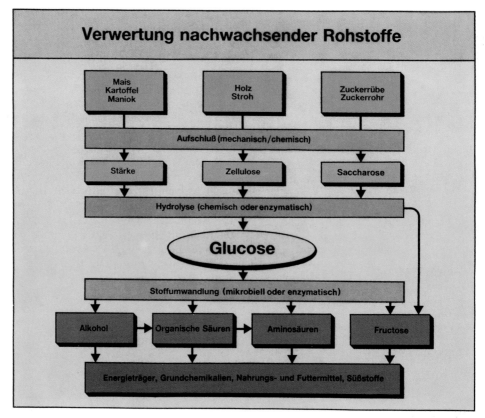

Abb. 1.4. Nachwachsende Rohstoffe bilden nach entsprechender Vorbehandlung die Grundlage für die meisten biotechnischen Prozesse.

ist für Bakterien eine ausgeprägte Fähigkeit zur Anpassung (ADAPTATION) an wechselnde Nährstoff- und Umgebungs-Bedingungen eine zwingende Notwendigkeit.

So werden bestimmte Enzyme, die für die Aufnahme und den Abbau eines Substrates erforderlich sind, nur dann produziert, wenn der betreffende Nährstoff in der Umgebung der Zelle auftritt (ENZYMINDUKTION). In ähnlicher Weise wird die Bildung (oder die Aktivität) vieler Enzyme in der Zelle unterdrückt, wenn sich das Endprodukt der Enzymreaktion in der Zelle anreichert (ENZYMREPRESSION); s. Abb. 1.5. Die Anpassungsfähigkeit von Mikroorganismen an verschiedene Nährstoffquellen ist für technische Prozesse von großer Bedeutung. Man kann

dadurch die billigsten Ausgangssubstrate für Fermentationsprozesse aussuchen, z.B. MELASSE (die zurückbleibende Mutterlauge bei der Zuckerkristallisation) anstelle der teureren Glucose.

Die für die Biotechnologie bedeutendsten Mikroorganismen lassen sich in vier Gruppen einteilen: HEFEN, SCHIMMELPILZE, einzellige Bakterien und ACTINOMYCETEN. Hefen und Schimmelpilze gehören beide in die Klasse der PILZE, sind hochentwickelt und werden als EUKARYONTEN bezeichnet. Sie besitzen zwei oder mehr CHROMOSOMEN (manche Arten mehr als zwanzig), die innerhalb der Zelle in einem von einer Membran umhüllten Kern eingeschlossen sind. Außerdem enthalten sie verschiedene Organellen, darunter die MITO-

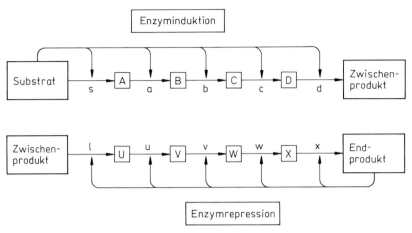

Abb. 1.5. Induktion und Repression von Enzymen. An der Biosynthese von Aminosäuren sind Enzyme beteiligt. Sie werden beispielsweise gebildet (induziert), wenn die Zellen in einer einfachen Minerallösung wachsen, die nur eine Energie- und Stickstoffquelle enthält. Durch Zugabe einer Aminosäure wird die Bildung der betreffenden Enzyme unterdrückt (reprimiert).

Man spricht von Endproduktrepression. Stehen der Zelle zwei verschiedene Substrate zur Verfügung, dann wird dasjenige Substrat bevorzugt, welches schnelleres Wachstum ermöglicht. Die Bildung der für den Abbau des zweiten Substrats notwendigen Enzyme wird so lange reprimiert, wie das erste Substrat noch vorhanden ist

CHONDRIEN, ebenfalls von einer Membran umgebene Partikel im CYTOPLASMA, die für die Energieversorgung zuständig sind und auch als die *Kraftwerke der Zelle* bezeichnet werden. Im Gegensatz dazu gehören die als primitiver geltenden einzelligen Bakterien und die Actinomyceten zu den PROKARYON-TEN: Sie besitzen keine Mitochondrien und normalerweise nur ein Chromosom, das vom Cytoplasma der Zelle nicht durch eine Kernmembran abgetrennt ist. Im allgemeinen sind die prokaryontischen Zellen wesentlich kleiner als die eukaryontischen. Trotz dieser grundlegenden biologischen Unterschiede besteht zwischen den Schimmelpilzen und den Actinomyceten eine Gemeinsamkeit: Beide bilden ein verzweigtes System von Fäden (HYPHEN) und das Pilzgeflecht läßt sich meist schon mit dem bloßen Auge erkennen. Dagegen sind die Bakterien und die (meisten) Hefen unter normalen Bedingungen einzellig. Bei entsprechender Vergrößerung im Elektronenmikroskop (etwa 100 000fach) erkennt man den Aufbau der *Bakterienzelle* (Abb. 1.6). Außen ist sie durch die ZELLWAND begrenzt, eine kräftige Verpackung, die der Zelle die cha-

rakteristische Form verleiht und sie gegen mechanische Beschädigung schützt. Ihre großen Poren ermöglichen auch größeren Molekülen einen Durchtritt in beiden Richtungen.

An der Innenseite der Zellwand liegt – ähnlich der Gummiblase in einem Fußball – die PLASMAMEMBRAN an (Abb. 1.7). Sie hat in erster Linie die Funktion einer Permeabilitätsschranke, d.h. Makromoleküle, aber auch kleinere Moleküle und Ionen, sofern sie für die Zelle lebensnotwendig sind, werden in der Zelle zurückgehalten. Andere Moleküle, z.B. Stoffwechselprodukte oder sogar gewisse PROTEINE müssen über die Membran ausgeschleust werden können. Zu diesem Zweck befinden sich in der Membran spezielle Transportproteine mit der Aufgabe, nur bestimmte Stoffe hindurchzulassen. Ähnliches gilt für den Transport von außen nach innen. Nährstoffe, wie z.B. Zucker werden mitunter „aktiv transportiert", d.h., sie können unter Aufwendung von Energie gegen ein Konzentrationsgefälle also noch aus sehr verdünnten Zuckerlösungen aufgenommen werden. Dabei erfolgt die Aufnahme meist streng spezifisch und aus einer Mischung von ISO-

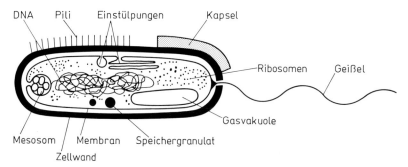

Abb. 1.6. Schema einer PROKARYONTENZELLE. Die Erbsubstanz (DNA) des Bakteriums liegt in einer zentralen Region, die als Nucleoid (Kernäquivalent) bezeichnet wird. Dieser Bereich ist frei von Ribosomen, während das übrige Zellplasma davon dicht erfüllt ist. Nach außen wird die Zelle von einer Plasmamembran abgeschirmt. Es folgt die poröse Zellwand. Bei BAKTERIEN können je nach Art einige Organellen fehlen (z.B. Vakuolen, Granula, Kapseln, Pili oder Geißeln)

MEREN verschiedener Zucker (z.B. GLUCOSE und Mannose) wird oft nur einer (meist Glucose) selektiv in die Zelle transportiert. Darüber hinaus beherbergt die prokaryontische Cytoplasmamembran noch weitere wichtige Proteine, z.B. die Enzyme der energieliefernden ATMUNGSKETTE, die bei den Eukaryonten in der inneren Mitochondrien-Membran lokalisiert sind.

Das Innere der Zelle ist vom Zellsaft (Cytosol) erfüllt, ein wäßriges Milieu, in dem die weiteren Zellinhaltsstoffe, teils molekulardispers, teils in gelöster Form vorliegen. Auf-

fällig ist die *Desoxyribonucleinsäure* (Abk. DNA), ein zusammengeknäueltes, riesengroßes Molekül, bestehend aus einem doppelsträngigen Faden (DOPPELHELIX), der die gesamte genetische Information der Bakterienzelle beinhaltet (Abb. 1.8 a).

Diese Information beruht auf der Aufeinanderfolge von vier verschiedenen Bausteinen in der gesamten DNA-Sequenz. Die DNA ist in allen Organismen aus den vier, mit A, G, C und T (s. BASEN) abgekürzten NUCLEOTIDEN aufgebaut (Abb. 1.8 b). Bei der sog. TRANS-

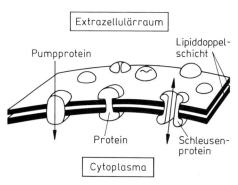

Abb. 1.7. Plasmamembran. Die Plasmamembran besteht aus einer 4 – 5 nm dicken Doppelschicht von Phospholipiden, in die verschiedene Proteine eingelagert sind. Einige von ihnen wirken als Pumpe oder Kanal für den Stofftransport spezieller Moleküle durch die Zellwand. Die äußere Membran ist ähnlich aufgebaut

Abb. 1.8. Desoxyribonucleinsäure (DNA). **a** Molekülstruktur der B-DNA. Die DNA kann in zwei Formen, A und B isoliert werden. Die B-Form wird als die biologisch native angesehen. **b** Schematische Darstellung. Die DNA besteht aus zwei antiparallelen Polynucleotidketten, die, entgegen dem Uhrzeigersinn, miteinander verdrillt eine Doppelhelix bilden. Die Basen eines jeden Stranges sind auf der Innenseite der Helix so angeordnet, daß ihre Flächen parallel zueinander und senkrecht zur Helix stehen. Innerhalb dieser Struktur lagern sich bestimmte Basen über Wasserstoffbrücken zusammen. Adenin (orange) ist immer mit Thymin (rot), Guanin (grün) immer mit Cytosin (blau) verknüpft. Da sich die glucosidischen Bindungen eines Basenpaares nicht diametral gegenüberstehen, bilden sich zwei Rinnen unterschiedlicher Breite. Sie werden als große Furche (1,2 nm breit) und kleine Furche (0,6 nm breit) bezeichnet. Die DNA hat einen Durchmesser von 2 nm und ist von einer dicken Schicht von Wassermolekülen (*Hydrathülle*) umgeben

a

b

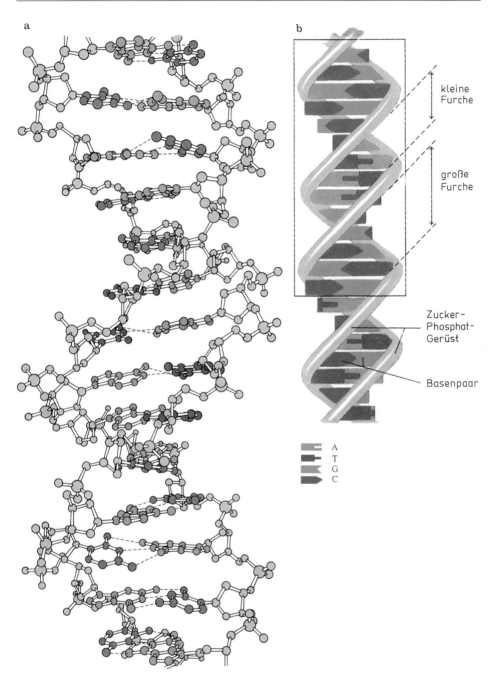

kleine
Furche

große
Furche

Zucker–
Phosphat–
Gerüst

Basenpaar

A
T
G
C

KRIPTION (s. Kapitel 9) dient ein bestimmter Abschnitt der DNA als Matrize und wird zunächst in eine entsprechende Nucleotidsequenz eines *Ribonucleinsäure*-Moleküls (abgekürzt RNA) umgeschrieben. Dieses als Boten-RNA (Abk. mRNA v. engl. „messenger") bezeichnete Replikat der genetischen Information dient dann seinerseits als Bauanleitung bei der Synthese eines entsprechenden PROTEINS (Abb. 1.9).

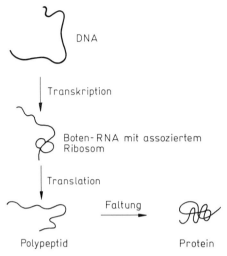

DNA

Transkription

Boten-RNA mit assoziertem Ribosom

Translation

Faltung

Polypeptid   Protein

Abb. 1.9. Proteinsynthese (schematisch). Die DNA ist zu identischer Verdopplung fähig (RE-PLIKATION, vergl. Seite 106 u. f.). Ein bestimmter Abschnitt der DNA dient als Matrize zur Übertragung ihres Informationsgehalts auf spezifische Boten-RNA-Moleküle. Diese Informationsübertragung heißt Transkription. Die Boten-RNA dient ihrerseits als Matrize zur Proteinsynthese an den Ribosomen (Translation)

Zu diesem Zweck heften sich an die mRNA kleine, kugelige Gebilde an, die sog. RIBOSO-MEN, die ebenfalls elektronenmikroskopisch im Cytoplasma zu erkennen sind. Sie fungieren als *Proteinfabriken* und veranlassen den sequentiellen Einbau der AMINOSÄUREN bei der Proteinsynthese aufgrund der Basenfolge in der mRNA (TRANSLATION). Das fertige POLYPEPTID faltet sich dann zu dem gewünschten Protein.

Ein Schnitt durch eine Zelle von *eukaryontischen Organismen*, zu denen neben den Hefen, Pilzen und Grünalgen auch alle Pflanzen und Tiere gehören, zeigt einen wesentlich komplizierteren Aufbau (Abb. 1.10).

Der Zellkern enthält das genetische Material in Form von mehreren CHROMOSOMEN. Diese sind von einer Kernmembran umgeben, durch deren Poren die mRNA aus dem Kern zu den Ribosomen im Cytoplasma gelangen kann. Als weitere Organellen der Eukaryonten-Zellen seien die Mitochondrien und Vakuolen, das endoplasmatische Retikulum und (bei Pflanzenzellen) die Chloroplasten erwähnt, ohne auf deren Funktion hier näher einzugehen (s. Tab. 1.1).

Das Interesse der Biotechnologie an mikrobiellen Zellen bezieht sich erstens auf die Mikroorganismen-Zellen als solche (z.B. BACKHEFE und FUTTERHEFE, STARTER-KUL-TUREN); zweitens auf die von ihnen synthetisierten Makromoleküle (z.B. ENZYME, therapeutisch wirksame Proteine, POLYSACCHA-RIDE wie XANTHANE, DEXTRANE); drittens auf die gebildeten PRIMÄRMETABOLITE, das sind meist Zwischenstufen, die für den mi-

Tabelle 1.1. Prokaryontische und eukaryontische Organismen

	Prokaryonten	Eukaryonten
Organismen	Bakterien, Cyanobakterien	Einzeller, Pilze, Pflanzen, Tiere
Zellgröße	1–10 μm lang	10 bis 100 μm lang
Metabolismus	anaerob oder aerob	aerob
Organellen	wenig oder keine	Kern, Mitochondrien, Chloroplasten, Endoplasmatisches Retikulum, etc.
DNA	DNA-Knäuel im Plasma	DNA-Moleküle in Form von Chromosomen im Zellkern eingeschlossen
RNA und Protein	RNA- und Proteinsynthese in gleicher Umgebung	RNA-Synthese im Kern; Protein-Synthese im Cytoplasma
Cytoplasma	ohne Cytoskelett	Cytoskelett aus Proteinfilamenten
Zellteilung	durch Zweiteilung	durch Mitose (oder Meiose)
zellulärer Aufbau	meist einzellig	meist vielzellig, Differenzierung in viele Zelltypen

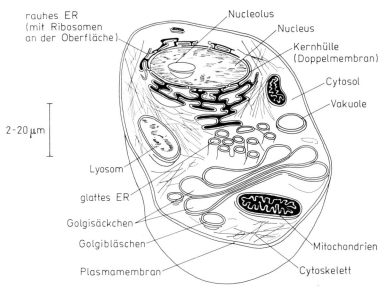

rauhes ER
(mit Ribosomen
an der Oberfläche)

Nucleolus

Nucleus

Kernhülle
(Doppelmembran)

Cytosol

Vakuole

2-20 µm

Lyosom

glattes ER

Golgisäckchen

Golgibläschen

Plasmamembran

Mitochondrien

Cytoskelett

Abb. 1.10. Eukaryontische Zelle. Schematischer Schnitt durch eine eukaryontische Zelle. Die Plasmamembran grenzt die Zelle nach außen ab. Der Zellkern (Nucleus) ist vom Cytoplasma durch eine Kernhülle getrennt. Er enthält die gesamte Erbinformation (Chromosomen-DNA). Im Kernkörperchen (Nucleolus) werden die Ribosomen der Zelle zusammengesetzt. Das endoplasmatische Retikulum (ER) besteht aus Membranflächen, -taschen und -schläuchen. Sie durchziehen das Cytoplasma, setzen sich in die äußere Membran der Kernhülle fort und synthetisieren bzw. transportieren Lipide und Membranproteine. Das rauhe endoplasmatische Retikulum (rauhes ER) ist an seiner Oberfläche mit Ribosomen übersät, die für die Proteinsynthese notwendig sind. Das glatte endoplasmatische Retikulum (glattes ER) ist schlauchförmig, enthält keine Ribosomen und trägt wesentlich zum Lipidstoffwechsel bei. Vakuolen sind große, membranumgebene Bläschen (Vesikel). Sie nehmen bis zu 90% des Zellvolumens ein (Raumfüller) und spielen eine Rolle bei der intrazellulären Verdauung. Mitochondrien sind die Kraftwerke aller Eukaryontenzellen und wandeln Energie, die beim Umsatz von Nährstoffen mit Sauerstoff frei wird, in ATP um. Proteinfilamente bilden im Cytosol ein Netzwerk, das Cytoskelett. Es verleiht der Zelle ihre Gestalt und beeinflußt somit ihre Beweglichkeit. Der Golgi-Apparat besteht aus gestapelten, membranbegrenzten flachen Säckchen (Golgizisterne) oder Bläschen (Golgivesikel). Sie sortieren, verpacken oder wandeln Makromoleküle ab, die ausgeschieden oder zu anderen Organellen transportiert werden sollen. Lysosomen enthalten Enzyme, die Verdauungsvorgänge in der Zelle auslösen

krobiellen STOFFWECHSEL und das Wachstum wichtig sind (z.B. organische Säuren, Aminosäuren, Cofaktoren); und viertens auf SEKUNDÄRMETABOLITE, also solche, die für das Wachstum ohne Bedeutung sind (z.B. ANTIBIOTIKA, ALKALOIDE usw.) (Abb. 1.11).

Eine Bakterienzelle enthält um die tausend verschiedene ENZYME. Jedes hat die Aufgabe, eine bestimmte chemische Reaktion in der Zelle zu beschleunigen (zu katalysieren), wie etwa die Hydrolyse von GLYKOSIDEN oder PEPTIDBINDUNGEN, die Oxidation oder Reduktion von Verbindungen, die Knüpfung oder Spaltung von neuen C–C-Bindungen, den Austausch von Aminogruppen, Umlagerungen, Isomerisierungen usw. Man kann sich vorstellen, daß in der aktiven Zelle eine emsige Betriebsamkeit herrscht und sicher sind zahlreiche Regulationsmechanismen und Schaltstellen am Werk, um alle Reaktionen in geordneten Bahnen verlaufen zu lassen.

Man bezeichnet diese Vorgänge als den STOFFWECHSEL (Abb. 1.12) und meint damit die Aufnahme eines SUBSTRATES (das ist

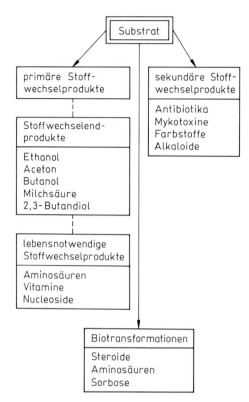

abbau entstehen. Dazu ist die gewonnene Energie erforderlich. Diese aufbauenden, energieverbrauchenden (weil im Prinzip reduktiven) Prozesse bezeichnet man als ANABOLISMUS.

Die Mikroorganismenzellen benutzen also ihre Kohlenstoffsubstrate sowohl zum Aufbau von Zellmaterial als auch zur Deckung ihres Energiebedarfs. Aus thermodynamischen Gründen müssen dabei die katabolischen Prozesse, bei denen Elektronen abgegeben werden, immer überwiegen (2. Hauptsatz der Thermodynamik), sodaß in der Gesamtbilanz Elektronen, die gleichbedeutend sind mit Wasserstoffatomen, übrig bleiben und aus der Zelle entfernt werden müssen. Ein energetisch besonders effektiver Weg dazu ist die Verbindung der Wasserstoffatome mit Sauerstoff. Bei der Bildung von Wasser aus den Elementen wird viel Energie freigesetzt, wie man aus der explosionsartigen Reaktion der beiden Gase im Knallgasgemisch weiß. Man bezeichnet diesen Prozeß unter Sauerstoffaufnahme als ATMUNG, und die Zelle besitzt die einzigartige Fähigkeit, die freigesetzte Energie portionsweise in kleinen Schritten über eine Reihe von Enzymen zu nutzen (ATMUNGSKETTE):

Abb. 1.11. Mikrobielle Produkte. Verschiedene Gruppen niedermolekularer Verbindungen, die von Mikroorganismen synthetisiert werden

$$Glucose + 6\ H_2O \rightarrow 6\ CO_2 + 24 <H>;$$
$$24 <H> + 6\ O_2 \rightarrow 12\ H_2O + 36\ Mol\ ATP.$$

zumeist eine energiereiche Kohlenstoffverbindung wie z.B. der Zucker Glucose) und weiter die Umwandlung der Substratmoleküle auf oxidativen Wegen (unter Abspaltung von Elektronen oder Wasserstoffatomen) in kleine und noch kleinere Bruchstücke, die dann schließlich ausgeschieden werden. Wichtig ist, daß dabei, wie bei allen oxidativen Prozessen, Energie freigesetzt wird, die zum Teil in Form von Wärme der Zelle verloren geht, zum anderen Teil aber in chemisch verwertbare Energie umgewandelt wird und der Zelle zur Energieversorgung dient. Man nennt diese abbauenden, energieliefernden Prozesse den KATABOLISMUS. Da das Bakterium aber auch wächst und sich vermehrt, muß es alle seine Zellbausteine aus den METABOLITEN zusammenbauen, die beim Substrat-

Dabei entsteht eine energiereiche Verbindung, das sog. *Adenosin-5′-triphosphat* (Abk. ATP). Bei seiner Spaltung wird die in ATP gespeicherte Energie wieder freigesetzt und kann zum Teil benutzt werden, um energieverbrauchende Reaktionen anzutreiben. ATP stellt somit das wichtigste Bindeglied zwischen den energieliefernden, katabolischen und den energieverbrauchenden, anabolischen Prozessen dar. Es ist sozusagen die energetische Währungseinheit der Zelle.

Zahlreichen Bakterien fehlen aber die Möglichkeiten, Sauerstoff umzusetzen, sie sind ANAEROBIER. Aber auch die typischen, zur Atmung befähigten AEROBIER finden oft Lebensbedingungen ohne Sauerstoff vor. Auch nährstoffreiche Lösungen (z.B. Milch, Fruchtsäfte usw.) verarmen sehr schnell an Sauerstoff, weil seine Löslichkeit gering ist

Katabolismus   Anabolismus

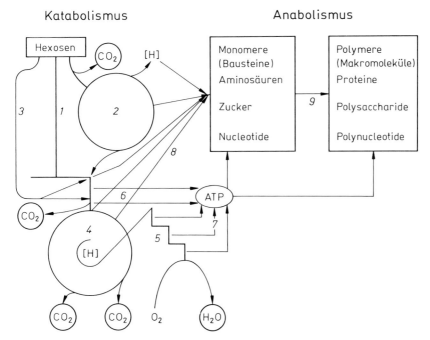

Abb. 1.12. Stoffwechselwege in atmenden Zellen.
1 Fructose-1,6-diphosphat-Weg
2 Pentosephosphat-Weg
3 2-Keto-3-desoxy-6-phosphogluconat-Weg
4 Tricarbonsäurezyklus
5 Atmungskette
6 Substratstufenphosphorylierung
7 Atmungskettenphosphorylierung
8 Monomersynthese
9 Polymersynthese

und er auch nicht schnell genug durch Diffusion nachgeliefert werden kann. Zur Atmung befähigte Organismen, die auch unter diesen Bedingungen noch weiterleben können, bezeichnet man als „fakultative Aerobier" und sie müssen ihre überschüssigen Wasserstoffatome auf andere Weise loswerden, z. B. durch Übertragung auf einen Metaboliten, der dann in reduzierter Form von der Zelle ausgeschieden wird:

Glucose $\rightarrow$ 2 Ethanol + 2 CO_2 +2 Mol ATP.

Dieser Stoffwechsel-Typ wird als GÄRUNG bezeichnet, und je nach dem Hauptausscheidungsprodukt spricht man von ALKOHOLISCHER GÄRUNG (Ethanol), MILCHSÄURE-, ACETON-BUTANOL- oder METHAN-Gärung und anderen mehr (Abb. 1.13). Die Gärungs-

produkte sind noch energiereich, sodaß dem Mikroorganismus sehr viel weniger Energie für die Bildung von ATP übrigbleibt als bei der Atmung. Bei der Vergärung von Glucose können pro Molekül nur 1–4 Moleküle ATP entstehen, bei der Atmung sind es bis zu 36 Moleküle ATP.

Bei den Organismen, die je nach der verfügbaren Menge an Sauerstoff zwischen Atmungs- und Gärungsstoffwechsel umschalten können (SACCHAROMYCES-Hefen können das besonders gut), kann man die Gärung als eine Art Notstromversorgung betrachten: wenn Sauerstoff fehlt, kann die Zelle ihr ATP auch auf dem Gärungsweg gewinnen, allerdings mit viel geringerer Ausbeute. Deshalb müssen die Gärungsorganismen große Mengen an Nährstoffen durchsetzen und die Ausbeute an Gärungsprodukten

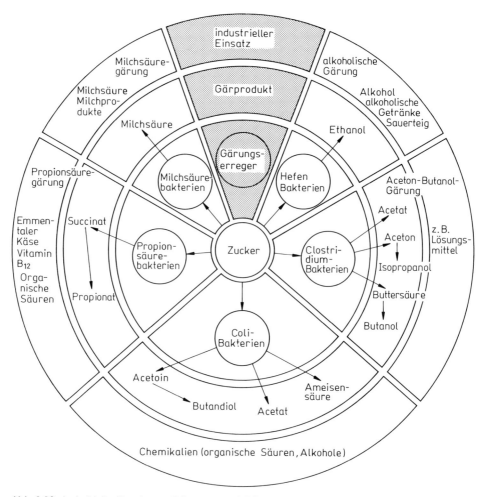

Abb. 1.13. Industrieller Einsatz von Gärungen und Gärprodukten

ist sehr hoch. Dieser Umstand kommt der technischen Gewinnung von Gärungsprodukten (Ethanol, Milchsäure u. a.) aus zuckerhaltigen Lösungen sehr zustatten und er dürfte wohl auch der Grund dafür sein, daß die Gewinnung von alkoholischen Getränken und milchsäurehaltigen Produkten zu den ältesten biotechnischen Prozessen des Menschen zählen.

Zahlreiche mikrobiell erzeugte Produkte gehören allerdings nicht zu den typischen Gärungsprodukten. Als Beispiel sei hier die ESSIGSÄURE-FERMENTATION genannt. Die

Essigsäurebakterien nehmen Ethanol als Kohlenstoffquelle auf und oxidieren, bei reichlichem Sauerstoff-Angebot den Alkohol zu Essigsäure:

Ethanol + O_2 → Essigsäure + H_2O.

Aus dieser Oxidation beziehen die Bakterien die erforderliche Stoffwechselenergie, jedoch fehlen ihnen Enzyme zur weiteren Oxidation von Essigsäure zu Kohlendioxid. Die Bakterien scheiden daher Essigsäure in großen Mengen aus, weshalb man sie für die technische

Essigherstellung einsetzt. Der Prozeß beruht also nicht auf einer Gärung, sondern, wie viele andere auch, auf einer *„unvollständigen Oxidation"* der Nährstoffe und vorzeitigen Ausscheidung von METABOLITEN. Man kann viele Mikroorganismen dazu bringen, Zwischenprodukte ihres Stoffwechsels in großen Mengen auszuscheiden, z. B. durch eine Blockierung bestimmter Stoffwechselwege durch Mutation (s. MUTANTEN). Hierauf beruht die Gewinnung von L-GLUTAMINSÄURE, von verschiedenen anderen AMINOSÄUREN und von NUCLEOTIDEN mit Hilfe von speziellen Bakterienmutanten. Im Fall der CITRONENSÄURE-Fermentation ist es der Streß, den das stark saure Medium (pH 2,1) auf den Organismus (ASPERGILLUS niger) ausübt, der zur Ausscheidung großer Mengen Citronensäure führt.

Weitere, für die Biotechnologie interessante Ausscheidungsprodukte von Mikroorganismen sind Enzyme und andere Proteine. Für diese Makromoleküle ist die Cytoplasmamembran, wie schon erklärt, im Prinzip undurchlässig. Es kann jedoch für den Organismus von Nutzen sein, wenn hydrolytische Enzyme aus der Zelle hinaustransportiert werden. Das gilt z. B. dann, wenn keine monomeren Verbindungen, sondern nur Polymere wie z. B. Stärke, Cellulose, Proteine u. a. als Nährstoffe zur Verfügung stehen. Sie können wegen ihrer Größe nicht in die Zelle eindringen. Für diese Fälle wurden im Laufe der EVOLUTION besondere *Exkretionsmechanismen* für Enzyme entwickelt. Sie ermöglichen, daß die polymeren Substratmoleküle im Nährmedium oder an der Außenseite der PLASMAMEMBRAN gespalten und die niedermolekularen Spaltstücke durch die Membran aufgenommen werden können. Zu diesem Zweck verfügt die Membran über spezielle „Signal-Erkennungs-Proteine", die gewissermaßen vorübergehend einen durchgängigen Kanal durch die Membran herstellen. Die Biosynthese des Enzyms findet unmittelbar an dieser Stelle im Zellinneren statt, so daß die wachsende PEPTIDKETTE während der Synthese durch die Membran nach außen hindurchgeschoben werden kann. Nach beendeter Synthese bleibt das Enzym entweder an

der Membran-Außenseite gebunden (membrangebundene Enzyme) oder es wird völlig freigesetzt und geht in Lösung (Exo-Enzyme). Auf diese Weise ist es Mikroorganismen möglich, zahlreiche hochpolymere Naturstoffe abzubauen. Von Bedeutung ist dieser Mechanismus auch im Falle von genetisch umprogrammierten Bakterien, in die man ein Gen für ein artfremdes Protein eingebaut hat (z. B. menschliches Wachstumshormon). Selbst wenn das so veränderte Bakterium in der Lage ist, das Fremdgen zu exprimieren und das WACHSTUMSHORMON intrazellulär zu bilden, so wäre die Ausbeute nur gering und die Aufarbeitung des Hormons problematisch. Nur wenn es gelingt, den oben geschilderten Exkretionsprozeß mit der Biosynthese des Fremdproteins genetisch zu koppeln, besteht Aussicht, das Wachstumshormon extrazellulär in größerer Ausbeute zu bilden, und das ist heute bereits möglich.

Zusammenfassung

Mikroorganismen kommen in der Natur überall vor und sind für die Stoffkreisläufe auf der Erde zuständig. Wegen ihrer geringen Größe (Kleinheit) besitzen sie eine besonders große relative Oberfläche für ihren Stoffaustausch mit ihrer Umgebung. Darauf beruhen ihre hohen Wachstums- und Umsatzraten. Für die Biotechnologie ist nur eine begrenzte Auswahl aus den zahlreichen Arten von Bedeutung. Manchmal ist die Gewinnung der Mikroorganismenmasse selbst das Ziel des Prozesses. In anderen Fällen sind es primäre oder sekundäre Stoffwechselprodukte, die biotechnisch hergestellt werden. Die angebotenen Nährstoffe dienen den Mikroorganismen sowohl zur Vermehrung und zur Bildung von Produkten als auch zur Bereitstellung der Energie, die sie für die verschiedenen Umwandlungsprozesse benötigen. Der energetisch ergiebigste Prozeß ist die Atmung unter Aufnahme von Sauerstoff. Die Organismen können bei den anaeroben Gärungsprozessen nur sehr viel weniger Energie gewinnen und scheiden dabei reduzierte, energiereiche Gärungsprodukte aus. Andere Produkte werden als unvollständig oxidierte Zwischenstufen des abbauenden (katabolischen) Stoffwechsels in das Kulturmedium abgegeben. Auch Enzyme und andere hochmolekulare Proteine können von Mikroorganismen gebildet werden und sind dadurch einer technischen Nutzung im großen Maßstab zugänglich. Dazu müssen die Mikroorganismen aber über besondere Ausscheidungsmechanismen verfügen, mit denen die großen Moleküle unbeschadet durch die Zellmembran transportiert werden können.

2 Mikroorganismen für Keller und Küche

Zu den ältesten Verfahren der Biotechnologie gehört die Herstellung von alkoholischen Getränken und von Lebensmitteln. Diese Verfahren sind oft bis in unsere Tage unverändert geblieben. Zu ihnen gehören die Erzeugung von Genußmitteln, wie Bier, Wein, Spirituosen, Kaffee, Tabak usw. sowie von Brot, Butter, Käse, Joghurt, Kakao und andere mehr.

2.1 Biotechnische Verfahren zur Herstellung von Getränken

Nach der traditionellen Gesetzgebung dürfen alkoholhaltige Getränke nur solchen Alkohol enthalten, der durch ALKOHOLISCHE GÄRUNG aus landwirtschaftlichen Produkten entstanden ist, also kein Ethanol, das durch chemi-

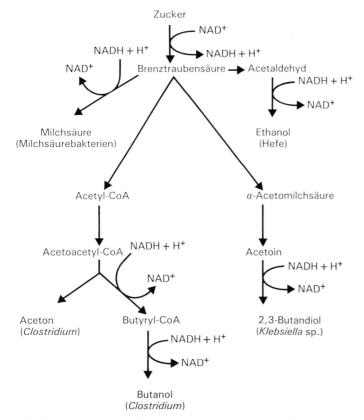

Abb. 2.1. Bedeutende Stoffwechselprodukte. Entstehung bedeutender Stoffwechselprodukte durch Vergären von Zucker durch die wichtigsten Gruppen von Gärorganismen

Tabelle 2.1. Herstellung verschiedener alkoholischer Getränke

Getränk	Herstellung
Nicht destilliert	
Bier	Die Stärke in den Gerstenkörnern wird nach Keimung in Zucker um-gewandelt; dieser wird mit kochendem Wasser extrahiert. Die so entstandene Stammwürze wird vergoren.
Cidre	Vergärung von Apfelsaft
Wein	Vergärung von Traubensaft
Sake	Stärke in gedämpftem Reis wird von *Aspergillus oryzae* hydrolysiert; der freigesetzte Zucker wird durch Hefe vergoren.
Destilliert	
Whisky (Scotch)	Destillation von Alkohol, aus Gerste
Whisky (irischer)	„Pott still"-Whisky aus einem Gemisch von Gerste, Weizen und Hafer. „Grain"-Whisky auf der Grundlage von Mais
(Rye)	aus Roggen
(Bourbon)	überwiegend aus Mais und Roggen
Rum	Destillation vergorener Melasse, die als Nebenprodukt beim Raffinieren von Rohrzucker anfällt
Wodka	Destillation von Alkohol, der aus Kohlenhydratlieferanten wie Kartoffeln oder Getreide stammt
Gin	Destillation von Alkohol aus Mais oder Roggen und nochmaliges Destillieren in Gegenwart von Kräutern und Wacholderbeeren
Tequila	Destillation vergorener Extrakte aus einer Agavenart

sche Synthese erzeugt wurde. Dabei wird der Alkohol in einigen Fällen durch Vergärung direkt im Produkt selbst erzeugt (z.B. Bier, Wein usw.), in anderen Fällen wird er getrennt hergestellt und anschließend zugesetzt (z.B. manche Spirituosen, Liköre usw.) (Tab. 2.1). Schließlich muß man von den reinen alkoholischen Getränken diejenigen abgrenzen, an deren Herstellung außer Hefen auch noch andere Mikroorganismen beteiligt sind und die neben Alkohol auch noch größere Mengen Milchsäure, Essigsäure u.a. enthalten (Abb. 2.1).

BIER wird in Deutschland nach dem in Bayern schon seit 1516 geltenden REINHEITSGEBOT aus Gerstenmalz, Hopfen und Wasser unter Zusatz von Hefe bereitet (§ 9 des Biersteuergesetzes von 1971). Ausnahmen hiervon sind allerdings die *obergärigen Biere*, für die auch Weizen verwendet werden darf. Im übrigen Raum der Europäischen Gemeinschaft dürfen für *untergäriges Bier* auch andere Getreide-

arten eingesetzt werden und außerdem ist es erlaubt, bestimmte Konservierungsmittel zuzusetzen. Der Europäische Gerichtshof hat ferner entschieden, daß derartige, nicht dem deutschen Reinheitsgebot entsprechende Biere, nicht durch Einfuhrbeschränkungen vom deutschen Markt ferngehalten werden dürfen. Sie dürfen lediglich nicht mit dem Zusatz „nach dem deutschen Reinheitsgebot gebraut" versehen sein.

Als Rohstoff für die Bierherstellung (Abb. 2.2) verwendet man in Deutschland vornehmlich die zweizeilige Sommergerste. Das MÄLZEN geschieht in großen Keimkästen, die mit automatischen Wendern ausgestattet sind, wobei der Wassergehalt allmählich von 35% bis auf 48% erhöht wird. Nach einigen Tagen beginnt die Gerste zu keimen. Dabei werden verschiedene stärke- und eiweißspaltende ENZYME gebildet, die die Rohstoffe so verändern, daß sie später von der Hefe umgesetzt werden können. Das entstehende *Grünmalz*

Arbeitsvorgang:	Ablauf:	Bemerkungen:

1. Malzherstellung

In manchen Ländern, so in Ostasien, werden auch mikrobielle Enzyme, meist Pilzdiastasen, zur Verzuckerung eingesetzt.

z.B. aus

Gerste

Zusatz von Wasser; bei optimalem pH 7 - 8 Tage bei 10 - 18 °C

quellen
(im Quelltank bei Luftzufuhr)

Grünmalz

Malz ist ein enzymatisches Produkt, das zur Verzuckerung der in verschiedenen Getreidearten enthaltenen Stärke eingesetzt wird. Enzymaktivierung während des Keimungsvorganges.

Helles Malz: Absenken des Wassergehaltes bei 80 - 85 °C auf 5-10 %; *dunkles Malz:* Absenken des Wassergehaltes bei 100 - 120 °C auf 15 - 20 %. Danach werden beide Malzsorten in 3 - 4 h auf einen Wassergehalt von 1,5 - 3 % abgedarrt.

Darren

Das Darren, ein Trocknen, wird bei verschiedenen Temperaturen und Wassergehalten in Darröfen oder Darrtrommeln durchgeführt. Bei höheren Temperaturen kommt es zur Bildung von Röst- u. Aromastoffen.

Entkeimen
(Abschälen des Getreidekeimlings) ⟶ *Viehfutter*

(Zwischenprodukt)

Malz

(Aufbewahrung im Malzsilo)

2. Würzeherstellung

zerkleinern, in einer Malzmühle schroten

Verschiedene Verfahren: Dreimaischverfahren (Dekoktations- o. Kochverfahren), Temperaturanstiegs- o. Temperatursenkungsverfahren

maischen

Wasser | | Malzschrot

Maisch–[Maische]–Pfanne

Das zerkleinerte Malz wird mit Brauwasser (200 - 300 ppm $CaCO_3$) in einer Maischpfanne angerührt. Maischen ist ein enzymatischer Prozeß, bei dem Stärke durch Amylasen in Zucker (Dextrine u. Maltose) umgesetzt wird.

Maischprozeß

Arbeitsvorgang:
Läutern, klären der Würze. Der zunächst trübe ablaufende Anteil fließt solange zurück, bis er klar abläuft. Haupt- o. Vorderwürze

Bemerkungen:
Die Treber werden mit warmem Wasser über den Anschwänzapparat solange ausgewaschen, bis die Nachwürze nur noch einen Extraktgehalt von 0,1 - 0,5 % aufweist.

Läuterprozeß

Unter Zusatz von 0,15 - 0,55 kg Hopfen zu 100 l Würze wird der Ansatz 90 - 150 min gekocht, wobei die Enzyme inaktiviert, die Bitterstoffe gelöst und Eiweiß koaguliert wird (Bruch).

Der eiweißhaltige Treber findet als Viehfutter Verwendung.

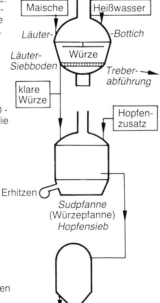

Maische | Heißwasser

*Läuter-*Bottich

Läuter-Siebboden | Würze

Treberabführung

klare Würze

Hopfenzusatz

Erhitzen

Sudpfanne (Würzepfanne)
Hopfensieb

Gleichzeitig wird die Lösung konzentriert u. sterilisiert.

Ausscheidung des *Heißtrubes* bei > 60 °C durch Sedimentation in einem Ausschlaggefäß (= Whirlpool), (Zentrifugen o. Kieselgurfilter)

Whirlpooltank

Abb. 2.2. Arbeitsvorgänge bei der Bierproduktion (Fortsetzung auf S. 22)

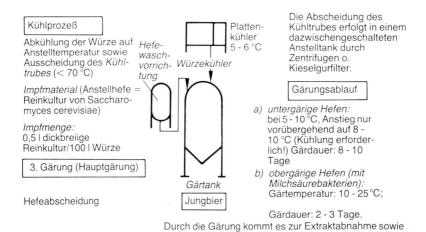

Kühlprozeß

Abkühlung der Würze auf Anstelltemperatur sowie Ausscheidung des *Kühltrubes* (< 70 °C)

Impfmaterial (Anstellhefe = Reinkultur von Saccharomyces cerevisiae)

Impfmenge:
0,5 l dickbreiige Reinkultur/100 l Würze

3. Gärung (Hauptgärung)

Hefeabscheidung

Hefewaschvorrichtung *Würzekühler*

Plattenkühler
5 - 6 °C

Gärtank

Jungbier

Die Abscheidung des Kühltrubes erfolgt in einem dazwischengeschalteten Anstelltank durch Zentrifugen o. Kieselgurfilter.

Gärungsablauf

a) *untergärige Hefen:*
bei 5 - 10 °C, Anstieg nur vorübergehend auf 8 - 10 °C (Kühlung erforderlich!) Gärdauer: 8 - 10 Tage

b) *obergärige Hefen (mit Milchsäurebakterien):*
Gärtemperatur: 10 - 25 °C;

Gärdauer: 2 - 3 Tage.
Durch die Gärung kommt es zur Extraktabnahme sowie einer rH- und pH-Absenkung, wobei unerwünschte Eiweiß-, Gerb- u. Bitterstoffe abgeschieden werden.

Abb. 2.2 (Fortsetzung)

wird dann *gedarrt*, d.h. unter schonenden Bedingungen getrocknet und bis auf 85 bis 90 °C erhitzt (für helle Biere) oder bei 100 bis 110 °C schärfer getrocknet (für dunkle Biere). Das geschrotete *Malz* wird dann im *Maischebottich* zusammen mit viel Wasser langsam erhitzt, wobei beim Erreichen bestimmter Temperaturen Haltephasen für die enzymatischen Abbaureaktionen eingelegt werden (Tab. 2.2).
Unter 50 °C bauen beta-Glucanasen die „*Gummistoffe*" ab, das sind POLYSACCHARIDE, die die spätere Filtration des Bieres erheblich erschweren würden; bei 50 bis 60 °C wird die *Eiweißrast* eingehalten für die Spaltung von PROTEINEN und während der *Verzuckerungrast* zwischen 60 und 74 °C erfolgt die STÄRKEVERZUCKERUNG durch die α- und β-AMYLASEN des Malzes. Gleichzeitig wird auch die entsprechende Menge Hopfen zugesetzt (s. Tab. 2.3).

Der Hopfen, der neben etherischen Ölen auch eine Reihe von Bitterstoffen enthält, ist ausschlaggebend für den Geschmack und Charakter des Bieres und in gewissem Umfang auch für seine Haltbarkeit. Anschließend wird die *Bierwürze* noch eine zeitlang gekocht, hauptsächlich, um die Hopfenbitterstoffe zu isomerisieren, Eiweißstoffe und Polyphenole auszufällen und die Würze zu sterilisieren. Der *Stammwürzegehalt* (das ist der Gehalt an löslichen *Extraktstoffen* in Gramm Trockensubstanz pro 100 g Würze) ist im deutschen Biersteuergesetz vorgeschrieben (siehe Tab. 2.4).
Einfachbiere enthalten 2 bis 5,5 % Stammwürze, *Schankbiere* und *Vollbiere* liegen dazwischen und *Starkbiere* haben über 16 % Stammwürze. Anschließend wird die Würze im *Läuterbottich* geklärt, wobei die zurückbleibenden, festen Bestandteile (*Treber*) als natürliches Filterhilfsmittel dienen, und gelangt dann in den *Gärkeller*. Hier werden

Tabelle 2.2. Enzymatische Reaktionen beim Maischen

pH	Temperatur	Wirkung	Enzym
4,8–5,0	40–50°	Abbau von Gummistoffen	Glucanasen
4,5–4,7	50–60°	Bildung von Eiweißabbauprodukten	proteolytische Enzyme
5,3	60–64°	Bildung von Maltose	β-Amylase
5,8	70–74°	Abbau von Stärke	α-Amylase

sorgfältig ausgewählte *Reinzuchtrassen* der Hefe SACCHAROMYCES *cerevisiae* zugegeben, die die entstandenen Zucker (hauptsächlich MALTOSE neben wenig Maltotriose und GLUCOSE) vergären. Die üblichen Biere sind *untergärige Biere*. Bekannte Vertreter sind die Pilsener Biere, Dortmunder Biere, Münchner Biere sowie Bockbiere. Nach dem BEIMPFEN der Würze bei 5 °C wird sie 8 bis 10 Tage lang vergoren, wobei man die Temperatur nicht höher als auf 10 °C ansteigen läßt. Die hierfür verwendete „*untergärige Hefe*" setzt sich dann am Boden des Gärbehälters ab. *Obergärige Biere* (dazu gehören die *Weißbiere*, Altbiere, Porter und die englischen Biere *Ale* und *Stout*) entstehen bei Gärtemperaturen zwischen 15 und 22 °C und die „*obergärige Hefe*" sammelt sich an der Oberfläche der Würze an und kann schon während der Gärung abgeschöpft werden. Die endgültige *Reifung* des Bieres erfolgt im *Lagerkeller* bei Temperaturen um 0 °C und dauert einige Tage bis mehrere Wochen. Dabei setzen sich nochmals *Trubstoffe* ab und es finden weitere enzymatische Umwandlungen statt, z. B. eine Reduktion von DIACETYL zu dem weniger geschmacksintensiven *Acetoin*. Anschließend wird das Bier filtriert und gegebenenfalls nach PASTEURISIERUNG (z. B. Übersee-Exportbiere) in Flaschen, Dosen oder Fässer abgefüllt (Tab. 2.5).

SAKE ist der japanische Reiswein; er zählt zu den *bierähnlichen* Getränken. Zu seiner Herstellung dient Reis, dessen Stärke mit Hilfe von SCHIMMELPILZEN (ASPERGILLUS *oryceae*) zu vergärbaren Zuckern abgebaut wird. Die Vergärung erfolgt dann mit speziellen Sakehefen. *Kwaß* wird in Rußland getrunken und entsteht, indem eine Maische aus Gerstenmalz, Roggenmalz und Roggenmehl mit Hefen, zum Teil auch unter Zusatz von MILCHSÄUREBAKTERIEN vergoren und mit Pfefferminz aromatisiert wird. Für *Pombe*, das in Zentralafrika getrunkene Bier, wird eine Maische aus Hirse mit der Hefe *Schizosaccharomyces pombe* vergoren.

Wein ist ein alkoholhaltiges Getränk, das durch Vergärung von Traubenmost hergestellt wird. Für *weinähnliche* Getränke werden andere Fruchtsäfte verwendet (z. B. *Apfelwein*,

Tabelle 2.3. Hopfenzusätze für verschiedene Biertypen in kg/hl Würze

Helles Lagerbier	0,13 bis 0,25
Dortmunder Bier	0,18 bis 0,22
Pilsener Bier	0,25 bis 0,45
Porter	1,0 bis 1,5

Tabelle 2.4. Einteilung der Biere in Klassen

	Stammwürze, %
Einfachbiere	2 – 5,5
Schankbiere	7 – 8
Vollbiere	11 – 14
Starkbiere	über 16

Tabelle 2.5. Zusammensetzung eines Vollbieres

Stammwürze, g/100 g	11,9
Extrakt, g/l	42
Alkohol, g/l	39
Kohlenhydrate, g/l	29
Eiweiß, g/l	5,1
Mineralstoffe, g/l	1,5
Organische Säuren, mg/l	591
Glycerin, mg/l	1617
höh. aliph. Alkohole, mg/l	88
Bitterstoffe, mg/l	34
Polyphenole, mg/l	185
Vitamine	
Thiamin, μg/l	33
Riboflavin, μg/l	410
Pyridoxin, μg/l	650
Panthothensäure, μg/l	1632
Niacin, μg/l	7875
Biotin, μg/l	13
Brennwert, kJ/l	1828

Beerenweine usw.). Die Geschichte des Weines in Mitteleuropa ist eng mit der Kultivierung der Weinrebe verknüpft, die um 600 v. Chr. von griechischen Kolonisten in Südfrankreich eingeführt wurde. Mit dem Bau des Limes brachten die Römer ihre Weinstöcke in die von ihnen besetzten Gebiete und später waren es die Klöster, die mit fortschreitender Christianisierung für die Verbreitung von Weinstock und Wein sorgten.

Die Wachstumsperiode der Trauben endet in Deutschland etwa Anfang bis Mitte August. Die Trauben enthalten dann wenig Zucker

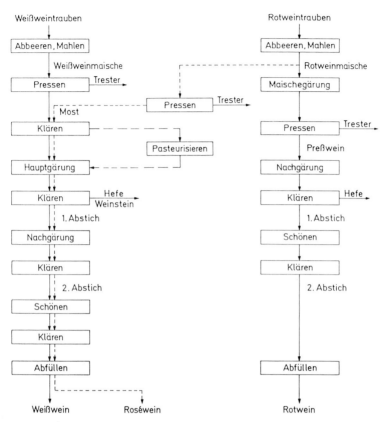

Abb. 2.3. Schema einer Weinherstellung

und viel Säure, besonders Äpfel- und Weinsäure. Durch biochemische Vorgänge, aber auch durch einfache Wasserverdunstung steigt in der anschließenden Reifeperiode die Zuckerkonzentration in den Beeren erheblich an. Die nach der Hauptlese noch am Stock verbliebenen Trauben werden in der „Spätlese" geerntet und führen wegen des höheren Zuckergehaltes zu Weinen besserer Qualitäten. Besonders bei Befall mit dem Pilz *Botrytis cinerea* kommt es zur „Edelfäule" der Trauben. Die Epidermis wird angegriffen, wodurch das Beereninnere durch Verdunstung bis auf das 1,7fache konzentriert werden kann. Dabei steigen die Mengen an Zucker, Glycerin und wertvollen Aromastoffen entsprechend an, während vornehmlich Säuren veratmet werden. Die auf diese Weise am Stock ausgetrockneten Beeren ergeben die

„Trockenbeerauslesen", aus denen Weine der höchsten Qualität entstehen. Wenn schließlich der erste Frost über den Weinstock gekommen und dadurch die Wasserverdunstung noch weitergetrieben worden ist, erhält man aus diesen Trauben die sehr seltenen „Eisweine".

Bei der Weinherstellung (Abb. 2.3) werden die Trauben je nach Sorte und Reifegrad *entrappt*, d.h. von den Stielen (Rappen oder Kämme) befreit. Die Beeren oder Trauben werden in Quetschwalzenmühlen zerkleinert und in der *Kelterpresse* ausgepreßt. Eine Zugabe von pektinspaltenden ENZYMEN sowie von Kieselgur oder Cellulosefasern als Filterhilfsmittel erhöht die Saftausbeute und führt zu einem klareren *Most*. Die Vergärung findet herkömmlich in Eichenholzfässern statt, heute aber zumeist in Edelstahl- oder glasfaserverstärkten Polyestertanks. Die *Drucktank-gärung* erfolgt in geschlossenen Gärtanks unter dem Druck des gebildeten Kohlendioxids. Da der erhöhte CO_2-Druck die Gärung hemmt, läßt sich der Prozeß über den Druck sehr gut steuern. Für die Gewinnung von *Rotwein* muß die Maische vor dem Auspressen einer „*Maischegärung*" unterworfen werden, heute zumeist in geschlossenen Tanks unter CO_2-Druck bei 20 bis 26 °C. Durch den gebildeten Alkohol werden die in den Fruchtschalen enthaltenen Farbstoffe freigesetzt und herausgelöst. Auch Gerbstoffe gehen dabei in den Most über, die dem Rotwein den charakteristischen, herben Geschmack verleihen. In neuerer Zeit wird die Maischegärung durch Aufheizen der Maische für zwei Stunden auf 85 °C ersetzt. Dadurch werden die Farbstoffe aus den Fruchtschalen extrahiert, aber gleichzeitig können Fremdinfektionen in der Rotweinmaische vermindert werden und außerdem geht es schneller. In früheren Zeiten wurde die Gärung spontan durch die HEFEN hervorgerufen, die sich bereits neben vielen anderen Mikroorganismen auf der Epiflora des Lesegutes befinden. Im Sinne der Betriebssicherheit und der Qualitätssicherung verwendet man heute jedoch fast ausschließlich Reinzuchthefen vom Stamm SACCHAROMYCES *cerevisiae*. Geeignete Heferassen sind als STARTER-KULTUREN im Handel erhältlich. Nach Beendigung der Gärung wird der Wein *abgezogen*, d.h. möglichst ohne Luftberührung von dem am Boden des Gärtanks abgesetzten *Hefegeläger* abgetrennt und in Lagerfässer umgefüllt. Durch einen vorzeitigen Abzug erreicht man, daß dem Wein eine bestimmte „*Restsüße*" erhalten bleibt. Für den nachfolgenden *Ausbau* des Weines sind reduzierende Bedingungen besonders günstig, die man durch Zusatz von Salzen der schwefligen Säure, in manchen Fällen auch durch Zugabe von ASCORBINSÄURE (Vitamin C) erreicht.

Von besonderer Bedeutung ist dabei der biologische Säureabbau, bei dem die Äpfelsäure durch Milchsäurebakterien unter Freisetzung von Kohlendioxid in die als Säure wesentlich schwächere Milchsäure umgewandelt wird (MALO-LACTAT-FERMENTATION).

Tabelle 2.6. Milchsäurebildung bei der Reifung eines Weißweines

Datum	Gesamtsäure[a] (g/l)	Milchsäure[a] (g/l)
Juni	11,3	0,0
Juli	11,0	0,4
September	10,5	0,8
Februar	9,3	2,0
Juli	8,1	2,8

[a] Berechnet als Weinsäure.

Ohne diese Umwandlung wären die Weine unserer Region wegen ihres hohen Gesamtsäuregehaltes von 8 bis 10 g/l nicht trinkbar (Tab. 2.6). Andererseits können nur solche Weine über längere Zeit gelagert werden, die einen bestimmten Säuregehalt aufweisen und so kommt es sehr auf die Kunst des Kellermeisters an, die Säuregärung durch entsprechende Schwefelung und andere Maßnahmen zu steuern. Dies trifft besonders für Rotweine zu, deren Gesamtsäuregehalt zwischen 4,5 und 6 g/l liegen sollte, andernfalls schlägt der „Ausbau" des Weines in einen „Abbau" um. Die Herstellung von *Rosé-Weinen* ist unterschiedlich. Entweder wird auf die Maischegärung von roten Trauben teilweise oder ganz verzichtet, so daß nur wenig Farbstoff in den Most gelangt, oder man unterzieht Mischungen von roten und weißen Trauben einer vollständigen Maischegärung. Die in Frankreich gelegentlich praktizierte Aufhellung von Rotwein durch Behandlung mit Aktivkohle ist nach dem deutschen Weingesetz nicht zulässig. Bei der Erzeugung von *Sherry-Weinen* in Südspanien spielt eine *Nachgärung* unter Zutritt von ausreichend Sauerstoff eine entscheidende Rolle. Dabei bildet sich auf der Flüssigkeits-Oberfläche ein „*Flor*", das ist eine dicke Schicht von Sherry-Hefen, die dem Getränk den charakteristischen Geschmack verleihen.

Spirituosen. Branntweine enthalten mindestens 32%-vol Ethanol und werden durch direkte *Destillation* bzw. *Rektifikation* aus vergorenen Maischen oder deren Folgeprodukten gewonnen. Zusätze zur Aromatisierung und Abrundung des Geschmacks sind er-

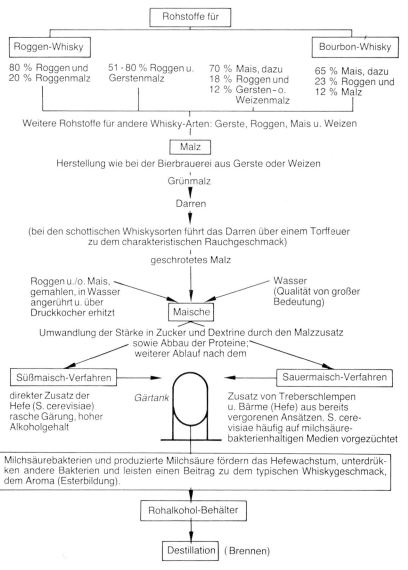

Abb. 2.4. Arbeitsvorgänge bei der Whiskyproduktion (Fortsetzung s. S. 27)

laubt. Zumeist wird zunächst ein höherprozentiges Destillat hergestellt, das dann mit Wasser auf Trinkstärke verdünnt wird. *Deutscher Weinbrand*, französischer *Cognac*, *Armagnac* und Weinbrände anderer Herkunft werden aus vergorenen Traubenmaischen in einfachen, kupfernen *Brennblasen* destilliert, wobei man zunächst einen *Rauhbrand* mit etwa 25 bis 30% Alkohol herstellt, aus dem

dann in einer zweiten Brennblase der endgültige *Feinbrand* gewonnen wird, der einen Alkoholgehalt bis zu 60%-vol haben kann. Der Feinbrand lagert dann, oft über viele Jahre, in Fässern aus sorgfältig ausgewählten Eichenhölzern (z.B. *Limousin-Eiche*), wobei er unter Aufnahme von Extraktstoffen aus dem Holz langsam seine Reife erlangt. Die Poren des Holzes erlauben einen gewissen

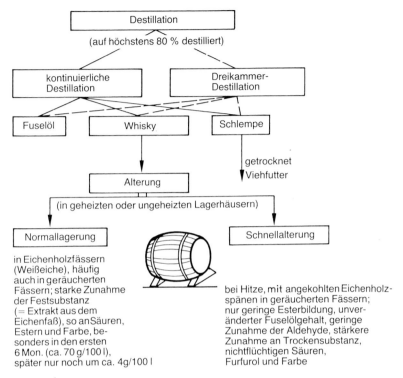

```
              ┌─────────────────────┐
              │    Destillation     │
              └─────────────────────┘
          (auf höchstens 80 % destilliert)

   ┌──────────────────┐      ┌──────────────────┐
   │  kontinuierliche │      │   Dreikammer-    │
   │   Destillation   │      │   Destillation   │
   └──────────────────┘      └──────────────────┘

┌─────────┐   ┌─────────┐   ┌─────────┐
│ Fuselöl │   │ Whisky  │   │ Schlempe│
└─────────┘   └─────────┘   └─────────┘
```

getrocknet
Viehfutter

Alterung

(in geheizten oder ungeheizten Lagerhäusern)

Normallagerung

Schnellalterung

in Eichenholzfässern
(Weißeiche), häufig
auch in geräucherten
Fässern; starke Zunahme
der Festsubstanz
(= Extrakt aus dem
Eichenfaß), so an Säuren,
Estern und Farbe, be-
sonders in den ersten
6 Mon. (ca. 70 g/100 l),
später nur noch um ca. 4 g/100 l

bei Hitze, mit angekohlten Eichenholz-
spänen in geräucherten Fässern;
nur geringe Esterbildung, unver-
änderter Fuselölgehalt, geringe
Zunahme der Aldehyde, stärkere
Zunahme an Trockensubstanz,
nichtflüchtigen Säuren,
Furfurol und Farbe

Abb. 2.4 (Fortsetzung)

Gasaustausch, sodaß der Branntwein durch Aufnahme von Luftfeuchtigkeit und durch Verlust von Alkohol schließlich die gewünschte Trinkstärke (meist 40%-vol) erreicht.

Zu den *Obstbranntweinen* gehören die *Wässer* (Kirschwasser, Zwetschgenwasser usw., auch als Kirschbrand oder Kirsch, Pflaumenbrand oder Slivowitz bezeichnet). Sie werden durch direkte Destillation der vergorenen *Obstmaische* gewonnen. Zur Herstellung der *Geiste* (z.B. Himbeergeist, Wacholdergeist) wird die frische Fruchtmasse mit reinem Ethanol oder einem zulässigen Destillat versetzt und anschließend abdestilliert. *Getreidebrand* (Kornbranntwein) wird aus Gerste, Roggen, Weizen, Reis usw. hergestellt. Das geschrotete Getreide wird zur *Verkleisterung* der Stärke erhitzt, anschließend mit technischen ENZYMEN oder mit *Gerstenmalz* verzuckert, mit HEFEN vergoren und destilliert. *Wodka* wird aus Roggen, Kartoffeln oder anderen stärkehaltigen Pflanzen durch mehrfache Rektifikation des Destillates aus der vergorenen Maische hergestellt. Gelegentlich wird er mit dem cumarinhaltigen Büffelgras aromatisiert. Durch Zugabe von Wacholderbeeren zu den Getreidemaischen oder von alkoholischen Wacholderbeerauszügen zum Destillat gewinnt man Brände mit Wacholdergeschmack, wie Steinhäger, *Genever* oder *Gin*.

Merkwürdigerweise fällt *Whisky* nicht unter den Begriff der Getreidebrände. Schottischer *Malt-Whisky* wird aus gemälzter Gerste hergestellt, die über Torf- oder Kohlerauch gedarrt wurde, wodurch das Produkt die rauchige Geschmacksnote erhält. *Grain-Whisky* wird aus ungemälztem Getreide gewonnen; er ist aromastoffärmer und schärfer im Geschmack (Abb. 2.4). Beide Sorten werden, ähnlich wie beim Weinbrand, zuerst als Rohbrand und in der zweiten Stufe als ein Feindestillat mit 70 bis 80%-vol Alkohol gewonnen, dann auf 55 %-vol verdünnt und mehrere Jahre gelagert. Dazu werden gebrauchte Sherryfässer verwendet, in denen Sherry aus seinem Ursprungsland Spanien nach Großbritannien transportiert worden war. Im Handel ist schottischer Whisky zumeist als *Blended Whisky*, d. h. als ein Verschnitt aus beiden Sorten. Der aus den USA stammende *Bourbon-Whiskey* wird aus (mindestens 51 %) Mais unter Zusatz von Roggen, Gerste oder Weizen durch Verzuckerung mit Gerstenmalz hergestellt und in zwei Stufen destilliert. Die Lagerung erfolgt traditionell in angekohlten Eichenholzfässern.

2.2 Biotechnische Verfahren bei der Herstellung von Lebensmitteln

Brot und andere Backwaren sollen schön locker sein. Deshalb verwendet man bei ihrer Herstellung neben Pottasche und Hirschhornsalz bevorzugt Backhefe oder Sauerteig als *Teigtriebmittel*. BACKHEFE kann für Weizenmehlteige, also zum Backen von Weißbrot, Brötchen und Süßbackwaren verwendet werden. Über ihre fermentationstechnische Gewinnung aus Zuckerrübenmelasse wird in Kap. 3 die Rede sein.

Zum Backen von Roggenbrot sowie von Weizen-Roggen-Mischbroten verwendet man SAUERTEIG. Er enthält, je nach Herkunft homofermentative und heterofermentative MILCHSÄUREBAKTERIEN, (Abb. 2.5) sowie spezielle, säurestabile Sauerteighefen.

Im herkömmlichen Backbetrieb wird ein geringer Teil des ausgereiften Sauerteiges zurückbehalten, im Abstand von jeweils mehreren Stunden mit kleineren Portionen Roggenmehl und Wasser vermischt und bei etwa 22 °C über Nacht stehen gelassen. Am anderen Morgen wird etwa ein Drittel der vorgesehenen Menge an Mehl und Wasser zugegeben und nochmals vier Stunden bei 28 bis 30 °C reifen gelassen. Mit diesem ausgereiften „*Vollsauer*" und der Hauptmenge Mehl und Wasser entsteht dann der fertige Brotteig. Die Bakterien machen zunächst eine MILCH-

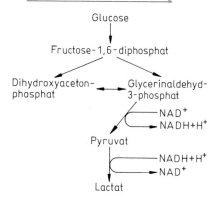

a Homotermentative M.-Gärung

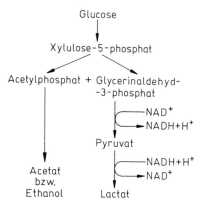

b Heterotermentative M.-Gärung

Abb. 2.5. Milchsäuregärung. Der skizzierte Stoffwechselweg von der Lactose zur Milchsäure zeigt nicht alle Zwischenprodukte

SÄUREGÄRUNG zur Säuerung des Teiges, während die Hauptmenge an Kohlendioxid zum Teigtrieb erst später durch die Gärtätigkeit der Hefen entsteht.

Eine Milchsäuregärung findet auch bei der Herstellung von *Butter* statt (Abb. 2.5). Dazu wird heutzutage der Keimgehalt der Milch zunächst durch PASTEURISIERUNG vermindert (Abb. 2.6 u. 2.7). Anschließend gewinnt man daraus den *Rahm*, versetzt ihn mit einem „*Säurewecker*", das ist eine Mischkultur von ausgewählten Milchsäurebakterien und läßt ihn in doppelwandigen *Rahmtanks* 16 bis 30 Stunden lang reifen. Die Bakterien bilden nicht nur Säuren, die zur *Koagulation* des

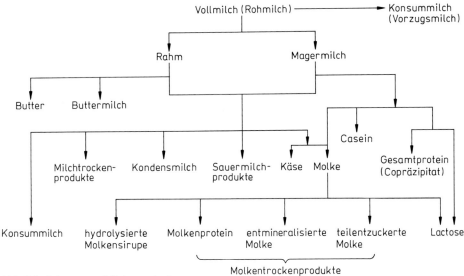

Abb. 2.6. Schema zur Milchverarbeitung

Rahmes führen, sondern auch *Acetoin*, das durch Oxidation in das typische „*Butteraroma*" DIACETYL übergeht. Der ausgereifte Rahm wird zur Butterung direkt in das Butterfaß befördert. Als Nebenprodukt bleibt dabei die *Buttermilch* zurück. Die durch spontane Infektion mit Milchsäurebakterien oder durch Säurewecker gesäuerte Milch heißt *Sauermilch* oder *Dickmilch*. Sie wird schon seit mehr als 5000 Jahren bereitet und verzehrt. Ein anderes Milchsäuerungsprodukt ist der *Joghurt*, der in seiner bulgarischen Heimat ursprünglich aus Ziegen- und Schafsmilch bereitet wurde. *Kefir* wird vor allem im Kaukasus aus Kuh-, Ziegen- oder Schafsmilch durch einen Zusatz von sog. „*Kefirkörnern*" zubereitet. Diese Körner sind eine Art IMMOBILISIERTE BIOKATALYSATOREN, bestehend aus koaguliertem Eiweiß, in dem verschiedene Milchsäurebakterienarten und lactosevergärende Hefen enthalten sind. Ein Liter reifer Kefir enthält bis zu 10 g Milchsäure und 3 bis 8 g Ethanol sowie Kohlendioxid.

Käse sind (laut Käseverordnung der BR Deutschland von 1976) frische oder in verschiedenen Graden der Reife befindliche Erzeugnisse, die aus dickgelegter Käserei-

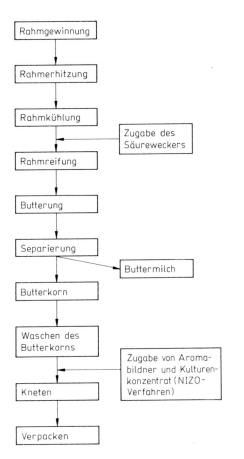

Abb. 2.7. Technologie der Butterherstellung

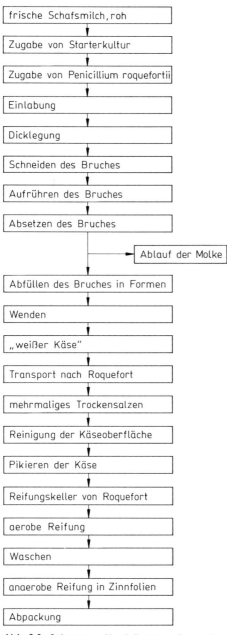

frische Schafsmilch, roh

↓

Zugabe von Starterkultur

↓

Zugabe von Penicillium roquefortii

↓

Einlabung

↓

Dicklegung

↓

Schneiden des Bruches

↓

Aufrühren des Bruches

↓

Absetzen des Bruches

→ Ablauf der Molke

↓

Abfüllen des Bruches in Formen

↓

Wenden

↓

„weißer Käse"

↓

Transport nach Roquefort

↓

mehrmaliges Trockensalzen

↓

Reinigung der Käseoberfläche

↓

Pikieren der Käse

↓

Reifungskeller von Roquefort

↓

aerobe Reifung

↓

Waschen

↓

anaerobe Reifung in Zinnfolien

↓

Abpackung

Abb. 2.8. Schema zur Herstellung von Roquefort

Schlachtkälber gewonnen wird (*Labkäserei*). Wegen der großen Nachfrage ist dieses Enzym, das auch *Rennin* genannt wird, inzwischen zur ausgesprochenen Mangelware geworden und manche Käsereien sind schon zu renninähnlichen Enzymen aus Pilzen übergegangen. Durch Stehenlassen setzt sich aus der dickgelegten Milch der „*Bruch*" ab und die überstehende *Molke* kann abgetrennt werden. Aus diesem weichen Bruch entstehen die *Weichkäsesorten* (z.B. *Camembert*). *Hartkäse* vom Typ Emmentaler, Edamer oder Parmesankäse erhält man durch Auspressen des Bruches und vollständigere Entfernung der Molke. Die aus dem Bruch geformten Käselaibe werden dann in einem Salzbad behandelt oder mit festem Salz bestreut, um Fäulnisbildung während der anschließenden *Hauptreifung* zu verhindern. Bei dieser Reifung spielt die Bakterienflora eine entscheidende Rolle, die nicht nur den *Milchzucker* vergärt, sondern auch durch den Abbau von Eiweiß und von Fetten zur Ausbildung der typischen Aromanoten des Produktes führen. Die im Käse gegebenenfalls entstehenden Löcher (genannt „*Augen*") sind die Folge der Kohlendioxidbildung bei einer *Propionsäuregärung*. Besondere, mikrobiell hergestellte Sorten sind die *Grünschimmel*- und *Blauschimmel*-, sowie die *Weißschimmelkäse*. Bekanntester Vertreter der ersten Art ist der *Roquefortkäse*, der in Südfrankreich in den Cevennen aus Schafsmilch hergestellt wird (Abb. 2.8).

Nach dem Dicklegen der Milch wird der Bruch in runde Formen gepreßt und mit trockenen Brotkrumen beimpft, die vollständig mit Sporen des Pilzes *Penicillium roquefortii* durchsetzt sind. Der Käse reift bei Temperaturen unter 9 °C in Kalksteinhöhlen, in denen das an den Wänden herabrieselnde Wasser eine sehr hohe Luftfeuchtigkeit erzeugt. Der Pilz vermehrt sich in den Poren des Käses und verursacht die grünlichblauen Schimmelflecken. Die typische, pikantwürzige, leicht ranzige Aromanote wird vor allem durch Abbauprodukte aus den freigesetzten, mittelkettigen Fettsäuren (Pentanon bis Nonanon) verursacht. Der bekannteste Weißschimmelkäse ist der *Camembert* (nach einem Dorf in der Normandie benannt). Er ist außen

milch hergestellt sind. Zur Ausfällung von Milcheiweiß (*Casein*) setzt man der Milch entweder Säurewecker zu, das ist die *Sauermilchkäserei*; oder man versetzt die Milch mit dem LABFERMENT, das aus dem Magen junger

dicht mit dem Pilz *Penicillium camembertii* bewachsen, der starke eiweißspaltende Wirkungen hat. Daraus ergibt sich die Eigenart dieses Käses, leicht zu erweichen und unter Freisetzung von Ammoniak schließlich zu zerfließen. Als *Frischkäse* bezeichnet man natürliche, ungereifte Milchprodukte, die durch Ausfällung des Caseins mit Hilfe einer Milchsäuerung oder eines Zusatzes von Rennin zubereitet werden (z.B. deutscher Quark, Hüttenkäse oder amerikanischer Cottage cheese).

Gemäß der alten Volksweisheit „Sauer macht lustig", spielen seit alters her *saure Gemüse* und *Früchte* in der Ernährung des Menschen eine große Rolle; einmal, weil eine gewisse, weiche Säure als angenehm empfunden wird und zum anderen, weil die Säuerung (auf PH-WERTE um 3,5) einen natürlichen Schutz gegen zahlreiche Bakterienschädlinge der Nahrungsmittel bewirkt (KONSERVIERUNG).

Sauerkraut ist ein durch MILCHSÄUREGÄRUNG haltbar gemachtes Weißkraut (Abb. 2.9). Das Kraut wird zerkleinert, mit Kochsalz vermischt und macht in großen Gärbottichen eine Gärung durch. Die Oberfläche wird mit einem Deckel abgedeckt, um einen Zutritt von Luft zu vermindern und die Masse unter der Oberfläche der *Lake* zu halten. Während der ersten zwei Wochen bilden sich hauptsächlich Milch- und Essigsäure sowie Mannit und Kohlendioxid. Später entstehen Ester aus Säuren und Alkohol als wichtige Geschmackskomponenten. Nach insgesamt 3 bis 4 Wochen muß ein Säuregehalt von mindestens 15 g/l erreicht sein. Heute wird Sauerkraut zumeist durch PASTEURISIERUNG haltbar gemacht, mit Wein, Zucker und Gewürzen abgeschmeckt und gegebenenfalls mit ASCORBINSÄURE (Vitamin C) versetzt, um oxidativ bedingte Verfärbung zu verhindern. Ebenso ist die Herstellung von eingemachten *sauren Gurken* von erheblicher wirtschaftlicher Bedeutung. Mit Hilfe von Essigsäure- und Milchsäurebakterien und eventuell auch in Anwesenheit anderer Mikroorganismen können Sauergurken unterschiedlicher Geschmacksrichtungen zubereitet werden. Anschließend können sich auch HEFEN auf den Salzlaken unter Bildung einer

Kahmhaut ansiedeln. Die Hefen veratmen zum Teil die gebildete Milchsäure, wodurch die konservierende Wirkung der Säure verloren geht und die geschmackliche Qualität abnimmt. Die Kahmhautbildung kann durch Bestrahlen mit ultraviolettem Licht, durch PASTEURISIERUNG oder durch Erhöhen der Salzkonzentration auf 15% verhindert werden. Kleinere Gurken werden oft zusammen mit anderem Gemüse vergoren (*mixed pickles*), wobei *Lactobacillus plantarum* das wichtigste Bakterium ist. Auch andere Gemüsearten, z.B. *grüne Bohnen, Möhren, Kohlrabi* und *Blumenkohl* lassen sich wie Gurken verarbeiten. *Oliven* werden vor ihrer Vergärung mit MILCHSÄUREBAKTERIEN mit 1 bis 2%iger Natronlauge behandelt, um einen glykosidischen Bitterstoff, das Oleuropin zu verseifen und dadurch zu entfernen. Oliven werden zweimal jährlich geerntet; aus den unreifen Früchten stellt man die grünen und aus den reifen Früchten die schwarzen Oliven her.

Auch das liebe Vieh liebt Saures, und auch das in der Landwirtschaft anfallende frische Pflanzenmaterial kann zur KONSERVIERUNG mittels Milchsäurebakterien vergoren und damit als wertvolles Futter für den Winter bereitgestellt werden (*Silage*); s. Abb. 2.10. Das zur Silierung bestimmte Pflanzenmaterial wird möglichst in vorgewelktem Zustand, gehäckselt und in hoher, dichter Packung in das *Silo* gefüllt. Es kommt zu einer spontanen Gärung durch homofermentative und heterofermentative MILCHSÄUREBAKTERIEN (s. Abb. 2.5), die in modernen Betrieben heute auch schon als STARTER-KULTUREN zugesetzt werden, um einen optimalen Verlauf der Silierung zu gewährleisten. Zu Beginn sind noch AEROBIER am Werk, die rasch für einen Verbrauch des Sauerstoffs im Silagegut sorgen. In dem sich einstellenden anaeroben Milieu findet dann eine MILCHSÄUREGÄRUNG statt, nach deren Abschluß ein Säuregehalt von 1,5 bis 2% erreicht wird. Diese Silage ist mehrere Monate bis Jahre haltbar, vorausgesetzt, daß bei der Materialentnahme aus dem Silo kein Luftsauerstoff in das restliche Gut gerät. In Anwesenheit von Sauerstoff können nämlich Hefen aufkommen, die zu einem Verlust an Nährwert führen und

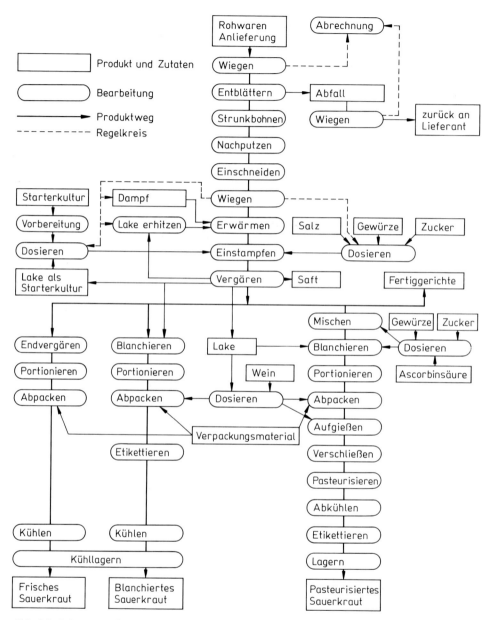

Abb. 2.9. Schema zur Sauerkrautherstellung

durch Veratmung der Milchsäure den natürlichen Säureschutz zerstören. Als Folge können Fäulnisbakterien überhandnehmen, darunter auch *Clostridium*-Arten, welche dann auch noch die Reste an Milchsäure zu *Buttersäure*, Kohlendioxid und Wasserstoff abbauen. Die

Verfütterung von solchermaßen verdorbener Silage kann sich bis auf die Erzeugung von Käse auswirken, z.B. durch die gefürchtete *Spätblähung* von Hartkäse. Aus diesem Grund ist in den großen Herstellungsgebieten von *Emmentaler Käse* das Verfüttern von Silage an

Kühe verboten, deren Milch an Käsereien abgeliefert werden soll.

Auch wenn es um die Wurst geht, spielen mikrobielle Säuerungsprozesse eine große Rolle, sowohl bei *Rohwürsten* (Salami, Cervelat- und Mettwurst) wie auch bei *Pökelware* (z.B. Schinken). Die Prozesse dienen der Reifung der Produkte, ihrer Konservierung und ihrer Geschmacksbildung und Färbung (Abb. 2.11).

Die Ausgangsmaterialien (Rind- und Schweinefleisch, frischer Schweinespeck) werden im angefrorenen Zustand im „*Kutter*" zerkleinert und mit *Pökelsalz* (Kochsalz mit 0,5% Natriumnitritzusatz), Gewürzen, etwas Zucker, ASCORBINSÄURE, Natriumglutamat (s. L-GLUTAMINSÄURE) und den entsprechenden Rohwurst-STARTER-KULTUREN versetzt. Das so erzeugte *Brät* wird in Wurstdärme gefüllt, die in *Reifekammern* gehängt werden. Für die Erzeugung von *Schimmelsalami* werden die Rohwürste mit einer Sporensuspension von *Penicillium nalgiovense* bestrichen. Die Reifekammer wird durch Programmsteuerung klimatisiert und außerdem kann auch eine exakt vorgegebene Menge *Räucherrauch* eingeführt werden. Die Reifung beginnt bei hoher Luftfeuchtigkeit (95%) und Temperatur (22°C) für optimale Stoffwechsel- und Wachstumsleistungen der Fermentationsorganismen. Mit fortschreitender Reifung werden Temperatur und relative Feuchte stufenweise abgesenkt, so daß die Abtrocknung allmählich und die Säuerung gleichmäßig vor sich gehen kann. Nach etwa 14 Tagen beginnt nochmals eine zweiwöchige *Nachreifephase*, in der sich das volle Aroma und die gewünschte schnittfeste Konsistenz entwickeln. Die zugesetzten Starterkulturen enthalten Milchsäurebakterien und Mikrokokken. Die erstgenannten vergären das Glycogen des Muskelfleisches und den zugesetzten Zucker zu Milchsäure, die den Geschmack und die Haltbarkeit der Wurst bestimmt. Außerdem koagulieren die löslichen Proteine im Muskelfleisch und verlieren ihr Hydratwasser, was letztlich zum Austrocknen der Hartwurstmasse führt. Unter den sauren Bedingungen entsteht aus dem *Nitrit* des Pökelsalzes salpetrige Säure, die gemäß der nachfolgenden Gleichung zu

Fermentierbarkeit		
leicht	weniger gut	schwer
Silomais	Ackerbohnen, siloreif	Rotklee
Feuchtgetreide	Wiesengras, 1. Schnitt	Ackerbohnen
Sonnenblumen	Mähweidegras, 1. Schnitt	Raps, Rübsen, Ölrettich
Rübenblatt	Wiesengras, 2. + 3. Schnitt	Luzerne
Topinambur	Kleegrasmenge, 1. Schnitt	Futterwicken
Markstammkohl	Mähweidegras, 2. + 4. Schnitt	

Abb. 2.10. Fermentierbarkeit von Futtermitteln. Wichtige Faktoren sind der Gehalt an Eiweiß, Kohlenhydraten und Wasser. Die Silierfähigkeit wächst mit zunehmendem Gehalt an leicht vergärbaren Kohlenhydraten bei niedrigem Eiweiß- und Wasseranteil

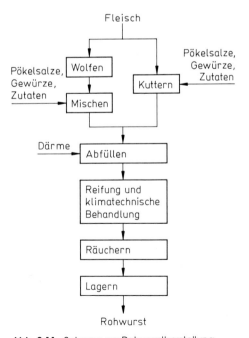

Abb. 2.11. Schema zur Rohwurstherstellung

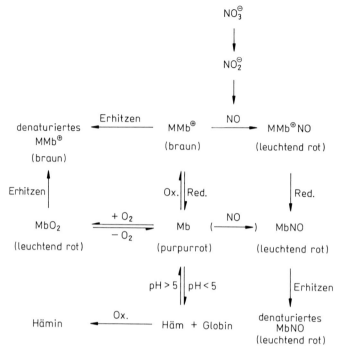

Abb. 2.12. Reaktionen von Myoglobin. Muskelgewebe enthält durchschnittlich 1% purpurrotes Myoglobin. Die Farbe von frischem Fleisch wird durch das Verhältnis Myoglobin (Mb), Oxymyoglobin (MbO_2) und Metmyoglobin (MMb^+) bestimmt. Bei hohem Sauerstoffgehalt bildet sich MbO_2 (kirschrot) in frischem Fleisch bis zu einer Tiefe von 1 cm. Bei geringem Sauerstoffpartialdruck erfolgt langsame Oxidation zu MMb^+ (braun). In der Fleischtechnologie spielt die Farbstabilisation durch Zusatz von Nitrat (NO_3^-) oder Nitrit (NO_2^-) eine große Rolle (Pökelung). Nitrit oxidiert das Myoglobin zu Metmyoglobin und bildet mit Mb und MMb^+ sehr stabile Nitrosoverbindungen (MbNO, MMb^+NO) von leuchtend roter Farbe (Umrötung). Die Farbe von Pökelfleisch ist hitzestabil (denaturiertes MbNO, leuchtend rot), während ungepökeltes Fleisch beim Erhitzen nach braun umschlägt (denaturiertes MMb^+)

Stickstoffmonoxid und Salpetersäure „disproportioniert":

$$3\,HNO_2 \rightarrow 2\,NO + HNO_3 + H_2O.$$

Stickstoffmonoxid reagiert im Brät mit dem Muskelfarbstoff *Myoglobin* unter Bildung von Nitroso-Myoglobin, dem *Pökelrot*, das die Rotfärbung (*Umrötung*) in gepökelten Fleischwaren verursacht (Abb. 2.12). Nun ist aber der Zusatz von Nitrit keineswegs unumstritten, vor allem wegen der möglichen Bildung von toxischen Lebensmittelinhaltsstoffen (*Nitrosoverbindungen, Nitrosamine* usw.) und die erlaubten Restmengen in

Tabelle 2.7. Die wichtigsten pathogenen Mikroorganismen in Lebensmitteln

Organismen	Betroffene Lebensmittel
Salmonellen	Fleisch, Geflügel, Eier
Staphylokokken	Fleisch, Geflügel, Käse
Clostridium perfringens	Fleisch, Geflügel (auch verarbeitet)
Clostridium botulinum	Fleisch, Fisch (verarb.), Konserven
enteropath. *Escherichia coli*	Fleisch, Geflügel
Virus d. infektiös. Hepatitis	Muscheln, Fisch, Fleisch, Geflügel

Tabelle 2.8. Asiatische, fermentierte Lebensmittel

Produkt	Eigenschaften	Rohstoffe	Mikroorganism.
Koji	Vorprodukt für die Herstellung von Sojasauce u. Miso.	1:1-Gemisch von Soja und Weizen gedämpfter Reis.	*Aspergillus oryzae, Pedio-coccus* u.a.
Sojasauce (jap. Shoyu)	Dunkelbraune Flüss. Geschmack salzig, aromatisch.	Sojabohnen, ent-fettetes Sojamehl Weizen.	Schimmelpilze Bakterien, und Hefen.
Sojapaste (japan. Miso)	Hellgelb bis rot-braun würzig schmeckend	Reis und Soja od. Gerste und Soja	Schimmelpilze Hefen, Milch-säurebakterien
Hamanatto (schwarze Bohnen)	Scharf-würzig schmeckend	Ganze Sojabohnen	wie Koji
Tofu, Sufu, chines. Käse	Säure-koaguliertes Protein	Sojabohnen, Sojamilch.	*Mucor sufu* und andere
Tempeh (Indonesien)	In Salz getaucht u. gebraten	Gekochte Sojaboh-nen in Bananen-blätter gewickelt	Verschiedene *Rhizopus*-Arten
Nato (Japan)	Stark ammoniaka-lisch schmeckend	Gedämpfte Soja-bohnen in Fichten-holzblättchen ge-wickelt.	*Bacillus subtilis*
Ang-kak, roter Reis, Indones. China	dunkelrot, scharfer typ. Geschmack z. Färben u. Würzen v. Speisen	Gedämpfter Reis	*Monascus purpureus*
Gari (Nigeria)		Maniok (Cassava)	*Geotrichum,* Corynebacterium

Lebensmitteln werden sehr niedrig angesetzt. Eine wichtige Rolle im Sinne einer Ein-sparung von Nitrit kommt daher den Mikro-kokken in den STARTER-KULTUREN zu. Sie können die bei der obigen Reaktion entstan-dene Salpetersäure enzymatisch reduzieren (Nitratreduktase), wobei erneut salpetrige Säure entsteht und wie oben reagieren kann. Auf diese Weise werden die ohnehin geringen Mengen an zugesetztem Pökelsalz weitest-gehend ausgenutzt und umgesetzt. Zusätzlich werden durch Zugabe von ASCORBINSÄURE reduzierende Bedingungen im Wurstbrät her-gestellt, wodurch die Umwandlung ebenfalls begünstigt wird. Auch an diesem Beispiel zeigt sich wieder, in welcher Weise die Herstellung klassischer Lebensmittel durch die moderne Biotechnologie beeinflußt werden kann.

Einige wichtige pathogene Mikroorganismen, die in Lebensmitteln auftreten können, sind in der Tab. 2.7 aufgeführt.

Weitere Spezialitäten aus fernen Ländern

Im Fernen Osten (Japan, China, Korea, Indo-nesien usw.) werden seit Jahrhunderten zahl-reiche Pflanzenprodukte mit Hilfe von de-finierten SCHIMMELPILZEN fermentiert und für die menschliche Ernährung verwendet. Hauptsächlicher Rohstoff ist die *Sojabohne* mit ihrem hohen Proteingehalt von 35 %. Die Schimmelpilze sollen die AMYLASEN und PROTEASEN für den enzymatischen Aufschluß von Stärke- und Eiweißinhaltsstoffen liefern, und die Spaltprodukte werden dann teilweise

durch ALKOHOLISCHE GÄRUNG oder MILCH-
SÄUREGÄRUNG umgewandelt. Diese traditionellen Erfahrungen mit Schimmelpilz- und
Bakterienfermentationen haben sicher nicht
unwesentlich dazu beigetragen, daß Japan
heute eine führende Rolle in der modernen
Biotechnologie einnimmt (s. Tab. 2.8).

Zusammenfassung

In der Geschichte der Menschheit haben fermentierte Lebensmittel eine sehr lange Tradition. Mikroorganismen bewirken dabei nicht
nur erwünschte geschmackliche Veränderungen und Verbesserungen, sondern tragen
auch wesentlich zur Haltbarkeit von pflanzlichen und tierischen Produkten bei. Damit
ermöglichten sie bereits dem Menschen
früher Epochen, eine gewisse Vorratshaltung
von Nahrungsmitteln zu betreiben. Produkte
wie Bier, Wein, Sauermilch, Käse, Sauerkraut
und Wurst entstanden früher durch spontane
Fermentationen, sei es, daß die Mikroorganismen aus der natürlichen Mikroflora der verwendeten Rohstoffe stammten, oder sei es,
daß sie sich an den Einrichtungen und Gerät-
schaften der Verarbeitung und Zubereitung
durch natürliche Auslese angesiedelt hatten.
Bedingt durch moderne, betriebshygienische
Maßnahmen erfolgt heute die Verarbeitung
von Lebensmitteln mindestens unter keimar-
men, wenn nicht gar unter sterilen Bedingungen. Damit ist die hausgemachte und vielfach
typische Mikroflora aus den Betrieben verschwunden und an ihre Stelle treten zumeist
sorgfältig ausgewählte Starterkulturen, durch
die die Prozesse mit hoher Betriebssicherheit
ablaufen und die den Produkten gute und
gleichbleibende Qualitätseigenschaften verleihen. Nach wie vor stehen aber auch in den
blitzblanken Edelstahlanlagen der modernen
Lebensmitteltechnologie die eigentlichen Fermentationen im Vordergrund, in den meisten
Fällen Gärungsprozesse, wie die alkoholische
Gärung oder die Milchsäuregärung.

3 Mikroorganismen erzeugen auch andere, nützliche Produkte

Die einfachsten Lebensäußerungen von Mikroorganismen sind Wachstum und Vermehrung. Gibt man zu einer Lösung, die Zucker und einige Nährsalze enthält, etwas Backhefe, wie man sie beim Bäcker kaufen kann, so findet nach kurzer Zeit eine kräftige Hefevermehrung statt. Zur Versorgung mit dem dazu erforderlichen Sauerstoff führt man diesen Versuch im Labor in einem Glaskolben aus, der nur zu $1/5$ mit flüssigem Medium gefüllt ist und schüttelt ihn kräftig, so daß die Flüssigkeit ständig mit Luft gemischt wird (Schüttelkolben-Versuch). Auch in der Technik werden große Mengen Mikroorganismen auf ähnliche Weise erzeugt, allerdings in Rührtanks oder anderen BIOREAKTOREN (s. Kap. 7) entsprechender Größe. Die so hergestellten Mikroorganismen finden vielfache Einsatzmöglichkeiten:

• MILCHSÄUREBAKTERIEN werden bei der Herstellung von Milchprodukten (z.B. Joghurt, Käse), sowie bei der Wurstreifung als sog. STARTER-KULTUREN eingesetzt (s. Kap. 2).
• Ganz bestimmte SCHIMMELPILZE werden hergestellt, um bei der Gewinnung von Edelpilzkäsesorten das produktspezifische Aroma zu erhalten.
• Einige *Bacillus*-Arten und andere BAKTERIEN erzeugen in ihren Zellen Proteinkristalle, die für bestimmte Insekten giftig sind. Nimmt das Insekt diese Toxine auf, so stellt es die Nahrungsaufnahme ein und das Tier stirbt ab. Diese Bakterien können z.B. als Pulver auf die befallenen Pflanzen als *mikrobielle Insektizide* aufgebracht werden, und auf diese Weise ist eine gezielte biologische Bekämpfung bestimmter Schadinsekten möglich – eine aussichtsreiche Alternative zu den so stark in Verruf geratenen chemischen Pflanzenschutzmitteln (Tab. 3.1).

• Schon seit Beginn des vorigen Jahrhunderts wird BACKHEFE (ihr lateinischer Name ist *Saccharomyces cerevisiae*) als Triebmittel für Weizenbrot- und Gebäckteige verwendet, das ursprünglich als Nebenprodukt bei der Alkoholgewinnung erhalten wurde. Heute gibt es dafür eigene Produktionsanlagen, in denen die Backhefe, überwiegend aus Rohrzucker- oder Rübenzucker-MELASSE hergestellt wird (Abb. 3.1).
Die Hefezellen werden mit Hilfe von Zentrifugen oder von Vakuumdrehfiltern aus der Würze abgetrennt und verpackt. Haushaltshefe ist ein krümeliges, cremefarbenes Produkt, das etwa zu einem Drittel aus Hefezellen und zu zwei Dritteln aus Wasser besteht (FRISCHBACKHEFE oder *Preßhefe*). Für den Einsatz in Großbäckereien kann sie aber auch als Trockenpulver auf den Markt gebracht

Tabelle 3.1. Einige mikrobielle Insektizide, die kommerziell produziert werden

Organismus	Eingesetzt gegen
Bacillus thuringiensis	
– Stamm Kurstak	Raupen
– Stamm H-14	weiße Fliegen und Stechmücken
Bacillus popillae	Japankäfer
Bacillus penetrans	Fadenwürmer
Hirsutella thompsonii	Florida-Citrusmücke
Verticillium lecanni	Blattläuse im Gewächshaus
Metarhizinum anisopliae	Schaumzikade in Zuckerrohrplantagen und auf Weideland in Brasilien
Beauveria bassiana	Coloradokäfer in den GUS-Staaten

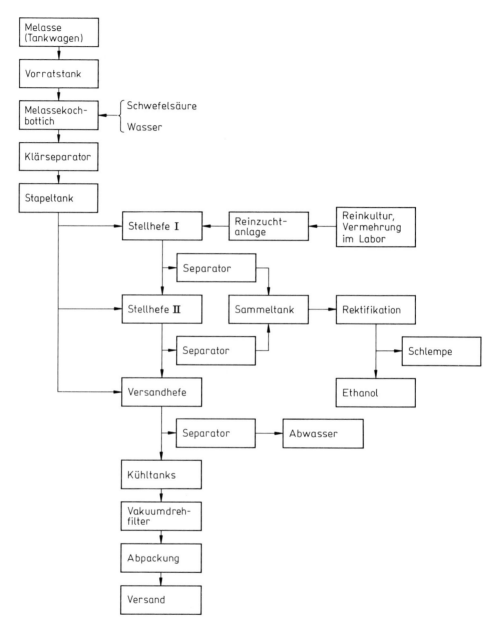

Abb. 3.1. Schema zur Herstellung von Backhefe

werden, wodurch Transportkosten eingespart und die Haltbarkeitsdauer wesentlich verlängert werden können.

Die Hefe enthält etwa 45% EIWEIß in der Trockensubstanz, ein Eiweiß von relativ hohem Ernährungswert. Hefe ist daher viel-

fach auch als FUTTERHEFE für die Tierfütterung erzeugt worden. Als Rohstoff diente dabei die sog. SULFITABLAUGE, das Abwasser, das bei der Gewinnung von Zellstoff aus Holz anfällt und eine geringe Menge an Zuckern enthält, die von speziellen Hefen (den *Can-*

dida-Hefen) verwertet werden können. In Deutschland spielte „Nährhefe", hauptsächlich als Zusatz zu Suppen und bei der Wurstbereitung während der beiden Weltkriege eine erhebliche Rolle.

Global betrachtet, bereitet die ausreichende Ernährung der ständig wachsenden Weltbevölkerung ein riesiges Problem, und nach Schätzungen der Welternährungsbehörden hungern allein im Fernen Osten 300 bis 500 Mio. Menschen, weitere 500 Mio. müssen sich mit einem Minimum zufriedengeben. Unterversorgung betrifft immer die PROTEINE als Nahrungskomponenten, und das jährliche Eiweißdefizit wird auf 5 Mio. t geschätzt („Eiweißlücke"). Was liegt also näher, als die schnellwachsenden Mikroorganismen, zunächst ausschließlich Hefen, für eine Erzeugung von Eiweiß im großen Maßstab heranzuziehen. Dafür wurde der Name EINZELLERPROTEIN (engl.: Single Cell Protein, SCP) geprägt. In den sechziger Jahren ging man daran, getrocknete Mikroorganismen mit einem hohen Proteingehalt in technischem Umfang für die Tierfütterung herzustellen. Die nächsten Schritte wären dann die Extraktion und Reinigung der Proteine aus den Zellen gewesen, um sie direkt für die menschliche Ernährung einzusetzen und so den verlustreichen Umweg über das Tier zu vermeiden.

Im Institut für Gärungsgewerbe und Biotechnologie in Berlin hatte man herausgefunden, daß man *Candida*-Hefen auch mit Erdöl ernähren kann, genauer gesagt, mit den längerkettigen Paraffin-Fraktionen, die bei der Herstellung von Motorenbenzin und Dieselöl als Nebenprodukte anfallen. Versuchsanlagen wurden bei den Erdölraffinerien in Südfrankreich und in England errichtet und sogar mit Erfolg betrieben. Die Erhöhung der Erdölpreise durch die OPEC auf nahezu das Doppelte im Jahr 1973 hatte ein jähes Ende für diese Entwicklungen zur Folge – so stark können Fermentationsprozesse von der Rohstoffsituation abhängig sein. Die deutsche Hoechst AG und der britische Konzern Imperial Chemical Industries (ICI) gaben jedoch das Rennen nicht auf. Sie verwendeten *Methylalkohol* als eine der billigsten Kohlenstoffverbindun-

gen überhaupt, die in großen Mengen aus Erdgas hergestellt werden kann. Als Stickstoffquelle setzten sie Ammoniak ein, dazu ein Bakterium, das mit dieser Kost zufrieden ist (es heißt deshalb auch *Methylophilus methylotrophus*). In den beiden Unternehmen wurden für diesen Prozeß eigens neue Bioreaktoren entwickelt, denn die Versorgung der Bakterien mit Sauerstoff ist ein kritischer Faktor und dessen Löslichkeit in Wasser ist nur sehr gering – etwa 8 mg/l, wenn das Wasser bei Atmosphärendruck mit Luft gesättigt ist. Also wurden besonders hohe, schlanke Turmreaktoren entwickelt. Der von ICI z.B. ist 60 m hoch und 7 m im Durchmesser und hat ein Fassungsvermögen von 2300 m³. Etwa 93 000 m³ Luft werden stündlich am Fuß des Turmes eingeblasen, wo wegen des hohen hydrostatischen Überdruckes die Löslichkeit des Sauerstoffs sechsmal höher ist als oben. Außerdem haben die aufsteigenden Luftblasen auf ihrem langen Weg Gelegenheit, nahezu ihren gesamten Sauerstoff an das Medium abzugeben. Noch einen weiteren Vorteil hat diese Turmkonstruktion: Methylalkohol ist in höheren Konzentrationen (*nicht nur für den Menschen*) für die Bakterien giftig, und so wird das Methanol über zahlreiche Zulaufstutzen zugeführt (pro Stunde 14 000 bis 20 000 kg), die über die gesamte Höhe des Reaktors verteilt sind, um örtliche Konzentrationsspitzen zu vermeiden. Ein kontinuierlicher Strom von 250 m³ Medium mit 7,5 t Bakterientrockenmasse verläßt die Anlage stündlich. Das entspricht einer Jahresproduktion von 60 000 t „Pruteen", so ist der Name des Produktes, mit einem Eiweißgehalt von 65 %.

Einzellerprotein spielt jedoch bis heute als Futter- und als Nahrungsprotein nicht die wichtige Rolle, die man ihm ursprünglich vorausgesagt hatte. Die Industrienationen brauchen kein SCP, da sie dank der Fortschritte der Agrartechnologie der vergangenen 40 Jahre hochwertiges Protein im Überfluß haben. In den Ländern der Dritten Welt enthalten die herkömmlichen Nahrungsmittel meist viele Kohlenhydrate, aber wenig Protein. Hier wäre also die SCP-Erzeugung von großem Nutzen, jedoch fehlen den betref-

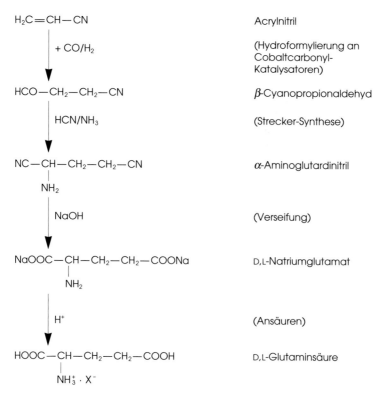

$H_2C{=}CH{-}CN$ — Acrylnitril

$+ CO/H_2$ — (Hydroformylierung an Cobaltcarbonyl-Katalysatoren)

$HCO{-}CH_2{-}CH_2{-}CN$ — β-Cyanopropionaldehyd

HCN/NH_3 — (Strecker-Synthese)

$NC{-}CH{-}CH_2{-}CH_2{-}CN$
$\quad\quad |$
$\quad\quad NH_2$ — α-Aminoglutardinitril

$NaOH$ — (Verseifung)

$NaOOC{-}CH{-}CH_2{-}CH_2{-}COONa$
$\quad\quad\quad\quad |$
$\quad\quad\quad\quad NH_2$ — D,L-Natriumglutamat

H^+ — (Ansäuren)

$HOOC{-}CH{-}CH_2{-}CH_2{-}COOH$
$\quad\quad\quad |$
$\quad\quad\quad NH_3^+ \cdot X^-$ — D,L-Glutaminsäure

Abb. 3.2. Chemische Synthese von Glutamat. Diese Synthese wurde in Japan eine Zeitlang industriell betrieben, aber inzwischen zugunsten von mikrobiellen Verfahren aufgegeben. Der Vorteil der biotechnischen Synthese ist darin zu sehen, daß nur *eine* Form, die gewünschte L-Glutaminsäure, erhalten wird

Abb. 3.3. Schema zur Alkoholentstehung aus Glucose.

a Der Abbau von Glucose bei der Hefegärung läßt sich vereinfacht auf wenige wesentliche Reaktionsschritte reduzieren. Zunächst wird das Glucosemolekül gespalten. Die Spaltprodukte verlieren an das Coenzym X Wasserstoff (Dehydrierung). Nach Abspaltung von Kohlendioxid bildet sich Acetaldehyd, der durch die Aufnahme des Wasserstoffs zu Ethanol reagiert. Das Coenzym liegt wieder in seiner ursprünglichen Form vor und kann erneut in den Kreislauf eingreifen. Hinter der einfachen Bruttogleichung $C_6H_{12}O_6 \rightarrow 2\,C_2H_5OH + 2\,CO_2 +$ Energie (84 kJ/mol) verbergen sich zwölf enzymkatalytische Einzelschritte, die im sog. Embden-Meyerhof-Weg dargestellt sind.

b Embden-Meyerhof-Weg des Glucoseabbaus (auch „Glykolyse"). Ein Teil der Reaktionswärme wird in dem biochemisch verwertbaren Ener-gieträger ATP gespeichert. Zunächst entsteht unter Verbrauch von 2 ATP das Fructose-1,6-diphosphat, welches in zwei Molekülhälften zerfällt. In den folgenden Schritten werden die verbrauchten 2 ATP-Moleküle wieder zurückgewonnen. Energieliefernde Reaktion ist die Dehydrierung von Glycerinaldehyd-3-phosphat. Im weiteren Verlauf entsteht Pyruvat. Dabei ist das Coenzym NAD^+ beteiligt, auf das der vom Glycerinaldehyd stammende Wasserstoff übertragen wird. Oxidiertes Endprodukt ist Kohlendioxid, das enzymatisch aus Pyruvat abgespalten wird. NADH überträgt unter enzymatischer Katalyse Wasserstoff auf den entstehenden Acetaldehyd. Diese Reduktion liefert NAD^+ und Ethanol, der für die Hefezelle nicht weiter verwertbar ist. Das Coenzym hingegen steht erneut für den entscheidenden energieliefernden Reaktionsschritt zur Verfügung

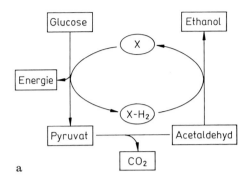

a

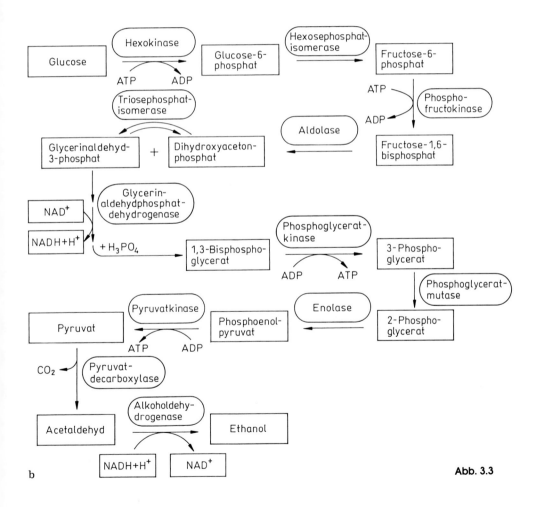

b

Abb. 3.3

fenden Ländern zumeist die erforderlichen finanziellen Mittel, die technischen Erfahrungen und die entsprechende Infrastruktur, um eine einmal aufgenommene Produktion aufrechterhalten zu können. In den Staaten der ehemaligen Sowjetunion mit einer weniger produktiven Landwirtschaft und einem Mangel an harten Devisen sind aber angeblich 86 Anlagen für die SCP-Erzeugung in Betrieb, einige davon sogar noch auf der Basis von Erdölkohlenwasserstoffen. Auf dem Weltmarkt ist SCP als Futtermittel zu teuer und nicht in der Lage, neben seinen viel billigeren Konkurrenten Sojabohne und Fischmehl zu bestehen.

Bei den mikrobiell erzeugten Stoffen unterscheidet man zweckmäßigerweise zwischen Feinchemikalien und den großen Industrieprodukten. *Feinchemikalien* sind solche, die durch chemische Synthese nur schwer oder garnicht hergestellt werden können, die zumeist nur in geringen Mengen benötigt werden, aber oft sehr hochwertig sind. Ein Beispiel ist das VITAMIN B_{12} (CYANOCOBALAMIN), eine wunderschön rot gefärbte, kristalline Substanz, die zur Behandlung verschiedener Blutkrankheiten (Anämien) und von Mangelzuständen dient und mit Hilfe von Bakterien hergestellt wird. Der Bedarf ist klein und jährlich werden weltweit nur etwa 2000 kg B_{12} hergestellt, aber ein Kilogramm hat einen Marktwert von etwa 15 000 DM.

Industriechemikalien sind andererseits Produkte, die zumeist auch durch chemische Synthese in großen Mengen und zu einem niedrigen Preis erzeugt werden können. In diesen Fällen haben es die Mikroorganismen sehr viel schwerer: sie müssen mit den Chemikern konkurrieren und die Produkte entweder billiger herstellen oder aus günstigeren Rohstoffen oder in größerer Reinheit usw. (s. Abb. 3.2). Ein Beispiel hierzu ist L-GLUTAMINSÄURE: eine chemische Synthese aus Acrylnitril ist möglich, sie führt aber zu einem Gemisch von zwei ISOMEREN, der D- und L-Form. Das sind zwei spiegelbildliche Moleküle, von denen aber für die Nahrungsmittelindustrie nur die linksdrehende L-Form verwendet werden kann. Bakterien bilden nur L-Glutamat und daher wird dieses Produkt

fast ausschließlich mit Bakterien hergestellt, und zwar in einer Jahresmenge von über 300 000 t; der Marktwert liegt jedoch bei knapp 6 DM pro kg (s. a. Kap. 4).

Die Entscheidung darüber, ob ein Industrieprodukt chemisch oder biotechnisch hergestellt wird, hängt hauptsächlich von wirtschaftlichen Überlegungen ab. Von entscheidender Bedeutung sind dabei die Rohstoffkosten. Bei mikrobiellen Prozessen sind gewöhnlich MELASSE oder STÄRKE, sowie billige Nebenprodukte anderer Prozesse wie MAISQUELLWASSER die Rohstoffe der Wahl. Bei der chemischen Synthese geht man dagegen überwiegend von Petroleum oder von Umwandlungsprodukten der Petrochemie aus. Ein weiterer Gesichtspunkt ist die Ausbeute des Verfahrens – wieviel Substrat wird in welcher Zeit in das gewünschte Produkt umgewandelt. Weiterhin stellt die Isolierung des Produktes aus dem Nährmedium bzw. dem chemischen Reaktionsgemisch einen wichtigen Kostenfaktor dar. Schließlich muß man den möglichen Wert von Nebenprodukten berücksichtigen. Auch die Kosten für die Reinigung der Prozeßabläufe im Sinne eines verantwortungsvollen Umweltschutzes spielen eine große Rolle.

Eines der bedeutendsten und wohl auch das älteste biotechnische Massenprodukt dürfte der Alkohol (s. ALKOHOLISCHE GÄRUNG) sein – gemeint ist hier Ethylalkohol, C_2H_5OH. Er entsteht bei der GÄRUNG mit *Saccharomyces*-Hefen aus zuckerhaltigen Lösungen, wobei GLUCOSE und andere HEXOSEN letztlich zu Ethanol und Kohlendioxid (CO_2) abgebaut werden (Abb. 3.3). Dieser Prozeß liegt der Entstehung zahlreicher alkoholischer Getränke zugrunde, so auch dem Bier, dem wahrscheinlich ältesten, vielleicht schon seit 9000 Jahren bekannten, alkoholischen Getränk des Menschen (s. a. Kap. 2). Auch heute noch steht BIER an der Spitze aller biotechnisch erzeugten Produkte: fast 1,3 Mrd. hl Bier werden alljährlich getrunken (Marktwert etwa 90 Mrd. DM) und davon werden 93 Mio. hl allein in den 1200 Braustätten Deutschlands gebraut.

Von diesen alkoholischen Getränken (Bier, Wein, Sake, destillierte Spirituosen usw.) ist

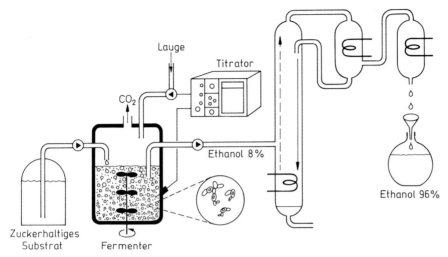

Lauge

Titrator

CO_2

Ethanol 8 %

Ethanol 96 %

Zuckerhaltiges Substrat

Fermenter

Abb. 3.4. Technische Produktion von Bioalkohol.
Schematische Darstellung einer Anlage mit kontinuierlicher Fermentation und Destillation zur technischen Gewinnung von Ethanol mit Bakterien

jener Alkohol zu unterscheiden, der nicht für Trinkzwecke bestimmt ist: Ethanol als Lösungsmittel und Synthesebaustein für die chemische Industrie und als Motorentreibstoff. Rohstoffe für diesen „Bioalkohol" (s. AGRARALKOHOL) sind in erster Linie monomere Zucker (Zuckerrohrdünnsaft oder MELASSE aus der Rohrzucker- und Rübenzuckergewinnung) oder auch *Molke* aus der Milchverarbeitung, oder *Stärke*, nachdem diese enzymatisch zu einfachen Zuckern gespalten wurde (z.B. Mais in den USA, CASSAVA (Maniok) in tropischen Ländern, Reis in Asien und andere Getreidearten oder Kartoffeln in unseren Breiten).

Die Vergärung erfolgt überwiegend mit speziellen SACCHAROMYCES-Hefestämmen, doch die vertragen ihr Ausscheidungsprodukt nicht besonders gut, und die Hefe stellt ihre Gärtätigkeit ein, sobald die Alkoholkonzentration bei etwa 85 g/l angelangt ist. Für die Bioalkoholproduktion (s. Abb. 3.4) sind daher sehr große Gärtanks erforderlich, und der Alkohol muß mit erheblichem Energieaufwand in Destillationskolonnen bis auf eine Konzentration von 96 % angereichert werden. Dies ist die durch einfache Destillation erreichbare Obergrenze; um 100 %igen (sog. absoluten Alkohol) zu erhalten, müssen die restlichen 4 % Wasser durch eine weitere Destillation in Gegenwart eines Schleppmittels wie z.B. Benzol oder Cyclohexan entfernt werden. Man nennt das AZEOTROPE DESTILLATION. Diese Energiekosten und die Rohstoffkosten sind es, die den Preis des Bioalkohols im wesentlichen bestimmen. Billiger ist zur Zeit noch der *Synthesealkohol*, der durch chemische Anlagerung von Wasser an Ethylen hergestellt wird. Ethylen ist jedoch ein petrochemisches Produkt aus Erdöl, und dieser fos-

Tabelle 3.2. Anbaufläche zum theoretischen, ganzjährigen Betrieb eines ethanolgetriebenen PKW (zugrundegelegt sind: Fahrleistung 15 000 km, Durchschnittsverbrauch 12,6 l/100 km)

Erntegut	Notwendige Anbaufläche ha
Reis, Mais, Getreide	2,52
Kartoffeln	1,29
Maniok	0,70
Zuckerrüben	0,53
Zuckerrohr	0,49
Zuckerhirse	0,38

sile Rohstoff ist im Laufe einiger Millionen Jahre in der Erdkruste entstanden und daher nicht so bald erneuerbar. Man muß damit rechnen, daß noch vor dem Ende unseres Jahrhunderts Erdöl erheblich knapper und damit auch teurer wird.

Hierin liegt die Attraktivität von Bioalkohol, der aus pflanzlichen, also aus ständig nachwachsenden und sich erneuernden Rohstoffen entsteht, und wir müssen uns fragen, ob wir bereit sind, die (vorläufig noch) höheren Kosten für Bioalkohol in Kauf zu nehmen, um dadurch der derzeitigen Ausplünderung unserer fossilen Reserven wenigstens etwas entgegenzusteuern. In der Tab. 3.2 sind die Anbauflächen abgeschätzt, die zum Betrieb eines ethanolgetriebenen Autos erforderlich wären. Man sieht leicht ein, daß der enorme Flächenbedarf ein schwer zu überwindendes Hemmnis darstellt. Ein Zusatz von 5% Ethanol zu dem derzeitigen Treibstoff würde in den meisten europäischen Ländern die Bereitstellung von 4–5% der landwirtschaftlichen Nutzfläche erforderlich machen. Immerhin ist aber an den US-amerikanischen Zapfsäulen bereits ein Motorenbenzin unter dem Namen GASOHOL erhältlich, dem 5 und teilweise 10% Alkohol zugesetzt sind, Alkohol, der aus den Maisüberschüssen des Landes durch Verzuckerung der Maisstärke und Vergärung des Zuckers hergestellt wurde.

Geradezu gigantische Ausmaße nimmt die Produktion von Bioalkohol in Brasilien an. Dort wurde um 1970 das sog. „Proalcool-Programm" von Staats wegen verordnet, das zum Ziel hat, Bioalkohol aus dem einheimischen Zuckerrohranbau als Kraftfahrzeugtreibstoff herzustellen, um dadurch Devisen für den Rohölimport einzusparen. Die Planvorstellung war eine ständige Erhöhung der Alkoholproduktion bis zum Jahr 1987 auf insgesamt 9 Mio. t jährlich, eine gewaltige Ziffer, mehr als zehnmal so hoch als die Erzeugung von AGRARALKOHOL in der gesamten Europäischen Gemeinschaft des Jahres 1981/82. Ganz wurde dieses Planziel nicht erreicht. Es wurden zahlreiche Superanlagen in der Nähe von Zuckerrohrplantagen errichtet, manche mit einer Kapazität von 200 000 l Alkohol pro Tag. Die Entsorgung der riesigen Mengen an Abläufen hat man nicht rechtzeitig und genügend ernst beachtet, die Anbauflächen (so groß wie die alten Bundesländer zusammen) mußten durch Waldrodungen vergrößert werden und die Ernteerträge ließen nach. Dazu kamen die sozialen Probleme, die solche Industriekonzentrierungen notwendigerweise mit sich bringen. Immerhin wurden 1982 0,8 Mio. m³ des brasilianischen Bioalkohols in der chemischen Industrie des Landes verwendet, 2 Mio. m³ für die etwa 550 000 Kraftfahrzeuge, die mit reinem Ethanol betrieben wurden und 1,9 Mio. m³ als Zusatz zum Gasolin für mehr als 8 Mio. Kraftfahrzeuge.

Solche imponierenden Zahlen verlocken natürlich dazu, die Gewinnung von Bioalkohol laufend zu verbessern und billiger zu machen. Eine Möglichkeit besteht in der Verwendung von Maniok (CASSAVA), einer Pflanze mit sehr stärkereichen Wurzeln, die auch auf mageren Böden gut gedeiht. Eine andere aussichtsreiche Alternative besteht in der Nutzung von Holz und Holzabfällen, insbesondere von schnellwüchsigen Bäumen. Die Bestandteile von Holz sind, neben Lignin, die POLYSACCHARIDE (Cellulose und POLYOSEN = Hemicellulosen). Beide sind aus Zuckern aufgebaut und die einen (Polyosen) werden schon unter milden Bedingungen in ihre Zuckerbausteine zerlegt, während die Cellulosen erst durch die Einwirkung von starken Säuren oder von Enzymen gespalten werden. Die HOLZVERZUCKERUNG (Abb. 3.5) ist ein längst bekanntes Verfahren, das allerdings – außer in Kriegszeiten – bisher kaum zum praktischen Einsatz gekommen ist. Es ist außerordentlich umweltbelastend und die Aufreinigung der Zucker ist viel zu teuer. Trotzdem existierte in Deutschland bereits eine Holzverzuckerungsanlage in der Nähe von Holzminden, in welcher täglich bis zu 60 000 kg Holzschnitzel zu 12 000 l wasserfreiem Ethanol verarbeitet wurden, bis die Anlage 1944 durch Kriegseinwirkung zerstört wurde.

Zur Optimierung der Bioalkoholerzeugung ist weiterhin daran zu denken, anstelle der Hefe andere Gärungsorganismen einzusetzen. Hierzu käme ein Bakterium in Frage,

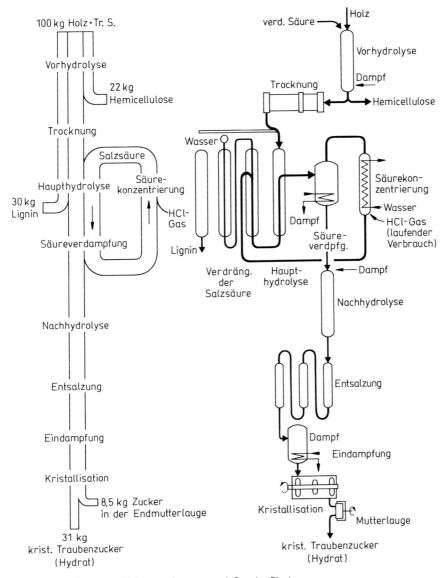

Abb. 3.5. Verfahren zur Holzverzuckerung nach Bergius-Rheinau

ZYMOMANAS MOBILIS, das schon vor 80 Jahren aus dem mexikanischen Getränk *Pulque* isoliert werden konnte. Die Zellen dieses, streng anaerob lebenden Bakteriums sind nur $1/4$ bis $1/5$ so groß wie Hefezellen und sie können Glucose schneller vergären als Hefen (Tab. 3.3). In einer Fabrik in Dormagen läuft bereits die erste, kontinuierliche Anlage, in der eine bei der Gewinnung von Weizenstärke anfallende, wertlose Fraktion, die sog. B-Stärke nach enzymatischer STÄRKE-VERZUCKERUNG mit Hilfe dieses Bakteriums zu 96%igem Alkohol verarbeitet wird. Die B-Stärkefraktion macht etwa 8% der Gesamtstärke aus und kann nicht zu Stärke verarbeitet werden. Bisher wurde sie mit dem

Tabelle 3.3. Vergleich der Leistungen von Bakterien und Hefen bei der alkoholischen Gärung

Parameter	Bakterium *Zymomonas mobilis*	Hefe *Saccharomyces cerevisiae*
Umwandlung von Zucker in Alkohol (%)	96	96
Ethanol-Konzentration maximal (g/l)	12	12
Rate der Ethanolbildung (g/g Zellen und Stunde)	5,67	0,67
pH-Wert	3,5 bis 7,5	2 bis 6,5
günstigste Temperatur (°C)	25 bis 30	30 bis 38

Abwasser in die Kläranlage geleitet und ihre Verarbeitung zu Alkohol bedeutet somit nicht nur die Gewinnung eines für die chemische Industrie wertvollen Produktes, sondern gleichzeitig auch eine erhebliche Verringerung der Abwasserbelastung der Anlage. Doch auch damit geben sich die Mikrobiologen noch nicht zufrieden; sie haben bereits ein anderes BAKTERIUM in Arbeit, eine gegenüber Ethanol tolerante Mutante von *Clostridium thermocellum*, die vorbehandelte Cellulose direkt vergären kann. Das geschieht bevorzugt bei einer Temperatur von 60 °C, bei der der gebildete Alkohol schon bei geringem Unterdruck direkt aus der Gärflüssigkeit abdestilliert werden könnte. Durch eine solche *„integrierte Produktaufarbeitung"* wäre auch die Hemmung der Gärung durch den Alkohol zu umgehen.

Bleiben wir noch eine Weile bei den großtechnischen Produkten: *Butanol* und *Aceton* dienen, wie Ethanol, als Grundstoffe und Lösungsmittel und können ebenfalls durch Gärung hergestellt werden, nämlich mit dem strikt anaeroben Bakterium *Clostridium acetobutylicum* (ACETON-BUTANOL-FERMENTATION, s. Abb. 3.6). Insbesondere während der beiden Weltkriege wurden zur Herstellung von künstlichem Kautschuk und von Explosivstoffen und Flugzeuglacken große Mengen Butanol und Aceton mikrobiell produziert. Als Rohstoff dienten in erster Linie Mais und andere billige Stärkequellen, wobei das Bakterium sogar die STÄRKE-VERZUCKERUNG selbst übernehmen kann. Nach einer besonders entwickelten, halbkontinuierlichen Gär-

technik ließ man die Bakterien unter Luftabschluß so lange in der Maismaische gären, bis bei Erreichen eines Grenzwertes von 20 g Lösungsmittel pro Liter die Gärung zum Stillstand kam. Dann wurden zwei Drittel der Maische entnommen, um daraus durch Destillation Aceton und Butanol zu gewinnen, und der Fermenter wieder mit frischer Maische aufgefüllt. Dadurch war die Bakterienkonzentration von Beginn an so hoch, daß die Gärung bereits nach 12 Stunden beendet war. Außerdem brauchte man die Maische vorher noch nicht einmal zu sterilisieren, wodurch erhebliche Dampfkosten eingespart werden konnten. Nach Beendigung des Zweiten Weltkrieges wurden mit der rasanten Entwicklung der petrochemischen Industrie viele organische Verbindungen, darunter auch Aceton und Butanol, in großen Mengen verfügbar, und so wurden diese Gärungsverfahren in allen westlichen Ländern eingestellt. Möglicherweise könnte eines Tages auch die Aceton-Butanol-Gärung wieder zu Ehren kommen, wenn sich die Situation auf dem Erdölmarkt ändert. Für Länder der Dritten Welt, die nicht über genügend Devisen für ihren Ölimport verfügen, in denen aber oft die Ausgangsstoffe Zucker und Stärke im Überfluß vorhanden sind, bestehen beste Voraussetzungen für solche Prozesse. Die MILCHSÄUREGÄRUNG ist ein weiterer Prozeß der Biotechnologie, mit BAKTERIEN aus der Familie der Lactobacillen und Zuckern als Rohstoffe. Milchsäure dient als Säuerungsmittel bei zahlreichen Lebensmittelzubereitungen (s. Kap. 2) und wird als Beizmittel in

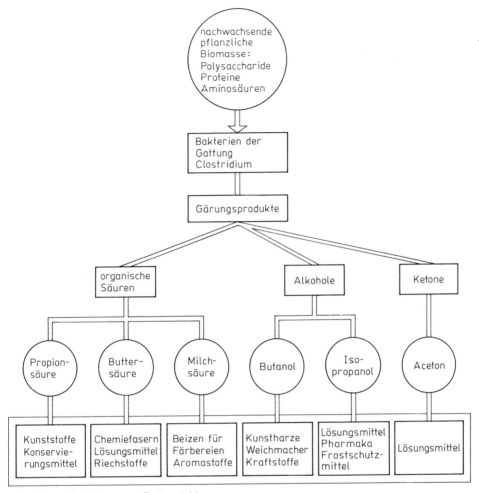

chemische Zwischen- und Endprodukte

Abb. 3.6. Biotechnologie unter Einsatz von Clostridium-Arten. Biotechnisch genutzte Clostridium-Arten vergären pflanzliche Rohstoffe zu organischen Säuren, Alkoholen, Aceton sowie Wasserstoff und Kohlendioxid

der Textilindustrie und zur Elektroplattierung verwendet. Milchsäure war die erste organische Säure, die technisch in reiner Form durch Gärung gewonnen wurde.

Weitere *„unvollständige Oxidationsprodukte"* (s. Kap. 1) des mikrobiellen Stoffwechsels von biotechnischer Bedeutung sind organische Säuren, von denen hier nur drei beispielhaft erwähnt seien:

• Essigsäure wird in Form von Speiseessig (s. ESSIGSÄURE-FERMENTATION Kap. 1) durch eine Oxidation von alkoholhaltigen Lösungen wie z.B. Wein mit Hilfe von Essigsäurebakterien gewonnen.

• CITRONENSÄURE entsteht aus zuckerhaltigen Lösungen mit Hilfe des Schimmelpilzes ASPERGILLUS *niger*. Er ist ein ausgesprochener AEROBIER, und diese Fermentation erfordert daher eine ausreichende Sauerstoffzufuhr. Zur Ausscheidung von Citronensäure überlistet man den Pilz dadurch, daß man den PH-WERT seines Mediums sehr sauer macht.

Dadurch wird die Aktivität eines Enzyms im Stoffwechsel gehemmt, das den Citratabbau katalysiert (Citronensäure-Cyclus, vgl. Abb. 3.8). Ein anderes ENZYM (Aconitase), welches in der Zelle eine Umlagerung von Citrat bewirkt, wird durch einen Mangel an Eisenionen gehemmt. Deshalb muß neben einem sauren pH-Wert von 2 bis 3 auf die Abwesenheit von Eisen geachtet werden. Das erreicht man durch die Zugabe von sog. „gelbem Blutlaugensalz" (Kaliumhexacyanoferrat), das mit Eisenionen eine schwerlösliche Verbindung bildet, das „Berliner Blau". Blau ist daher die bevorzugte Farbe aller Rückstände in der Citronensäurefabrik (Abb. 3.7). Es sei noch darauf hingewiesen, daß die stark saure Lösung einen guten Schutz gegen unerwünschte Fremdinfektionen bietet, was besonders in den Anfängen der Fermentation von Bedeutung war, als man noch Schwierigkeiten hatte, wachsende Kulturen in solchen Größenordnungen unter sterilen Bedingungen zu führen.

In der Natur wächst der Pilz – wie viele andere Pilze auch – bevorzugt auf Oberflächen, wie auch auf dem Brot als „schwarzer Brotschimmel" (daher sein Name). Daher wurde die Citronensäurefermentation ursprünglich auch ausschließlich als OBERFLÄCHEN-FERMENTATION ausgeführt. Man füllt dazu das flüssige Nährmedium (meist Rübenzuckermelasse) in die flachen Schalen eines *Zellenbrutschrankes*, damit man eine möglichst große Oberfläche hat, über die die Luft hinwegstreichen kann. Dann wird die Nährlösung durch Aufsprühen von trockenen Pilzsporen oder mit einer Sporensuspension beimpft, die Sporen keimen aus und bilden innerhalb von 60 Stunden eine dicke Matte von Pilz-MYCEL, in der anschließend die Umwandlung des angebotenen Zuckers in Citronensäure stattfindet. Nach ein bis zwei Wochen enthält die Lösung im Liter mehr als 200 g Citronensäure. Das Mycel wird abgetrennt, ausgepreßt, gewaschen und die Citronensäure wird aus den vereinigten Lösungen durch Fällung als Calciumsalz erhalten. Erst in den sechziger Jahren ist es dann auch gelungen, diese Pilzfermentation in Suspension in Rührreaktoren durchzuführen (SUB-

MERS-FERMENTATION). Der Pilz wächst nämlich in dünnen Fäden, die durch die Scherkräfte an den Rührerflügeln leicht zerrissen werden können. Es mußten erst Bedingungen gefunden werden, unter denen sich die Pilzfäden zu größeren Aggregaten zusammenballen (sog. *Kugelmycel*), die mechanisch wesentlich stabiler sind. Durch diese Fermentation werden derzeit jährlich etwa 350 000 t Citronensäure hergestellt mit einem Marktwert von 800 Mio. DM, von denen 40 % in der Nahrungsmittelindustrie als Säuerungsmittel und Puffersubstanz Verwendung finden. Ein großer Teil wird auch bei der Wasseraufbereitung, in der Färberei und Druckerei sowie als Weichmacher für Kunststoffe eingesetzt.

• L-GLUTAMINSÄURE: Meeresalgen (z. B. *Laminaria japonica*) haben in der japanischen Küche einen festen Platz. Ein paar Blättchen „Konbu" oder „Nori" verleihen der Suppe einen kräftigen, würzigen, fleischbrüheähnlichen Geschmack. Auf der Suche nach dem Geschmacksprinzip in der Alge stießen japanische Forscher auf L-GLUTAMINSÄURE, eine AMINOSÄURE, die in vielen Eiweißarten vertreten ist. Ihr Salz, *Mononatriumglutamat* (engl. abgekürzt als *MSG*) hat nur einen geringen Eigengeschmack, aber in seiner Anwesenheit wird der Geschmack anderer Lebensmittel signifikant verstärkt und verbessert. Deshalb wird heute L-Glutaminsäure in großen Mengen (300 000 t jährlich) mit Hilfe von Bakterien, hauptsächlich als Geschmacksverstärker für Lebensmittel, erzeugt.

Glutaminsäure hat im Stoffwechsel aller Organismen eine zentrale Funktion, sie dient auch in Bakterien, als Überträger der Aminogruppe für fast alle anderen AMINOSÄUREN. Ihre stickstofffreie Vorstufe, die Oxoglutarsäure, nimmt als Zwischenprodukt an einem wichtigen Stoffwechselkarussell, dem CITRATCYCLUS, teil und geht durch Aufnahme von Ammoniak in GLUTAMINSÄURE über (Abb. 3.8). Von dieser aus wird der Stickstoff auf die Vorstufen anderer Aminosäuren weitergereicht. Sucht man nach Mikroorganismen, die Glutaminsäure in großen Mengen aus-

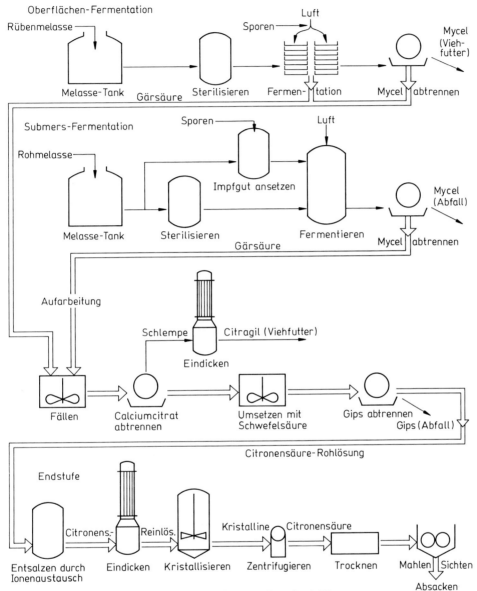

Abb. 3.7. Verfahrensschema zur mikrobiellen Citronensäure-Produktion

scheiden können, so müssen es solche sein, bei denen der weitere Abbau von Oxoglutarsäure (zu Bernsteinsäure) nur schwach oder gar nicht ausgeprägt ist und die Aminierung zu Glutaminsäure sehr effektiv erfolgt. Dem Fleiß japanischer Mikrobiologen ist es zu verdanken, daß solche Mikroorganismen unter Tausenden anderer herausgefunden wurden, und das zu einer Zeit (1957), als die genetischen Methoden, mit denen man das Problem heute angehen würde, noch völlig unbekannt waren. Der Star unter diesen Bakterien heißt heute *Corynebacterium glutamicum*. Durch gezielte Mutationen und genetische Stamm-

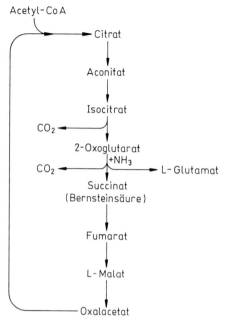

Acetyl-CoA

Citrat

Aconitat

Isocitrat

CO_2

2-Oxoglutarat
+NH_3

CO_2 ⟶ L-Glutamat

Succinat
(Bernsteinsäure)

Fumarat

L-Malat

Oxalacetat

Abb. 3.8. Schema des CITRAT-Cyclus. Aus Oxalessigsäure (4 C-Atome) und der an Coenzym A (CoA) gebundenen Essigsäure (2 C-Atome) entsteht Citronensäure (6 C-Atome). Diese wird über mehrere Zwischenstufen in das Ausgangsprodukt Oxalessigsäure zurückverwandelt, wobei an zwei Stellen CO_2 abgespalten wird. 2-Oxoglutarat kann durch Umsetzung mit Ammoniak in die Aminosäure L-Glutamat umgewandelt werden

te Glutaminsäure bereitwillig in das Medium entläßt – was man durch eine suboptimale Dosierung des Vitamins *Biotin* während der Fermentation erreichen kann – so läßt sich Glutaminsäure auf mehr als 100 g im Liter Medium anreichern. Geeignete Nährstoffe sind Glucosesirup oder die billigeren Rohr- und Rübenzuckermelassen, gelegentlich auch Erdölparaffine, dazu Mineralstoffe und als Stickstoffquelle Ammoniumsalze und gelegentlich auch Harnstoff. In Japan gibt es keine eigene Zuckerindustrie, und Melasse als Importware ist nicht billig. Daher verwenden japanische Betriebe *synthetische Essigsäure* als Rohstoff. Dieses Verfahren hat den großen Vorteil, daß es auf einfache Weise mit Hilfe einer pH-Elektrode gesteuert werden kann: weicht der PH-WERT vom eingestellten Sollwert in den alkalischen Bereich ab, so erhöht man die Zufuhr an Essigsäure (Kohlenstoffquelle), sinkt der pH-Wert zu stark ins Saure ab, dann wird das Ventil für Ammoniak (Stickstoffquelle) aufgedreht, und das natürlich vollautomatisch. Bereits 1972 waren dort Bioreaktoren mit 1000 m^3 Füllvolumen in Betrieb, in denen nach diesem Prinzip täglich 75 t *MSG* erzeugt wurden.

Eine Übersicht über die bedeutendsten Massenprodukte der Biotechnologie gibt Tab. 3.4.

Zusammenfassung

Die Erzeugung von Backhefe als Teigtriebmittel hat eine mehr als 150 Jahre alte Tradition. Aufgrund ihres hohen Eiweißgehaltes ist Hefe prinzipiell auch als Futtermittelzusatz geeignet, jedoch gegenüber den klassischen Eiweißträgern, Sojabohnen und Fischmehl, vom Preis her nicht konkurrenzfähig. Die Idee, Einzellerprotein als Beitrag zur Eiweißversorgung der Weltbevölkerung in großen Mengen zu erzeugen, war in den siebziger Jahren Antrieb für intensive Entwicklungsarbeiten, sodaß die technischen Probleme gelöst sind. Politische, ökonomische und psychologische Barrieren haben die Großproduktion von Einzellerprotein jedoch bisher verhindert. Die biotechnische Erzeugung großer Mengen Industriechemikalien steht zumeist

verbesserungen wurden seine Leistungen schrittweise optimiert und die Erzeugung von *regulationsdefekten Mutanten* (s. REGULATION DES STOFFWECHSELS) machte die industrielle Produktion von weiteren Aminosäuren mit diesem Bakterium möglich. Ein Beispiel für die Verwendung einer regulationsdefekten Mutante zur Erzeugung der Aminosäure Lysin gibt Abb. 4.4 (Kap. 4). *C. glutamicum* und eine Art von *Brevibacterium* sind die heute am meisten eingesetzten Produktionsstämme für Aminosäuren.

Sorgt man dann noch dafür, daß die PLASMAMEMBRAN (s. Kap. 1) des Bakteriums ihre ursprüngliche Funktionstüchtigkeit teilweise einbüßt, sodaß sie die in der Zelle produzier

Tabelle 3.4. Übersicht über die wichtigsten Massenprodukte der Biotechnologie

Produkte	Mikroorganismen	Rohstoffe	Sauerstoff
BIER (130 Mrd. l/Jahr)	Saccharomyces cerevisiae	Gerstenmalz, Hopfen (auch andere)	anaerob
Wein (38 Mrd. l/Jahr)	S. cerevisiae var. ellipsoides oder var. pasteurianus	Traubensaft	anaerob
Ethanol	S. cerevisiae, ZYMOMONAS MOBILIS	Glucose, Saccharose, Stärkehydrolysate Melasse	anaerob
ACETON/BUTANOL	Clostridium acetobutylicum	Mais, Melasse	anaerob
L-Glutaminsäure	Corynebacterium glutamicum	Melasse, Essigsäure	aerob
L-Lysin	Corynebact spec. Brevibacterium	Melasse u. a.	aerob
Citronensäure	Aspergillus niger	Melasse	aerob
Essigsäure	Acetobacter spec.	Ethanol	aerob
Fumarsäure (nahezu ausschl. synth.)	Rhizopus nigricans	Stärkehydrolysate	aerob
Oxoglutarsäure	Pseudomonas sp. u. andere Bakt.	Kohlenhydrate, Glutaminsäure	aerob
L-Milchsäure	Lactobacillus sp.	Glucose, Zucker	anaerob
Polymere			
DEXTRAN	Leuconostoc mesenteroides	SACCHAROSE	anaerob
XANTHAN	Xanthomonas campestris	Kohlenhydrate	aerob
Poly-3-hydroxy-buttersäure (PHB)	Alcaligenes eutrophus	Kohlenhydrate	aerob

in scharfer Konkurrenz zu deren Produktion durch die chemische Synthese. Ausschlaggebend sind letztlich die Ausbeuten der Verfahren, die Rohstoff- und Aufarbeitungskosten und die Kosten für Abwasserreinigung und Abfallbeseitigung. Alkohol ist sicher der älteste biotechnisch erzeugte Stoff, sei es in Form von alkoholischen Getränken – auch heute noch nimmt das Bier mengenmäßig den ersten Platz unter allen Produkten der Biotechnologie ein – oder auch in Form von reinem Ethanol für die chemische Industrie und als Lösungsmittel. Im Hinblick auf die endlichen Vorräte an fossilen Rohstoffen ist die Gewinnung von Bioalkohol aus nach-

wachsenden Rohstoffen und seine Verwendung als Treibstoff für Kraftfahrzeug-Verbrennungsmotoren von weltwirtschaftlicher Bedeutung. Demgegenüber ist die fermentative Gewinnung von Butylalkohol und Aceton, die in Kriegszeiten eine wichtige Rolle spielte, inzwischen durch synthetische Produkte der Petrochemie abgelöst worden. Von den organischen Säuren wird Milchsäure in Europa etwa zur Hälfte durch Bakteriengärung hergestellt, während die in Speiseessig enthaltene Essigsäure aufgrund gesetzlicher Bestimmungen ausschließlich aus Gärungsalkohol mit Bakterien erzeugt wird. Citronensäure, ein Massenprodukt seit den zwanziger Jahren, konnte ursprünglich nur in Oberflächenkulturen mit Schimmelpilzen erzeugt werden und erst relativ spät gelang es, fadenbildende Pilze auch in Rührfermentern submers zu kultivieren. Die meisten Aminosäuren können heute mikrobiell (s. Kap. 4) oder enzymatisch (s. Kap. 6) hergestellt werden, sie zählen jedoch aufgrund der produzierten Mengen eher zu den Feinchemikalien.

Ausnahmen bilden L-Lysin, das überwiegend mikrobiell hergestellt und zur Verbesserung der diätetischen Qualität von Nahrungsmitteleiweiß in großen Mengen (50 000 Jahrestonnen) benötigt wird und L-Glutaminsäure, deren Herstellung als Geschmacksverstärker für Nahrungsmittel ein eindrucksvolles Beispiel für biotechnische Produktionsverfahren darstellt.

4 ...zum Beispiel Aminosäuren und Biotransformationen

Eiweiß spielt eine zentrale Rolle bei allen biologischen Vorgängen, weshalb man diesen Molekülen auch den Namen PROTEINE (abgeleitet von dem griechischen Wort für „an erster Stelle stehend") gab. Proteine sind zumeist hochpolymere Moleküle, die durch Aneinanderreihung zahlreicher einzelner AMINOSÄUREN im Organismus entstehen. Die Auswahl dieser Bausteine und ihre Reihenfolge in der „Peptidkette" erfolgt durch den Prozeß der Proteinbiosynthese. Er wird auch als TRANSLATION bezeichnet und durch den genetischen Apparat des Organismus genauestens gesteuert. Art und Reihenfolge der Aminosäuren sind entscheidend für die biologische Funktion des jeweiligen Proteins.

Die überwiegende Zahl der natürlichen Proteine ist aus nur zwanzig verschiedenen, sog. „proteinogenen" Aminosäuren aufgebaut und Aminosäuren können daher zurecht als Bausteine des Lebens bezeichnet werden. Dabei sind ihre chemischen Strukturen relativ einfach und die meisten von ihnen könnten auch durch chemische Synthese hergestellt werden, wenn sie nicht alle ein sog. ASYMMETRISCHES KOHLENSTOFFATOM hätten: für die räumliche Anordnung der vier Atomgruppen um ein solches Kohlenstoffatom gibt es zwei verschiedene Möglichkeiten, rechts herum oder links herum. Dadurch gibt es von allen Aminosäuren (außer der einfachsten, dem Glycin) zwei ISOMERE Formen, die sich wie die rechte Hand von der linken unterscheiden und die die Chemiker als D- bzw. L-Aminosäure bezeichnen (s. Abb. 4.1). In nahezu allen anderen physikalischen und chemischen Eigenschaften sind sie jedoch gleich. Das führt auch dazu, daß bei der chemischen Synthese von Aminosäuren ohne

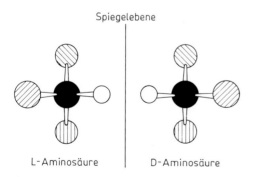

Spiegelebene

L-Aminosäure   D-Aminosäure

● α–Kohlenstoff (C)
⊘ α–Aminogruppe (NH$_3^\oplus$)
⊗ α–Carboxylgruppe (COO$^\ominus$)

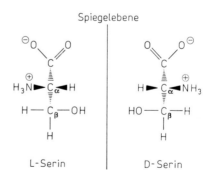

Spiegelebene

L-Serin   D-Serin

○ α–Wasserstoff (H)
⦿ Seitenkette

Abb. 4.1. Bild und Spiegelbild von Aminosäuren. Aufgrund des asymmetrischen Kohlenstoffatoms kann jede Aminosäure zwei Stereoisomere (Enantiomere) bilden, die sich wie Bild und Spiegelbild verhalten und als L- oder D-Form bezeichnet werden. In natürlichen Proteinen kommen nur L-Aminosäuren vor

Struktur	Name, Abkürzung	Struktur	Name, Abkürzung

unpolare Seitenketten

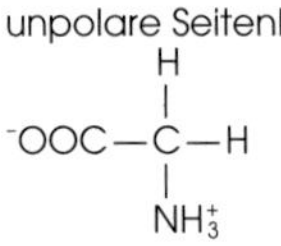

Glycin Gly

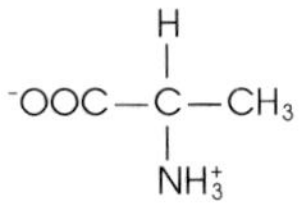

Alanin Ala

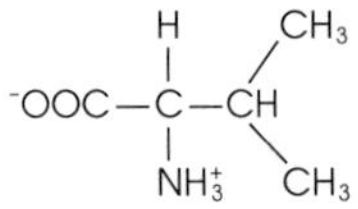

Valin Val

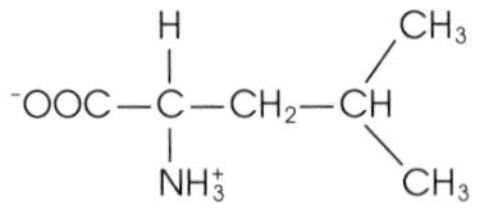

Leucin Leu

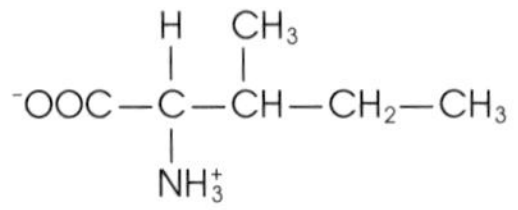

Isoleucin Ile

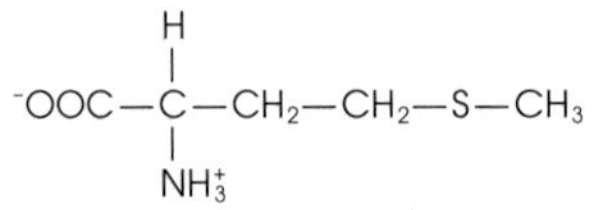

Methionin Met

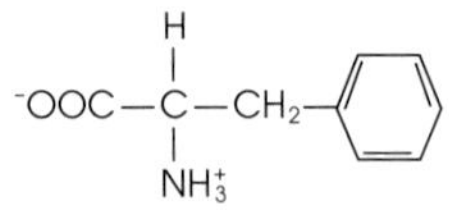

Phenylalanin Phe

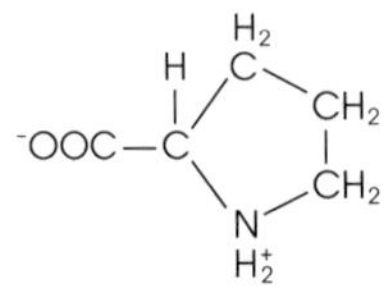

Prolin Pro

neutrale, polare Seitenketten

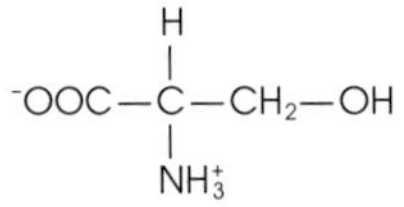

Serin Ser

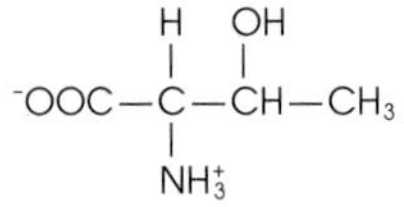

Threonin Thr

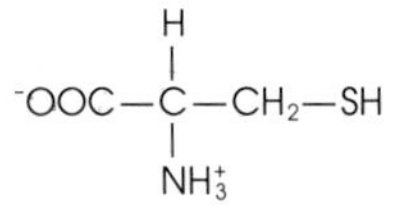

Cystein Cys

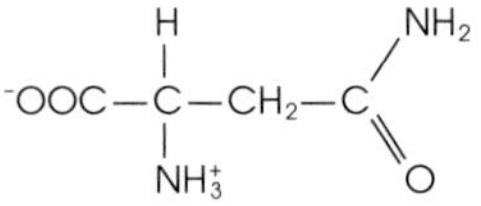

Asparagin Asn

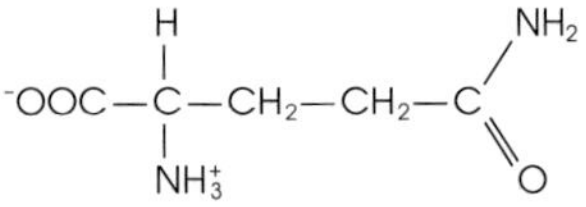

Glutamin Gln

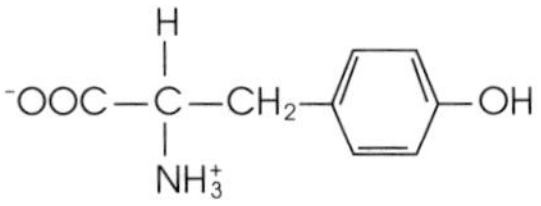

Tyrosin Tyr

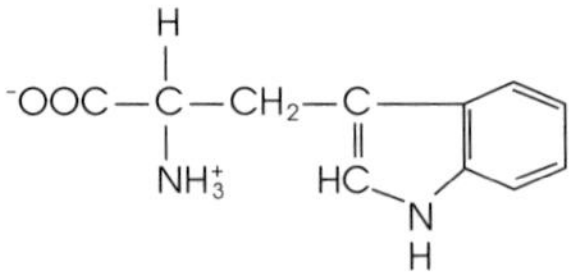

Tryptophan Trp

geladene polare Seitenketten

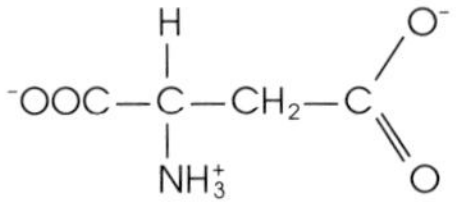

Aspartat Asp

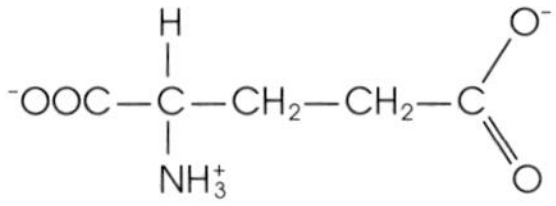

Glutamat Glu

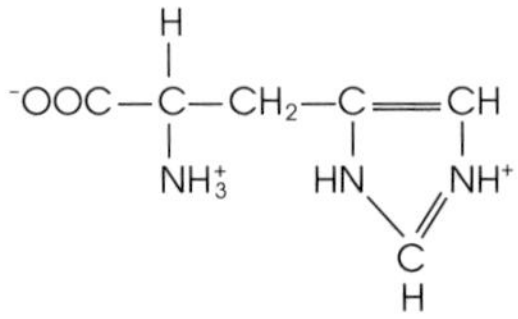

Histidin His

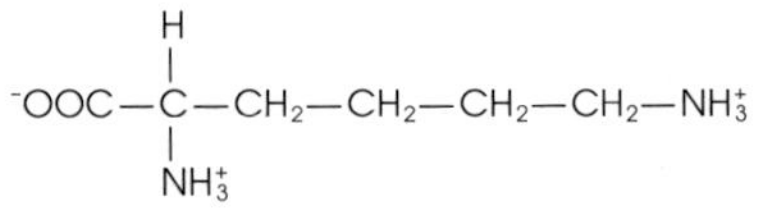

Lysin Lys

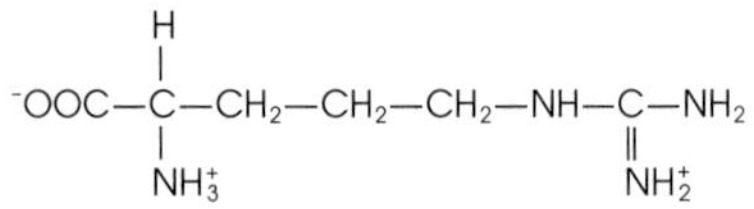

Arginin Arg

Abb. 4.2. Chemische Struktur der L-Aminosäuren. Aminosäuren werden nach der Polarität ihrer Seitenkette klassifiziert

Anwendung besonderer, aufwendiger Tricks immer ein Gemisch von gleichen Teilen der beiden Spiegelbildisomeren (ein RACEMAT) entsteht. Die natürlichen Proteine sind aber ausschließlich aus Aminosäuren der L-Form aufgebaut und D-Aminosäuren kommen nur in Ausnahmefällen (z. B. in einigen PEPTID-ANTIBIOTIKA) vor. Das bedeutet, daß im Produkt der chemischen Synthese die Hälfte aus der biologisch inaktiven (wenn nicht sogar schädlichen) D-Form besteht. Was den Chemikern Schwierigkeiten bereitet, gelingt jedoch den Organismen mühelos, denn ihre Enzyme arbeiten in der Regel streng stereospezifisch.

AMINOSÄUREN (Abb. 4.2) sind daher typische Vertreter der in Kap. 3 erwähnten biotechnisch erzeugten Feinchemikalien. Für einige (z. B. Glycin, L-Tryptophan) wurden

$$COO^\ominus$$
$$|$$
$$C=O$$
$$|$$
$$CH_2$$
$$|$$
$$CH_2$$
$$|$$
$$COO^\ominus$$

2-Oxoglutarat

$$NH_4^\oplus \qquad NAD(P)H+H^\oplus$$

Glutamatdehydrogenase

$$H_2O \qquad NAD(P)^\oplus$$

$$COO^\ominus$$
$$|$$
$$H_3N^\oplus{-}C{-}H$$
$$|$$
$$CH_2$$
$$|$$
$$CH_2$$
$$|$$
$$COO^\ominus$$

L-Glutamat

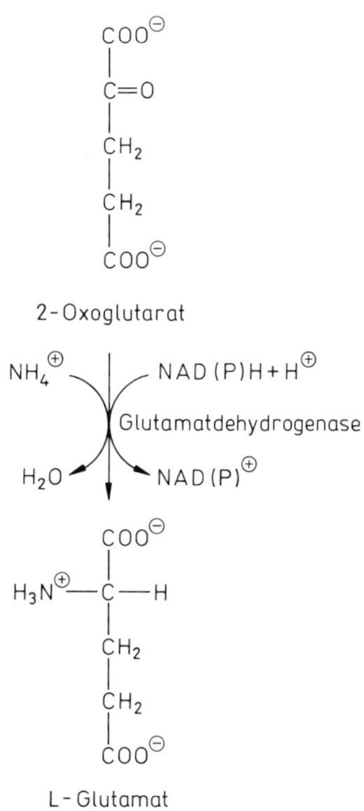

Abb. 4.3. Biosynthese von L-Glutaminsäure aus 2-Oxoglutarsäure. In Anwesenheit von Ammoniumionen (NH_4^+) wird die Ketosäure reduktiv aminiert. Die Reaktion ist enzymkatalysiert

wirtschaftlich vertretbare chemische Syntheseverfahren entwickelt, andere werden fermentativ gewonnen, also als Ausscheidungsprodukte von Mikroorganismen, wenn diese auf geeigneten Nährmedien kultiviert werden. Wieder andere stellt man besser enzymatisch aus einer chemisch leicht zugänglichen Vorstufe her, z. B. aus der entsprechenden Ketosäure (2-Oxocarbonsäure), die noch kein asymmetrisches C-Atom besitzt. Mit Hilfe eines Enzyms – oder auch von abgetöteten Mikroorganismen – kann die Ketogruppe gegen eine Aminogruppe ausgetauscht werden, wobei nur die L-Form gebildet wird (Abb. 4.3). Prozesse dieser Art werden auch als BIOTRANSFORMATIONEN bezeichnet. Schließlich sei der Vollständigkeit halber erwähnt, daß L-Aminosäuren auch durch Extraktion aus den Aminosäuregemischen gewonnen werden können, die durch Hydrolyse von billigen Proteinquellen (z. B. Zuckerrübenschnitzel, Keratin, Rückstände aus der Fellgerberei, Hefeeiweiß usw.) erhalten werden. Dies trifft besonders für schwerlösliche Aminosäuren zu, die sich aus dem Gemisch leicht abtrennen lassen. Im allgemeinen verursachen jedoch die Abtrennung und Reinigung der gewünschten Aminosäure und die Entsorgung der Nebenprodukte große Probleme und hohe Prozeßkosten.

Viele Aminosäuren haben nur eine begrenzte Verwendung gefunden, z. B. bei der Herstellung von Kosmetika, als Lebensmittelzusatzstoffe und Antioxidantien, für therapeutische Zwecke und als Bestandteile von Infusionslösungen für die parenterale Ernährung schwerkranker Patienten. Sie sind Feinchemikalien im echten Sinn und ihre Jahresproduktionsmengen liegen im Bereich zwischen 50 t (z. B. L-Serin) und 700 t (z. B. L-Cystein). Von diesen grenzen sich deutlich drei Aminosäuren ab, auf die allein 97 % der gesamten Aminosäureproduktion entfallen:

1. L-GLUTAMINSÄURE (300 000 t pro Jahr) wird zum großen Teil als Geschmacksverstärker in der Lebensmittelindustrie verwendet. Ihre fermentative Herstellung wird in Kap. 3 besprochen.

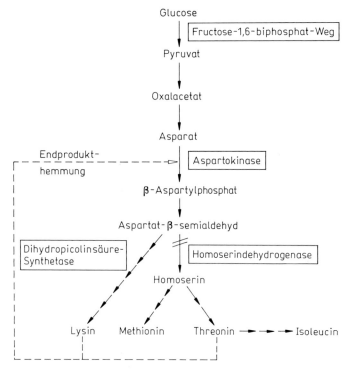

Abb. 4.4. Biosynthese von Lysin und ihre Regulation in *Corynebacterium glutamicum*. Die Endprodukthemmung tritt ein, wenn sich die beiden Aminosäuren Threonin und Lysin im Medium anreichern (gestrichelter Pfeil). Durch eine Blockierung des Threonin-Syntheseweges wird die Bildung von Lysin in großen Mengen ermöglicht

2. D, L-*Methionin* (110 000 t pro Jahr) wird zur Verbesserung der ernährungsphysiologischen Qualität bei der Produktion von Futtermitteln zugesetzt und ausschließlich auf chemischem Wege als D, L-Racemat hergestellt. Das Tier ist nämlich in der Lage, sowohl die L-Form als auch die D-Form zu verwerten.

3. L-LYSIN (ca. 50 000 t pro Jahr), dient in erster Linie zur Supplementierung von lysinarmen Getreideproteinen, da höhere Organismen diese Aminosäure selbst nicht bilden können und daher auf eine ausreichende Zufuhr an L-Lysin mit den Nahrungsmitteln angewiesen sind.

L-LYSIN ist ein Paradebeispiel für die mikrobielle (fermentative) Aminosäuregewinnung. In Bakterien wird L-Lysin auf einem einfachen und gut bekannten STOFFWECHSEL-Weg gebildet, sodaß seine Herstellung durch Fermentation günstiger ist als durch eine Synthese. Allerdings arbeiten die Mikroorganismen oft auch nach streng ökonomischen Prinzipien, was übrigens für sehr viele wichtige Stoffwechselzwischenprodukte gilt. Daher wird nur so viel L-Lysin in der Zelle gebildet, wie für die Proteinbiosynthese gebraucht wird. Reichert sich bei einer Überproduktion die Aminosäure in der Zelle an, so wird ihre Synthese durch eine ENDPRODUKTHEMMUNG abgeschaltet, vergleichbar einem Raumthermostaten, über den die Heizung aus- und wieder eingeschaltet wird, wenn die Temperatur im Raum nach oben bzw. nach unten vom Sollwert abweicht.

In dem Bakterium, das für die Lysinfermentation eingesetzt wird, entsteht Lysin aus einer anderen Aminosäure, nämlich *Asparaginsäure* durch einige Umwandlungsschritte. Gemeinsam mit Lysin wird aber noch eine zweite Aminosäure, L-Threonin auf einem Seitenweg aus der Asparaginsäure gebildet (s. Abb. 4.4). Beide zusammen, Lysin und Threonin, hemmen nun das erste Enzym in ihrem gemeinsamen Bildungsweg (Aspartokinase) und verhindern dadurch ihre eigene

Andere Aminosäuren lassen sich einfacher mit Hilfe von Enzymen herstellen, z.B. L-*Asparaginsäure*. Ausgangsmaterial ist chemisch synthetisierte Fumarsäure, eine Dicarbonsäure mit einer Doppelbindung:

$$
\begin{array}{lcccccc}
\text{HOOC–CH} & & \text{H}_4\text{N–OOC–CH} & & \text{HOOC–CH(NH}_2) & & \text{HOOC–CH (NH}_2) \\
\parallel & \xrightarrow{\text{+2 NH}_3} & & \xrightarrow{\text{Aspartase}} & \mid & \xrightarrow{\text{pH 2,8}} & \mid \\
\text{HC–COOH} & & \text{HC–COONH}_4 & & \text{H}_2\text{C–COO–NH}_4 & & \text{H}_2\text{C–COOH}
\end{array}
$$

Fumarsäure   Ammoniumfumarat   (Löslichkeit 600 g/l)   L-Asparaginsäure
(Löslichkeit 200 g/l)   (Löslichkeit 0,6 g/l)

Überproduktion. Es besteht daher wenig Aussicht, dieses Bakterium zu einer nennenswerten Lysinbildung zu veranlassen, es sei denn, man überlistet die bakterielle Regulationsstrategie. Hier hilft eine Bakterienmutante, in der ein Enzym im Syntheseast von Threonin fehlt. Diese MUTANTE ist threoninbedürftig (thr⁻) und man muß ihr zum Wachstum fertiges Threonin im Medium anbieten. Dosiert man nun die Threoninzugabe so sorgfältig, daß ein Überschuß vermieden wird, dann kann es nicht zu der gemeinsamen Hemmung durch die beiden Aminosäuren kommen und die Lysinbildung läuft auf Hochtouren. Hat man in der Fermentationsindustrie erst einmal eine solche Mutante isoliert, dann ist es üblich, diese durch weitere Mutationsschritte zu verbessern, um die Ausbeute zu steigern, die Substratausnutzung zu erhöhen oder die Bildung von störenden Nebenprodukten zu verhindern usw. Solche systematischen Mutations- und SELEKTIONS-Schritte führten dazu, daß der Stamm, der anfänglich 16% des angebotenen Zuckers in L-Lysin umwandelte, heute mit einer Umwandlungsrate von über 50% arbeitet. Dabei entstehen 70 kg Lysin pro m³ Medium. In ähnlicher Weise lassen sich mikrobiell auch andere Aminosäuren und Produkte herstellen, wenn man MANGELMUTANTEN einsetzt. Bei diesen Mutanten wird durch den Ausfall eines Enzyms ein Kontrollmechanismus umgangen, der die Synthese des Produktes in Schranken hält, oder es ist das Regulationssystem selbst ausgeschaltet (sog. *regulationsdefekte Mutanten*).

Durch chemische Anlagerung von Ammoniak an die Doppelbindung entsteht das RACEMAT von D- und L-Asparaginsäure. Zahlreiche Mikroorganismen bilden das ENZYM *Aspartase* zum Abbau von Asparaginsäure im Stoffwechsel. Dabei entstehen Ammoniak und Fumarsäure. Die Säure wird im CITRATCYCLUS (Abb. 3.8) weiter umgewandelt. Dieses Enzym kann aber auch benutzt werden, um die Reaktion in der Syntheserichtung ablaufen zu lassen. Dazu werden Bakterien so kultiviert, daß sie eine möglichst hohe Aktivität an Aspartase besitzen. Dann werden die Bakterienzellen abgetrennt, mit einem Trägermaterial gemischt und zu kleinen Partikeln geformt (s. IMMOBILISIERTE BIOKATALYSATOREN), mit denen man einen Säulenreaktor befüllen kann. Man läßt nun eine konzentrierte Lösung von Ammoniumfumarat durch die Säule laufen, wobei eine fast 99%ige Umwandlung in das Monoammoniumsalz der L-Asparaginsäure stattfindet. Beim Ansäuern kristallisiert die schwerlösliche L-Asparaginsäure in reiner Form aus. Auf diese Weise lassen sich in einer relativ kleinen Anlage im kontinuierlichen Betrieb große Mengen der Aminosäure herstellen, denn die Aspartaseaktivität in den immobilisierten Bakterienzellen (s. Kap. 6) bleibt über mehrere Monate erhalten.

Dieser Prozeß fällt unter den Begriff der BIOTRANSFORMATIONEN oder mikrobiellen Stoffumwandlungen. Dies sind Prozesse, bei denen organische Verbindungen mit mehr oder weniger komplizierten Strukturen mit

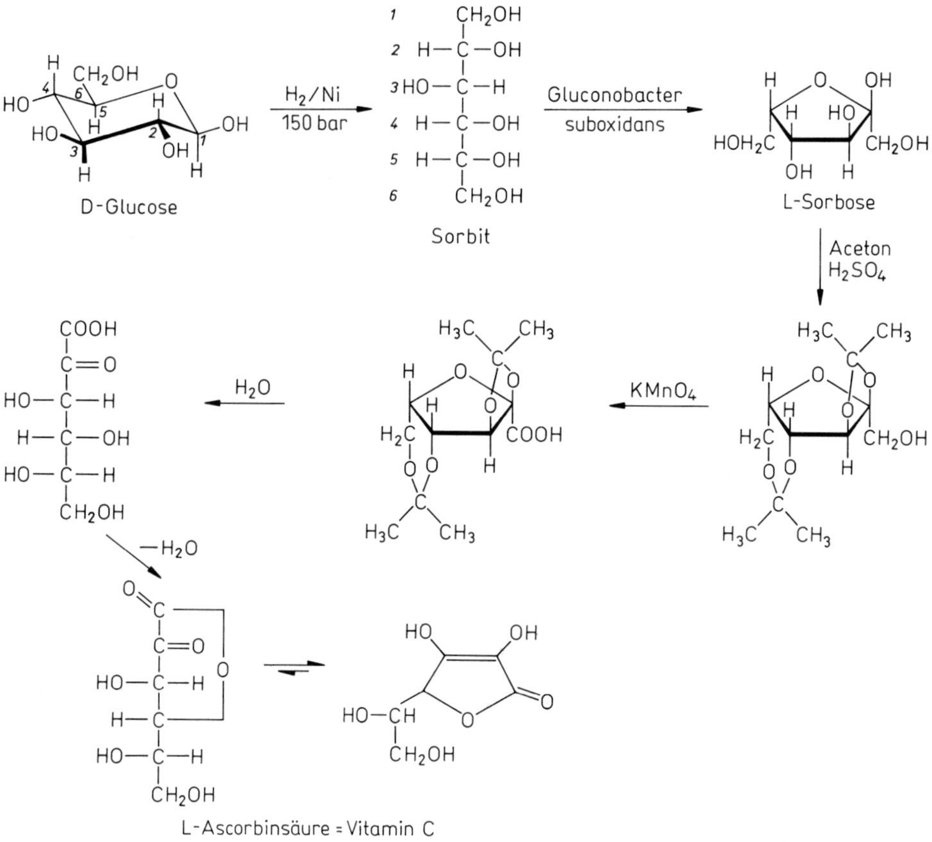

Abb. 4.5. Synthese von L-Ascorbinsäure (Vitamin C)

Hilfe von Mikroorganismen oder von isolierten Enzymen in ganz bestimmter Weise verändert werden. Das gelingt leicht, wenn die Reaktion nur an einer von mehreren möglichen Positionen und/oder unter Bildung von nur einem von mehreren Isomeren ablaufen soll. Ein gutes Beispiel für eine regiospezifische, mikrobielle Umwandlung (s. REGIOSPEZIFITÄT) ist die sog. SORBIT-SORBOSE-OXIDATION. Sorbit ist ein Zuckeralkohol, der durch katalytische Hydrierung von D-GLUCOSE technisch hergestellt wird. Er besitzt sechs Hydroxygruppen (OH-Gruppen), von denen nur eine bestimmte, nämlich die am Kohlenstoffatom 5 der ehemaligen Glucose zur Oxogruppe dehydriert werden soll. Der Chemiker müßte zuerst die fünf übrigen OH-

Gruppen durch Anhängen von Schutzgruppen inaktivieren, bevor er die gewünschte Gruppe oxidieren kann. Anschließend müßten die Schutzgruppen wieder entfernt werden. Eine selektive Dehydrierung am C-Atom 5 gelingt hingegen direkt mit hohen Ausbeuten und ohne die Bildung von unerwünschten Nebenprodukten mit dem Sorbosebakterium (*Gluconobacter suboxidans*); s. Abb. 4.5.

Die Umwandlung erfolgt durch SUBMERSFERMENTATION unter kräftiger Belüftung, und das Medium enthält 300 g Sorbit pro Liter und einige Nährstoffe. Nach etwa 20 Stunden wird die Lösung filtriert, mit Hilfe von Aktivkohle entfärbt und eingedampft, bis die L-Sorbose auskristallisiert. Der größte Teil der L-Sorbose wird nach dem Verfahren von

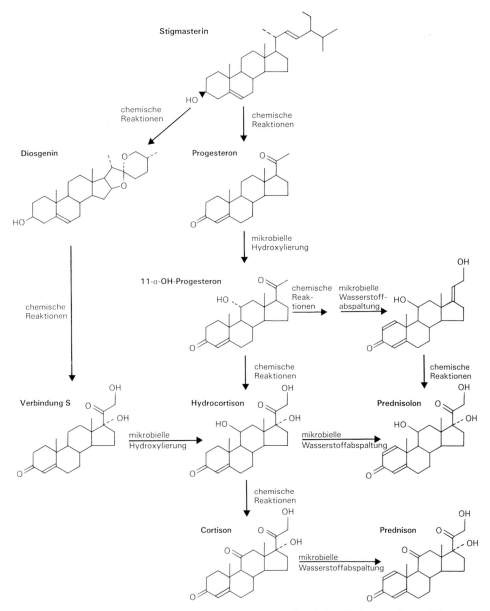

Abb. 4.6. Beteiligung von Mikroorganismen an der Produktion therapeutisch wichtiger Steroide. Diosgenin gewinnt man aus den Wurzeln der mexikanischen Barbascopflanze, Stigmasterin ist in Sojabohnen enthalten

Tabelle 4.1. Einige technische Biotransformationen

Produkt	Ausgangsmaterial	Organismus
L-Sorbose (f. Ascorbinsäure)	Sorbit	*Gluconobacter suboxidans*
Gluconsäure	Glucose	*Aspergillus niger*
Hydrocortison	Reichstein Subst. S	*Curvularia lunata*
Hydroxy-Progesteron	Progesteron	*Rhizopus sp.*
Prednisolon	Hydrocortison	*Arthrobacter simplex*
17-Ketosteroide	Cholesterin usw.	Mykobakterien
Phenylacetylcarbinol (f. Ephedrinsynthese)	Benzaldehyd und Glucose	*Saccharomyces cerevisiae*

Reichstein und *Grüssner* aus dem Jahre 1934 durch chemische Oxidation zu L-ASCORBIN-SÄURE (Vitamin C) weiterverarbeitet. Die beiden asymmetrischen Kohlenstoffatome der L-Ascorbinsäure liegen bereits im Glucosemolekül vor und die Regiospezifität der mikrobiellen Oxidation ist somit der Schlüsselschritt der Vitamin-C-Synthese. Mehr als 30 000 t dieses Vitamins werden so jährlich produziert mit einem Marktwert von etwa 280 Mio. US-Dollar.

Besonders beeindruckende Beispiele für BIOTRANSFORMATIONEN stellen die industriellen Produktionsprozesse vieler STEROIDE dar. Diese leiten sich von einem komplizierten, viergliedrigen, alicyclischen Ringsystem mit 19 bzw. 21 Kohlenstoffatomen ab. Die Aufgabe besteht z.B. darin, nur an einem bestimmten Kohlenstoff ein Wasserstoffatom gegen eine OH-Gruppe auszutauschen und zwar nur in einer von zwei möglichen Richtungen. Diese Umwandlung ist auf chemischem Wege nur in mehreren Reaktionsstufen, unter Bildung zahlreicher Nebenprodukte und mit schlechter Ausbeute zu bewerkstelligen. Mit Hilfe geeigneter Mikroorganismen (z.B. *Curvularia lunata*) gelingt eine solche „*11-ß-Hydroxylierung*" in einem Schritt mit relativ geringen Nebenreaktionen. Ausgangsmaterial ist in diesem Falle ein aus Pflanzen gewonnenes ALKALOID mit dem Namen *Diosgenin*, das die Pregnan-Ringstruktur bereits enthält und durch chemische Abspaltung einer Seitengruppe in eine Zwischenstufe (die sog. *Substanz S von Reichstein*) umgewandelt wird (Abb. 4.6). Daraus stellt

man dann durch eine mikrobielle Hydroxylierung am Kohlenstoffatom 11 das *Hydrocortison* her, ein wertvolles Therapeutikum mit antiarthritischer und entzündungshemmender Wirkung.

Nach ähnlichen Prinzipien werden weitere Produkte der Steroidreihe hergestellt, darunter Sexualhormone, Diuretika, Anabolika, Kontrazeptiva usw. Die Mikroorganismen übernehmen also in diesen Fällen einzelne Umwandlungsschritte in einem oft vielstufigen Produktionsverfahren, das aus mehreren nichtbiologischen Synthesestufen und einem oder zwei dazwischenliegenden mikrobiellen Schritten besteht. Ohne die Mithilfe von Mikroorganismen und ihren Enzymen wären manche dieser wertvollen Therapeutika heute nicht auf dem Markt (s. Tab. 4.1).

Man vermag an diesen Beispielen auch die Bedeutung abzuschätzen, die mikrobielle und enzymatische Stoffumwandlungen für den organischen Chemiker zukünftig erlangen könnten – als wertvolle Ergänzungen, nicht als Konkurrenz, wie sie in einem heimlichen Stoßgebet eines Organikers zum Ausdruck kommt:

O Herr, gewähre mir die Gunst,
daß über meine hehre Kunst,
neue Synthesen zu kreieren,
nicht die Bakterien triumphieren!

Zusammenfassung

Wahrscheinlich liegt die Zukunft der Biotechnologie nicht so sehr im Bereich der Großprodukte (Industriechemikalien), der durch einen harten Wettbewerb mit chemischen Syntheseprodukten gekennzeichnet ist, als eher auf dem Gebiet von Feinchemikalien, auf dem oft mikrobielle Verfahren den chemischen Herstellungsprozessen eindeutig überlegen sind. Die meisten Aminosäuren gelten als Feinprodukte und werden in relativ geringen Mengen hergestellt, aber mit hohen Marktwerten gehandelt. Ausnahmen hierzu sind nur drei Aminosäuren, die in großen Mengen hergestellt werden: L-Glutaminsäure, D-L-Methionin und L-Lysin. Ausschlaggebend für die biotechnische Herstellung von Aminosäuren ist ein asymmetrisches Kohlenstoffatom in ihrem Molekül und ihr Vorkommen in den beiden isomeren D- und L-Formen, von denen aber in den meisten Fällen nur die L-Formen von technischem Interesse sind. Die Biosynthese der Aminosäuren in Mikroorganismen ist zumeist durch Rückkopplungshemmung streng an den Bedarf der Zelle angepaßt. Um Mikroorganismen zur Ausscheidung großer Aminosäuremengen zu befähigen, sind spezielle Mutanten erforderlich, in denen die intrazellulären Kontrollmechanismen ausgeschaltet sind. Für einige Aminosäuren kommen auch enzymatische Umwandlungen von chemisch-synthetischen Vorstufen in Frage. Als Biotransformationen werden Prozesse bezeichnet, bei denen meist komplizierte organische Moleküle mit Hilfe von Mikroorganismen oder von Enzymen selektiv umgewandelt werden. Demgegenüber verlaufen chemische Umsetzungen oft nicht mit genügender Regio- oder Stereoselektivität. Ein Beispiel ist die mikrobielle Umwandlung von Sorbit zu L-Sorbose als Grundlage für die technische Erzeugung von Vitamin C. Im Bereich der Steroide lassen sich zahlreiche wertvolle Pharmaka unter Einbeziehung von mikrobiellen Umwandlungen im technischen Umfang produzieren.

5 Mikroben im Kampf gegen Mikroben

Der große französische Mikrobiologe Louis Pasteur machte 1867 eine bedeutsame Entdeckung: Eine Kulturflasche mit den Erregern des Milzbrandes der Rinder (*Bacillus anthracis*) war versehentlich offen auf dem Labortisch stehengeblieben. In dem Kolben wimmelte es nur so von fremden Infektionskeimen. Am nächsten Tag aber waren die Milzbranderreger verschwunden. Ohne Zweifel waren diese Bazillen, die im Gewebe der Rinder prächtig gedeihen können, einem solchen Ansturm von Keimen aus der Umgebung nicht gewachsen. Pasteur fragte sich dann, was wohl im Erdboden mit den tödlichen Erregern geschieht, wenn ein Opfer einer Infektionskrankheit bestattet wird und untersuchte die Erde von Abdeckereien. Zu seiner großen Überraschung stellte er fest, daß die gefährlichen Keime im Boden nur wenige Stunden überleben können. Und wieder waren es Mikroorganismen – sie sind in großer Zahl und Verschiedenheit im Erdboden zu finden –, die den todbringenden Keimen zu Leibe rückten: *Mikroben im Kampf gegen Mikroben*. Er nannte diese Erscheinung *„Antibiose"*. Dabei war diese Idee gar nicht so neu; mehr als 1000 Jahre v. Chr. verwendeten chinesische Ärzte bereits verschimmelten Sojabohnenquark, um damit Hautinfektionen zu heilen und die Indianer im alten Mittelamerika benutzten Waldpilze zur Behandlung eitriger Wunden.

Eingeleitet wurde die neue Aera der ANTIBIOTIKA aber erst durch Alexander Fleming, einem Mikrobiologen am St. Mary's Hospital in London. Er ließ eine AGARPLATTE, die mit einem dichten Bakterienrasen von *Staphylococcus aureus*, dem Erreger von bösartigen Furunkeln, bewachsen war, einige Minuten aufgedeckt am offenen Fenster stehen. Am darauffolgenden Tag beobachtete er helle, durchsichtige Flecken in dem Bakterienrasen, in deren Mitte eine Ansammlung anders aussehender Organismen zu sehen war. Kein Zweifel – durch das Fenster war ein fremder Keim auf die Platte geweht worden, der offensichtlich eine Substanz ausscheidet, die den Staphylokokken auf der Platte nicht gefällt. Dafür sprach die deutliche Hemmzone um den Keim (Abb. 5.1).

Fleming isolierte den Eindringling und identifizierte ihn als einen SCHIMMELPILZ aus der weit verbreiteten *Penicillium*-Familie. Es gelang ihm, den Pilz im Labor zu kultivieren und eine kleine Menge der keimtötenden Substanz in roher Form zu isolieren. Er nannte sie *„Penicillin"*, behandelte mit dem größten Teil seines bescheidenen Vorrats erfolgreich eine infizierte Wunde und bewahrte den Rest sorgfältig auf, in der Hoffnung, daß es eines Tages gelingen möge, diese Substanz als Heilmittel in größeren Mengen herzustellen. Das war 1929; aber es dauerte noch bis zum Jahr 1940, als sich unter dem Zwang der Tatsache, daß viele englische Soldaten des Zweiten Weltkrieges in den Feldlazaretten an Wundinfektionen sterben mußten, ein Arbeitskreis in

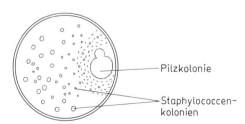

Abb. 5.1. Skizze der Flemingschen Entdeckung. Auf einer Nähragarplatte sind Kolonien einer Staphylococcenart gewachsen. Um die Pilzkolonie herum hat sich eine Hemmzone ausgebildet

Oxford an die Arbeit machte, den Pilz in großen Mengen kultivierte und das heilbringende PENICILLIN daraus herstellte. Die Aufarbeitung der braunen, trüben Fermentationsbrühe war äußerst mühevoll, denn in einem Liter waren nicht einmal 6 mg der aktiven Substanz zu finden. Es begann eine fieberhafte Entwicklungsarbeit, an der sich auch drei amerikanische Firmen beteiligten, die über Erfahrungen in der Massenproduktion von Chemikalien verfügten. Ingenieure mußten neue Apparate konstruieren, in denen der Pilz unter sterilen Bedingungen im Maßstab von vielen Kubikmetern kultiviert wurde. Chemiker arbeiteten Verfahren aus, um die geringen Mengen des Wirkstoffes von den vieltausendfach größeren Mengen an Begleitstoffen abzutrennen. Mikrobiologen bemühten sich, die NÄHRMEDIEN zu verbessern, neue

Antibiotika-Bildner	Zahl bekannter Vertreter
Penicillium- und Cephalosporium-Arten	2000
Bakterien	500
Fädige Bakterien (Actinomyceten)	3500
Algen	100

Abb. 5.2. Mikrobielle Antibiotikabildner

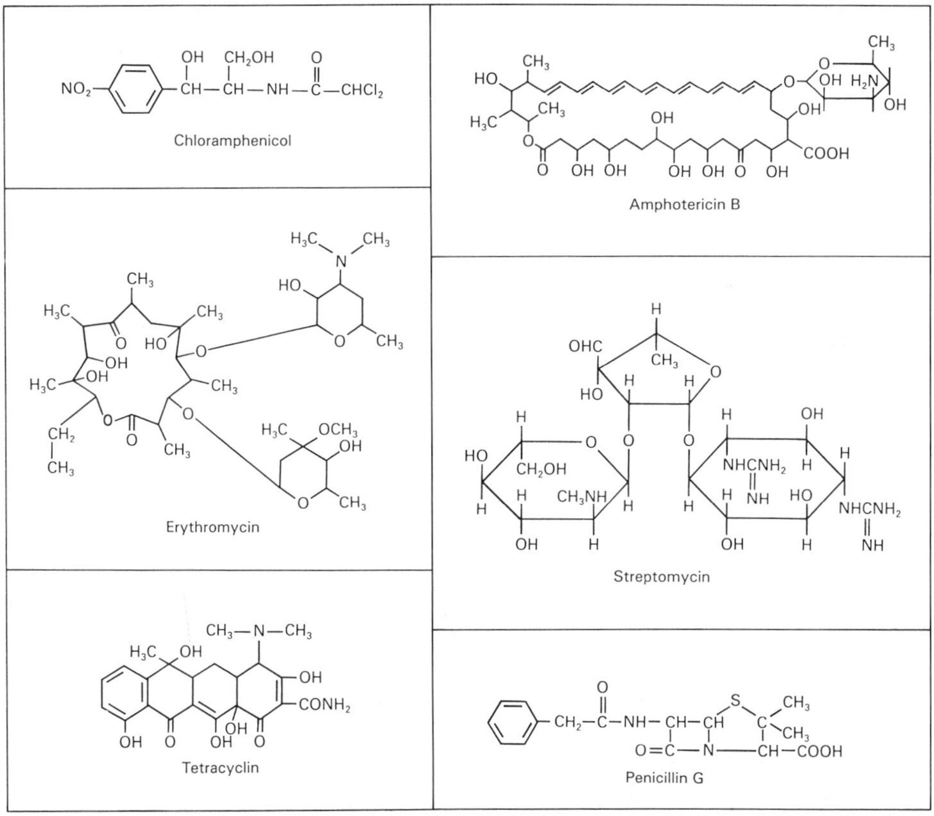

Pilzstämme zu finden und systematisch MUTANTEN mit höheren Ausbeuten zu erzeugen. Dies alles geschah in höchster Eile, denn es war immer noch Krieg und das neue Mittel konnte Tausenden das Leben retten. In Deutschland begann H. Knöll in Jena Ende 1942 mit eigenen Versuchen zur Penicillinherstellung, aber erst 1945 konnte eine Pro-

Abb. 5.3. Chemische Strukturen einiger charakteristischer Antibiotika

Erdprobe

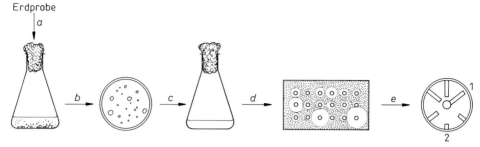

Abb. 5.4. Screeningprogramm (skizziert). Gezeigt sind die ersten Stufen einer systematischen Suche nach neuen Antibiotika.
a) Erdproben etc. werden in einem Nährmedium suspendiert.
b) Kleine Volumina werden auf AGRARPLATTEN ausplattiert, es wachsen verschiedenste Kolonien.
c) Jede Kolonie wird in Spezialnährlösungen gezüchtet.
d) Die Kulturbrühe dieser Züchtungen wird im Hemmhoftest auf das Vorhandensein antibiotischer Wirkstoffe geprüft. Dazu wird eine kleine Menge in ausgestanzte Löcher einer Agarplatte

gegeben. Der Agar enthält einen Testkeim und wird anschließend bebrütet. Dabei wächst der Testkeim zu einem dichten Rasen an. Diffundiert aus dem Loch eine antibiotisch wirksame Substanz in den Agar, so wird ein Hemmhof sichtbar.
e) Zur Bestimmung des Wirkungsspektrums wird die als wirksam ermittelte Lösung in ein zentral ausgestanztes Loch einer Agarplatte gegeben. Verschiedene Testkeime werden strichförmig aufgetragen. Ihre Empfindlichkeit kann direkt abgelesen werden: Keim 1 ist unempfindlich, Keim 2 dagegen stark empfindlich

duktion in nennenswertem Umfang in der Abteilung Jenapharm der Glaswerke Schott u. Gen. aufgenommen werden. Fleming, der geistige Vater dieser Entwicklungen, wurde für seine Leistungen 1944 geadelt und 1945 mit dem Nobelpreis ausgezeichnet.

Antibiotikaausscheidende Mikroorganismen finden sich zum einen unter den SCHIMMEL-PILZEN; sie liefern die marktführenden PENI-CILLINE und *Cephalosporine*, die wichtigsten Vertreter der β-LACTAM-ANTIBIOTIKA (Abb. 5.2). Zum anderen werden Antibiotika von ACTINOMYCETEN ausgeschieden, das sind MYCEL-bildende Bakterien. Von ihnen stammen fast 3000 verschiedene Antibiotika, darunter die wichtigen TETRACYCLINE. Zu den Actinomyceten gehören auch die besonders einfallsreichen *Streptomyces*-Arten, die außer den *Streptomycinen* (s. AMINOGLYKO-SID-ANTIBIOTIKA) zahlreiche weitere interessante Antibiotika erzeugen (Abb. 5.3). Somit sind heute etwa 100 Substanzen mit antibiotischen Wirkungen auf dem Markt für klinische Anwendungen, als Zusätze zu Futtermitteln und bei der Verarbeitung von Lebensmitteln.

Dieses ist das Ergebnis von sehr umfangreichen SCREENING-Programmen (Abb. 5.4), in denen Tausende von Bodenproben, Früchten und Rückständen aus aller Welt auf die Bildung neuer antibiotisch wirksamer Substanzen hin untersucht wurden und von ausgeklügelten Programmen zur Stammverbesserung durch fortgesetzte Mutationen und Selektion. Durch sie wurde es möglich, z.B. den Penicillingehalt in der Fermentationsbrühe von ursprünglich einigen Milligramm auf über 50 g/l zu steigern.

Antibiotika werden heute in belüfteten Rührtanks mit bis zu 100 m³ Inhalt erzeugt. Die erforderlichen Impfmengen müssen durch stufenweise Anzüchtung der Pilze oder Bakterien vom Labor- über den Liter- und Hektolitermaßstab hergestellt werden.

Als typische SEKUNDÄRMETABOLITE werden die Antibiotika erst nach dem Ende der Wachstumsphase der Mikroorganismen in das Medium ausgeschieden (Abb. 5.5). Dieser Zustand ist im Produktionsfermenter etwa 200 Stunden nach der Beimpfung erreicht. Anschließend werden die Produkte durch Extraktion mit organischen Lösungsmitteln

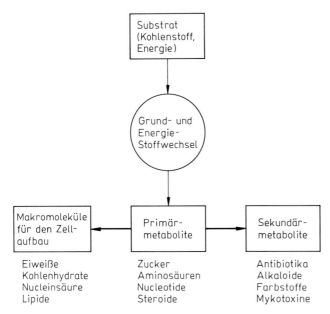

Abb. 5.5. Grund- und Energiestoffwechsel der Zelle. Im Grund- und Energiestoffwechsel wandelt die Zelle angebotenes Substrat in einfache Bausteine um. Dabei entstehen lebenswichtige Primärmetabolite sowie vielfältige Sekundärprodukte. Diese werden am Ende der Wachstumsphase ausgeschieden

oder durch Adsorptions- und Fällungsprozesse abgetrennt und gereinigt. Da diese Aufarbeitung eines Reaktors etwa 12 bis 14 Stunden in Anspruch nimmt, sind in einer Produktionsanlage in der Regel bis zu 15 solcher Großraumtanks aufgestellt, die nach einem gestaffelten Zeitplan betrieben werden, sodaß auch die Aufarbeitungsanlage rund um die Uhr ausgelastet ist.

Die Wirkung von Antibiotika beruht auf ihrer selektiven Toxizität für infektiöse Bakterien. Sie töten oder hemmen diese im Körper höherer Organismen, während sie für die Gewebe des Wirtsorganismus unschädlich sein sollen. Von den vielen bekannten Antibiotika erfüllen einige diese Voraussetzungen recht gut, andere (und das sind 98 %!) können wegen ihrer toxischen Nebenwirkungen auf den Menschen und aus anderen Gründen für therapeutische Zwecke nicht verwendet werden. Nur wenige Substanzen sind bekannt, die gegen PILZE, VIREN oder Parasiten wirksam sind, und auch die Suche nach Stoffen zur gezielten Bekämpfung von *Tumoren* hat bisher nur wenig Erfolge gebracht. Die

Unterschiede zwischen Krebszellen und gesunden Körperzellen sind nur sehr gering und bieten wenig Möglichkeiten für selektive Angriffe durch Antibiotika.

Der Wirkungsmechanismus der *Streptomycine* beruht auf ihrem Angriff an den RIBOSOMEN prokaryontischer (= bakterieller) Zellen, während sie die Ribosomen der EUKARYONTEN (= Hefen, Pilze und höhere Organismen) ungeschoren lassen (Abb. 5.6). Die Angriffsziele der Penicilline sind die MUREIN-Strukturen in den bakteriellen Zellwänden, die es bei höheren Organismen gar nicht gibt. Ein Hauptziel der heutigen Antibiotikaforschung ist die Suche nach neuen Produkten mit breiteren Wirkungsspektren und solchen zur Bekämpfung von eukaryontischen pathogenen Organismen und von Tumoren.

Ein weiterer Aspekt für die Entwicklung neuer Antibiotika ist auch die zunehmende Ausbreitung von RESISTENZEN. Die therapeutische Anwendung eines Antibiotikums hat unausweichlich zur Folge, daß die Mikroorganismenflora des Patienten einem SELEKTIONS-Druck ausgesetzt wird. Dadurch entwickeln

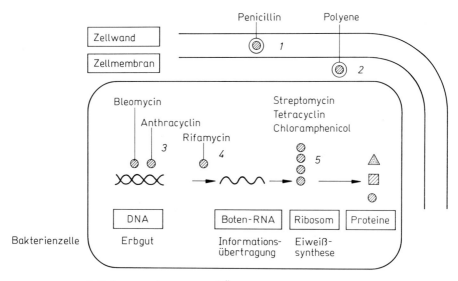

1 Zellwandaufbau   4 Übertragung der genetischen Information
2 Zellmembranaufbau   5 Eiweißaufbau am Ribosom
3 DNA-Synthese

Abb. 5.6. Wirkungsweise verschiedener Antibiotika. Antibiotika stören den Aufbau der Zellwand oder der Cytoplasmamembran. Andere verhindern die Weitergabe von Erbinformation oder unterbrechen die Eiweißsynthese

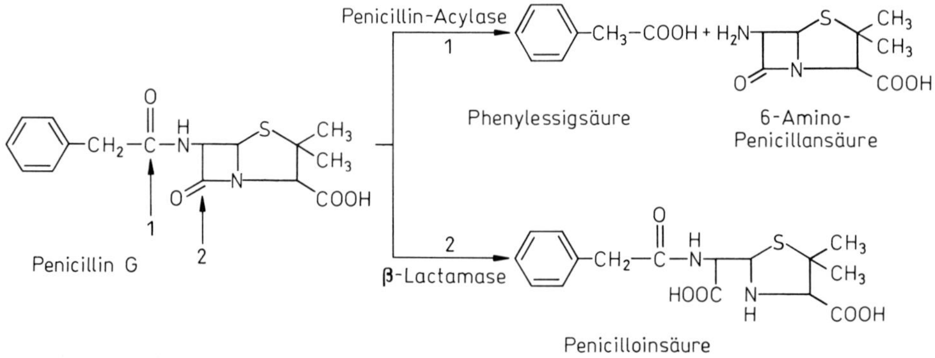

Abb. 5.7. Hydrolyse von Penicillin G. Penicillin G-resistente Bakterien verfügen über das Enzym β-Lactamase. Es spaltet den viergliedrigen β-Lactamring auf (Reaktion 2), wodurch die antibiotische Wirkung verloren geht. Um halbsynthetisch neue Antibiotika gegen resistente Krankheitserreger zu erhalten, wird Penicillin G enzymatisch unter Erhalt des wirksamen Lactamrings gespalten (Reaktion 1). Der entstehende Grundkörper wird chemisch mit anderen Säureresten verknüpft

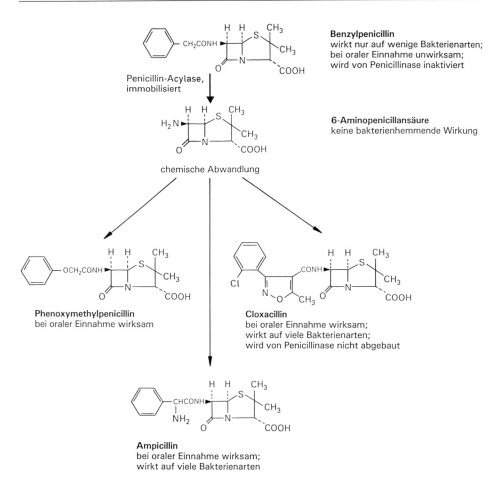

Benzylpenicillin
wirkt nur auf wenige Bakterienarten;
bei oraler Einnahme unwirksam;
wird von Penicillinase inaktiviert

Penicillin-Acylase,
immobilisiert

6-Aminopenicillansäure
keine bakterienhemmende Wirkung

chemische Abwandlung

Phenoxymethylpenicillin
bei oraler Einnahme wirksam

Cloxacillin
bei oraler Einnahme wirksam;
wirkt auf viele Bakterienarten;
wird von Penicillinase nicht abgebaut

Ampicillin
bei oraler Einnahme wirksam;
wirkt auf viele Bakterienarten

Abb. 5.8. Verbesserte Penicillin-Typen entstehen durch chemische Amidierung von 6-Aminopenicillansäure mit anderen Säureresten. Diese wird aus Benzylpenicillin mit Hilfe von E. coli-Zellen gebildet, die das Enzym Penicillinacylase enthalten

einige Bakterien die Fähigkeit zur Bildung von ENZYMEN, mit denen sie das Antibiotikum unschädlich machen können. Sie haben damit eine wirksame Waffe, mit der sie und ihre gesamte Nachkommenschaft gegen den Antibiotikaangriff antreten können. Bekanntestes Beispiel sind die β-LACTAMASEN. Das sind Enzyme, die in zahlreichen Mikroorganismen vorkommen und den β-Lactamring (ein viergliedriger Ring, der den Strukturen aller Penicilline und Cephalosporine zugrunde liegt) aufspalten, wodurch die antibiotische Wirkung völlig verloren geht (Abb. 5.7).

Das Schlimme an der Sache ist, daß nicht nur Bakterien unter dem Einfluß des Antibiotikums diese Resistenz entwickeln können, sondern daß die Resistenz auch durch natürliche genetische Vorgänge (mit Hilfe von PLASMIDEN, in denen die resistentmachenden Enzyme erblich verankert sind) auf andere Bakterien übertragen werden können, obwohl diese zuvor nie mit dem Antibiotikum in Berührung gekommen waren. Eine übermäßige und unkritische Anwendung von Antibiotika hat sicherlich erheblich zu einer *Auslese* solcher Bakterien beigetragen, die über das Gen für β-Lactamase verfügen und man muß nach Auswegen aus diesem Teufelskreis suchen. Einer ist die Entwicklung neuer Antibiotika, die gegen die enzymatische Waffe weniger empfindlich sind.

Seit den sechziger Jahren werden aus diesen Gründen *halbsynthetische Penicilline* entwickelt. Das geht im Prinzip so vor sich, daß man aus dem für den Markt hergestellten Penicillin G mit Hilfe eines Enzyms (einer ACYLASE) oder eines enzymhaltigen Bakteriums die Seitengruppe (Phenylessigsäure) abspaltet. Dabei muß der *β*-Lactamring erhalten bleiben (Abb. 5.8). Der zurückbleibende Grundkörper des Moleküls heißt *6-Aminopenicillansäure* (bzw. bei den Cephalosporinen *7-Aminocephalosporansäure*). Die so erhaltenen Grundkörper können dann auf chemischem Wege (durch eine Veresterung) mit einem anderen, sauren Seitenrest verknüpft werden. Ein Beispiel ist das *Cloxacillin* (ein Penicillinderivat, das einen Isoxazolyl-Rest und außerdem Chlor enthält). Der neue Seitenrest macht dieses halbsynthetische Penicillin besonders widerstandsfähig gegen die enzymatische Spaltung durch *β*-Lactamasen, sodaß es mit Erfolg auch gegen resistente Krankheitserreger eingesetzt werden kann.

Auf der Suche nach natürlichen Antibiotika gegen resistente Bakterien ist man auf die *Thienamycine* (aus *Streptomyces cattleya*) gestoßen. Sie sind antibiotisch hoch wirksam, weil sie die *β*-Lactamasen inaktivieren können. Gesucht sind aber auch Substanzen, die selbst nur eine geringe oder keine antibiotische Wirkung haben, die aber *β*-Lactamasen unschädlich machen können. Dazu gehören *Clavulansäure* (Abb. 5.9) und *Olivansäure*; sie ziehen diese Enzyme aus dem Verkehr, indem sie mit ihnen stabile Komplexe bilden, die

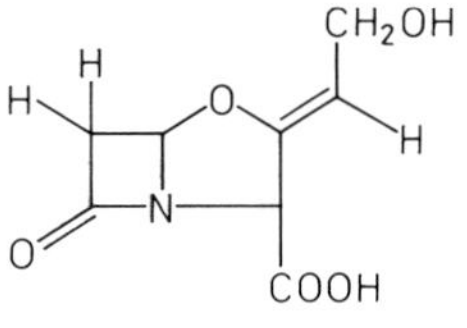

Abb. 5.9. Chemische Struktur der Clavulansäure

inaktiv sind. Diese Funktion als „Leibwächter" macht man sich in *Kombinationspräparaten* zunutze, z.B. in der Verbindung des Antibiotikums *Amoxicillin* mit dem *β*-Lactamase-Hemmer *Clavulansäure*.

Wegen der unzureichend bekannten Unterschiede zwischen normalen Körperzellen und Krebszellen blieb die Entdeckung von mikrobiellen Antitumormitteln bisher mehr oder weniger dem Zufall überlassen. Ein solcher Glücksfall war offensichtlich die Entdeckung der *Bleomycine* in Japan (aus dem Kulturfiltrat von *Streptomyces verticillus*). Diese Substanzen verbinden sich offenbar bevorzugt mit den Desoxyribonucleinsäuren (DNA) von Tumorzellen und spalten sie in ihre Einzelstränge, wodurch deren Verdopplung und Ablesung gestört wird (vgl. Abb. 5.6).

Zusammenfassung

Die mikrobielle Herstellung von Penicillin (seit 1941) und später von anderen Antibiotika im technischen Umfang bedeutet einen Meilenstein in der Biotechnologie. Einmal konnten mit dem therapeutischen Einsatz von Antibiotika zahlreiche Infektionskrankheiten, die bis dahin als Geißeln der Menschheit galten, weltweit drastisch zurückgedrängt werden. Zum anderen lernte man dabei, Pilzfermentationen im Submersverfahren zu führen und über 7 Tage und länger steril zu halten. Zur Belüftung sind stündlich 18 000 l Luft pro Kubikmeter Reaktorvolumen erforderlich, die ebenfalls keimfrei sein müssen. Von verfahrenstechnischer Seite mußten dabei Probleme der homogenen Durchmischung, der ausreichenden Sauerstoffversorgung, der sterilen Wellendurchführungen und Sterilkupplungen, sowie der anschließenden Abtrennung von wenigen Gramm des Produktes von der tausendfachen Menge an Begleitsubstanzen gelöst werden. Erst mit dem dabei gewonnenen know-how war die Entwicklung zahlreicher anderer Fermentationsprozesse möglich. Die Wirkung der Antibiotika beruht auf ihrer selektiven Toxizität gegenüber krankmachenden Infektionskeimen, ohne die Zellen des höheren Organismus anzugreifen. Wegen dieser unzureichenden Selektivität sind von den mehr als 5000 inzwischen bekannten Antibiotika nur etwa 100 auf dem Markt. Die größte wirtschaftliche Bedeutung haben die sog. β-Lactam-Antibiotika (Penicilline, Cephalosporine und andere). Zur Gewinnung neuer Produkte mit verbesserten Eigenschaften kann von den β-Lactamen die Seitengruppe abgespalten und chemisch durch andere Seitenreste ersetzt werden, wodurch eine ganze Palette von halbsynthetischen β-Lactamen zugänglich wird. Inzwischen wurden in Streptomyceten auch weitere β-Lactame entdeckt, die selbst keine oder nur geringe antibiotische Wirkungen haben, die aber in der Lage sind, die Wirkung der resistenzerzeugenden mikrobiellen β-Lactamasen zu unterbinden.

6 Enzyme – damit es schneller geht

Eine wichtige Bemerkung vorab: ENZYME sind KATALYSATOREN, also „Beschleuniger" von biochemischen Reaktionen und gehören (bisher noch fast ausschließlich) zur Klasse der Proteine. Ein Enzym ist aber kein Perpetuum mobile, und es kann nur solche Reaktionen beschleunigen, die im Prinzip auch ohne Katalysator ablaufen würden (Abb. 6.1). Wasserstoffperoxid z.B. würde auch spontan unter Sauerstoffbildung zerfallen:

$$2\ H_2O_2 \rightarrow 2\ H_2O + O_2.$$

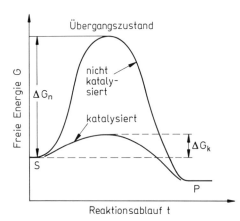

Abb. 6.1. Aktivierung von chemischen Reaktionen. Dargestellt ist das Energieprofil der Umsetzung eines Substrates S in das Produkt P, mit und ohne Katalysator. Um die Reaktion überhaupt in Gang zu setzen, muß dem System zunächst Energie zugeführt werden (*Aktivierungsenergie* ΔG_n). In Anwesenheit eines Katalysators (z.B. eines Enzyms) ist der zu überwindende Energieberg sehr viel niedriger (ΔG_k). Bei der Umsetzung wird nicht nur die *Reaktionsenergie* freigesetzt (exergonische Reaktion), sondern auch die anfangs zugeführte Aktivierungsenergie und das System liegt in einem niedrigeren Energiezustand vor

Dieses ist eine „*exergonische Reaktion*", deshalb entsteht dabei auch Wärme. Trotzdem läßt sich verdünnte Wasserstoffperoxidlösung – als Desinfektionsmittel – jahrelang ohne nennenswerte Zersetzung im Arzneischrank aufbewaren. Gibt man aber eine geringe Menge des Enzyms *Katalase* in die Lösung, so wird der gesamte Sauerstoff sofort unter Aufschäumen freigesetzt: 90 000mal kann jedes Enzymmolekül diese Reaktion in der Sekunde durchführen! Je höher diese sog. „katalytische Konstante" ist, umso wirkungsvoller ist das Enzym. In dieser Beziehung sind viele Enzyme den anorganischen Katalysatoren des Chemikers überlegen; deren katalytische Konstanten sind meist um Größenordnungen niedriger. Enzyme haben außerdem den Vorteil, daß sie unter sehr milden Reaktionsbedingungen arbeiten: bei Körpertemperatur, in fast neutralen wäßrigen Lösungen und ohne hohen Überdruck (Abb. 6.2).

Oft wird nur eine einzige Substratart umgewandelt (SUBSTRAT-Spezifität) und das Substratmolekül wird durch ein bestimmtes Enzym nur an einer von mehreren reaktiven Positionen angegriffen (REGIOSPEZIFITÄT); vielfach wird auch nur eine von mehreren isomeren Verbindungen umgewandelt oder gebildet (STEREOSPEZIFITÄT).

Enzyme können verschiedene Reaktionen beschleunigen:

• sie können chemische Bindungen knüpfen oder auch lösen,

• sie können Atome oder Atomgruppen von einem Molekül zum anderen übertragen usw. (Abb. 6.3).

Als Voraussetzung muß die Umsetzung in ihrer Tendenz *exergonisch* sein. Für technische Zwecke wurden bisher fast ausschließlich solche Enzyme hergestellt oder eingesetzt, die Bindungen lösen (sog. HYDROLASEN). Das

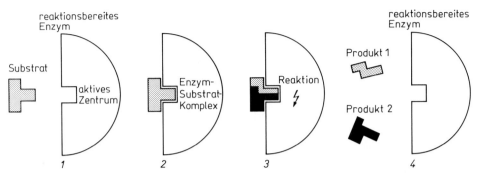

Abb. 6.2. Substrat und Enzym. Substrat und Enzym passen zusammen wie Schloß und Schlüssel. Am aktiven Zentrum *1* bildet sich ein Enzym-Substrat-Komplex *2*, der bei der Reaktion *3* in die entsprechenden Produkte *4* zerfällt

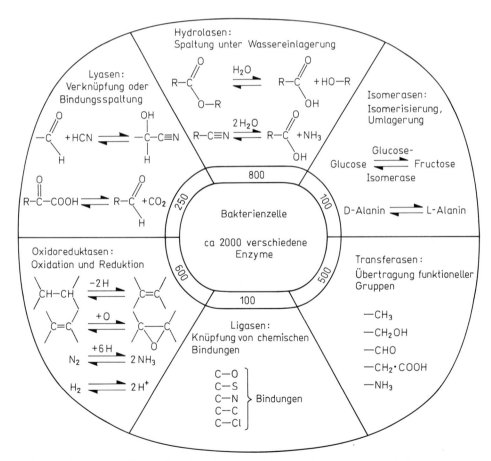

Abb. 6.3. Enzymnomenklatur. Ein international verbindliches System teilt die Enzyme nach ihrer Wirkung in sechs Hauptklassen ein: Oxidoreduktasen – Transferasen – Hydrolasen – Lyasen – Isomerasen und Ligasen.

hat einen einfachen Grund, denn solche Reaktionen benötigen zumeist keinen weiteren Helfer (kein COENZYM), was ihren technischen Einsatz sehr vereinfacht.

Technische Enzyme werden mit PILZEN oder mit BAKTERIEN hergestellt, und ihre Spezifitäten und Eigenschaften (z. B. pH-Optimum, Temperaturbeständigkeit) unterscheiden sich etwas, sodaß für verschiedene Anwendungsbereiche bereits paßgerechte Enzyme angeboten werden können. Die in der Natur vorkommenden Polymere – Stärke, Eiweiß, Pektine usw. – sind für den Transport durch die mikrobielle PLASMAMEMBRAN zu groß und können daher nicht ohne weiteres als Nährstoffe verwendet werden. Viele Mikroorganismen, besonders *Bacillus*- und *Aspergillus*-Arten machen aus dieser Not eine Tugend und scheiden entsprechende Enzyme – AMYLASEN, PROTEASEN, *Pektinasen* usw. – in ihre Umgebung aus, mit denen sie ihre Nahrungsstoffe aufbereiten. Für die Biotechnologie ist dies die Grundlage für die technische Herstellung solcher Enzyme. Die Mikroorganismen werden in großen Rührkesselreaktoren unter kräftiger Belüftung auf einfachen technischen Nährmedien (meist MELASSE- oder Getreidemaische) und bei geeigneten Temperaturbedingungen und PH-WERTEN kultiviert. Die Verfahrenstechniken wie auch besonders leistungsfähige Produktionsorganismen sind natürlich für den jeweiligen Prozeß, z. T. in jahrelangen Entwicklungsarbeiten, sorgfältig optimiert worden. Zur Aufarbeitung wird die Kulturbrühe durch Filtration oder Zentrifugation geklärt, und je nach Verwendungszweck des Enzyms, entweder nur unter schonenden Bedingungen konzentriert (*Enzymkonzentrate*) oder durch mehrere Fällungs- und CHROMATOGRAPHIE-Schritte bis zu hochreinen oder gar kristallisierten Produkten gereinigt. Letztere werden für klinische, therapeutische, diagnostische oder analytische Verwendungszwecke eingesetzt, während die rohen Enzymkonzentrate hauptsächlich technischen Anwendungsbereichen vorbehalten sind.

Bereits 1894 hat ein Japaner namens Takamine ein rohes Enzymgemisch („Takadiastase") aus dem Pilz ASPERGILLUS oryzae hergestellt, das in Whisky-Brennereien als STÄRKEVERZUCKERUNGSMITTEL anstelle von Brennmalz verwendet wurde. Bei der Ledergerberei wurde noch bis 1915 die proteolytische (eiweißspaltende) Wirkung von Hundekot und Taubenmist genutzt, um die weiche Eiweißschicht vor der Bearbeitung der Häute zu entfernen. Der Chemiker Otto Röhm hatte 1911 als Erster die Idee, Extrakte aus der Bauchspeicheldrüse (dem *Pankreas*) von Schlachttieren für die Lederbeize unter dem Handelsnamen „Oropon" anzubieten. Er schlug auch bereits 1913 vor, den Haushaltswaschmitteln Pankreasextrakte zuzusetzen, um die Beseitigung von eiweißhaltigen Verschmutzungen aus der Wäsche zu erleichtern. Der Werbeslogan von 1914 „Burnus wäscht Wäsche wunderbar" konnte allerdings über die mäßigen Erfolge nicht hinwegtäuschen: die Enzymaktivitäten der Pankreasextrakte waren nur gering und wurden zudem unter den alkalischen Bedingungen in der heißen Waschflotte sehr schnell inaktiviert. Waschmittel-PROTEASEN erlebten erst Ende der fünfziger Jahre ihren großen Aufschwung, als man von der Antibiotikaproduktion her über ausreichende Erfahrungen in der aeroben, submersen Kultivierung großer Mengen von Mikroorganismen unter sterilen Bedingungen verfügte. Zudem entdeckten Wissenschaftler der Carlsberg-Brauerei, Kopenhagen, daß *Bacillus subtilis* eine Protease ausscheidet, die im alkalischen Bereich (pH 10) wirksam und relativ hitzeresistent ist; sie gaben ihr den Namen „SUBTILISIN". Heute enthalten bereits mehr als 70 % aller Universalwaschmittel in Europa Enzyme und dieser Anteil wird weiter ansteigen.

Die weltweite Produktion an industriellen Enzymen wird heute auf 75 000 t geschätzt und dürfte einen Marktwert von 300 bis 600 Mio. US-Dollar darstellen. Dreiviertel davon sind hydrolytische Enzyme und von diesen entfallen zwei Drittel auf proteolytische Enzyme für die Waschmittel-, die Milch- und die Lederindustrie und ein Drittel auf Enzyme zur Spaltung von Polysacchariden für die Stärkeverzuckerung, die Bäckerei, Brauerei, Brennerei und die Textilindustrie.

Zu den proteolytischen Enzymen gehört auch das *Rennin* oder LABFERMENT, das zur Milchgerinnung bei der Käseherstellung unverzichtbar ist. Es wird auch heute noch aus dem vierten Labmagen von Milchkälbern, also aus Schlachtnebenprodukten hergestellt, jedoch ist der Bedarf an Rennin für die expandierende Käseerzeugung so stark angestiegen, daß mittlerweile auch schon mikrobiell erzeugte Proteasen eingesetzt werden müssen. Diese sind allerdings zumeist nicht optimal, da sie oft unerwünschte Geschmacksnoten im fertigen Käse verursachen. Inzwischen ist aber auch schon das Gen des Kalbes für das entsprechende Enzym (*Chymosin*) isoliert und in eine HEFE (*Kluyveromyces lactis*) kloniert worden (s. KLONIERUNG), sodaß sich schon mikrobielle Chymosine im Handel befinden. Der Weltjahresumsatz für alle Rennine lag 1985 bei 80 Mio. US-Dollar.

Tabelle 6.1 gibt einen kurzen Überblick über die wichtigsten, industriell erzeugten Enzyme. In den USA mit ihrer enormen Maisproduktion stehen die stärkespaltenden Enzyme sogar noch vor den Proteasen an erster Stelle. Die langkettigen Moleküle der Maisstärke werden zuerst durch α-AMYLASEN in kleinere Moleküle (*Dextrine*) zerlegt. Dies wird als

Tabelle 6.1. Herkunft und Verwendung einiger mikrobieller Enzyme

Enzym	Herkunft	Verwendung
α-Amylase	*Aspergillus oryzae*	Herstellung von Glucosesirup
	Bacillus amyloliquefaciens	Abbau von Stärkekleister
	Bacillus licheniformis	Vorbehandlung von Brauereirohstoffen
Cellulase	*Aspergillus* sp.	Hydrolyse v. Cellulosen
	Trichoderma reesei	und Lignocellulosen
β-Glucanase	*Aspergillus niger*	Verbesserung der Filtrierbarkeit des Bieres durch Abbau
	Bacillus amyloliquefaciens	von „Gummistoffen" aus dem Malz
Glucoamylase	*Aspergillus niger, Rhizopus* sp.	Hydrolyse von Stärke
Glucoseisomerase	*Arthrobacter* sp., *Bacillus* sp.	fructosehaltiger Maissirup (Isosirup)
Glucoseoxidase	*Aspergillus, Penicillium*	Entfernung v. Sauerstoff aus Getränken
Invertase	*Saccharomyces* sp.	Süßwarenindustrie
Lactase	*Kluyveromyces* sp.	Entfernung von Lactose aus Molke
Lipase	*Candida lipolytica*	Geschmacksbildung bei Käse
Pectinase	*Aspergillus* sp.	Klären von Wein und Fruchtsäften
Penicillinacylase	*Escherichia coli*	Herstellung von 6-Aminopenicillansäure
saure Protease	*Aspergillus* sp.	Ersatz für Kälberrennin
alkalische Protease	*Aspergillus oryzae*	Zusatz zu Detergentien,
	Bacillus sp.	zur Enthaarung von Fellen
neutrale Protease	*Bacillus amyloliquefaciens*	Proteinhydrolyse, Gerberei,
	Bacillus thermoproteolyticus	Backwarenindustrie
Pullulanase	*Klebsiella aerogenes*	Hydrolyse von Verzweigungsstellen in der Stärke

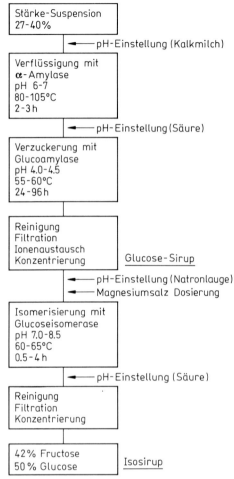

„*Verflüssigung der Stärke*" bezeichnet, weil dadurch die hohen Viskositäten der Stärkelösungen stark erniedrigt werden (Abb. 6.4). Moderne Verflüssigungsenzyme (aus *Bacillus licheniformis*) vertragen schon ungewöhnlich hohe Temperaturen und werden bei 90 bis 105 °C angewendet, wo die Stärkelösung noch nicht allzu dickflüssig ist. Dadurch wird der Prozeß verfahrenstechnisch sehr erleichtert. Anschließend folgt dann die *Stärkeverzuckerung* unter Verwendung entweder von *β-Amylase* (man erhält MALTOSE-Sirup) oder von *Glucoamylasen* zur Herstellung von GLUCOSE-Sirup. Dieser Flüssigzucker spielt vornehmlich in den USA eine wichtige Rolle zur Süßung von Erfrischungsgetränken, Eiscremes und anderen Produkten. Außer in der Stärkeindustrie finden Amylasen auch Verwendung als Verzuckerungshilfen bei der Herstellung von Bier, Spirituosen und Sekt, als Backhilfsmittel und in der Textilindustrie zum Schlichten und Entschlichten von Garnen und Geweben.

Bleiben wir noch kurz beim Zucker (Abb. 6.5):

Der im Haushalt verwendete Kristallzucker (die SACCHAROSE) wird bei uns aus Zuckerrüben gewonnen und ist ein Disaccharid, eine Verbindung aus je einem Molekül GLUCOSE und FRUCTOSE (Abb. 6.5). Saccharose hat eine wesentlich höhere Süßkraft als Glucose, bezogen auf gleiche Gewichtsteile (s. Tab. 6.2). Um eine bestimmte Süße (etwa in Coca Cola) zu erreichen, müssen ein Drittel mehr Glucose eingesetzt werden als Saccharose. Dadurch erhöht sich auch der Ka-

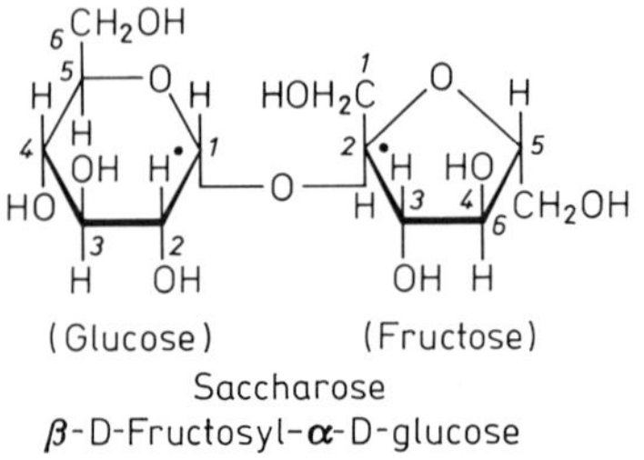

Abb. 6.4. Stärkeverzuckerung mit anschließender Isomerisierung des Glucose-Sirups. Im ersten Schritt werden die großen Stärkemoleküle in kleinere zerlegt (α-Amylase). Die entstandenen Bruchstücke werden in einem zweiten Schritt bis zu den Glucose-Einheiten aufgespalten (Glucoamylase). Der erhaltene *Glucose-Sirup* dient in vielen Bereichen der Lebensmittelindustrie als flüssiges Süßungsmittel. Um seine Süßkraft zu erhöhen, kann man anschließend durch ein drittes Enzym (Glucoseisomerase) etwa die Hälfte der Glucose in den isomeren Zucker Fructose umlagern

Abb. 6.5. Saccharose, der aus Zuckerrüben bzw. Zuckerrohr gewonnene gewöhnliche Zucker, ist ein Disaccharid aus Glucose und Fructose

Tabelle 6.2. Relative Süßkraft verschiedener Zucker

Saccharose	100
Fructose	173
Glucose	74
Invertzucker	130
Maltose (Malzzucker)	32
Lactose (Milchzucker)	16

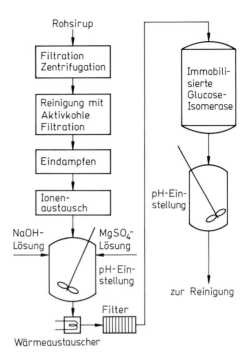

Abb. 6.6. Kontinuierliche Glucoseisomerisierung (schematisch). Der Rohsirup fällt bei der Verflüssigung der Stärke mit α-Amylase und anschließender Verzuckerung mit Glucoamylase an. Der Isomerisierungsreaktor ist in der Regel ein Festbettreaktor mit einer bis zu 5 m hohen Säule

loriengehalt des Getränkes um 30%. Interessanterweise entsteht bei der hydrolytischen Spaltung der Saccharose ein Gemisch aus gleichen Teilen Glucose und Fructose, das als INVERTZUCKER bezeichnet wird und noch süßer schmeckt. Das liegt daran, daß die abgespaltene Fructose eine 2,3fach höhere Süßkraft hat als Glucose. Invertzucker ist die Grundlage von Kunsthonig und wird bei der Herstellung von Marzipan, Fondantfüllungen und anderen süßen Köstlichkeiten eingesetzt. *Invertase*, das Enzym für die Umwandlung von Saccharose in INVERTZUCKER, wird ebenfalls technisch hergestellt und zwar aus speziell gezüchteten BACKHEFEN.

Zum Schutz der heimischen Zuckerindustrie wurde in Deutschland bis vor kurzem die Verwendung von Flüssigzucker im Lebensmittelbereich durch gesetzliche Bestimmungen unterbunden. Anders in den USA, wo Glucosesirup den Vorrang hat. Dort wurde daher auch schon in den sechziger Jahren die Entwicklung und Herstellung des Enzyms GLUCOSEISOMERASE mit Erfolg betrieben. Es handelt sich um ein intrazelluläres Enzym in Mikroorganismen, das Glucose zu Fructose umlagern kann. Eine Glucoselösung wird durch das Enzym in ein Gemisch von etwa 50% Glucose und 42% Fructose umgewandelt, dessen Süßkraft 1,5mal höher ist als die von Glucosesirup (Abb. 6.4). Seine Bezeichnungen sind „*Isosirup*", „*Isomeratzucker*" oder in den USA auch „*high fructose corn syrup*, HFCS". 1980 wurden in den USA bereits 1300 t Glucoseisomerase hergestellt, mit denen über 1,8 Mio. t HFCS erzeugt wurden. In Europa betragen diese Ziffern noch nicht einmal ein Zehntel.

Zur industriellen Herstellung von Glucoseisomerase werden die Mikroorganismen (verschiedene *Streptomyces*- oder *Arthrobacter*-Arten) unter Belüftung im Rührtank kultiviert und nach Beendigung des Wachstums vom Medium abgetrennt. Es wäre zu aufwendig und zu teuer, aus dieser Bakterienmasse das Enzym zu extrahieren und zu reinigen. Daher werden in diesem Fall die Bakterien mit Alkohol gewaschen, mit einem neutralen Eiweiß wie Gelatine gemischt und mit einem bifunktionellen Reagenz (z.B. Glutardialdehyd) umgesetzt. Das Reagenz wirkt als chemische Klammer und man erhält kleine, wasserunlösliche Partikelchen, in denen die inaktivierten Bakterien mit dem Trägereiweiß durch Quervernetzung miteinander verbacken sind. Mit solchen *immobilisierten Mikroorganismen* wird dann die technische Glucoseisomerisierung durchgeführt (Abb. 6.6). Die immobilisierten Bakterien befinden sich in einem Säulenreaktor, die Glucoselösung

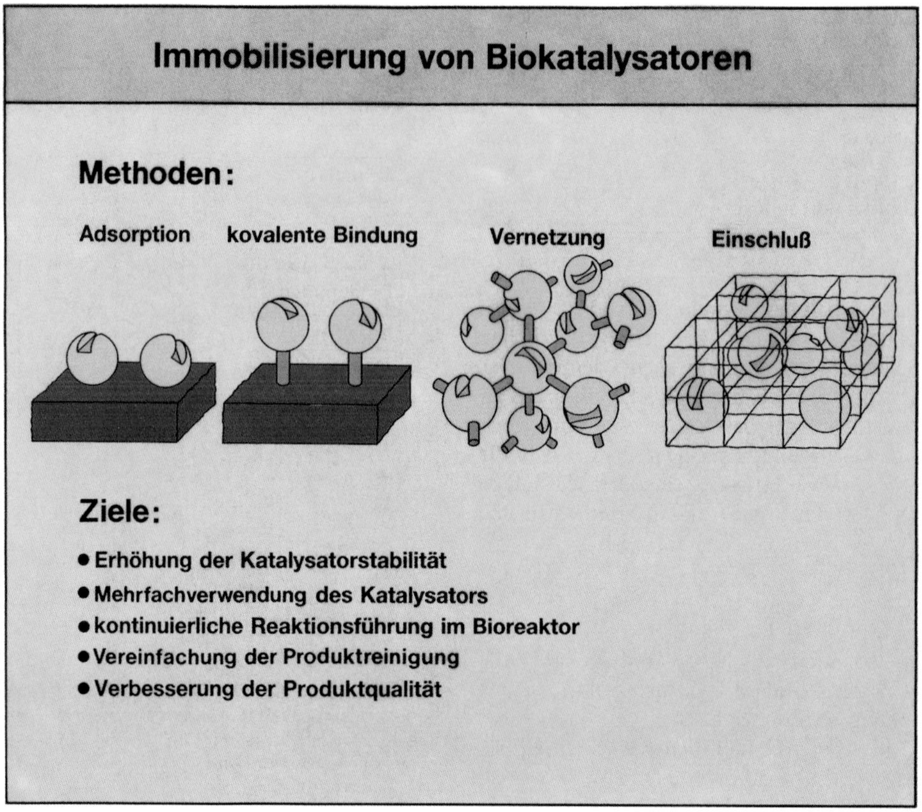

Immobilisierung von Biokatalysatoren

Methoden:

Adsorption   kovalente Bindung   Vernetzung   Einschluß

Ziele:

- Erhöhung der Katalysatorstabilität
- Mehrfachverwendung des Katalysators
- kontinuierliche Reaktionsführung im Bioreaktor
- Vereinfachung der Produktreinigung
- Verbesserung der Produktqualität

Abb. 6.7. Immobilisierungsmethoden von Biokatalysatoren. Die heute üblichen Methoden sind auf Enzyme und Zellen gleichermaßen anwendbar

wird oben zugeführt und am unteren Ende läuft der *Isosirup* ab, dem dann nur noch durch kurze Behandlung mit Aktivkohle einige Farbstoffe entzogen werden müssen. Der Fructosegehalt im Ablauf wird ständig kontrolliert; sinkt er ab, dann muß die Durchflußgeschwindigkeit vermindert werden. Damit verlängert man die Kontaktzeit zwischen Enzym und Glucose, wodurch sich der Fructosegehalt wieder erhöht. Erst wenn nach einigen Wochen die Enzymaktivität zu stark abgesunken ist, muß die Reaktorfüllung erneuert werden. Auf ähnliche Weise können auch *Enzyme* immobilisiert werden, indem man die gelösten Enzymmoleküle, z.B. durch elektrostatische Kräfte, an ein IONENAUSTAUSCHER-Harz bindet oder in das engmaschige Netzwerk eines polymeren Trägermaterials

(z.B. Alginat oder Carrageen) einschließt. Beide, die trägergebundenen Enzyme und Mikroorganismen, faßt man unter dem Begriff IMMOBILISIERTE BIOKATALYSATOREN zusammen (Abb. 6.7).

Natürlich muß der Vernetzungsgrad des Polymeren so gewählt werden, daß die großen Enzymmoleküle im Netzwerk zurückgehalten werden, während die kleinen SUBSTRAT- und Produktmoleküle mühelos durch die Maschen schlüpfen können. Für technische Anwendungen muß die Immobilisierungsmethode möglichst billig sein, und die immobilisierten Biokatalysatoren müssen gewissen Anforderungen an Enzymaktivität, Halbwertszeit, mechanische Stabilität usw. genügen. Sie bieten aber andererseits den Vorteil, daß sie mühelos aus der Reaktionslösung abgetrennt und wiederverwendet werden können. Immobilisierte Biokatalysatoren eignen sich vor allem auch für kontinuierliche Umsetzungen in Festbettreaktoren (vgl. Abb. 6.6). Immobilisierte Biokatalysatoren stellen sicher die modernsten Entwicklungen der Enzymtechnologie dar. Dennoch ist auch diese Idee nicht neu: Schon im Jahr 1824 wurde das sog. „*Generatorverfahren*" für die Herstellung von *Speiseessig* entwickelt, bei dem die alkoholhaltige Maische durch eine hohe Schicht von Buchenholzspänen hindurchrieselt, auf der sich die Essigbakterien angesiedelt haben. Die erforderliche Luft wird einfach von unten in den Generator eingeblasen. Die unten ablaufende Lösung wird so oft erneut oben aufgegeben, bis der Alkohol vollständig zu Essigsäure oxidiert ist. Ähnlich funktioniert auch der sog. TROPFKÖRPER bei der biologischen ABWASSERREINIGUNG, wobei das Abwasser auf eine Schicht von Lavaschlacke aufgesprüht wird, die als Träger für die zum Abbau der Abwasserinhaltsstoffe erforderlichen Mikroorganismen dient.

Zwei technisch wichtige, moderne Prozesse unter Verwendung immobilisierter Biokatalysatoren sollen hier noch vorgestellt werden:

• *6-Amino-penicillansäure* (6-APA). Zur Herstellung von *halbsynthetischen Penicillinen* geht man von PENICILLIN G aus, spaltet enzymatisch die Phenylessigsäure-Seitenkette ab und verwendet die so erhaltene 6-APA für die chemische Umsetzung mit anderen Säuren (s. Kap. 5). Das aus dem Bakterium ESCHERICHIA COLI erhaltene Enzym Penicillin-ACYLASE wird an DEXTRAN als Trägermaterial gebunden und in Säulenreaktoren mit der Lösung von Penicillin G umgesetzt. Problematisch ist bei diesem Prozeß die kontinuierliche Bildung von freier Phenylessigsäure und als Folge davon das Absinken des PH-WERTES in einen Bereich, in dem das Enzym nicht mehr wirksam ist. Vermutlich liegen die Umwandlungsraten heute bei 100 bis 250 kg Aminopenicillansäure je kg immobilisiertem Enzym und jährlich dürften etwa 3000 t 6-APA hergestellt werden, wozu 15 bis 30 t Enzym erforderlich wären.

• *Enzymatische Racemat-Trennung* (Abb. 6.8). Bei diesem Verfahren wird ein durch chemische Synthese hergestelltes RACEMAT einer D,L-Aminosäure an den Stickstoffatomen mit

Ausgangsmaterial

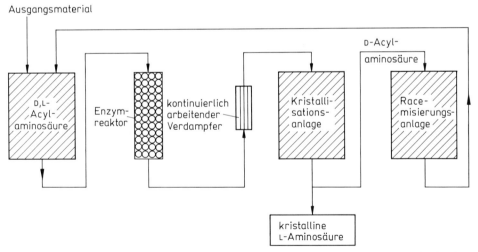

Abb. 6.8. Großtechnische Auftrennung von D- und L-Aminosäuren (schematisch). L-Acylaminosäure wird durch das Enzym Aminosäureacylase (Aminoacylase) seletiv gespalten. Die so entstandene L-Aminosäure läßt sich aus dem Reaktionsgemisch aufgrund ihrer geringen Löslichkeit abtrennen. Die zurückbleibende D-Acylaminosäure kann durch Erhitzen der Lösung wieder in ein Gemisch von D- und L-Acylaminosäure (Razemat) umgewandelt und in den Prozeß zurückgeführt werden

Essigsäure verknüpft. Es liegt dann ein Gemisch der gut löslichen N-acetylierten D- und L-Aminosäuren vor. Manche Mikroorganismen (z. B. Aspergillen) bilden Amino-ACYLASEN, Enzyme, die die Acetylgruppe hydrolytisch abspalten, jedoch nur von der Acetyl-L-Aminosäure, nicht von der D-Form (STEREOSPEZIFITÄT). Das rohe Enzym kann an einem Cellulose-IONENAUSTAUSCHER adsorbiert und im Säulenreaktor eingesetzt werden. Die Substratlösung enthält dann nach dem Durchlauf durch die Säule die freie L-Aminosäure und die acetylierte D-Form. Die L-Aminosäure kann wegen ihrer geringen Löslichkeit leicht abgetrennt werden, und die zurückbleibende Lösung wird durch Erhitzen wieder in ein Gemisch von D- und L-Acetyl-aminosäure umgewandelt. Auf diese Weise gelingt es, das synthetische Ausgangsmaterial vollständig in L-Aminosäure umzuwandeln. Die Säule verliert im kontinuierichen Betrieb im Verlauf einiger Wochen einen Teil ihrer Aktivität und kann einfach durch Aufgabe einer frischen Enzymlösung regeneriert werden. Tab. 6.3 enthält noch weitere Beispiele für den technischen Einsatz immobilisierter Biokatalysatoren.

Die Immobilisierung von Biokatalysatoren verursacht immer zusätzliche Kosten und ist oft mit einer Einbuße an enzymatischer Aktivität verbunden. Diese Nachteile lassen sich vermeiden, wenn die Enzyme in ihrer nativen, gelösten Form innerhalb eines abgegrenzten Raumes statt in Mikrokügelchen, gleichsam in einer überdimensionalen Mikroorganismenzelle, eingesetzt werden. Die natürliche Cytoplasmamembran hält die hochmolekularen Enzyme in der Zelle zurück und gestattet gleichzeitig den Transport von niedermoleku-laren Stoffen in die Zelle und das Ausschleusen von Endprodukten in die Umgebung. Nach diesem Konzept der Natur arbeitet auch der technische ENZYMMEMBRANREAKTOR (s. Abb. 6.9), in dem diese Aufgabe von einer ULTRAFILTRATIONS-Membran übernommen wird. Um eine möglichst große Austauschfläche zu erhalten, besteht die Membran aus einem Bündel langer, dünnwandiger Schläuche (HOHLFASERREAKTOR). Die Substratlösung mit dem Enzym wird unter Überdruck im Kreislauf durch das innere Lumen der Hohlfasern gepumpt, wobei ein Teil der Lösung mit Produkt- und mit nicht umgesetzten Substratmolekülen, aber frei von Enzym durch die Membran in den Außenraum dringt. Die Produktkonzentration wird kontinuierlich gemessen, und die Umsatzrate kann durch geeignete Zudosierung frischer Enzymlösung mit Hilfe eines Prozeßrechners auf einem konstanten Wert gehalten werden. Die Operationskosten eines solchen Membranreaktors sind erheblich niedriger, als die mit trägerfixierten Enzymen. Seine Vorteile kommen aber besonders bei solchen Enzymreaktionen zur Geltung, bei denen ein Cofaktor (COENZYM) beteiligt ist. In diesen Fällen wird ein zweites Enzym eingesetzt, um den Cofaktor im Prozeß wieder in seine ursprüngliche Form zurückzuverwandeln. Allerdings muß dazu das Molekulargewicht des Cofaktors so vergrößert werden, (z.B. durch chemische Bindung an Polyethylenglycol), daß dieser ebenfalls durch die Membran zurückgehalten wird.

Das Beispiel der Abb. 6.10 zeigt die kontinuierliche Umwandlung einer synthetischen α-Ketosäure mit Ammoniak in eine L-Aminosäure unter Beteiligung von Formiatdehydro-

Tabelle 6.3. Technischer Einsatz von immobilisierten Biokatalysatoren

Enzym	Produktionsprozesse
Glucoseisomerase	fructosehaltige Flüssigzucker aus Stärke
Penicillinacylase	6-Amino-penicillansäure
Acylasen	Racematspaltung von N-Acetyl-aminosäuren
Fumarathydratase	L-Äpfelsäure aus Fumarsäure
Aspartase	L-Asparaginsäure aus Fumarsäure
Aspartat-β-decarboxylase	L-Alanin aus L-Asparaginsäure

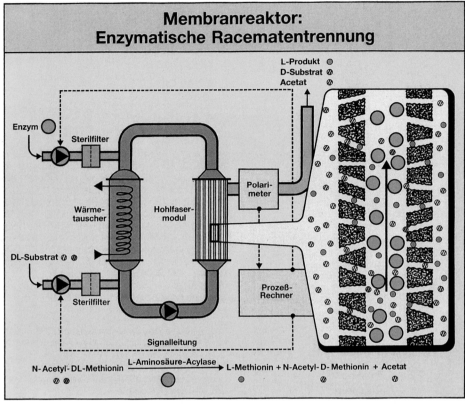

Abb. 6.9. Enzymmembranreaktor. Enzymatische Racemattrennung von N-Acetyl-D,L-methionin. Eine Dosierpumpe fördert die Reaktionspartner durch den Reaktor. Enzym und Substrat passieren Sterilfilter, bevor sie in den Reaktionskreislauf gelangen. Der eigentliche Reaktor enthält eine Ultrafiltrationsmembran. Ihre engen Poren halten das Enzym zurück, nicht jedoch niedermolekulare Reaktionsteilnehmer. Der aus dem Reaktor kommende Stoffstrom durchfließt eine Küvette. Die jeweilige Konzentration an optisch aktiven Substanzen wird von einem Polarimeter angezeigt. Liegt eine Form (D- oder L-) im Überschuß vor, ändert sich das Meßsignal

genase, die den erforderlichen Wasserstoff von Ameisensäure auf das Coenzym NAD$^+$ überträgt, das seinerseits als Wasserstofflieferant für die Reduktion der Ketosäure dient.

Erwähnt sei hier auch noch die Verwendung von Enzymen für analytische und diagnostische Zwecke. Dabei kommt die hohe Selektivität mancher Enzyme besonders zur Geltung. So können z.B. in Lebensmitteln einzelne Zucker in einem komplexen Gemisch verschiedener Kohlenhydrate ohne vorherige Auftrennung enzymatisch bestimmt werden. Wichtig sind diese analytischen Verfahren auch im *Gesundheitswesen*, wo große Bevölkerungsgruppen vorbeugend untersucht

werden sollen. Sie müssen ohne technische Hilfsmittel und von Laien ausgeführt werden können. Bei der Zuckerkrankheit (DIABETES) z.B. wird GLUCOSE über die Niere im Urin ausgeschieden, während der Urin des gesunden Menschen nur Spuren von Glucose enthält. Zu diesem Zweck wurde ein Teststreifen entwickelt, der *Glucoseoxidase* (GOD) und *Peroxidase* (POD) sowie die farblose Vorstufe eines Farbstoffes enthält. Wird der Teststreifen in glucosehaltigen Urin getaucht, so findet eine enzymatische Oxidation der Glucose statt (dabei wird Sauerstoff in Wasserstoffperoxid umgewandelt), die durch eine Färbung des Streifens angezeigt wird. Durch Ver-

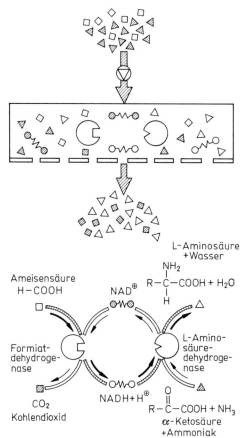

Abb. 6.10. Enzymkatalysierte Umwandlung einer α-Ketosäure in eine L-Aminosäure. Oberer Teil: Schema des Membranreaktors; unterer Teil: Die biochemische Umsetzung. Die Ausgangsmaterialien – α-Ketosäure und Ammoniak – sind leicht zugänglich. Als Wasserstoffüberträger dient das Coenzym NAD⁺. Ameisensäure, eine einfache chemische Verbindung, ist die Wasserstoffquelle zum Beladen des Trägers. Weiter benötigt werden L-Aminosäuredehydrogenase für die Umsetzung der α-Ketosäure zur L-Aminosäure und eine Formiatdehydrogenase für die Wasserstoffbeladung des Coenzyms.

Die Moleküle des Wasserstoffüberträgers NAD⁺ bzw. NADH sind so klein, daß sie zusammen mit dem Produkt durch die Poren des Membranfilters ausgespült würden. Deshalb werden sie chemisch an wasserlösliche Polymere, wie Polyethylenglykol, gebunden.

Der Fluß des zur Reduktion notwendigen Wasserstoffs ist hervorgehoben

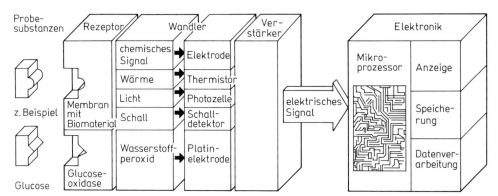

Abb. 6.11. Schaltprinzip für Biosensoren. Die Membran enthält das biologisch aktive Material (z.B. ein Enzym, einen Antikörper, Mikroorganismen usw.), welches selektiv mit der nachzuweisenden Substanz in der Probe reagiert. Als Beispiel oxidiert das Enzym Glucoseoxidase (GOD) ausschließlich D-Glucose in der Lösung unter Bildung von Wasserstoffperoxid. Der Wandler überführt die bei diesen Reaktionen auftretenden biologisch-biochemischen Veränderungen in ein physikalisch meßbares Signal, welches verstärkt und in die Datenerfassung und -verarbeitung eingegeben wird

gleich der Farbtiefe mit einer aufgedruckten Farbskala können sogar halbquantitative Aussagen gemacht werden. Tausende von Zuckerkranken wurden auf diese Weise frühzeitig entdeckt und konnten ihre Erkrankung durch Einhalten einer bestimmten Diät unter Kontrolle halten. Mit dem Teststreifen sind sie auch in der Lage, selbst die Wirksamkeit ihrer Diät laufend zu kontrollieren. Auch für zahlreiche andere Verbindungen gibt es spezifische *Oxidasen*, sodaß auch sie mit Hilfe des Systems Peroxidase-Farbstoff enzymatisch nachgewiesen werden können.

Enzyme oder ganze Mikroorganismen lassen sich in eine Membran einpolymerisieren. Spannt man diese über eine sauerstoffempfindliche Elektrode, so kann die enzymatische Umsetzung und die dadurch bedingte Abnahme des Sauerstoffgehaltes elektrometrisch angezeigt werden. Eine solche ENZYMELEKTRODE bezeichnet man auch als BIOSENSOR (Abb. 6.11); er läßt sich bereits für die laufende Kontrolle von Fermentationsprozessen einsetzen – allerdings bisher meist im Labormaßstab. So können im Fermentationsmedium der Verbrauch an Glucose (*Glucoseoxidase*), die Bildung von Ethanol (*Alkoholoxidase*) oder von Milchsäure (*Lactatoxidase*) kontinuierlich bestimmt werden. Für einfache, amperometrische Enzymelektroden liegt die Nachweisgrenze heute schon bei einem Mikromol, also z. B. bei 0,02 mg Glucose im Liter.

Zusammenfassung

Enzyme sind Katalysatoren im Stoffwechsel der Organismen; sie verkürzen die Zeit für die Einstellung des Gleichgewichtes biochemischer Umsetzungen, erhöhen also die Reaktionsgeschwindigkeit. Für enzymatische Reaktionen sind nur milde Bedingungen und keine Säuren oder Laugen, kein Überdruck und keine hohen Temperaturen erforderlich. Enzyme zeichnen sich zumeist durch hohe Regio- und Stereospezifitäten aus und haben seit den fünfziger Jahren in zunehmendem Maße Eingang in die chemische Industrie gefunden. Neben der Glucoseisomerase sind hydrolytische Enzyme zur Spaltung von polymeren Naturstoffen zur Zeit noch die technisch bedeutendsten. Je nach dem Verwendungszweck werden Enzyme entweder als Rohkonzentrate (für die Eiweiß- oder Stärkespaltung) gehandelt oder in hochgereinigter Form (für therapeutische und diagnostische Zwecke). Eiweißspaltende Proteasen haben weltweit die größte Bedeutung, vor allem im Waschmittelsektor, im Lebensmittelbereich und bei der Lederherstellung. Das zur Dicklegung der Milch bei der Käseerzeugung erforderliche Labferment (Rennin) kann heute auch schon als kloniertes Kälberchymosin mit Hilfe von genetisch transformierten Hefezellen hergestellt werden. Amylolytische Enzyme dienen zur Stärkespaltung bei der Herstellung von Glucosesirup als vielseitig einsetzbares, technisches Süßungsmittel. Zur Erhöhung seiner Süßkraft wird Glucosesirup vor allem in den USA mit Hilfe von immobilisierter Glucoseisomerase in einen Flüssigzucker mit hohem Fructoseanteil überführt. Durch chemische Bindung an natürliche oder synthetische Polymere oder durch physikalischen Einschluß in das Netzwerk von Polymeren können sowohl Enzyme als auch inaktivierte oder aktive Mikroorganismenzellen in immobilisierte Biokatalysatoren umgewandelt werden. Die Immobilisierung führt oft zur Erhöhung der Stabilität, zur besseren Nutzung der enzymatischen Aktivität und zur kontinuierlichen Prozeßführung mit Biokatalysatoren. Zu den wichtigsten technischen Prozessen mit immobilisierten Biokatalysatoren gehören außer der Isosirupherstellung mit Glucoseisomerase die Erzeugung von Aminopenicillansäure mit Penicillinacylase, aus der die halbsynthetischen Penicilline hergestellt werden und die Trennung razemischer Gemische von D- und L-Aminosäuren mit Aminoacylasen. Bei der Optimierung dieses letzteren Verfahrens hat sich ein Enzymmembranreaktor als besonders vorteilhaft erwiesen. Enzyme bewähren sich vor allem auch in der Analytik und in der Diagnostik, z. B. zur Früherkennung von Stoffwechselstörungen. Eine direkte Anwendung für die Prozeßkontrolle ermöglicht die Kombination von enzymhaltigen Membranen mit Elektroden, die als Biosensoren für zahlreiche Anwendungen denkbar sind.

7 Ein Blick in die Werkstätten der Mikroorganismen: Bioverfahrenstechnik

Der Findigkeit von Mikrobiologen ist es zu verdanken, wenn wir heute mit Hochleistungsstämmen arbeiten können, die eine vielfach höhere Produktionsleistung haben als die ursprünglichen Ausgangsstämme am Anfang der Entwicklungen. Dank der Kunst der Genetiker verfügen wir sogar über Mikroorganismen, die in der Lage sind, Säugetierproteine auszuscheiden. Dennoch wäre eine wirtschaftliche Erzeugung von biotechnischen Produkten nicht denkbar, gäbe es nicht die BIOINGENIEURE, die die erforderlichen Lebensräume und Arbeitsbedingungen für die fleißigen Mikroorganismen schaffen und dadurch industrielle FERMENTATIONEN überhaupt erst möglich machen. Es kommt darauf an, BIOREAKTOREN in Größenordnungen von 10 l bis 1000 m³ Inhalt zu entwickeln, in denen sich die Organismen unter optimalen Bedingungen vermehren und nützliche Stoffe produzieren oder umwandeln können. Es geht außerdem um die Vorbereitung der Nährmedien in diesen Mengen und die Herstellung steriler Bedingungen in der gesamten Anlage.

Einen Überblick über die Verfahrensabläufe eines biotechnischen Prozesses gibt Abb. 7.1. Am Ende der eigentlichen Fermentation muß die Kulturbrühe – und in der Tat handelt es sich oftmals um eine undurchsichtige Brühe von der Konsistenz einer deftigen Erbsensuppe – aufgearbeitet werden. Das bedeutet, daß oft nur wenige Gramm eines hochwertigen Produktes von Kilogramm-Mengen von Rückständen und unerwünschten Nebenkomponenten abgetrennt werden müssen. Diese letzten Schritte werden im Englischen auch als DOWN STREAM PROCESSING bezeichnet. Schließlich muß auch noch an die Entsorgung der großen Mengen von Abfallstoffen gedacht werden. Nicht selten übersteigt der technische und finanzielle Aufwand für die Aufarbeitung des Produktes den des eigentlichen Fermentationsprozesses. Trotzdem bilden die FERMENTATION und der BIOREAKTOR, in dem sie abläuft, das Kernstück des Prozesses.

Die technischen Anforderungen der verschiedenen biologischen Systeme sind sehr unterschiedlich, daher gibt es auch keinen *Universalreaktor*. Eigentlich müßte für jeden Prozeß eigens ein optimaler Reaktor entwickelt werden, wobei natürlich die Prinzipien der verfahrenstechnischen Grundoperationen weitgehend angewendet werden. So ist z.B. für die Gewinnung von Einzellerprotein aus Methylalkohol (s. Kap. 2) speziell ein hoher, schlanker SCHLAUFENREAKTOR (ein sog. *Airlift*-Reaktor) entwickelt worden, in dem die Durchmischung nicht durch ein Rührwerk, sondern durch die am unteren Ende eingetragene Druckluft besorgt wird (Abb. 7.2). Die Flüssigkeit steigt mit den Luftblasen im Inneren des Leitzylinders hoch und fällt im äußeren Ringraum wieder nach unten. Andererseits werden aber auch im industriellen Betrieb oftmals traditionelle RÜHRKESSELREAKTOREN eingesetzt, die für den jeweiligen Prozeß oft nicht optimal sind. Der Betrieb kann es nämlich erforderlich machen, daß verschiedene Produkte nacheinander in einer Anlage hergestellt werden müssen. Hat man vom ersten Produkt einen genügenden Vorrat produziert, dann wird ein zweites und anschließend vielleicht ein drittes Produkt in der Anlage erzeugt. Aus verschiedenen Gründen wäre es unwirtschaftlich, drei getrennte Produktionslinien nebeneinander zu installieren. Die Hauptaufgaben des *Fermenters* sind Mischen und Homogenisieren. Im NÄHRMEDIUM sind die Nährstoffe oft in hohen Konzentrationen gelöst, und werden von den

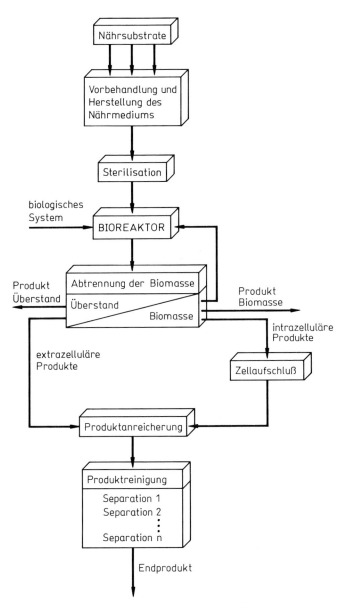

Abb. 7.1. Verfahrensablauf bei biotechnischen Prozessen

Organismen über die PLASMAMEMBRAN aufgenommen. Ist die nächste Umgebung des Mikroorganismus leergefressen, dann können die weiter entfernt befindlichen Nährstoffmoleküle nur durch sehr langsame Diffusionsvorgänge zu den Organismen gelangen. Das ist z. B. der Fall bei OBERFLÄCHEN-FERMENTA-TIONEN, bei denen sich das Nährmedium in dünner Schicht (zur Vermeidung langer Diffusionswege) in flachen Schalen befindet und die Organismen an der Oberfläche als Bakterienrasen oder Pilzdecke wachsen. Um der Nährstoffversorgung auf die Beine zu helfen, muß man das Medium kräftig durchmischen,

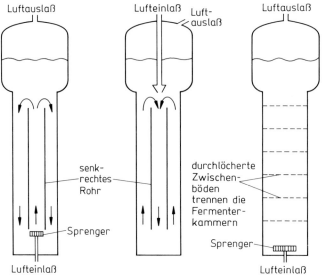

Luftauslaß   Lufteinlaß Luft-   Luftauslaß
                                          auslaß

senk-
rechtes
Rohr

durchlöcherte
Zwischen-
böden
trennen die
Fermenter-
kammern

Sprenger

Sprenger

Lufteinlaß   Lufteinlaß

Airliftfermenter   Tiefschachtreaktor   Blasensäulenfermenter

Abb. 7.2. Konstruktionsprinzipien von Fermentern mit pneumatischer Durchmischung. In einem *Airlift*fermenter wird die Luft mit hohem
Druck von unten zugeführt. Das Luft-Flüssigkeits-
gemisch steigt im Inneren eines Leitzylinders
nach oben und strömt im ringförmigen Außenraum wieder zurück. Beim Tiefschachtreaktor
(*deep-shaft reactor*) pumpt man die Luft mit
Überdruck von oben ein, so daß die Flüssigkeit
nach unten gedrückt wird. Beide Typen erlauben kontinuierliche Betriebsweise. Im Blasen-
säulenreaktor (*bubble column reactor*) wird das
Medium nur unvollständig durchmischt; es bewegt sich blockartig durch den Fermenter. Er
kann in einzelne Kammern unterteilt sein, in
denen unterschiedliche Prozeßbedingungen
vorherrschen können.

am einfachsten mit einem Rührwerk. Die Zellen befinden sich dann im Innern der Lösung
(daher die Bezeichnung SUBMERS-FERMEN-
TATION) und ständig in gutem Kontakt mit
den noch vorhandenen Nährstoffmolekülen.
Die Organismen vermehren sich rasch, wodurch aber auch der Nährstoffverbrauch rapide ansteigt, bis schließlich einer der wichtigen
Nährstoffe verbraucht ist und das Wachstum
zum Stillstand kommt.
Damit sind auch schon die einfachsten Anforderungen an einen Rührkesselreaktor
gegeben: ein dicht schließender Stahlkessel –
damit keine unerwünschten Fremdorganis-
men einfallen können – mit einem Rührwerk,
das von oben oder von unten in den Behälter
eingeführt wird, wobei allerdings auch die
Rührwellendurchführung steril abgedichtet
sein muß, wiederum wegen der erforderli-

chen Sterilität (s. Abb. 7.3). Dann ist noch ein
Lufteinleitungsrohr erforderlich, wenn aerobe
Prozesse durchgeführt werden sollen. Natürlich sind noch ein paar weitere Einrichtungen
notwendig; ein Kühlmantel oder Kühlschlan-
gen im Inneren, denn beim mikrobiellen
STOFFWECHSEL entsteht eine Menge Wärme,
die abgeführt werden muß; daher braucht
man auch noch ein Thermometer oder besser
einen Thermofühler. In den meisten Fällen
wird das Medium während der Fermentation
sauer. Aus diesem Grunde ist auch noch eine
pH-Meßsonde vorgesehen, die auch zur pH-
Steuerung benutzt werden kann; beim Absinken des PH-WERTES wird automatisch ein
Ventil geöffnet, durch welches Natronlauge
aus einem Vorratsbehälter zugeführt wird. In
modernen Apparaten kann auch noch der
Sauerstoffgehalt in der Lösung gemessen wer-

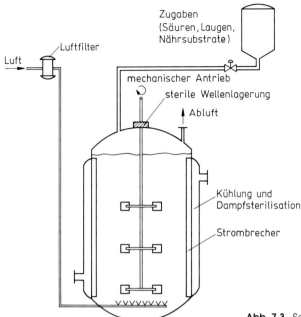

Abb. 7.3. Schema eines Rührkessel-Reaktors.

den. Die gebildete Menge Kohlendioxid wird am einfachsten aus dem Gewichtsverlust des gesamten Bioreaktors ermittelt. Alle diese Meßgrößen können schließlich auch noch digital erfaßt und in einem Prozeßrechner zur vollautomatischen Steuerung des gesamten Prozesses verwendet werden. Dem meß- und steuerungstechnischen Komfort solcher Reaktoren sind nach oben fast keine Grenzen gesetzt, und oft macht der Preis des Rührkessels als dem Herzstück der Anlage nur einen Bruchteil der gesamten Anlagekosten aus.

An den meisten industriellen Fermentationen sind AEROBIER beteiligt, Mikroorganismen, die auch noch Sauerstoff als essentiellen Nährstoff benötigen.

Zu diesem Zweck wird sterile Luft direkt unter dem Rührer in das Medium eingeblasen, der die Luft in kleine Bläschen verteilt. Je kleiner sie sind, desto größer ist ihre spezifische (auf das Luftvolumen bezogene) Austauschfläche für den Durchtritt des Sauerstoffs aus den Gasblasen in die Flüssigkeit. Die ausreichende *Sauerstoffversorgung* der Organismen verursacht echte Probleme, denn der Sauerstoff ist

im Nährmedium sehr schlecht löslich: nur etwa 8 mg Sauerstoff lösen sich in einem Liter Wasser bei Luftsättigung unter Atmosphärendruck und bei 25 °C (s. Tab. 7.1). In die Mikroorganismen gelangt aber nur der Sauerstoff, der im Medium gelöst ist – und sie sind sehr gefräßig! Ein Kubikmeter einer wachsenden Hefekultur mit 10 kg BACKHEFE verbraucht pro Minute 10 l Sauerstoff. Unter-

Tabelle 7.1. Löslichkeit von Sauerstoff in reinem Wasser.

Temperatur °C	Löslichkeit von Sauerstoff in Wasser (mg/l) bei Atmosphärendruck (101 kPa)
10	10,93
15	9,90
20	8,87
25	8,10
30	7,46
35	6,99
40	6,59

bricht man plötzlich die Belüftung dieser Kultur (z. B. durch Stromausfall), so ist der Vorrat an gelöstem Sauerstoff nach 24 Sekunden vollständig aufgezehrt.

Zur Erhöhung der SAUERSTOFF-EINTRAGS-RATE kann man die *Luftzufuhr* erhöhen oder die *Umdrehungszahl* des Rührers vergrößern, aber beiden Maßnahmen sind sehr bald Grenzen gesetzt, z. B. durch zu starke *Schaumbildung*. Die Mikroorganismen aber sind unersättlich, denn ihre Masse nimmt ja während der Fermentation ständig zu – bei der BACK-HEFEZÜCHTUNG auf das Doppelte alle zwei Stunden und auf das 50fache im Verlauf von etwa 11 Stunden. Da kommt auch das beste Begasungssystem bald nicht mehr mit, und in der Tat hören bei den meisten aeroben Prozessen die Mikroorganismen auf zu wachsen, weil nicht mehr genügend Sauerstoff nachgeführt werden kann. Dann werden aber auch keine Nährstoffe mehr für das Wachstum benötigt, und es ist daher sinnvoll, am Beginn der Fermentation nur so viel an Nährstoffen vorzulegen, wie bis zum Erreichen dieses genau im voraus berechenbaren Endpunktes benötigt wird. Ein Mehr wäre glatte Verschwendung und eine zusätzliche Abwasserbelastung. Die Menge an Mikroorganismen (oder auch an Produkt), die dann pro Kilogramm Substratverbrauch erhalten wurde, wird als ERTRAGSKOEFFIZIENT (oder auch Ausbeutekoeffizient) bezeichnet. Eine wichtige Zahl ist auch die PRODUKTIVITÄT der Anlage, d. h. wieviel Kilogramm Mikroorganismen (oder Produkt) sich pro Kubikmeter der Anlage in einer Stunde herstellen lassen. Sie wird auch als *Raum-Zeit-Ausbeute* bezeichnet, und aus ihr berechnet sich die Tages- und Jahreskapazität einer Fermentationsanlage, also letztlich ihre Leistungsfähigkeit.

Die meisten technischen Fermentationen werden in dieser Weise als DISKONTINUIERLI-CHE KULTUREN durchgeführt: Der Reaktor wird mit einer sterilen NÄHRLÖSUNG geeigneter Konzentration beschickt, anschließend wird eine Mikroorganismensuspension (bei Pilzen auch Sporensuspension) unter sterilen Bedingungen dazugegeben (das nennt man BEIMPFEN), und nun wird unter Einhaltung bestimmter Parameter wie Temperatur, pH-Wert, Rührgeschwindigkeit usw. fermentiert, bis die Umsetzung zu ihrem Ende kommt, was je nach Prozeß nach 6 bis 150 Stunden der Fall sein kann. Die bei aeroben Prozessen erforderlichen Luftmengen sind beachtlich: zur PENICILLIN-Fermentation muß ein 100-Kubikmeter-Reaktor stündlich mit etwa 1800 m^3 Luft versorgt werden, Luft, die über Sterilfilter (s. STERILISATION) sorgfältig von unerwünschten mikrobiellen Eindringlingen befreit wurde. Das Abgas, bestehend aus dem Stickstoff der Luft, dem nicht genutzten Sauerstoff und dem beim Stoffwechsel gebildeten Kohlendioxid, verläßt den Reaktor über die Abgasleitung. Ein Abgasfilter sichert auch hier gegen das Eindringen unerwünschter Keime, und bei Fermentationen mit gefährlichen Organismen muß das gesamte Abgas durch Erhitzen auf hohe Temperaturen keimfrei gemacht werden, um zu verhindern, daß Organismen aus dem Prozeß in die Umwelt gelangen.

Man nennt diese Betriebsweise auch *batch-Verfahren* (soviel wie Eintopfverfahren) oder DISKONTINUIERLICHE KULTUR. Möglicherweise vertragen aber die Organismen nicht die hohen Substratkonzentrationen zu Beginn der Fermentation. In diesen Fällen legt man nur einen Teil der beabsichtigten Substratmenge vor und füttert den Rest während des Prozesses in dem Maße zu, wie die Organismen ihr Substrat verbrauchen. Das ist dann ein *fed-batch-Prozeß*, auch ZULAUFVER-FAHREN genannt. Das Volumen nimmt dabei während der Fermentation zu, denn es wird kein Medium aus dem Reaktor entnommen. Man kann aber auch dafür sorgen, daß das Reaktorvolumen konstant bleibt, d. h., es wird kontinuierlich ein gewisser Substratstrom zugeführt und eine gleich große Menge Nährmedium mit Mikroorganismen und Produkten abgezogen. Nach einiger Zeit stellt sich dann im Reaktor ein FLIESSGLEICHGEWICHT ein: die Mikroorganismen passen ihre WACHSTUMSRATE an die Geschwindigkeit an, mit der die Substratlösung zugeführt wird. Sie werden aber auch mit der selben Geschwindigkeit aus dem Fermenter ausgetragen, so daß die Mikroorganismenkonzentration im Reaktor konstant bleibt. Ebenso stellen sich im Fließgleichgewichtszustand aber auch konstante Werte für die Substrat- und die Produktkonzentrationen ein, weshalb diese Betriebsweise auch als CHEMOSTAT-KULTUR bzw. als KONTINUIERLICHE FERMENTATION bezeichnet wird. Bei dieser Betriebsweise erhält man die höchsten Raum-Zeit-Ausbeuten und man könnte die Chemostatkultur theoretisch über unendlich lange Zeit betreiben – wenn dabei nicht Probleme mit der Sterilität und der Stabilität der Stämme auftauchen würden. Aus diesem Grund haben kontinuierliche Prozesse in der Technik nur dort Eingang gefunden, wo Sterilität keine große Rolle spielt, z.B. bei der biologischen AB-WASSERREINIGUNG.

Was ist *Sterilität* und warum müssen bei vielen biotechnischen Prozessen unerwünschte Keime durch STERILISATION entfernt werden? Als steril bezeichnet man eine Fermentation, wenn sich außer dem erwünschten Produktionsorganismus keine anderen Fremdkeime in der Anlage befinden, oder sagen wir richtiger, wenn die Zahl an Fremdkeimen eine gewisse *Toleranzgrenze* nicht übersteigt. Das ist wieder ein neues Problem für den *Bioverfahrensingenieur*. Es gilt, in der Anlage Bedingungen zu schaffen, die für einen Organismus optimal sind und für alle anderen Organismen so ungünstig, daß sie nicht mehr wachsen können. Wie in der Natur häufig zu beobachten ist, haben Organismen, die auf spezielle Hochleistungen getrimmt wurden (etwa die Fähigkeit, ein Antibiotikum besonders effektiv zu bilden), oft andere normale Fähigkeiten eingebüßt und daher an Lebenstüchtigkeit verloren. In solchen Fällen haben zufällige INFEKTIONS-Keime zumeist die besseren Überlebenschancen und können den Produktionsstamm in kurzer Zeit an die Wand spielen. Häufig haben die unerwünschten Gäste auch die unangenehme Eigenschaft, das gebildete Produkt wieder zu zerstören, was sich dann fatal auf die Ausbeute auswirken würde. Bei Produkten für den Lebensmittel- oder den Pharmabereich muß außerdem streng auf die Abwesenheit von toxinbildenden bzw. von pathogenen Fremdkeimen geachtet werden. In der Fermentationsanlage wird *Sterilität* am einfachsten durch Hitze erreicht. Das Nähr-

medium wird entweder in einem getrennten Kessel oder *Durchlauferhitzer* oder gleich im Bioreaktor selbst durch Erhitzen auf 121 °C unter Druck keimfrei gemacht. Komplexe Medien, die solche thermischen Belastungen nicht vertragen, lassen sich durch *Sterilfiltration* keimfrei machen. Alle übrigen Anlagenteile wie Verbindungsrohre, Ventile, Hähne und alles, was mit dem Medium in Berührung kommt, werden sorgfältig mit strömendem Dampf (> 121 °C) sterilisiert. Dann muß das Nährmedium nach dem Abkühlen mit einer Organismenreinkultur, wieder unter sterilen Bedingungen, beimpft werden. Danach setzt die Tätigkeit der Organismen um so schneller ein, je größer die Impfgutmenge war. Es hat daher keinen Sinn, einen Produktionsfermenter direkt mit einer 10-Liter-Kultur aus dem Labor zu BEIMPFEN, er wäre viel zu lange unproduktiv, und dazu ist er zu wertvoll. Die IMPFKULTUREN werden daher in einzelnen Stufen herangezogen; mit der Ein-Liter-Laborkultur wird ein 20-Liter-Fermenter angeimpft, und wenn das Wachstum nach z.B. 24 Stunden beendet ist, dient diese Kultur als Impfgut für einen 250-Liter-Fermenter, von da geht es nach weiteren 24 Stunden in die 3000- und anschließend in die 50000-Liter-Stufe. Diese bewährte Arbeitsweise setzt eine Batterie von Reaktoren verschiedener Größen voraus und die Einhaltung eines genauen Zeitplanes für den laufenden Betrieb. Fällt dann einmal eine Zwischenstufe aus, etwa durch eine Infektion, die auch im besten Betrieb gelegentlich vorkommen kann, dann, ja dann ist die Hölle los und die Findigkeit des Betriebsführers gefragt.

Nach Beendigung des eigentlichen Fermentationsprozesses wird das Medium zumeist in einen Zwischenbehälter überführt, sodaß der Reaktor nach sorgfältiger Reinigung sofort wieder für die nächste Produktionscharge befüllt und sterilisiert werden kann, denn im Interesse einer möglichst hohen Ausnutzung der Anlagenkapazität wird die Zeit für diese Vorbereitungen (die *Standzeit*) so kurz wie möglich gehalten.

In der anschließenden Aufarbeitungsphase geht es darum, das gewünschte Endprodukt zu isolieren und zu reinigen. In der Regel werden die Mikroorganismen abgetrennt, meist mit Hilfe von Zentrifugen (BAKTERIEN, HEFEN) oder durch Filtration (fadenförmige PILZE). Will man nur die Zellen gewinnen (z.B. Erzeugung von BACKHEFE oder von STARTER-KULTUREN), so werden sie mehrmals mit Wasser gemischt und wieder abzentrifugiert. Befindet sich das gewünschte Produkt im geklärten Nährmedium, wie das bei allen biotechnischen Großprodukten der Fall ist, dann richten sich die weiteren Aufarbeitungsschritte nach den Eigenschaften der Produkte. Leicht flüchtige Verbindungen (z.B. Alkohole) lassen sich durch *Destillation* abtrennen, organische Säuren (z.B. CITRONENSÄURE) werden meist als schwerlösliche Salze ausgefällt, PROTEINE (z.B. Waschmittelenzyme) lassen sich durch Zugabe von Neutralsalzen „aussalzen". Lösungen von empfindlichen, hochmolekularen Stoffen werden durch ULTRAFILTRATION konzentriert. In Wasser weniger gut lösliche Verbindungen (z.B. ANTIBIOTIKA) können durch Extraktion des Nährmediums mit einem organischen Lösungsmittel, das in Wasser nicht löslich ist (GEGENSTROMEXTRAKTION), gewonnen werden. Enthält das Produkt dissoziierbare, saure oder basische Gruppen, dann kann man es mit Hilfe von IONENAUSTAUSCHERN leicht abtrennen.

Zur Gewinnung von Komponenten, die sich im Inneren der Mikroorganismen befinden (z.B. intrazelluläre ENZYME), müssen die Zellen zuerst unter schonenden Bedingungen aufgebrochen werden, entweder mit *mechanischen* Methoden (Kugelmühlen, Hochdruckhomogenisatoren), mit *chemischen* Mitteln (Einwirkung von Lösungsmitteln oder Detergenzien) oder auf *enzymatischem* Wege (zellwandlösende Enzyme). Die so erhaltenen *zellfreien Extrakte* enthalten Gemische von zahlreichen Eiweißarten, und es ist keine leichte Aufgabe, daraus ein gewünschtes Protein abzutrennen. Am besten führen die verschiedenen Verfahren der CHROMATOGRAPHIE zum Ziel, wie Molekularsieb-, Ionenaustausch- oder Verteilungschromatographie. Als besonders leistungsfähig und zukunftsträchtig hat sich die AFFINITÄTS-CHROMATOGRAPHIE erwiesen (Abb. 7.4): Soll ein bio-

logisch aktives Protein, z.B. mit antigenen Eigenschaften (s. Kap. 10) aus dem vorliegenden zellfreien Extrakt herausgefischt werden, so kann man einen geeigneten Träger (z.B. quervernetztes DEXTRAN) durch chemische Bindung mit dem passenden ANTIKÖRPER beladen und in ein Rohr füllen. Läßt man nun einen Rohextrakt durch diese Säule fließen, so wird fast ausschließlich das antigene Protein aufgrund der hochspezifischen ANTIGEN-Antikörper-Reaktion zurückgehalten und kann nach dem Auswaschen von Begleitstoffen mit einer verdünnten Salzlösung als Reinprodukt wieder von der Trennsäule abgelöst werden.

Solche aufwendigen und anspruchsvollen Trennverfahren kann man natürlich nur bei Produkten mit besonders hoher Wertschöpfung einsetzen. Bekanntlich gelingt es mit den Methoden der *Rekombinationstechnik* (s. Kap. 9), Mikroorganismen zu konstruieren, die therapeutisch wertvolle, menschliche PROTEINE produzieren. Dadurch ist es möglich, solche Substanzen, die im Körper nur in winzigen Mengen entstehen und auch benötigt werden, auf mikrobiellem Wege herzustellen und dank moderner Aufarbeitungstechniken in reiner Form zu gewinnen, wie etwa INSULIN (gegen DIABETES), menschliches WACHSTUMSHORMON (gegen hypophysären Minderwuchs), INTERFERONE (zur Behandlung von Virusinfektionen und Krebs) und andere, die zum Teil schon auf dem Markt sind (s. Kap. 10 und 11).

In der Bioverfahrenstechnik werden ständig neue Reaktoren und Anlagen entwickelt, um den speziellen Ansprüchen gerecht zu werden. Bei aeroben Fermentationen, wo die Sauerstoffversorgung der Organismen zum begrenzenden Faktor werden kann, geht man zu größeren Bauhöhen über und benutzt die Begasung gleichzeitig zur Durchmischung (z.B. beim *Airliftreaktor*). Die Luft wird in der Nähe des Reaktorbodens eingetragen, wo die Sauerstofflöslichkeit infolge des hohen hydrostatischen Druckes am größten ist, und die Luftblasen bleiben auf ihrem weiten Weg nach oben lange mit der Flüssigkeit in Kontakt. Dadurch können die Mikroorganismen bis zu 80% des mit Luft eingetragenen Sauerstoffs

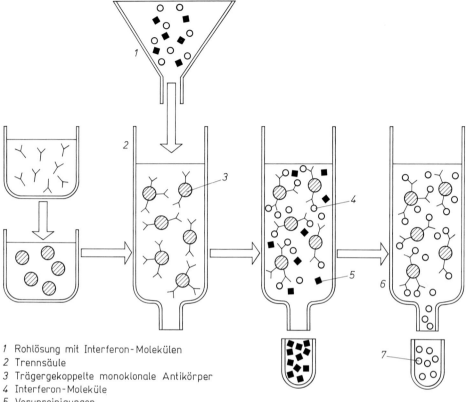

1 Rohlösung mit Interferon-Molekülen
2 Trennsäule
3 Trägergekoppelte monoklonale Antikörper
4 Interferon-Moleküle
5 Verunreinigungen
6 Spülen der Trennsäule mit Lösungsmittel
7 Reinst-Interferon

Abb. 7.4. Technische Anwendung einer Affinitäts-Chromatographie. Um gentechnisch produziertes Interferon *1* zu reinigen, läßt man die Rohlösung durch eine Säule *2* mit trägergekoppelten monoklonalen Antikörpern *3* laufen, die ausschließlich ihre Zielmoleküle (Interferon) *4* binden, während andere Stoffe *5* ungehindert passieren. Das Interferon wird anschließend mit einer Extraktionslösung *6* herausgewaschen *7*

aufnehmen und für ihren Stoffwechsel nutzen. In den großräumigen *Biohochreaktoren* zur aeroben ABWASSERREINIGUNG ist die Durchmischung mit Hilfe der Begasung energetisch und strömungstechnisch weitaus günstiger als der Einsatz mechanischer Rührwerke (s. TURMBIOLOGIE Kap. 8).
Anaerobe Prozesse, bei denen keine Belüftung erforderlich ist, zeichnen sich durch eine langsamere Vermehrung der aktiven Biomasse aus. Da aber der Stoffumsatz direkt von der Zellkonzentration abhängt, ist man bestrebt, die Mikroorganismen bei KONTINU-IERLICHEN FERMENTATIONEN im Bioreaktor zurückzuhalten (durch Membranen, Siebe usw.) oder in den Reaktor wieder zurückzuführen, z.B. mit Hilfe einer Zentrifuge am Reaktorauslauf. Bei der großtechnischen Alkoholerzeugung (s. Kap. 3) wird dieses Prinzip mit Erfolg angewendet.
Zu den modernen bioverfahrenstechnischen Entwicklungen gehört der bereits erwähnte (s. Kap. 6) ENZYMMEMBRANREAKTOR, bei dem hochmolekulare Stoffe mit Hilfe eines Bündels von *Hohlfasermembranen* im Reaktionsraum zurückgehalten werden. Bei der Kultivierung von *Säugetierzellen*, die z.B. pharmakologisch interessante Produkte wie INTER-

FERONE ins Kulturmedium ausscheiden, taucht das Problem auf, daß die Zellen mechanisch sehr empfindlich sind. Man bietet ihnen daher kleine Kügelchen als Träger an (MIKROCARRIER), auf deren poröser Oberfläche sie sich ansiedeln können und wodurch sie einen gewissen Schutz gegen Scherkräfte erlangen. Da Säugerzellen bereits durch platzende Gasblasen geschädigt werden können, wurde das Konzept der BLASENFREIEN BEGASUNG entwickelt. Die Belüftung erfolgt durch eine lange, poröse Schlauchmembran, die im Reaktorraum aufgewickelt ist. Der Sauerstoff diffundiert durch die Membran in die Nährlösung und wird außerhalb der Membran von den Säugerzellen abgeholt, ohne daß dabei Blasen auftreten. Dieser Apparat ist keineswegs eine Laborspielerei, er kann schon im Hundert-Liter-Maßstab betrieben werden. Das ist eine Dimension, die bereits für eine Erzeugung von hochwertigen Stoffen wie INTERFERON ausreicht.

Zusammenfassung

Mikrobielle Umsetzungen im technischen Umfang erfordern die Lösung einer großen Zahl von verfahrenstechnischen Problemen. Sie betreffen die Bereitstellung des Nährmediums und die Sterilisierung der gesamten Anlage vor der Fermentation sowie die Aufarbeitung der Produkte nach ihrer Beendigung. Kernstück der Prozesse ist der Bioreaktor, in dem die Mikroorganismen die optimalen Bedingungen für ihr Wachstum und für eine maximale Produktbildung oder -umwandlung vorfinden sollen. Dabei ist der klassische Rührkesselreaktor wegen seiner vielseitigen Verwendbarkeit noch immer der am häufigsten verwendete Apparatetyp, obwohl er für viele Prozesse keineswegs optimal ist. In der Praxis ist der Bioreaktor mit zahlreichen Meß- und Regelelementen ausgestattet, die zur Einhaltung bestimmter Fermentationsparameter und gegebenenfalls zur Prozeßsteuerung erforderlich sind. Eine große Bedeutung kommt bei aeroben Prozessen den Belüftungseinrichtungen zu, da der Sauerstoffbedarf der Mikroorganismen beträchtlich und die Löslichkeit des Sauerstoffs im Medium vergleichsweise gering ist. Die meisten technischen Fermentationen werden chargenweise als batch-Prozesse durchgeführt, aber spezielle Verfahren machen auch eine Zufütterung von Nährstoffen während der Fermentation erforderlich (Zulaufverfahren, fed-batch-Verfahren). Demgegenüber hat sich die kontinuierliche Verfahrensweise in der Technik bisher nur dort durchgesetzt, wo die Sterilität keine besonders große Rolle spielt. In den meisten Fällen wird die erforderliche Verminderung von Fremdkeimen im Nährmedium und in der Anlage durch Erhitzen auf 121 °C erreicht. Das Impfgut muß in einzelnen Stufen hergestellt werden, wobei das Medium der folgenden Stufe jeweils mit 5 bis 20% seines Volumens aus der vorhergehenden Stufe beimpft wird. Die Arbeitsschritte bei der anschließenden Aufarbeitung (down stream processing) richten sich im wesentlichen nach den Eigenschaften des Zielproduktes, wobei chromatographische Trennverfahren für die Gewinnung von Produkten mit hoher Wertschöpfung im Vordergrund stehen. Eine besonders wirkungsvolle, allerdings auch aufwendige Trennmethode ist die Affinitäts-Chromatographie unter Ausnutzung der hochspezifischen zwischenmolekularen Bindungskräfte zwischen dem abzutrennenden Molekül und einem trägergebundenen Liganden. Als neuere Entwicklungstrends in der Bioverfahrenstechnik gelten die Hochbauweise bei aeroben Prozessen, die Zellrückhaltung bzw. Zellrückführung bei Prozessen mit geringer Biomassebildung und die Rückhaltung von Biokatalysatoren bei enzymatischen Umsetzungen in Membranbioreaktoren. Bei der Massenkultivierung von Säugetierzellen haben der Einsatz von kleinen Kügelchen zur Anheftung der Zellen (microcarriers) und die Einführung einer „blasenfreien Begasung" wesentliche Fortschritte gebracht.

8 Mikroorganismen im Dienst der Umwelt

Wasser ist ein wichtiges Element des irdischen Lebens und die Entwicklung der Lebewesen, von den einzelligen bis zu den hochentwickelten, war in allen Stufen eng mit dem Vorhandensein von Wasser verbunden. Der deutsche Verbraucher hat in den vergangenen Jahrzehnten seinen jährlichen Wasserverbrauch deutlich erhöht, von durchschnittlich 85 l im Jahr 1950 auf 140 l im Jahr 1980. Die weitaus größte Menge davon verwendet er zum Baden und Duschen und bei der Toilettenspülung, erheblich weniger schon zum Waschen von Wäsche und Auto, und nur 2 bis 3% des „Trinkwassers" benutzt er zum Trinken und Kochen. Noch bis ins 19. Jahrhundert hinein wurden Fäkalien in den Städten über das Regenwasser abgeführt, und dementsprechend waren auch die hygienischen Verhältnisse. Besonders in den großen Siedlungsgebieten führten sie zu verheerenden Seuchen. Mit der Einführung einer unterirdischen Kanalisation konnten zwar diese Probleme weitgehend gelöst werden, doch war die Selbstreinigungskraft der Flüsse, die die Abläufe aus den Städten zunächst aufnehmen mußten, sehr bald erschöpft.

Hinter dieser BIOLOGISCHEN SELBSTREINIGUNG von Flüssen und Seen stehen Mikroorganismen als Endverbraucher einer sog. *Freßkette*. Sie benutzen zu ihrer Ernährung Stoffe, die andere Organismen vor ihnen ausgeschieden oder übriggelassen haben und bauen sie zum Teil bis zu Wasser und Kohlendioxid ab. Die dabei umgesetzte Energie nutzen sie, um sich zu vermehren, und die entstehende BIOMASSE setzt sich als Sediment und Schlamm am Boden der Gewässer ab. Gäbe es diese Mikroorganismen nicht, so wäre die Menschheit längst an ihrem eigenen Abfall erstickt. Die meisten dieser Abfallfresser sind AEROBIER, und ihre Versorgung mit Sauerstoff ist ein großes Problem. Denn wie schon auf Seite 85 gezeigt, lösen sich im Wasser nur geringe Mengen Sauerstoff. Solange sich die Verunreinigung eines Gewässers in mäßigen Grenzen hält, kann der erforderliche Sauerstoff durch den Kontakt der Wasseroberfläche mit der Atmosphäre nachgeliefert werden und die Selbstreinigung funktioniert. Wenn aber das Gewässer zu stark mit Abfallstoffen belastet wird, geht den Mikroorganismen die Luft aus; man spricht vom „Umkippen" des Gewässers. Aber selbst für diesen Fall hält die Natur noch eine Ausweichlösung bereit: Den Abbau übernehmen dann anaerobe Mikroorganismen, die vornehmlich in den tieferen Schichten von stehenden Gewässern vorkommen, wo sowieso kein Sauerstoff hingelangt. Sie können die gelösten organischen Stoffe zwar nicht oxidieren, dafür aber in BIOGAS umwandeln. Es ist ein Gemisch aus Methan und Kohlendioxid und wird auch *Faulgas* oder *Sumpfgas* genannt. Energetisch gesehen ist das allerdings für die Organismen kein gutes Geschäft, denn die meiste Energie geht ihnen mit dem Biogas verloren, und ihnen bleibt nur noch wenig Energie zum Wachstum übrig (Tab. 8.1). Das ist aber ein wichtiger Gesichtspunkt für die später zu besprechende anaerobe ABWASSERREINIGUNG.

Mehr als 140 l Schmutzwasser schickt der Bundesbürger täglich in die Kanalisation, aber nicht so sehr die Menge ist entscheidend, sondern der Grad der Verschmutzung, von dem der Sauerstoffbedarf der reinigenden Mikroorganismen abhängt. Man kann diesen BIOLOGISCHEN SAUERSTOFFBEDARF (BSB) im Labor bestimmen, indem man eine Abwasserprobe 5 Tage lang der Einwirkung von Schlamm aus einer biologischen Kläranlage aussetzt und die dabei verbrauchte Menge Sauerstoff analytisch bestimmt. Der erhaltene

Tabelle 8.1. Vergleich der Kohlenstoff- und Energiebilanzen zwischen aeroben und anaeroben mikrobiellen Abbauprozessen.

	aerob	anaerob
Kohlenstoffbilanz:	Etwa 50% wird in Biomasse überführt und 50% in Kohlendioxid.	Nahezu 95% wird in Biogas überführt und 5% in die Biomasse.
Energiebilanz:	Etwa 60% wird in der Biomasse (neue Mikroorganismenzellen) gebunden, 40% gehen als Prozeßwärme verloren.	Fast 90% der Energie der organischen Substrate können mit dem Biogas zurückgewonnen werden, 5 bis 7% dienen für das Wachstum der Zellen, 3 bis 5% gehen als Prozeßwärme verloren.

Wert heißt BSB_5. Im Mittel sind es 60 g Sauerstoff, die für die Reinigung der täglichen Abwassermenge eines Einwohners erforderlich sind, und diese Maßzahl bezeichnet man auch als EINWOHNERGLEICHWERT (EGW). Auch für Industrieabwässer gibt man gern den Verschmutzungsgrad in Einwohnergleichwerten an, um einen besseren Vergleich zu haben. So kann es durchaus vorkommen, daß das Abwasser einer Industriestadt EGW-Zahlen aufweist, die dem Mehrfachen ihrer Einwohnerzahl entsprechen. Die biologische Bestimmung des Sauerstoffbedarfs kann mit großen Fehlern behaftet sein, wenn z.B. toxische Stoffe oder biologisch schwer abbaubare Komponenten in der Probe einen zu geringen Sauerstoffbedarf vortäuschen. Daher wird bei der Bewertung von Abwässern durch die Behörden der CHEMISCHE SAUERSTOFFBEDARF (CSB) zugrundegelegt. Er wird aus dem Verbrauch eines starken Oxidationsmittels (z.B. Kaliumdichromat) für die vollständige Oxidation aller Abwasserinhaltsstoffe ermittelt. In der Praxis ist die Maßzahl für den CSB immer höher als die für den BSB_5, und der Quotient aus den beiden Werten ist um so größer, je höher der Anteil an biologisch schwer abbaubaren Komponenten in der Schmutzfracht ist. Es ist klar, daß die biologische Reinigung von Abläufen aus einer Molkerei bei gleichen CSB-Werten weniger Probleme verursacht als die von Chromgerbereiabwässern.

Zur Bewertung von Abläufen nach dem AB-WASSER-ABGABENGESETZ (AbwAG) werden für 6 verschiedene *Schadstoffgruppen* sog. SCHADEINHEITEN festgelegt. Mit jeweils einer Schadeinheit wird derjenige Direkteinleiter belegt, dessen jährliche Abwassermenge einen CSB-Wert von 50 kg Sauerstoff, einen Gehalt von 500 g Chrom oder von 100 g Cadmium aufgewiesen hatte. Die Einzelwerte werden addiert, und pro Schadeinheit wird seit 1991 eine Abgabe von 50 DM, ab 1993 von 60 DM erhoben. Bürger und Industrie werden also für die Wohlstandsabfälle kräftig zur Kasse gebeten.

Die *Selbstreinigungskraft* unserer Flüsse und Seen reicht schon lange nicht mehr zur Bewältigung der ständig ansteigenden Abwassermengen aus, und die Kommunen sind gehalten, effektive Kläranlagen zu errichten. Die Betonung liegt dabei auf „effektiv". Denn es geht darum, technische Anlagen zu konzipieren, in denen unter Berücksichtigung der physiologischen Bedürfnisse der Hauptakteure, also MIKROORGANISMEN, biologische Abbauvorgänge räumlich und zeitlich konzentriert ablaufen. In dieser Beziehung lassen allerdings die meisten konventionellen Kläranlagen arg zu wünschen übrig.

Die Technik der ABWASSERREINIGUNG beginnt mit der Entfernung von Grobstoffen und von Sand aus dem ankommenden Schmutzwasser (s. Abb. 8.1), ebenso müssen spezifisch leichtere Stoffe von der Wasseroberfläche entfernt werden. Der durch den biologischen Abbau anfallende Schlamm (im wesentlichen Mikroorganismen und flockige Abwasserbestandteile) am Ende des Prozesses

Beseitigt werden: durch:

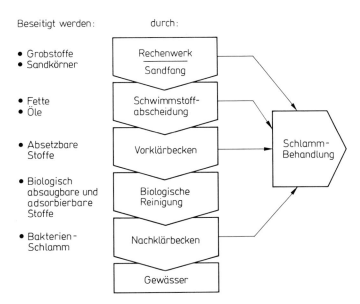

- Grobstoffe
- Sandkörner

- Fette
- Öle

- Absetzbare
  Stoffe

- Biologisch
  absaugbare und
  adsorbierbare
  Stoffe

- Bakterien-
  Schlamm

Abb. 8.1. Technik der Abwasserreinigung

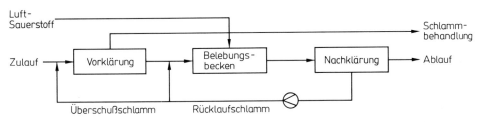

Abb. 8.2. Mechanisch-biologische Kläranlage (Belebtschlammverfahren)

muß abgetrennt, eventuell entwässert und weiter behandelt werden. Der eigentliche biologische Abbau kann dann entweder unter *aeroben* oder unter *anaeroben* Bedingungen erfolgen.

Beim *aeroben Abbau* (auch als BELEBTSCHLAMMVERFAHREN bezeichnet; s. Abb. 8.2) wird der im Abwasser enthaltene organische Kohlenstoff durch den oxidativen Stoffwechsel der Bakterien (die ATMUNG) etwa zur Hälfte in Kohlendioxid und zur anderen Hälfte in Bakterienmasse (Schlamm) umgewandelt. Daher zeichnen sich die aeroben Prozesse durch einen hohen Sauerstoffbedarf und einen hohen Schlammanfall aus. Sie sind sehr empfindlich gegenüber bakterientoxischen

Abwasserinhaltsstoffen. In den konventionellen Anlagen trifft man gewöhnlich runde oder rechteckige, offene Flachbecken an. Zur Sauerstoffversorgung der Bakterien im Belebungsbecken dienen entweder *Oberflächenbelüfter* (z. B. Kreiselbelüfter), die das Abwasser aus der Flüssigkeit herausschleudern, so daß es sich mit Luftsauerstoff anreichern kann oder auch *Volumenbelüfter* (z. B. Sinterkörper). Eine gleichzeitig erzeugte Strömung soll verhindern, daß sich die Bakterien vorzeitig absetzen. Nachteilig ist bei diesen Anlagen der hohe Flächenbedarf, der geringe Wirkungsgrad und die Bildung von Aerosolen, die oft zu weithin wahrnehmbaren Geruchsbelästigungen führen können. Wegen der Zunah-

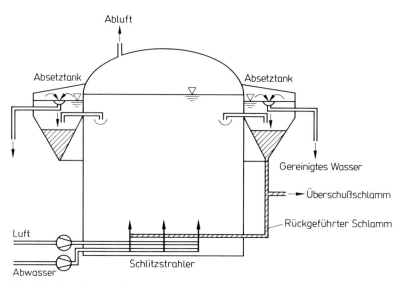

Abb. 8.3. Turmbiologie-Verfahren. Reaktor der Bayer-Turmbiologie zur aeroben biologischen Reinigung von Industrieabwässern. Das Verfah-

ren nutzt die verbesserte Löslichkeit von Sauerstoff bei erhöhtem Druck.

me der Sauerstofflöslichkeit mit steigendem Druck geht man heutzutage mehr und mehr zu tiefen Schächten über, die in das Erdreich eingelassen sind (*Deep-shaft-Prozeß* der Firma ICI) oder zur *„integrierten Hochbauweise"*, der sog. TURMBIOLOGIE.

Dabei handelt es sich um oberirdische, zylindrische und geschlossene Tanks mit z. B. 15 000 m³ Füllvolumen, die an ihrem oberen Rand mit einem rundum laufenden, trichterförmigen Kragen für die Aufnahme des Überschußschlammes versehen sind (s. Abb. 8.3). Die Luft wird durch zahlreiche Strahldüsen auf dem flachen Boden des Behälters eingetragen. Unter dem Druck der darüberstehenden, 13 m hohen Wassersäule ist die Sauerstofflöslichkeit stark erhöht, und die aufsteigenden Luftblasen können bis zu 80 % ihres Sauerstoffs an die Mikroorganismen abgeben, d. h., rund viermal so viel wie bei der Begasung der flachen Becken. Die Reinigungsleistungen sind beeindruckend: Die Bayer AG hat für die Reinigung werkseigener Chemieabwässer vier solcher Reaktoren von 26 m Durchmesser und 30 m Höhe nebeneinander aufgestellt, in denen täglich 90 000 m³ Abwasser mit einer

BSB₅-Fracht von 95 t Sauerstoff gereinigt werden. Die *„hydraulische Verweilzeit"* des Abwassers in der Anlage, d. h. die Zeit, die für den biologischen Abbau zur Verfügung steht, beträgt 14,5 Stunden. Wenn nötig, kann die Abluft noch verbrannt werden, um jeder Geruchsbelästigung vorzubeugen. Solche Anlagen stellen heute den modernsten Stand der aeroben Abwasser-Bioverfahrenstechnik dar. Große Probleme bereitet aber bei den aeroben Verfahren der KLÄRSCHLAMM, der einen hohen Wasseranteil besitzt (0,5 – 1,5 % Trockensubstanzgehalt) und dessen organische Bestandteile dazu neigen, sich unter starker Geruchsentwicklung zu zersetzen. Zudem ist der Überschußschlamm häufig mit Schwermetallen kontaminiert, so daß er auch nicht mehr als Dünger auf landwirtschaftliche Flächen ausgebracht werden kann. In den knapp 10 000 Kläranlagen der Bundesrepublik fallen jährlich mehr als 50 Mio. Kubikmeter Klärschlamm an, die vor der Ablagerung auf einer DEPONIE noch behandelt werden müssen. Dies geschieht in vielen Fällen durch eine Kombination von Belebtschlammverfahren mit einer nachgeschalteten

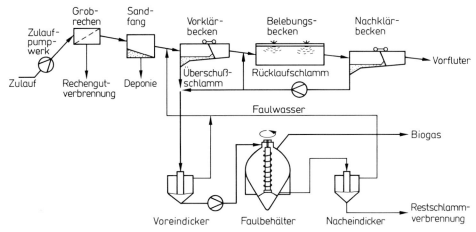

Abb. 8.4. Belebtschlammprozeß mit nachgeschalteter Schlammfaulung. Nach der mechanischen Vorreinigung gelangen die gelösten Schmutzteile ins Belebungsbecken. Der Schlamm des Vorklärbeckens und der Überschußschlamm werden vereinigt und zur Flüssig-/Festtrennung einem Voreindicker zugeführt. Der Überstand kommt in die Kläranlage zurück, während der weiter aufkonzentrierte Schlamm unter Sauerstoffausschluß in einem Faulbehälter behandelt wird. Mikroorganismen zersetzen die im Belebungsbecken gebildete Biomasse zu Biogas (Methan und Kohlendioxid). Übrig bleibende feste Anteile wandern nach erneuter Behandlung im Nacheindicker in die Schlammverbrennung. Die Leistungsfähigkeit der Anlage wird von der Intensität der Luftversorgung im Belebungsbecken bestimmt.

SCHLAMMFAULUNG in großen, meist eiförmigen Betonbehältern mit mehreren tausend Kubikmetern Fassungsvermögen (Abb. 8.4). In diesen FAULTÜRMEN bauen anaerobe Mikroorganismen einen Teil der organischen Stoffe unter Bildung von BIOGAS ab, wodurch der Schlamm entwässert und deponiefähig gemacht wird (FAULSCHLAMM). Gleichzeitig gehen unter diesen Bedingungen auch gefährliche Krankheitserreger im Schlamm zugrunde. Die Verweilzeiten liegen aber bei mehreren Wochen, weshalb die Faultürme solch enorme Größen haben müssen.

Statt durch Faulung kann der Klärschlamm auch durch Zusatz chemischer Fällungs- oder Flockungsmittel, oder durch thermische Behandlung *„konditioniert"*, das heißt auf Feststoffkonzentrationen um 50% gebracht werden, oder der Schlamm wird in einem Wirbelschichtofen verbrannt. Andere Überlegungen zielen darauf ab, den Abwasserschlamm mit seinem noch immer hohen Anteil an eigentlich wertvollen organischen Stoffen sinnvoller zu nutzen, z.B. als Basis für die Futtermittelherstellung. Durch Erhitzen auf 300 °C mit einem Katalysator unter Schutzgas wäre auch die Gewinnung einer erdölartigen Fraktion möglich (Stichwort „Öl aus Klärschlamm").

Man sieht, die Abwasserreinigung hat ihren Preis, und zur Behandlung der einem EIN-WOHNERGLEICHWERT entsprechenden Abwassermenge müssen heute schon mehr als 100 DM angesetzt werden. Dabei sind die aeroben BELEBTSCHLAMMVERFAHREN keineswegs als ideal zu bezeichnen, denn, wie gesagt, wird nur die Hälfte des organischen Kohlenstoffs im Abwasser unmittelbar wieder als Kohlendioxid in den Kreislauf der Natur zurückgeführt, während die andere Hälfte als KLÄRSCHLAMM anfällt mit allen seinen Problemen. Demgegenüber hat die *anaerobe* ABWASSERREINIGUNG, wie sie sich im FAUL-TURM abspielt, ganz erhebliche Vorteile. Mikroorganismen, denen der Sauerstoff fehlt, können ihre erforderliche Energie nicht durch ATMUNG gewinnen, sondern sind auf Gärungsprozesse angewiesen (s. Kap. 1). Zu den GÄRUNGEN zählen auch die natürlichen Zersetzungsprozesse organischen Materials unter Luftabschluß, bei denen METHAN, ein brennbares Gas, zusammen mit Kohlendioxid entsteht (etwa 350 l Methangas pro Kilogramm CSB-Sauerstoff). Dieses BIOGAS enthält über 90% des organischen Kohlenstoffs und etwa 85% der Energie der abgebauten Abwasserinhaltsstoffe (s. Tab. 8.1). Es ist klar, daß dabei für die anaeroben Mikroorganismen nicht mehr viel übrig bleibt; sie vermehren sich nur langsam, so daß etwa ein Zehntel der Menge an problematischem Schlamm entsteht wie bei den aeroben Prozessen. Rechnet man noch dazu, daß das Biogas für Heizzwecke oder auch zur Stromerzeugung (Kraft-Wärme-Kopplung) genutzt werden kann und daß außerdem die Energiekosten für den Sauerstoffeintrag entfallen, so sind dies genügend Argumente, die für eine anaerobe Abwasserreinigung sprechen. Was sollte also daran hindern, die klassische Reihenfolge umzukehren: Zuerst Beseitigung der hauptsächlichen Schmutzfracht auf anaerobem Wege und eventuell ein nachgeschalteter aerober Abbau der noch verbliebenen Komponenten. Diese Verfahrensweise hat sich noch nicht allgemein durchgesetzt, hauptsächlich aus zwei Gründen: Die anaerobe Reinigung ist nur für hochbelastete Abwässer geeignet, und zweitens sollten der Zulaufstrom und die Zusammensetzung des Abwassers möglichst geringen Schwankungen unterliegen. Beides läßt sich kaum bei kommunalen Abwässern verwirklichen, wohl aber bei Abläufen aus der lebensmittelverarbeitenden Industrie. Vorzeigeprojekte für eine erfolgreiche Anwendung dieses Konzeptes sind daher vor allem aus *Zuckerfabriken* und *Bierbrauereien* bekannt.

Die Gruppe der Methanbildner (METHANOGENE BAKTERIEN) gehört zu den Oldtimern unter den Bakterien (ARCHAEBAKTERIEN) und damit entwicklungsgeschichtlich zu den ältesten Lebewesen, die wir kennen. Sie reduzieren Carbonat zu Methan, können aber als SUBSTRATE nur ganz einfache Verbindungen verwenden – Ameisensäure, Methylalkohol und einige von ihnen auch Essigsäure. Es ist kein methanogenes Bakterium bekannt, das

Methan und Kohlendioxid aus Kohlenhydraten bilden könnte (obwohl diese Reaktion thermodynamisch durchaus möglich wäre). Also müssen sich zur Methanisierung der im ABWASSER enthaltenen Stoffe mehrere Bakterienarten zur Teamarbeit zusammentun (Abb. 8.5). Nachdem *hydrolytische* Bakterien die hochmolekularen Inhaltsstoffe zerlegt haben, werden die Spaltprodukte (Zucker, AMINOSÄUREN, langkettige Fettsäuren usw.) in einfache Alkohole, niedere Fettsäuren (vornehmlich Propion- und Buttersäure), Wasserstoff und Kohlendioxid umgewandelt (*acidogene* BAKTERIEN). Wieder andere, sog. *acetogene* Bakterien, bewirken, daß die Fettsäuren zu Essigsäure und Wasserstoff abgebaut werden, und die METHANOGENEN BAKTERIEN beenden den Abbau entweder durch Zerlegung von Essigsäure oder durch Reaktion des Wasserstoffs mit Kohlendioxid zu Methan. Das ganze funktioniert prächtig in den Schlammflocken, in denen die verschiedenen Bakterienarten in schöner Eintracht beisammensitzen und regelrechte Lebensgemeinschaften (SYMBIOSEN) bilden. Nur sollte man sie da möglichst nicht stören, weder durch mechanische Zerstörung der Flocken noch durch stoßweise Änderung der Abwasserzusammensetzung, weil dadurch ihr empfindliches Zusammenleben gestört wird. Am wohlsten fühlen sich diese ANAEROBIER bei 37 °C und PH-WERTEN um den Neutralpunkt. Besonders die methanogenen Bakterien können niedrigere pH-Werte nicht ausstehen. Wenn sie ihre Aktivität verringern, reichern sich die Säuren aus den vorhergehenden Abbaustufen an und der pH-Wert wird noch saurer. Die kontinuierlich durchströmten Reaktoren (und nur solche kommen hier in Frage) können somit über einen pH-Regler gesteuert werden, indem nur so viel Abwasser zugeführt wird, wie die Organismen sicher verkraften können. Die sich vermehrende Bakterienmasse führt dann bei konstantem, kontrolliertem Zulauf zu einer stetigen Erhöhung des Umsatzes, wenn dafür gesorgt wird, daß die Schlammflocken weitgehend im Reaktor zurückgehalten werden. Dies kann einmal durch strömungstechnische Maßnahmen im sog. *„anaeroben Schlammbett-*

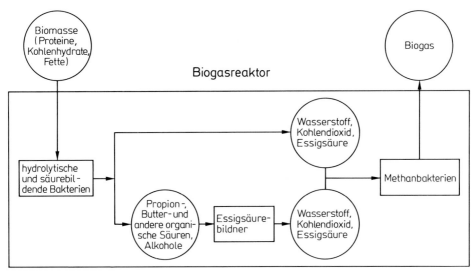

Abb. 8.5. Anaerober Abbau von Kohlenhydraten, Fetten und Proteinen. Biogas bildet sich durch Einwirken hydrolysierender, säurebildender und methanogener Bakterien auf organisches Material und Luftabschluß

(UASB-)Reaktor" (Abb. 8.6) erreicht werden. Das Abwasser wird dabei von unten in einer gleichmäßigen Strömung durch das Schlammbett geführt und trifft im mittleren Teil auf ein System von Leitblechen, in denen der Schlamm nach unten umgelenkt wird, während das geklärte Abwasser oberhalb einer Beruhigungszone abläuft. Ein anderes Konzept macht sich die Eigenschaft vieler ANAEROBIER zunutze, die auch in der Natur gern auf Oberflächen anwachsen. Im einfachsten Fall wird ein FESTBETT- oder Wirbelbettreaktor mit Quarzsand gefüllt und das Abwasser im Kreislauf durch das Sandbett geführt (Abb. 8.7). Ein Teilstrom verläßt den Reaktor als gereinigtes Wasser, während kontinuierlich Abwasser nachgespeist wird. Um den Bakterien eine noch größere Oberfläche anzubieten, kann man auch Sinterglaskörper verwenden, die die Struktur eines Glasschwammes haben mit zahlreichen Poren und einer sehr großen inneren Oberfläche. Mit solchen Anlagen läßt sich in hochkonzentrierten Abwässern bei Aufenthaltszeiten von nur wenigen Stunden die Schmutzfracht (der CSB) um 70 bis 90% herabsetzen, so daß für eine nachgeschaltete aerobe Reinigungsstufe

nicht mehr viel Arbeit übrigbleibt. In einer BELEBTSCHLAMM-Anlage könnte eine so hohe Abbauleistung pro Reaktorvolumen nicht erreicht werden, schon deshalb nicht, weil es unmöglich wäre, die dazu erforderliche Menge Sauerstoff in der zur Verfügung stehenden Zeit einzutragen.

Mikroorganismen sind im erheblichen Maße auch am Stickstoffkreislauf der Natur beteiligt (Abb. 8.8), also auch an der Entfernung von Stickstoffverbindungen aus dem Abwasser. Im unbehandelten Abwasser liegt Stickstoff überwiegend in der Ammoniumform vor und würde im *Vorfluter* erheblich zur EUTROPHIERUNG beitragen. In der Kläranlage werden die Ammoniumverbindungen teilweise zu Nitratsalzen oxidiert, ein Vorgang, der von den *Nitrobacteriaceae* bewerkstelligt und als NITRIFIKATION bezeichnet wird. Damit ist allerdings das Problem noch nicht gelöst, denn auch Nitrat ist im Wasser äußerst unerwünscht. Vor allem auch durch den steigenden Einsatz von Nitraten als Düngemittel in der Landwirtschaft nimmt der Nitratgehalt im Grundwasser vielerorts bedenklich zu. Zur biologischen DENITRIFIKATION von Trinkwasser eignen sich Reinkulturen von

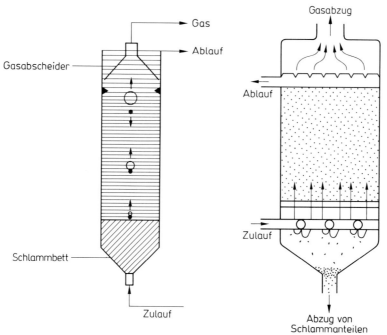

Abb. 8.6. Anaerober Säulenreaktor (schematisch). Zugrunde liegt der sog. *USAB*-Prozeß (*upflow anaerobic sludge blanket process*). Durch geeignete Bedingungen lagern sich Mikroorganismen zu dicht gepackten Schlammpartikeln zusammen, die sehr gut sedimentieren. Im unteren Teil der Säule bildet sich eine hohe Bakterienkonzentration aus, die nach oben kontinuierlich abnimmt. Das Abwasser wird von unten durch den Reaktor geleitet. Deshalb sind vorwiegend Bakterienpartikel aus dem unteren Säulenbereich am Abbau beteiligt. Entstehendes Biogas bleibt teilweise an Teilchen haften und transportiert sie nach oben. Am Säulenende befindet sich ein Gasabscheider, der die Gasblasen von den Partikeln trennt und eine Schlammausspülung weitgehend verhindert. Die gasfreien Partikel sinken wieder nach unten. So kommt es ohne mechanische Rührung zu einer guten Durchmischung der Reaktorfüllung

Abb. 8.7. Anaerober Festbettreaktor (schematisch). Anaerobe Festbettreaktoren stellen anaerobe Filter dar. Hierbei wird das Auswaschen der aktiven Mikroorganismen durch ein inertes Trägermaterial, auf dem sie wachsen, verhindert. Eine externe Schlammseparation und Rückführung wird damit überflüssig. Als Füllmaterial werden Kies, paketierte, mit Profilen versehene Kunststoffplatten oder Raschigring-Schüttungen verwendet. Das Abwasser wird von unten nach oben durch den Reaktor geleitet, wobei durch Kontakt mit Mikroorganismen das organische Material in Methan und Kohlendioxid abgebaut wird. Während das Biogas am oberen Reaktorende entnommen wird, können Schmutzteile sowie überschüssige Biomasse am Reaktorboden entfernt werden. Dieses Verfahren ist besonders für Abwässer mit geringem Feststoffanteil geeignet, da das anaerobe Filter leicht verstopfen kann.

natürlichen Bodenbakterien (z.B. *Paracoccus denitrificans*). Nach einem patentierten Denitrifikationsverfahren werden die Bakterien in Fermentern angezüchtet, in Perlen eingeschlossen (s. IMMOBILISIERTE MIKROORGANISMEN, Kap. 6) und in WIRBELBETTREAKTOREN eingesetzt. Das Wasser wird unter einem Überdruck von 4 bis 8 bar mit Wasserstoffgas

angereichert und durch das Wirbelbett geleitet, wobei die Bakterien das Nitrat über Nitrit bis zum Stickstoff reduzieren, der die Anlage als Gas verläßt. Die Reaktion

$$2\,NO_3^- + 2\,H^+ + 5\,H_2 \;\rightarrow\; N_2 + 6\,H_2O$$

liefert dem Organismus ähnlich viel Energie wie die Atmungskette und wird daher auch als

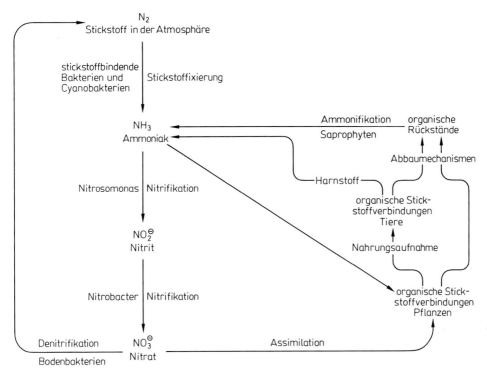

Abb. 8.8. Stickstoffkreislauf der Natur. Mikro-organismen kontrollieren den Stickstoffzyklus in der Biosphäre. Die Menge des im globalen Kreislauf bewegten Stickstoffs beträgt ca. 500 Mio. t im Jahr.

NITRAT-ATMUNG bezeichnet. Nach diesem Verfahren ist eine weitgehende Dentrifizierung des Trinkwassers möglich und eine solche Anlage kann mehrere Monate kontinuierlich betrieben werden, bevor die Mikroorganismenperlen erneuert werden müssen.

Zahlreiche Industriezweige erzeugen nicht nur Abwasser, sondern auch übelriechende *Abgase*. Sie enthalten oft nur Spuren von nicht genau definierten anorganischen oder organischen Verbindungen, die aber sehr nachhaltige Geruchsbelästigungen hervorrufen können. Auch die biologische ABLUFTREINIGUNG ist in manchen Fällen schon Stand der Technik. Die Mikroorganismen können entweder in einer flüssigen Phase dispergiert sein, die mit der (sauerstoffhaltigen) Abluft in intensiven Kontakt gebracht wird (*Biowäscher*) oder an festen Trägermaterialien anhaften. Das können die Füllkörper in einem FESTBETTRE-

AKTOR sein oder grobfaserige Materialien wie Fasertorf, Kompost, Baumrinde, Stroh, Heidekraut usw., die auf einem Spaltboden locker aufgeschichtet sind (*Biobeet*). Die mit Wasser befeuchtete Abluft strömt durch diese Schichten, die Schadstoffe lösen sich in dem dünnen Wasserfilm, der die Mikroorganismen umgibt und werden von diesen aufgenommen und oxidativ abgebaut. Die zum Abbau erforderlichen weiteren Nährstoffe stammen aus den verwendeten Materialien des Biobeetes.

Umweltprobleme besonderer Art verursachen auch die Ansammlungen von Schadstoffen im Boden und Grundwasser, z.B. aufgrund früherer Industrietätigkeit oder unsachgemäß betriebener Deponien (ALTLASTEN). Für die Beseitigung dieser Schadstoffe und der mit ihnen verbundenen Gefährdung sind verschiedene Sanierungsmaßnahmen vorgeschlagen worden, die zum Teil mit extrem hohen Kosten verbunden sind. Bei den „*off-*

site"-Verfahren wird der Boden ausgehoben und entweder durch Hitze- bzw. Heißdampfbehandlung oder mit anderen chemisch-physikalischen Methoden weitgehend von den Schadstoffen befreit. Zur mikrobiellen BODENSANIERUNG wird der Bodenaushub mit zugesetzten Mikroorganismen (STARTERKULTUREN) entweder in Mieten oder in speziellen Drehtrommeln in Kontakt gebracht, wobei Temperatur, Feuchtigkeit, Nährstoffe und Sauerstoffgehalt sorgfältig kontrolliert werden müssen. Wirtschaftlich interessanter ist die *mikrobielle in situ Behandlung*, weil dadurch kostspielige Erdbewegungen vermieden werden. Dabei werden angezüchtete Mikroorganismenkulturen zusammen mit Nährstoffen und Tensiden durch Bohrlöcher in die Ablagerung hineingebracht und anschließend über Luftzuführungsrohre mit Sauerstoff versorgt (*Tilling-Verfahren*). Die Effektivität dieser mikrobiellen Bodendekontaminierung ist allerdings von verschiedenen Bedingungen abhängig, wie Art und Konzentration der abzubauenden Stoffe sowie der Bodenbeschaffenheit, hydraulischen Durchlässigkeit und anderen Faktoren. Bei den meisten Bodenverunreinigungen handelt es sich überwiegend um aliphatische und aromatische Kohlenwasserstoffe, polycyclische Aromaten, chlorierte Kohlenwasserstoffe, Phenole und organische Lösungsmittel (s. XENOBIOTISCHE VERBINDUNGEN). Von ihnen können einige durch die natürliche Bodenmikroflora, die sich aus über 100 Arten verschiedener Bakterien und Pilze zusammensetzt, abgebaut werden, sofern genügend Sauerstoff vorhanden ist.

Die KOMPOSTIERUNG ist ein komplexer biologisch-chemischer Prozeß unter erheblicher Wärmeentwicklung, bei dem meist feste organische Abfallstoffe mikrobiell zu Kohlendioxid und Wasser abgebaut und teilweise in Huminstoffe umgewandelt werden. Im Holz vorkommendes Lignin und die Lignocellulosen werden dabei allerdings nur geringfügig verändert. Die Kompostierung wird in *Mieten*, rotierenden *Trommeln* oder in turm- oder tunnelförmigen *Rottezellen* (belüftet oder unbelüftet) durchgeführt und bei genügend großem Haufwerk werden bestimmte, unter-

schiedliche Temperaturphasen durchlaufen. Am Abbau sind anfangs mesophile, später thermophile BAKTERIEN und ACTINOMYCETEN beteiligt. Die Kompostierung in Mieten dauert 3 bis 6 Monate und kann durch verfahrenstechnische Einstellung optimaler Faktoren während der verschiedenen Rotteperioden auf 4 bis 6 Wochen verkürzt werden. Da Deponieraum immer knapper und teurer wird und außerdem ein Verwertungsgebot für organische Reststoffe besteht, gewinnt die Kompostierung in der Abfallwirtschaft immer größere Bedeutung. In der Bundesrepublik werden schon etwa 2,5 % des Hausmülls und 2 % des Klärschlammes aus öffentlichen Kläranlagen kompostiert.

Ein uraltes, aber zukunftsträchtiges Verfahren ist die Metallgewinnung mit Hilfe von Bakterien, und die mikrobielle ERZLAUGUNG wird in den USA bereits im großen Ausmaß angewendet; mehr als 10 % des insgesamt erzeugten Kupfers sollen dort durch mikrobielle Laugung gewonnen werden (Abb. 8.9). In den Kupferminen entstehen riesige Halden von Abraum, aus dem sich eine bergmännische Gewinnung der geringen Kupfermengen nicht lohnt. Hier entpuppen sich Bakterien der Gattung *THIOBACILLUS* als winzige, hilfsbereite Bergleute. Sie fühlen sich gerade auf solchem sulfidischen Gestein besonders wohl, wo andere Bakterien kaum geeignete Lebensräume finden.

Einer dieser Bazillen bezieht seine Energie für das Wachstum aus der Oxidation von Schwefel und von Eisen – daher auch sein Name *Thiobacillus ferrooxidans*. Das oxidierte (Ferri-) Eisen ist in der Lage, sulfidische Kupferverbindungen in lösliches Kupfersulfat zu überführen. Die dazu erforderliche Schwefelsäure macht der Bazillus aus Schwefel, wobei es ihn überhaupt nicht stört, wenn die Lösung stark sauer wird. Den Kohlenstoff für seine Zellvermehrung nimmt er übrigens aus Kohlendioxid bzw. aus dem gelösten Carbonat (er gehört zu den AUTOTROPHEN Bakterien). Um aus den Millionen Tonnen Abraum die geringen Kupfermengen zu gewinnen, wird der obere Rand der Halden mit angesäuertem Wasser geflutet. Das Wasser sickert durch die Halden, die Bakterien vermehren sich darin

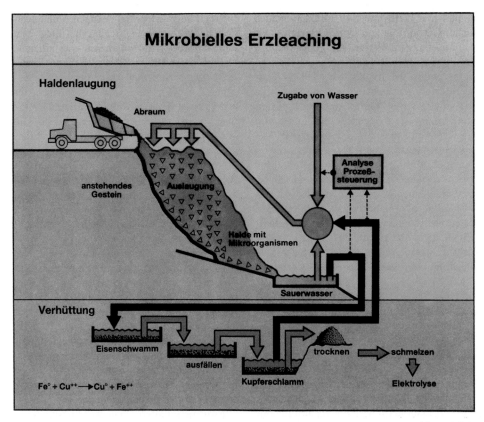

Mikrobielles Erzleaching

Haldenlaugung

Zugabe von Wasser

Abraum

anstehendes Gestein

Auslaugung

Analyse Prozeß- steuerung

Halde mit Mikroorganismen

Sauerwasser

Verhüttung

Eisenschwamm

ausfällen

trocknen ⇒ schmelzen

Kupferschlamm

Elektrolyse

$Fe° + Cu^{++} \rightarrow Cu° + Fe^{++}$

Abb. 8.9. Laugung einer Erzhalde (schematisch). Die Halde wird mit Wasser berieselt, das *Thiobacilli* enthält und mit Sauerstoff und Kohlendioxid gesättigt ist. *Thiobacilli* oxidieren Sulfide und Schwefel zu Schwefelsäure. Sie wachsen und vermehren sich unter stark sauren Bedingungen. Letztlich entsteht eine verdünnte Sulfatlösung, aus der das Metall abgetrennt werden kann. Derzeit gewinnt man auf diese Weise nur Kupfer und Uran, aber der dafür meistbenutzte Mikroorganismus, *Thiobacillus ferrooxidans*, kann auch Kobalt, Nickel, Zink und Blei aus Erzen lösen.

Das Metall kann direkt oder indirekt aus dem Erz gewonnen werden. Beim direkten Angriff auf Metallsulfide MS läuft folgende Reaktion ab: $MS + 2\,O_2 \rightarrow MSO_4$.

Bei der indirekten Reaktion wird Pyrit (FeS_2) zu Eisensulfat und Schwefelsäure oxidiert; das Eisensulfat oxidiert dann seinerseits das Metallsulfid:

$$2\,FeS_2 + 7\,O_2 + 2\,H_2O \rightarrow 2\,FeSO_4 + 2\,H_2SO_4$$

$$4\,FeSO_4 + O_2 + 2\,H_2SO_4 \rightarrow 2\,Fe_2(SO_4)_3 + 2\,H_2O$$

$$CuS + Fe_2(SO_4)_3 \rightarrow CuSO_4 + 2\,FeSO_4 + S$$

und produzieren eine Kupfersulfatlösung, die am Fuß der Halden zur Weiterverarbeitung in Sammelbecken aufgefangen wird. Daß die Bakterien dabei tatsächlich tätig sind, merkt man an der Wärmebildung, durch die die Temperatur stellenweise bis auf 80 °C ansteigen kann (sog. „hot spots"), was selbst diesen hartgesottenen Bazillen zu warm ist. Die Gewinnung des Kupfers in der sog. Ze-

mentationsanlage ist dann ein rein chemischer Prozeß; durch Zugabe von Eisenschrott fällt metallisches Kupfer als ein Schlamm an, während dafür Eisensulfat in Lösung geht. Die entkupferte Laugenflüssigkeit, die noch Schwefelsäure und zweiwertiges Eisen enthält, wird dann erneut mit Sprinklern auf die Halden versprüht.

In ähnlicher Weise lassen sich Bakterien auch für die Gewinnung von *Uran* einsetzen sowie von *Zink* aus Zinkblende (ZnS) oder von *Blei* aus Bleiglanz (PbS). Laugungsaktive Bakterien lösen auch bereitwillig Schwefel aus *Kohle* heraus, und hier zeichnet sich ein Verfahren ab, schwefelhaltige Kohle vor ihrer Verbrennung mikrobiell zu entschwefeln und damit umweltfreundlicher zu machen. In den USA gibt es ausgedehnte Sulfidlagerstätten, die im Durchschnitt 0,2 % *Nickel* enthalten. Man spricht von 7 Mrd. t Gestein, und das Nickel darin stellt einen Marktwert von 60 Mrd. US-Dollar dar, aber die Lager werden nicht angetastet, weil die Gewinnung zu unwirtschaftlich und die Auswirkungen auf die Umwelt nicht zu verantworten wären. Mit der Entwicklung der Methoden des *Biobergbaus* könnte es eines Tages möglich werden, nicht nur einen Teil des Nickels, sondern auch noch etwa 0,2 Mio. t *Kobalt* daraus zu gewinnen.

Zusammenfassung

Mit fortschreitender Industrialisierung, zunehmender Bevölkerungsdichte und steigendem Lebensstandard wird die Versorgung mit sauberem Wasser zu einer Existenzfrage unserer Gesellschaft. Da die natürlich ablaufenden Reinigungsprozesse der Flüsse und Seen schon lange nicht mehr ausreichen, müssen wir die biologischen Abbauvorgänge in Kläranlagen verlegen, in denen die Mikroorganismen ihre Arbeit unter optimalen Bedingungen verrichten können. Der Verschmutzungsgrad des Abwassers wird durch die Menge an Sauerstoff angegeben, die von den Mikroorganismen für den Abbau innerhalb von 5 Tagen verzehrt wird (BSB$_5$). Für die Bewertung nach dem Abwasser-Abgabengesetz wird der Sauerstoffbedarf auf chemischem Weg bestimmt (CSB) und die Verschmutzung in Schadeinheiten festgelegt. Diese stellen die Grundlage für die Bemessung der Abgaben dar. In den herkömmlichen Kläranlagen erfolgt der *aerobe Abbau* in flachen Becken mit Oberflächen- oder Volumenbelüftern. Moderne Anlagen arbeiten in hohen, geschlossenen Behältern (integrierte Hochbauweise) mit einer sehr viel effizienteren Sauerstoffnutzung und hohen Abbauleistungen. Problematisch ist der bei den aeroben Prozessen anfallende Klärschlamm, der erst nach geeigneter Konditionierung deponiert oder verbrannt werden kann. Die *anaerobe Behandlung* von Abwässern hat den großen Vorteil, daß sehr viel geringere Mengen Schlamm anfallen und daß außerdem Biogas entsteht, welches für Heizzwecke oder zur Stromerzeugung genutzt werden kann. Der anaerobe Abbau ist das Ergebnis eines symbiontischen Zusammenspiels einer angepaßten Mischpopulation von verschiedenen Bakterienarten. In einigen Anlagen mit Modellcharakter werden bereits hochbelastete Abwässer der Lebensmittelindustrie mit sehr gutem Erfolg nach anaeroben Verfahren abgebaut und anschließend in einer Belebtschlammstufe weiter gereinigt. Für die biologische Abgasreinigung verwendet man Biowäscher, in denen die Mikroorganismen in der flüssigen Phase suspendiert sind oder Biobeete aus locker aufgeschichteten, grobfaserigen Materialien, an denen die aktiven Organismen haften. Erst am Anfang ihrer Entwicklung befindet sich die mikrobielle Bodensanierung. Anstelle der sehr kostenintensiven Behandlung der ausgehobenen, kontaminierten Böden in separaten Anlagen, versucht man, geeignete Mikroorganismenkulturen zusammen mit Nährstoffen und Tensiden in die belasteten Böden einzubringen und durch Luftzuführungsrohre mit Sauerstoff zu versorgen. Deponien können heute kaum mehr erweitert oder neu eingerichtet werden, so daß auch die Kompostierung von organischen Reststoffen an Bedeutung gewinnen wird, die in Mieten oder Rottezellen unter kontrollierten Betriebsbedingungen wesentlich beschleunigt werden kann. Schließlich können Mikroorganismen auch bei der Erzlaugung zur wirtschaftlichen Gewinnung von Metallen aus Abraumhalden oder armen Erzen wertvolle Dienste leisten.

9 Ohne Gene geht gar nichts

ESCHERICHIA COLI ist ein Bakterium, das in großen Mengen die Verdauungsorgane von Menschen und Tieren bevölkert und beim Abbau der Nahrung hilft. Entdeckt wurde es von dem Wiener Kinderarzt Theodor Escherich, und 1922 wurde der Stamm *E. coli* K12 isoliert, der im Darm nicht mehr lebensfähig ist, sondern nur noch auf einer bestimmten Nährlösung wachsen kann. Beim Experimentieren mit diesem „verkrüppelten Laborbakterium" besteht für die Wissenschaftler fast keine Gefahr mehr, daß sie sich versehentlich infizieren und dadurch erkranken. So gilt heute *E. coli* als einer der am besten untersuchten Organismen und als Haustierchen der Genetiker, an dem die meisten Erkenntnisse über die molekulargenetischen Zusammenhänge gewonnen werden konnten.

Eine *E. coli*-Zelle ist etwa 2 μm (2 Tausendstel Millimeter) lang und etwa halb so dick im Durchmesser (Abb. 9.1). Man braucht schon ein gutes Elektronenmikroskop, um sehen zu können, was in der Zelle ist. Da fällt vor allem ein großes Fadenknäuel auf, das im CYTOSOL (dem Zellsaft) schwebt. Wenn wir den Faden auseinanderdröseln könnten, würden wir feststellen, daß er ringförmig geschlossen ist, eine Dicke von 2 nm (2 Millionstel Millimeter) hat, aber eine Länge von 1,4 mm, also 1500mal länger als das Bakterium selbst. Dieser Faden besteht aus zwei umeinander verdrillten Einzelfäden und muß schon recht dicht zusammengeknäuelt sein, um überhaupt in die Zelle hineinzupassen. Dieses Fadenmolekül ist der Träger aller ERBINFORMATIONEN des Bakteriums, die fein säuberlich nebeneinander auf diesem Faden gespeichert sind, so ähnlich wie die Zeichen einer Nachricht auf einem Lochstreifen (vergl. a. Abb. 1.8, Seite 11). Wir nennen dieses Molekül *Desoxyribonucleinsäure* und kürzen es international mit DNA ab (weil „Säure" im Englischen „acid" heißt).

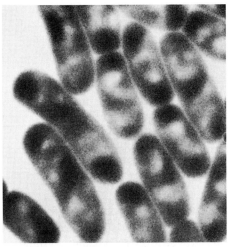

Abb. 9.1. Elektronenmikroskopische Aufnahme von *Escherichia-coli*-Zellen in 12000facher Vergrößerung. Die hellen Bereiche in den Bakterien lassen die Konzentrierung von DNA (entsprechend dem Chromosom) erkennen

Das chemische Bauprinzip der DNA muß kurz erläutert werden, um seine Funktionen verstehen zu können (Abb. 9.2). Die Grundbausteine der DNA sind die NUCLEOTIDE, diese bestehen selbst wieder aus drei Komponenten, einem Zuckermolekül (*2-Desoxyribose*), an dessen einer Seite ein Molekül Phosphorsäure hängt und an der anderen Seite ein ringförmiges Molekül mit Stickstoffatomen. Von diesen Ringen (der Chemiker sagt dazu „heterocyclische BASEN") gibt es in der DNA vier verschiedene; sie heißen Adenin, Guanin, Cytosin und Thymin und werden der Einfachheit halber mit A, G, C und T abgekürzt. Die Nucleotide sind im DNA-Molekül in sehr großer Zahl so miteinander verbunden, daß

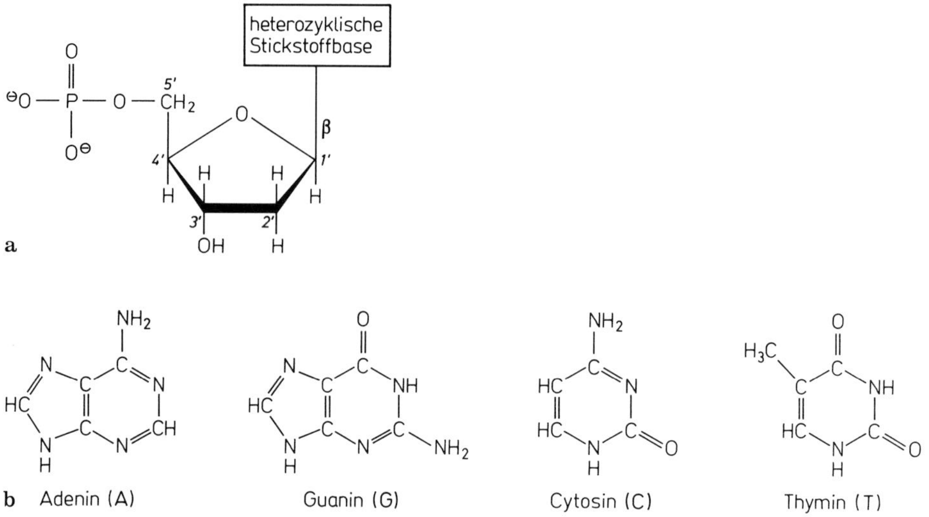

b   Adenin (A)   Guanin (G)   Cytosin (C)   Thymin (T)

Abb. 9.2. Struktur der DNA-Nucleotide. Die Nucleotideinheiten der DNA bestehen aus einem Molekül 2′-Desoxy-D-ribose, einer 5′-Phosphatgruppe sowie einer heterozyklischen Stickstoffbase Adenin A, Guanin G, Cytosin C oder Thymin T. A und G gehören zu den Purinen, C und T zu den Pyrimidinen

eine fortlaufende Zucker-Phosphat-Kette entsteht (je zwei Zucker sind miteinander durch eine PHOSPHODIESTER-Bindung verknüpft), an deren Seite sich die Basen A, G, C und T befinden (Abb. 9.3). Ein solches Einzelfadenmolekül wäre allerdings recht instabil, es könnte zerbrechen und würde sich leicht verheddern. Deshalb sind im DNA-Molekül gleich zwei solcher Einzelfäden wie bei einer Wendeltreppe verdrillt und bilden eine DOPPELHELIX (s. Abb. 9.4).

Die Wangen dieser Wendeltreppe werden von den Zucker-Phosphat-Ketten gebildet und die Treppenstufen stellen die vier Basen dar, von denen sich jeweils zwei bestimmte (ein sog. BASENPAAR) auf einer Treppenstufe gegenüberstehen. Die Basen sind dadurch im Inneren der Doppelhelix verborgen und die zwischen ihnen wirkenden schwachen Bindungskräfte (WASSERSTOFFBRÜCKEN-BINDUNGEN) sorgen hauptsächlich für die Stabilität der Doppelhelix. Auf eine weitere, wichtige Funktion der Basenpaare kommen wir weiter unten noch zu sprechen.

Die Aufeinanderfolge der vier Nucleotide (die *Nucleotidsequenz*) in diesem Riesenmolekül ist nun als ein Informationsspeicher zu verstehen, so wie die 26 Buchstaben des Alphabets zu Wörtern und Sätzen aneinandergereiht schließlich eine ganze Enzyklopädie ergeben können. Nur muß die genetische Schrift eben mit nur vier Buchstaben auskommen. Jetzt wird auch klar, warum DNA-Moleküle so riesig lang sein müssen, sie sollen ja die gesamte Erbinformation des Bakteriums speichern können, und das nennt man ein GENOM. Das Wunderbare dabei ist, daß sich dieses Prinzip durch die gesamte belebte Natur zieht und alle Erbinformationen, ob bei *E. coli*, bei Pflanzen oder beim Menschen, auf DNA-Molekülen in der selben Vier-Buchstaben-Schrift gespeichert sind – zum großen Glück für die Wissenschaftler, die den Geheimnissen der Genetik auf die Spur kommen wollen. Lediglich einige RNA-VIREN machen hierbei eine Ausnahme.

Wenn das Genom eines jeden Organismus aus DNA besteht, ist klar, daß Länge und Zahl der DNA-Moleküle um so größer sein müssen, je komplizierter ein Organismus ist. So kommt *E. coli* mit einem einzigen DNA-Molekül aus, und das ist sein CHROMOSOM. Es enthält mehr als 8 Millionen Nucleotide (4 Mio. auf jedem Strang). Das ergibt ein „Molekular-

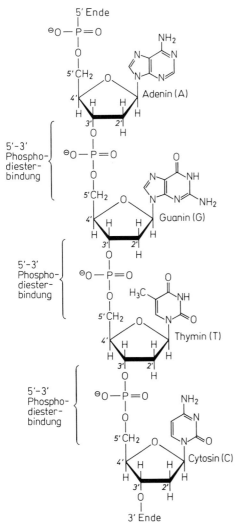

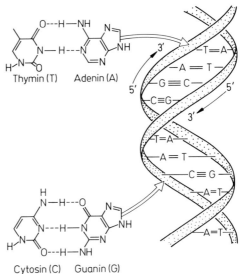

Abb. 9.4. Doppelhelixstruktur der DNA. Der Ausschnitt aus einem DNA-Molekül zeigt die gewundene Doppelhelix, deren Einzelstränge durch Wasserstoffbrücken der Nucleotidbasen verknüpft sind (s. auch Kap. 1, Abb. 1.8).

Abb. 9.3. Struktur einer Polynucleotidkette der DNA. Die Positionen 3′ und 5′ zweier Nucleotide sind über die Phosphorsäure esterartig miteinander verknüpft. Die Enden der Kette tragen eine freie 5′- bzw. 3′-Endgruppe. Die Vorwärtsrichtung einer Polynucleotidkette verläuft vom 5′-Ende zum 3′-Ende der Kette

gewicht" von etwa 2,2 Milliarden! Sein Informationsgehalt entspricht dem eines stattlichen Lehrbuches von 1000 Seiten. Das Genom des Menschen ist in einem ganzen Satz von 46 Chromosomen organisiert, besteht aus schätzungsweise 3 Mrd. Nucleotidpaaren

und entspricht somit schon einer kleinen Bibliothek von 1000 Bänden.

Die genetische Information wäre nutzlos, wenn sie nicht weitergegeben werden könnte. Mit jeder Zellteilung muß das Bakterium die Tochterzellen mit der gleichen Erbinformation ausstatten, und in der Zelle muß die Information als Bauanleitung benutzt werden können für die Bildung von mindestens 2000 verschiedenen ENZYMEN und anderen PROTEINEN für den Aufbau der Zelle. Das alles muß mit größter Präzision ablaufen, denn Kopierfehler im Erbgut wie auch Beschädigungen der DNA durch äußere Einflüsse könnten verheerende Folgen für die Zelle haben. Hier erweist sich nun die DOPPELHELIX als eine geniale Erfindung der Natur. Es können nämlich nicht beliebige Paare von Basen auf einer Treppenstufe liegen, sondern nur zwei bestimmte, sog. KOMPLEMENTÄRE BASENPAARE. Diese sind die Paare A–T (bzw. T–A) und G–C (bzw. C–G). Der Grund ist der, daß nur zwischen diesen Basenpaaren wirkungsvolle WASSERSTOFFBRÜCKEN gebil-

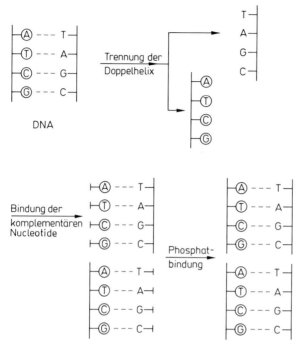

Abb. 9.5. Vereinfachtes Replikationsschema der DNA. Die DNA ist imstande, sich durch Öffnen der Wasserstoffbrücken zwischen den Basenpaaren der beiden Polynucleotidketten zu verdoppeln. Die getrennten DNA-Einzelstränge binden komplementäre Nucleotide, die durch Phosphatbindungen untereinander verknüpft werden. Es entsteht eine verdoppelte DNA nach obigem einfachen Schema

det werden können (s. Abb. 9.4). Unter Beachtung dieser Spielregeln stehen sich aber die Nucleotidsequenzen in den beiden Strängen sozusagen wie Positiv und Negativ gegenüber, und durch die Sequenz im einen Strang ist zugleich die Nucleotidfolge im anderen Strang eindeutig festgelegt. Die Sequenzen der beiden Stränge sind nicht identisch und außerdem verlaufen sie in entgegengesetzten Richtungen: wir sagen, sie sind zueinander „komplementär", z.B.:

–A–T–T–G–C–A–C–G–G→
←T–A–A–C–G–T–G–C–C–

Der Vorteil dieser komplementären Nucleotidsequenzen wird sofort augenfällig: Stellen wir uns vor, ein oder mehrere Nucleotide auf einem Strang würden beschädigt, z.B. durch UV-Strahlen oder durch ein chemisches

Agens (ein MUTAGEN). Wenn nun mit Hilfe eines bestimmten Enzyms die fehlerhafte Nucleotidsequenz herausgeschnitten wird, dann ist immerhin die Information auf dem anderen Strang noch erhalten. Es können dann nach dem Prinzip der komplementären Basenpaarung die fehlenden Nucleotide wieder eingesetzt, die Lücken verklebt und der Schaden somit behoben werden. Es gibt tatsächlich mehrere solcher *Reparaturenzyme* für die DNA (*in diesem Fall*, wo etwas herausgeschnitten wird, heißt der Vorgang EXCISIONSREPARATUR), und sie sind für die genetische Stabilität der Organismen von großer Bedeutung.

Komplementäre Basenpaare sind auch die Grundlage für die DNA-Verdopplung (REPLIKATION), die jeder Zellteilung vorausgehen muß (Abb. 9.5). Dabei wird der Doppelstrang von einem Ende her aufgezwirbelt. Das

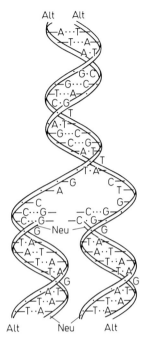

Abb. 9.6. Identische Replikation der DNA

Enzym (DNA-POLYMERASE) sorgt dafür, daß jeder elterliche Einzelstrang als eine Matrize dient und die entsprechenden, komplentären Nucleotide eingesetzt und miteinander verknüpft werden (s. Abb. 9.6). Wenn so die Doppelhelix wie ein Reißverschluß durchlaufen wurde, liegen zwei (theoretisch) völlig identische DNA-Moleküle vor. Auf diese Weise wird dafür gesorgt, daß auch die Zellen der Nachfolgegenerationen mit den richtigen Bauanleitungen für die Zellproteine versorgt werden.

Die Anleitung für ein einzelnes Protein nennt man ein GEN, und auf der DNA (dem Genom) sind die einzelnen Gene linear hintereinander angeordnet. Allerdings gibt es da nicht nur Strukturanleitungen für einzelne Proteine (STRUKTURGENE), sondern dazwischen auch DNA-Abschnitte, die ausschließlich *Regulationsfunktionen* haben, z.B. zum Auffinden einer bestimmten Seite in dem tausendseitigen Buch. Das wird uns aber später nochmals beschäftigen. Ist nun ein bestimmtes Strukturgen aufgerufen worden, dann wird davon

zunächst eine Arbeitskopie hergestellt. Der Sinn ist klar: wie im Produktionsbetrieb einer Maschinenfabrik bleiben die Originalpläne wohlverwahrt in der Zentrale, und an die einzelnen Arbeitsplätze werden nur Kopien ausgegeben, die bei Beschädigung leicht wieder zu ersetzen sind. Die Arbeitskopie ist eine einsträngige *Ribonucleinsäure* (abgekürzt RNA), deren Nucleotidsequenz komplementär ist zu einem der DNA-Stränge (dem Lesestrang). Diese Überschreibung von der DNA- in eine RNA-Sequenz wird als TRANSKRIPTION bezeichnet (Abb. 9.7).

RNA ist ganz ähnlich aufgebaut wie ein DNA-Einzelstrang, sie enthält nur einen anderen Zucker (Ribose statt Desoxyribose). Außerdem kommt in der RNA im allgemeinen kein Thymin vor, seine Stelle wird von der Base URACIL (abgek. U) übernommen, die genau wie Thymin mit Adenin Basenpaare (A–U) bildet. Diese RNA trägt jetzt ihre Information zu den Eiweiß-Synthese-Fabriken, den RIBOSOMEN. Aufgrund dieser Botenfunktion wird sie als *Boten-RNA* (engl. messenger RNA, mRNA) bezeichnet. Sie ist in der Lage, die Ribosomen zu programmieren, d.h. zu veranlassen, ein bestimmtes Protein zu synthetisieren. Dazu müssen die richtigen Aminosäuren (jeweils eine von 20 möglichen) zu einer POLYPEPTID-Kette zusammengebaut werden. Der Prozeß ähnelt der Übersetzung eines Textes von einer Sprache (mit 4 Nucleotiden) in eine andere (mit 20 Aminosäuren) und wird daher als TRANSLATION bezeichnet (Abb. 9.8).

Die Ribosomen sind kleine, kugelige Gebilde, und mit dem Elektronenmikroskop kann man mehrere tausend Ribosomen im Cytoplasma einer *E. coli*-Zelle erkennen. Sie fangen sich jeweils ein Molekül einer Boten-RNA ein und erhalten damit ihre Anleitung für den Zusammenbau eines Protein-Moleküls. Dazu fehlen nun noch die Bausteine, die Aminosäuren. Sie werden von einer anderen Sorte von kleinen RNA-Molekülen herangeschleppt, die man als *Transfer-RNA* (tRNA) bezeichnet, jede Aminosäure von einem bestimmten tRNA-Molekül. Die Einzelstrangmoleküle der tRNAs sind in sich zurückgefaltet und bilden an einer Stelle eine hervorstehende Schleife aus drei bestimmten

Wanderungsrichtung der RNA-Polymerase von links nach rechts.

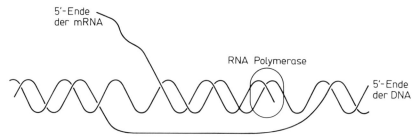

Abb. 9.7. Transkription (vereinfacht). Zu Beginn dreht das Enzym RNA-Polymerase einige Windungen weit die Stränge der Doppelhelix auseinander und legt so eine kurze Strecke einsträngiger DNA frei. Dieses Stück dient als Matrize für komplementäre Basenpaarung mit ankommenden Ribonucleotiden. Zwei dieser Ribonucleotide verbinden sich schließlich und bilden den Beginn der mRNA-Kette. Das Enzym bewegt sich an dem DNA-Einzelstrang entlang und verlängert die dabei wachsende mRNA-Kette in der 5'→3'-Richtung um jeweils ein Nucleotid. Während dieses Vorgangs ist immer ein Stück mRNA-DNA-Doppelhelix vorhanden.

Da die DNA-DNA-Doppelhelix stabiler ist, schließt sie sich nach kurzer Zeit wieder und verdrängt die mRNA-Kette. Anfang (Promoterstelle) und Ende (Terminationsstelle) der mRNA-Synthese werden durch spezifische DNA-Sequenzen festgelegt (s. Abb. 9.11). Der Promoter ist so orientiert, daß er die RNA-Polymerase in eine bestimmte Richtung losschickt, eine codierte genetische Region zu kopieren. Damit ist automatisch festgelegt, welcher Strang abgelesen wird.

Die genetische Information einer DNA-Sequenz wird in mRNA umgeschrieben.

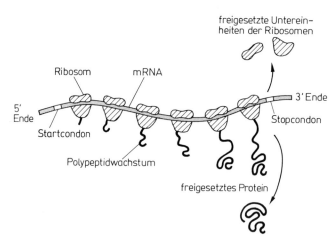

Abb. 9.8. Proteinsynthese an den Ribosomen. Bei dieser Translation wird die Nucleotidsequenz der Boten-RNA (mRNA) in die Aminosäuresequenz des zugehörigen Proteins übersetzt. Die aus zwei Untereinheiten bestehenden Ribosomen binden sich an das 5'-Ende der mRNA und bewegen sich an diesem Molekül entlang, wobei jeweils drei aufeinanderfolgende Nucleotide (ein Triplett) abgelesen und die

dazu passende Aminosäure an die wachsende Polypeptidkette angehängt wird. Ein Stopcodon signalisiert das Ende der Translation, die Polypeptidkette wird freigesetzt und das Ribosom kann für die nächste Ableserunde verwendet werden. An einem mRNA-Molekül können gleichzeitig mehrere Ribosomen entlangwandern und einen solchen Komplex nennt man „Polysom"

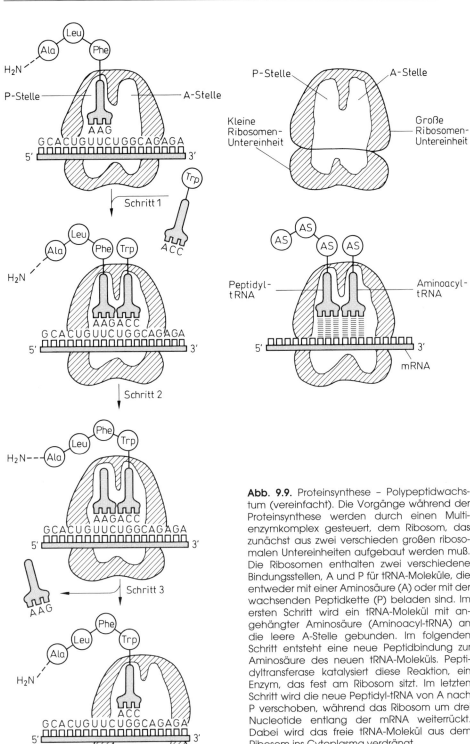

Abb. 9.9. Proteinsynthese – Polypeptidwachstum (vereinfacht). Die Vorgänge während der Proteinsynthese werden durch einen Multienzymkomplex gesteuert, dem Ribosom, das zunächst aus zwei verschieden großen ribosomalen Untereinheiten aufgebaut werden muß. Die Ribosomen enthalten zwei verschiedene Bindungsstellen, A und P für tRNA-Moleküle, die entweder mit einer Aminosäure (A) oder mit der wachsenden Peptidkette (P) beladen sind. Im ersten Schritt wird ein tRNA-Molekül mit angehängter Aminosäure (Aminoacyl-tRNA) an die leere A-Stelle gebunden. Im folgenden Schritt entsteht eine neue Peptidbindung zur Aminosäure des neuen tRNA-Moleküls. Peptidyltransferase katalysiert diese Reaktion, ein Enzym, das fest am Ribosom sitzt. Im letzten Schritt wird die neue Peptidyl-tRNA von A nach P verschoben, während das Ribosom um drei Nucleotide entlang der mRNA weiterrückt. Dabei wird das freie tRNA-Molekül aus dem Ribosom ins Cytoplasma verdrängt.

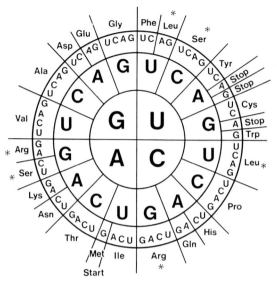

Abb. 9.10. Genetischer Code. Die Leserichtung der Condons geht von innen nach außen. Aminosäuren mit * sind durch sechs Condons spezifiziert. In der gewählten Darstellung werden als Nucleoside die RNA-Bausteine benutzt, da die mRNA als Matrize zur Proteinsynthese dient. Würde man die DNA-Symbolik bevorzugen, müßte nur Uridin (U) durch Thymidin (T) ersetzt werden.

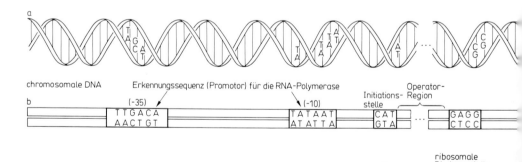

Abb. 9.11. Informationsübertragung in einer Bakterienzelle. Die DNA-Doppelhelix (a) ist in (b) als linearer Informationsträger dargestellt. Er enthält nicht nur den Bauplan für die Proteinkette (das Strukturgen) sondern noch eine Reihe weiterer Nucleotidfolgen mit regulatorischen Funktionen. Das Enzym RNA-Polymerase heftet sich an eine Promoter-Region und beginnt die Synthese der mRNA (c) an einer danebenliegenden Initiations-Stelle (Transkription). Hinter

Nucleotiden (das sog. *Anticodon*). Mit ihrer Hilfe erfolgt die Zuordnung zu einem komplementären Nucleotid-Triplett auf der mRNA, wiederum aufgrund der bereits erwähnten spezifischen Basenpaarungen (Abb. 9.9).

Die Nucleotid-Sequenz der mRNA wird also am Ribosom in Dreiergruppen abgelesen und immer, wenn in diesem LESERASTER ein Triplett auftaucht, setzt sich die dazu passende tRNA dort hin und liefert ihre mitgebrachte AMINOSÄURE an die wachsende Proteinkette ab. Am Ende der Information steht ein Triplett, für welches keine Aminosäure eingebaut wird (ein *„Nonsens-Triplett"*). Dieses ist das Zeichen für die Beendigung der Synthese, und das fertige Protein wird vom Ribosom freigegeben. Schon während des Synthesevorgangs beginnt das PROTEIN, sich in seine richtige Raumordnung hineinzufalten, so daß es, wenn es sich z.B. um ein Enzym handelt, eine Art Furche oder Tasche in seiner Raumstruktur ausbildet, in der das SUBSTRAT-Molekül spezifisch gebunden und umgewandelt werden kann.

Der Translationsprozeß, der in allen Organismen in der Natur nach diesem Schema abläuft, wurde Anfang der Sechziger Jahre zum erstenmal mit Hilfe von isolierten Zellbestandteilen im Reagenzglas nachvollzogen, und damit konnte man an die Entschlüsselung des GENETISCHEN CODES gehen, nämlich an die Frage, welches Nucleotidtriplett auf der Boten-RNA für den Einbau einer bestimmten Aminosäure zuständig ist. Man brauchte nur dem *„zellfreien System"* eine chemisch synthetisierte mRNA zuzugeben und nachzuschauen, welche (radioaktiv markierte) Aminosäure aus dem Cocktail der 20 angebotenen Aminosäuren eingebaut wurde. Polyuridylsäure z.B., in der nur das Triplett UUU anzutreffen ist, führte zum Einbau der Aminosäure Phenylalanin (Phe), und damit war das erste Triplett zugeordnet. Der gesamte, heute bekannte genetische Code kann in Form einer Kreisscheibe dargestellt werden (Abb. 9.10): Der erste Buchstabe steht innen, der zweite im mittleren und der dritte im äußeren Kreis. Es zeigt sich, daß einige Aminosäuren zwei CODONS benutzen (z.B. Cystein: UGU und UGC), andere vier Codons und einige sogar sechs (z.B. die Aminosäure Arginin: CGU, CGC, CGA, CGG, AGA und AGG). Das Triplett AUG ist das

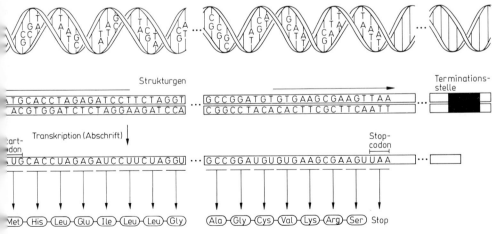

Startcodon, es signalisiert, wo mit der Ablesung begonnen werden soll und sorgt gleichzeitig für den Einbau der Aminosäure *Methionin*. Dadurch kommt die Transkription auch in den richtigen LESERASTER. Die Information des Strukturgens wird so lange abgelesen und übersetzt, bis ein *Stopcodon* im Leseraster erscheint, das ist eines der drei Nonsens-Codons UAA, UAG oder UGA. Damit ist es auch möglich, aus der bekannten Nucleotidsequenz einer mRNA oder auch des codierenden Stranges einer DNA-Doppelhelix eindeutig die Aminosäureabfolge (die sog. *Primärstruktur*) des zugehörigen Proteins abzuleiten; oder anders ausgedrückt: Wenn es gelänge, eine bestimmte DNA- oder RNA-Sequenz chemisch herzustellen, könnte man einem Organismus diese Information „unterschieben" und prinzipiell erwarten, daß das entsprechende Protein gebildet wird.

Wie die Abb. 9.11 zeigt, muß das Enzym RNA-POLYMERASE, das die Überschreibung der DNA- in die mRNA-Sequenz besorgt, zuerst eine bestimmte Stelle, die sog. PROMOTOR-Region, auffinden. Je leichter sich das Enzym an diesen Promotor anheften kann, desto ergiebiger verläuft die mRNA-Bildung und damit auch die Synthese des Proteins, und ein effektiver Promotor ist somit auch bei Arbeiten mit genetisch veränderten Mikroorganismen für den Erfolg entscheidend. Implantierte Fremdgene werden nur dann in Protein übersetzt, wenn die Promotoren und die ribosomalen Bindungsstellen von Wirts- und Spenderorganismus einander hinreichend ähnlich sind. Etwa 10 Basenpaare vom Promotor entfernt (s. Abb.) befindet sich die *Initiationsstelle*, eine Reihe von Nucleotiden, die den eigentlichen Beginn für das Abschreiben der mRNA bestimmen. Mit Hilfe der folgenden OPERATOR-Region kann die Ablesung der zugehörigen Strukturgene je nach Bedarf an- oder abgeschaltet werden. Die ersten Nucleotide der Boten-RNA sind dann für die Bindung an das Ribosom erforderlich, und schließlich folgt die Übersetzung des Strukturgens, beginnend mit dem Startcodon, bis zum ersten Stopcodon.

Das geschilderte Prinzip der Informationsübertragung wird von allen Lebwesen benutzt – von den Bakterien bis zu den höchst entwickelten Organismen –, und der genetische Code gilt universell für alle. Dennoch existieren bestimmte Unterschiede zwischen Bakterien (den PROKARYONTEN) und EUKARYONTEN (das sind alle höheren Organismen von den Pilzen bis zu den Säugetieren), von denen hier nur einer besprochen werden soll. Prokaryontische Zellen besitzen nur eine „nackte" DNA im Cytoplasma, hingegen ist die DNA in den Eukaryonten von Proteinen umgeben und auf verschiedene CHROMOSOMEN verteilt, die sich alle im Zellkern befinden. Dieser ist durch eine Kernmembran vom umgebenden CYTOPLASMA abgegrenzt. Das muß unter anderem deshalb so sein, weil die Strukturgene der eukaryontischen DNA oftmals gestückelt sind (MOSAIKGENE), d. h., im Gen sind codierende Sequenzen (sie werden als EXONS bezeichnet) von nichtcodierenden Abschnitten (den INTRONS) abwechselnd unterbrochen (Abb. 9.12). Wozu diese Stückelung dient, weiß man nicht genau, jedenfalls wird bei der Transkription zunächst das gesamte Strukturgen mit Exons und Introns in eine *mRNA-Vorstufe* überschrieben. Erst in einem getrennten Vorgang, den man als SPLEISSEN der RNA bezeichnet, werden noch im Zellkern die Introns herausgeschnitten und die Exons in der richtigen Anordnung zusammengefügt, bevor die „reife" mRNA ins Cytoplasma zu den Ribosomen entlassen wird. Mosaikgene kommen bei Pilzen nur gelegentlich vor, bei höheren Organismen sind sie fast die Regel, und Bakterien verfügen nicht über die Enzyme, um Introns aus der mRNA-Vorstufe herauszuschneiden. Daher können Bakterien mit einem normalen eukaryontischen Mosaikgen nichts anfangen. Damit sind wir aber schon beim Thema der *„genetischen Rekombination"* angelangt, und wir wollen uns die hierbei verwendeten Methoden anschauen.

Zunächst muß nachgetragen werden, daß viele BAKTERIEN und einige HEFEN außer ihrer chromosomalen DNA noch weitere genetische Elemente besitzen, die man als PLASMIDE bezeichnet. Dabei handelt es sich um kleine, ringförmig geschlossene DNA-Doppelstränge aus einigen tausend bis

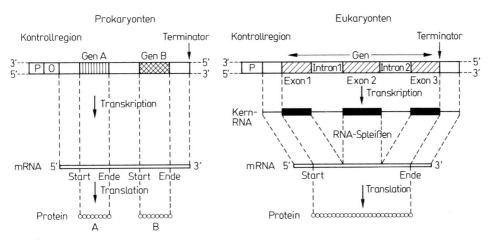

P.... Promotor
O.... Operator

Abb. 9.12. Geneexpression bei Eukaryonten und Prokaryonten. Die Informationsübertragung von der DNA zum Protein findet über die mRNA statt. In prokaryontischen Zellen ist der Vorgang einfacher. Bei den Eukaryonten sind die codie-renden Regionen (Exons) durch nichtcodieren-de Regionen (Introns) voneinander getrennt. Diese Intronsequenzen müssen vor der Transla-tion durch Spleißen der RNA entfernt werden

Tabelle 9.1. Plasmide und deren phänotypische Eigenschaften

Plasmid	Wirtsbakterium	Phänotypische Eigenschaften
R-Faktoren	E. coli, Salmonella	Antibiotikaresistenz
Co El	E. coli	Bakteriocinproduktion
Rb	Staphylokokken	Resistenz gegen Schwermetallionen
Ent	E. coli	Enterotoxin
Tol, Cam	Pseudomonas putida	Abbau von Toluol bzw. Campher

hunderttausend Basenpaaren, die sich im Bakterium selbständig vermehren und an die Tochterzellen weitergegeben werden können. Manchmal lassen sie sich sogar auf artfremde Bakterien übertragen. Diese Plasmide tragen oftmals Gene, die ihrem Wirtsbakterium besondere Eigenschaften verleihen, wie z.B. die Widerstandsfähigkeit gegen bestimmte ANTIBIOTIKA (RESISTENZ-Faktoren), oder die Fähigkeit, die höheren Kohlenwasserstoffe im Erdöl oder biologisch schwer verdaubare Verbindungen mit aromatischen Ringen abzubauen (Tab. 9.1). Da Plasmide sehr viel kleiner sind als die chromosomale DNA, ist es einfach, sie durch ULTRAZENTRIFUGATION aus einem Zellextrakt abzutrennen. Man kann die Plasmidringe sogar aufschneiden, ein Stück einer fremden DNA einschweißen und anschließend das Plasmid in einen anderen Wirtsorganismus einschleusen. Dieses ist die Grundlage für viele Gen-Verpflanzungen.

Das Aufschneiden der Plasmidringe (*Linearisieren*) gelingt mit besonderen Enzymen, den sog. RESTRIKTIONS-ENDONUCLEASEN, die in den Sechziger Jahren entdeckt wurden. Sie sind in der Lage, charakteristische, kurze Sequenzen von wenigen Basen auf DNA-Molekülen spezifisch zu erkennen und die DOPPELHELIX an diesen Stellen zu zerschneiden. Einige dieser Enzyme trennen die Doppelhelix glatt durch, (z.B. die Enzyme Hae III und Sma I, s. Tab. 9.2), andere zerschneiden

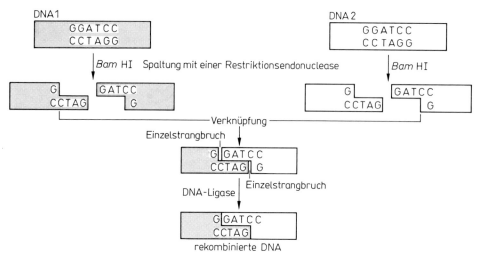

Abb. 9.13. Verknüpfung von DNA-Molekülen mit Hilfe kohäsiver Enden. Das Enzym *Bam*HI, eine Restriktionsendonuclease (Restriktase), schneidet die DNA-Doppelhelix an der Nucleotidfolge GGATCC auf. Viele Enzyme dieser Art schneiden die beiden Stränge der Doppelhelix um einige Basen versetzt und erzeugen so überstehende Einzelstränge. Diese bezeichnet man als klebrige Enden (*sticky ends* oder kohäsive Enden), weil die Basen der beiden DNA-Stränge komplementär zueinander sind. DNA-Fragmente mit den gleichen kohäsiven Enden können miteinander verknüpft werden. Um solche DNA-Fragmente herzustellen, muß man nur das selbe Restriktionsenzym für das Plasmid (DNA 1) und die fremde DNA 2 verwenden

die beiden Stränge um einige Basen versetzt und erzeugen dadurch überstehende Einzelstrangenden. Die Basen in diesen Enden sind einander komplementär und können sich daher leicht wieder aneinanderlagern. Sie werden auch als „klebrige Enden" (engl.

Tabelle 9.2. Die Erkennungssequenzen und die Spaltungsmuster einiger RESTRIKTIONSENDO-NUCLEASEN.

Enzym	Erkennungs-stelle	Spalt-produkte	
Eco RI	$\downarrow$ —GAATTC— —CTTAAG— $\uparrow$	—G —CTTAA	AATTC— G—
Hae III	$\downarrow$ —GGCC— —CCGG— $\uparrow$	—GG —CC	CC— GG—
Hind III	$\downarrow$ —AAGCTT— —TTCGAA— $\uparrow$	—A —TTCGA	AGCTT— A—
Sma I	$\downarrow$ —CCCGGG— —GGGCCC— $\uparrow$	—CCC —GGG	GGG— CCC—

sticky ends) bezeichnet (s. Abb. 9.13). Diese hochspezifischen *Enzymscheren* sind unentbehrliche Werkzeuge für den Genchirurgen. Mit ihnen können auch größere DNA-Moleküle in der gleichen Weise zerschnitten werden, und Zahl und Größe der Bruchstücke hängen davon ab, wie häufig die Restriktions-Sequenz in dem Molekül vorkommt. Nun werden die so erhaltenen Restriktionsfragmente der DNA und der Plasmide im Reagensglas gemischt und man kann mit einer gewissen, wenn auch nicht sehr großen statistischen Wahrscheinlichkeit erwarten, daß sie sich aufgrund ihrer klebrigen Enden spontan zusammenlagern. Die noch verbliebenen Bruchstellen im Rückgrat dieser REKOMBINANTEN DNA werden schließlich mit dem Enzym *DNA-Ligase* wieder verklebt. Diese Technik wird auch als „in vitro-Neukombination" bezeichnet (Abb. 9.14).

Das Problem besteht nun darin, unter den vielen rekombinierten DNA-Molekülen die plasmidhaltigen herauszufischen. Man verwendet daher für solche Versuche künstlich

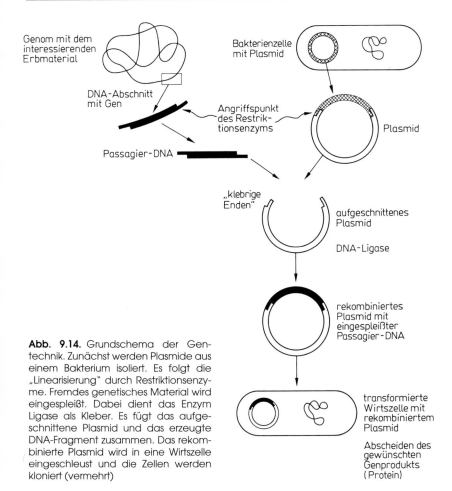

Genom mit dem interessierenden Erbmaterial

DNA-Abschnitt mit Gen

Angriffspunkt des Restriktionsenzyms

Passagier-DNA

Bakterienzelle mit Plasmid

Plasmid

„klebrige Enden"

aufgeschnittenes Plasmid

DNA-Ligase

rekombiniertes Plasmid mit eingespleißter Passagier-DNA

transformierte Wirtszelle mit rekombiniertem Plasmid

Abscheiden des gewünschten Genprodukts (Protein)

Abb. 9.14. Grundschema der Gentechnik. Zunächst werden Plasmide aus einem Bakterium isoliert. Es folgt die „Linearisierung" durch Restriktionsenzyme. Fremdes genetisches Material wird eingespleißt. Dabei dient das Enzym Ligase als Kleber. Es fügt das aufgeschnittene Plasmid und das erzeugte DNA-Fragment zusammen. Das rekombinierte Plasmid wird in eine Wirtszelle eingeschleust und die Zellen werden kloniert (vermehrt)

hergestellte Plasmide, die als sog. VEKTOREN ideal geeignet sind, z.B. das *Plasmid pBR 322* aus *Escherichia coli* (Abb. 9.15). Es besitzt für das Restriktionsenzym *Eco RI* gerade eine einzige Schnittstelle. Weiterhin trägt dieser Vektor genetische MARKER, die die Wiederauffindung des Plasmids sehr erleichtern. Die Marker sind Gene für die Resistenz gegen Antibiotika, einer gegen *Ampicillin* (Amp^R), der andere gegen *Tetracyclin* (Tet^R). Die Schnittstelle der Enzymschere BamHI, mit der Erkennungsstelle GGATCC liegt bei diesem Vektor in der Tet^R-Sequenz, so daß diese Resistenz durch die Enzymwirkung verlorengeht. Schließlich enthält der Vektor noch einen oder mehrere *Replikations-Startpunkte*

(engl. „ori"), die dafür sorgen, daß sich das Plasmid verdoppeln kann, wenn es in die dazu passende Wirtszelle eingeführt wird. Bakterien, die solche Plasmide aufgenommen haben (*transformierte Bakterien*), können dann leicht selektiert werden, indem man sie auf eine AGARPLATTE überimpft, die entweder eines oder beide Antibiotika enthält. Bakterien, die keinen Vektor abbekommen haben, können nicht wachsen; Bakterien, die den unveränderten Vektor enthalten, sind resistent gegen beide Antibiotika, und nur die Träger eines Vektors, der mit einem Stück Fremd-DNA rekombiniert wurde, erweisen sich als ampicillinresistent, aber empfindlich gegenüber Tetracyclin (Abb. 9.16). Dabei

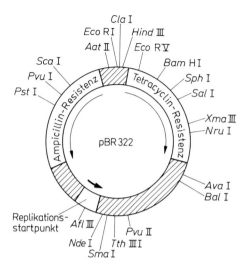

Abb. 9.15. pBR322 Plasmid als Klonierungsvektor. Die Spaltstellen für Restriktionsendonucleasen sind außen am Plasmid eingezeichnet. Die dünnen Pfeile bezeichnen die Transkriptionsrichtung für die beiden Antibiotika-Resistenzgene. Der dicke Pfeil gibt die Richtung der DNA-Replikation an. pBR322 ist ein geeigneter Vektor für die Klonierung in Escherichia coli

enthält. Hierzu haben die Genetiker verschiedene Möglichkeiten, von denen die wahrscheinlich wirksamste von einer *chemisch synthetisierten* DNA ausgeht. Praktisch werden dazu einzelne, kurze DNA-Stücke synthetisiert, die man anschließend miteinander verbindet und in einen geeigneten Vektor einbaut. Es gibt heute schon Syntheseautomaten, die diese Arbeit programmgesteuert ausführen. Voraussetzung ist allerdings, daß man die Aminosäuresequenz des gesuchten Proteins kennt. Auf diese Weise ist es bereits gelungen, das Gen für das menschliche WACHSTUMSHORMON (ein Polypeptid aus 191 Aminosäuren) synthetisch herzustellen und mit Hilfe eines Plasmidvehikels in ein Wirtsbakterium zu übertragen. Das synthetische Gen ist damit zum integralen Bestandteil der geneti-

Abb. 9.16. Selektierung von Klonen durch Insertionsinaktivierung. pBR322 besitzt Gene für die Resistenz gegen Ampicillin und Tetracyclin. Eine Insertion von DNA an der *Eco* RI-Restriktionsstelle verändert keines der Resistenzgene. Dagegen inaktiviert die Einfügung von DNA-Fragmenten an der Bam HI-Restriktionsstelle das Gen für die Tetracyclinresistenz. Man bezeichnet diesen Effekt als Insertionsinaktivierung. Zellen, die pBR322 mit DNA-Insertion an dieser Restriktionsstelle enthalten, sind resistent gegen Ampicillin (Amp^R), aber empfindlich gegenüber Tetracyclin (Tet^S). Sie können dadurch leicht selektiert werden. Zellen, die den Plasmidvektor nicht aufgenommen haben, sind empfindlich gegenüber beiden Antibiotika, wohingegen Zellen, die pBR322 ohne DNA-Insertion enthalten, gegen beide resistent sind. Zur Selektierung für Tet^S werden die Zelltransformationen mit Cycloserin und Tetracyclin versetzt. Die unerwünschten Amp^{R}Tet^R-Zellen beginnen ihr Wachstum, sterben aber durch Cycloserin ab, während das Wachstum der gesuchten Amp^{R}Tet^S-Zellen ruht. Durch Ausstreichen in ein ampicillinhaltiges Medium entstehen Kolonien von Amp^{R}Tet^S.
Bei der Screeningmethode für Tet^S werden die Transformationszellen zunächst in ein ampicillinhaltiges Medium eingebracht. Es erfolgt Wachstum und Ausbildung von zwei Zellarten, Amp^R-Tet^R und Amp^{R}Tet^S. Das entstandene Muster wird mit der Stempeltechnik auf eine tetracyclinhaltige Platte übertragen. Die Kolonien, die jetzt nicht weiterwachsen, enthalten Tet^S und können von der ampicillinhaltigen Platte isoliert werden

bedient man sich der sog. Stempeltechnik, wobei das Muster der Einzelkolonien (KLONE) mit Hilfe eines Samtstempels von einer Agarplatte auf die andere übertragen wird. Prinzipiell ist es so möglich, die Bakterienzellen auszulesen, die ein fremdes DNA-Stück mit Hilfe des Vektors als Transportvehikel mitbekommen haben. Die Frage ist allerdings, ob das eingebaute DNA-Fragment auch das gewünschte Gen des Spenderorganismus enthält. Wenn man, wie hier geschildert, vom gesamten GENOM des Spenders ausgeht, ist die Wahrscheinlichkeit hierfür schon sehr gering. Man nennt dieses Verfahren daher auch *Schrotschuß-Klonierung*. Auch ist es fraglich, ob die rekombinierten Zellen in der Lage sind, das gewünschte Gen zu exprimieren, d.h., die DNA-Sequenz in mRNA zu transkribieren und diese in Protein zu übersetzen (GENEXPRESSION; s. Tab. 9.3).
Die Sache wird wesentlich aussichtsreicher, wenn man von vornherein von einer Teilsequenz der DNA ausgeht, die das gewünschte Gen samt der erforderlichen Steuersignale

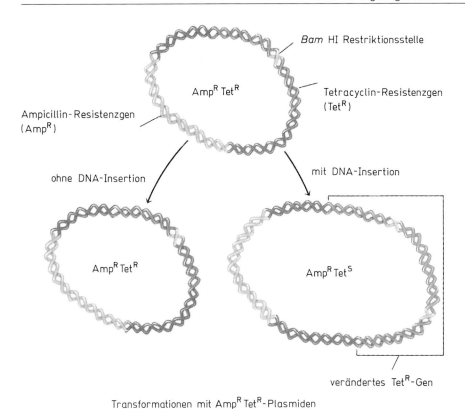

Bam HI Restriktionsstelle

Amp^R Tet^R

Tetracyclin-Resistenzgen (Tet^R)

Ampicillin-Resistenzgen (Amp^R)

ohne DNA-Insertion

mit DNA-Insertion

Amp^{R}Tet^R

Amp^{R}Tet^S

verändertes Tet^R-Gen

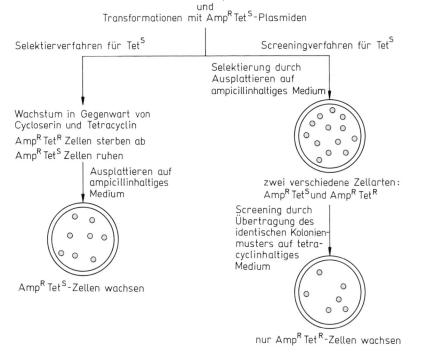

Transformationen mit Amp^{R}Tet^R-Plasmiden
und
Transformationen mit Amp^{R}Tet^S-Plasmiden

Selektierverfahren für Tet^S

Screeningverfahren für Tet^S

Selektierung durch Ausplattieren auf ampicillinhaltiges Medium

Wachstum in Gegenwart von Cycloserin und Tetracyclin
Amp^{R}Tet^R Zellen sterben ab
Amp^{R}Tet^S Zellen ruhen

Ausplattieren auf ampicillinhaltiges Medium

zwei verschiedene Zellarten:
Amp^{R}Tet^{S}und Amp^{R}Tet^R

Screening durch Übertragung des identischen Kolonien-musters auf tetra-cyclinhaltiges Medium

Amp^{R}Tet^S-Zellen wachsen

nur Amp^{R}Tet^R-Zellen wachsen

Tabelle 9.3. Die verschiedenen Klonierungsmethoden im Vergleich

Klonierungsmethode	Vorteile	Nachteile
Schrotschußklonierung	1. einfach	1. viele verschiedenartige Klone; gutes Selektionsverfahren nötig
		2. Gene mit Introns werden in *E. coli,* dem normalen Empfängerorganismus, nicht korrekt exprimiert
		3. Expression nur möglich, wenn von *E. coli* fremde Promotoren erkannt werden
		4. Codonbelegung für *E. coli* oft nicht ideal
cDNA-Klonierung	1. wenn die mRNA des gewünschten Gens in großer Menge vorliegt, ist der Klon leicht herauszufinden	1. mRNA des gewünschten Gens liegt nicht immer in entsprechend großer Menge vor: Selektion erforderlich
	2. keine Probleme mit Introns, da man von gespleißter mRNA ausgeht	2. technisch schwieriger als Schrotschußklonierung
		3. kloniertes Gen muß „stromabwärts" von einem Promotor liegen, denn der normale Promotor ist nicht mehr vorhanden, wenn man von der mRNA ausgeht
		4. Codonbelegung für *E. coli* oft nicht optimal
Gensynthese	1. keine Selektion nach Klonierung nötig	1. Proteinsequenz muß vor Synthese bekannt sein
	2. Sequenz von Promotoren, Ribosomenbindungsstellen usw. können optimal gestaltet werden	
	3. Codonbelegung kann dem Empfängerorganismus angepaßt werden	

schen Ausstattung der Bakterien geworden; sie können in großen Fermentern auf geeigneten Nährmedien kultiviert werden, und aus den aufgebrochenen Zellen kann das Wachstumshormon isoliert und für die therapeutische Verwendung in reiner Form bereitgestellt werden. Das natürliche Hormon wird von der Hirnanhangdrüse ausgeschieden und ist artspezifisch. Bislang konnte dieser Wirkstoff, mit dem bestimmte Formen von Zwergwuchs behandelt werden können, nur in äußerst kleinen Mengen aus Leichen gewonnen werden.

Noch ein zweiter, sehr gebräuchlicher Weg soll hier noch kurz erwähnt werden, der bei der Herstellung von Human-INSULIN mit Hilfe von REKOMBINANTEN BAKTERIEN eingeschlagen wurde. Dabei geht man von der insulinspezifischen mRNA aus, die man in Zellen der menschlichen Bauchspeicheldrüse in relativ großen Mengen antrifft. Diese mRNA wurde im Organismus bereits *gespleißt,* d.h., die überflüssigen INTRONS wurden bereits entfernt. Sie codiert für eine Vorstufe des Insulins (das *Präproinsulin*), wie sie auch im menschlichen Organismus zunächst

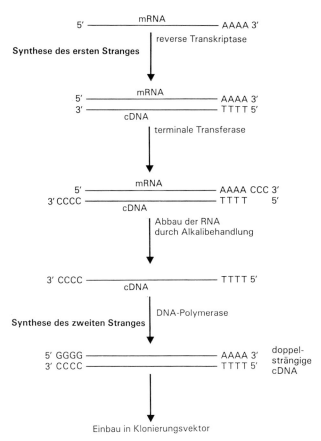

Abb. 9.17. Reverse Transkriptase zur Erstellung von DNA-Kopien. Die mRNA wird aus dem ursprünglichen Organismus isoliert. Im Falle des Insulins würde man die mRNA aus Zellen der menschlichen Bauchspeicheldrüse gewinnen, denn diese Zellen enthalten besonders viel insulinspezifische mRNA, aus der die Introns bereits entfernt sind. Mit dem Enzym „reverse Transkriptase" kann man anhand der mRNA eine DNA-Kopie synthetisieren. Diese sogenannte (komplementäre) cDNA trägt nun die zusammengespleißte Information für Insulin, und man kann sie klonieren

gebildet wird. Mit Hilfe des Enzyms REVERSE TRANSKRIPTASE läßt sich anhand dieser mRNA-Sequenz eine DNA-Kopie herstellen, die als cDNA (complimentary DNA, die zur mRNA komplementär ist) bezeichnet wird (Abb. 9.17). Wiederum auf enzymatischem Wege kann diese cDNA in einen Doppelstrang mit glatten Enden umgewandelt werden, der in einen Plasmidvektor durch Ligation eingepackt wird (Abb. 9.18). Dieser Vektor wird anschließend in ein Wirtsbakterium übertragen, das dann bei seiner Kultivierung die Insulinvorstufe ins Medium ausscheidet. Humaninsulin wird bereits im technischen Umfang mit gentechnisch veränderten Mikroorganismen produziert und hat gegenüber dem Insulin aus Schweinen den Vorteil, daß es von vielen Diabetikern ohne Nebenwirkungen vertragen wird.

Durch die Vermischung der Erbanlagen verschiedener Individuen (Stämme) werden im Laufe der biologischen EVOLUTION auf natürliche Weise ständig neue Arten hervorgebracht, von denen die eine oder andere unter

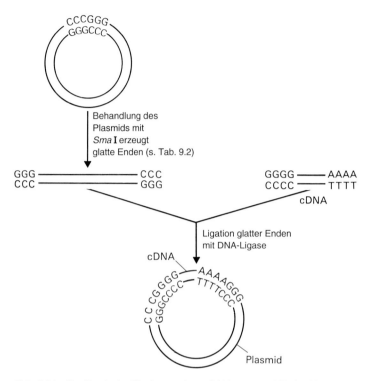

Abb. 9.18. Ligation beim Klonieren eines cDNA-Fragments. Die cDNA weist keine klebrigen Enden auf, sondern glatte Enden, das heißt, es stehen am DNA-Molekül keine Einzelstränge

vor. Mit der Methode zum Verschweißen glatter Enden (*blunt-end-ligation*) läßt sie sich in Plasmidvektoren einbauen

Umständen besser an bestimmte Umweltbedingungen angepaßt ist als ihre Vorfahren. Auch der Genetiker macht sich dieses natürliche Prinzip zunutze, um im Labor Organismenstämme zu erhalten, die für bestimmte Verwendungszwecke besser geeignet sind. Eine der Techniken zur genetischen Rekombination von Organismen mit nichtsexueller Vermehrung ist eine künstliche Verschmelzung von Zellen, die keine ZELLWAND mehr besitzen. Man kann Bakterien oder Hefen unter schonenden Bedingungen mit Enzymen behandeln, die die Zellwände verdauen. Die entstehenden PROTOPLASTEN werden nur noch von der flexiblen PLASMAMEMBRAN (wie von einer Gummiblase) umhüllt und sind daher kugelig rund. Unter bestimmten experimentellen Bedingungen können sich Protoplasten verschiedener Arten vereinigen und

Abb. 9.19. Genamplifikation nach der Polymerase-Kettenreaktion (PCR *polymerase chain reaction*). Alle bekannten DNA-Polymerasen können eine DNA-Kette nur an deren freiem 3'-OH-Ende verlängern. Für die Synthese reicht eine einzelsträngige Matrize allein nicht aus. Das Enzym benötigt einen *Primer*, eine kurze basengepaarte Startsequenz, welche die erforderliche 3'-OH-Gruppe zur Verfügung stellt. Eine DNA-Doppelhelix wird in der Hitze denaturiert und unter Zugabe eines großen Überschusses von zwei Primernucleotiden A' und B' abgekühlt. Diese flankieren den interessierenden DNA-Ausschnitt und verhindern die Renaturierung zum Doppelstrang beim Abkühlen auf 50 °C. Hitzebeständige DNA-Polymerase von *Thermus aquaticus* katalysiert die Kettenverlängerung der Primerstränge bei 72 °C und kopiert jeden DNA-Einzelstrang. Fortschreitendes Erhitzen und Abkühlen in Gegenwart von Primernukleotiden führt zur Genamplifikation

Zyklus 1

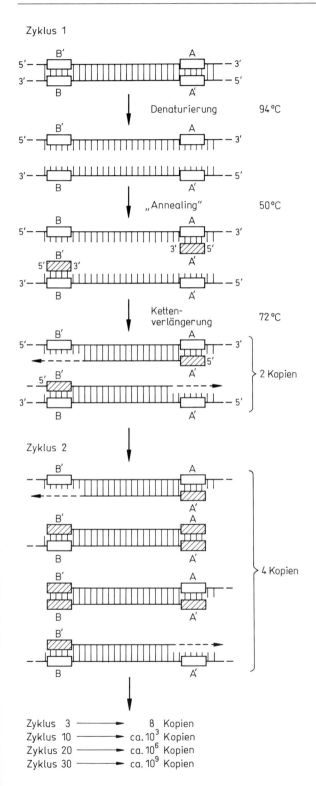

Denaturierung   94°C

„Annealing"   50°C

Ketten-
verlängerung   72°C

2 Kopien

Zyklus 2

4 Kopien

Zyklus 3	⟶	8 Kopien
Zyklus 10	⟶	ca. 10^3 Kopien
Zyklus 20	⟶	ca. 10^6 Kopien
Zyklus 30	⟶	ca. 10^9 Kopien

zu intakten Zellen mit Zellwand regenerieren. Diese vereinigen dann genetische Merkmale beider Elternstämme in sich (*Protoplasten-fusion*). Auf diese Weise gelang z. B. die Verschmelzung einer Bierhefe mit sehr guten Brauqualitäten (*Saccharomyces carlsbergensis*) mit einer Hefe (*Saccharomyces diastaticus*, die Stärkemoleküle spalten kann, selbst aber für die Bierbereitung ungeeignet ist. Mit dieser *Hybridhefe* kann ein hochwertiges Bier hergestellt werden, in dem aber die normalerweise enthaltenen Stärkespaltprodukte (die unvergärbaren Dextrine) fehlen und das daher für Diabetiker besonders geeignet ist.

Bei gentechnischen Arbeiten kommt es leider sehr häufig vor, daß von der in Frage stehenden DNA-Sequenz nur Spurenmengen (z. B. wenige Picogramm, also billionstel Gramm) zur Verfügung stehen. Für den Einbau von DNA-Fragmenten in einen Plasmidvektor (s. oben) benötigt man aber schon Mikrogramm-Mengen. Zur Diagnose (auch zur PRÄNATALEN DIAGNOSTIK) von genetisch bedingten Abnormalitäten (die Grundlage von ERBKRANKHEITEN) müssen wenige Milliliter von Körperflüssigkeiten (Blut, Serum, Fruchtwasser usw.) ausreichen. In der Gerichtsmedizin ist ein VATERSCHAFTSNACHWEIS oder die Identifizierung eines Täters oft nur aufgrund einer Blutspur, eines Hautfetzens oder eines Haares möglich. Die DNA-Menge muß daher in vielen Fällen erst einmal vervielfacht werden, bevor sie für die Untersuchungen ausreicht; man bezeichnet das auch als *Amplifikation* der DNA. Hierzu hat sich besonders die Methode der POLYMERASE CHAIN REACTION (abgekürzt *PCR*) bewährt, durch die wenige Moleküle einer beliebigen genomischen DNA-Sequenz in kurzer Zeit 10 bis 100 millionenfach vermehrt werden können. Dieses Verfahren beruht auf der Verwendung eines ungewöhnlichen Enzyms, der sog. *Taq-Polymerase*. Das Enzym stammt aus einem ARCHAEBAKTERIUM (*Thermus aquaticus*), das an Rändern von heißen vulkanischen Quellen gefunden wurde. Es katalysiert die REPLIKATION, also die Ausbildung eines komplementären zweiten Stranges an einen vorhandenen DNA-Einzelstrang und kann selbst noch eine Temperatur von 94 °C für wenige

Stunden aushalten. Dieses ist aber die sog. *Denaturierungs-Temperatur* der DNA, bei der die Doppelhelix spontan in die beiden Einzelstränge zerfällt. Die *PCR* läuft in drei sich wiederholenden Einzelschritten ab (s. Abb. 9.19): Zunächst wird die Doppelstrang-DNA bei 94 °C denaturiert, dann kühlt man die Lösung ab (z. B. auf 50 °C), nachdem man ein Gemisch von synthetisch hergestellten „Primer-Nucleotiden" (vergl. engl. *prime*, beladen, auslösen) zugegeben hat; sie sollen verhindern, daß die DNA-Einzelstränge bei der tiefen Temperatur wieder zur Doppelhelix renaturiert werden. Anschließend wird auf 72 °C erwärmt, das ist die optimale Temperatur für die DNA-Replikation durch die Taq-Polymerase. Die erforderlichen vier Desoxynucleotide wurden (als Triphosphate) bereits zu Beginn zugesetzt. Nach diesem ersten Schritt liegt schon die doppelte Menge der ursprünglichen DNA-Doppelhelix vor. Die drei Schritte, Hitzedenaturierung, – Primeranlagerung, – Polymerisation, können nun mehrfach wiederholt werden. Man macht das z. B. programmgesteuert in kleinen Ansätzen im Zehnminutentakt, bis nach 20 bis 30 Zyklen der Ansatz erschöpft ist. Nach 20 Zyklen hat man theoretisch einen Vermehrungsfaktor von 2^{20} oder etwa einer Million erreicht. Das Ergebnis sind Moleküle mit „stumpfen Enden" (die Enden stellen die Primersequenzen dar), die leicht durch GELELEKTROPHORESE abgetrennt werden können.

Zusammenfassung

Die gesamte genetische Ausstattung eines Organismus (das Genom) ist in Desoxyribonucleinsäure(n) lokalisiert, die bei eukaryontischen Organismen in Form von mehreren Chromosomen organisiert sind. Die DNA-Moleküle bestehen aus einer Doppelhelix, in der zwei Polynucleotid-Einzelstränge nebeneinander verlaufen. Die vier, in der DNA vorkommenden Desoxynucleotide (A, G, C und T) stehen sich in den beiden Strängen paarweise gegenüber als A–T–, bzw. G–C–Paare, so daß die Nucleotidsequenzen der beiden Stränge einander „komplementär" sind. Bei der Replikation wird der DNA-Doppelstrang partiell entzwirnt und an jeden Einzelstrang eine komplementäre Nucleotidsequenz angefügt. Dadurch können die bei der Zellteilung entstehenden Tochterzellen jeweils mit identischen DNA-Molekülen ausgestattet werden. Zum Abruf der genetischen Information wird die DNA-Sequenz zunächst in eine Boten-RNA (mRNA) überschrieben (*Transkription*). Diese liefert an die Ribosomen die Anleitung für den Zusammenbau der Aminosäuren in der richtigen Reihenfolge. Diese *Translation* erfolgt durch eine lineare Ablesung der mRNA, wobei jeweils drei Nucleotide den Einbau einer Aminosäure bestimmen. Ein Starttriplett sorgt für den Beginn und ein Stopcodon für das Ende der Proteinsynthese. Neben den „Strukturgenen" befinden sich auf der DNA noch weitere Sequenzen mit Signalfunktion. Promotorregionen sorgen für die Bindung des Enzyms zur Transkription, und Operatorregionen bestimmen, ob eine DNA-Sequenz in mRNA überschrieben werden soll oder nicht. In Eukaryonten sind die Gene vielfach „gestückelt". Codierende Bereiche (*Exons*) werden von nichtcodierenden Sequenzen (*Introns*) unterbrochen, die aus der zunächst entstehenden mRNA vor Beginn der Translation (durch „Spleißen") herausgeschnitten werden. Bakterien und Hefen besitzen neben ihrer chromosomalen DNA noch weitere, kleine DNA-Ringe, die Plasmide. Sie können

als Vektoren benutzt werden, um fremde DNA-Fragmente in eine Zelle einzubringen. Dabei helfen sog. Restriktionsenzyme, die sowohl die Vektor-DNA als auch die fremde DNA an speziellen Stellen so zerschneiden, daß sich die „klebrigen Enden" wieder miteinander verbinden können. Durch Einbringen eines „rekombinaten" Vektors in ein Bakterium ist es möglich, dieses zur Produktion des entsprechenden Fremdproteins zu veranlassen. Für die Rekombination eines einzelnen Gens ist das gesamte Genom des Spender-Organismus wegen seiner Größe wenig geeignet. Kleinere DNA-Fragmente, die das gewünschte Gen enthalten, können durch chemische Synthese hergestellt werden, falls die Aminosäuresequenz des Zielproteins bekannt ist. Auch ist es möglich, die zugehörige mRNA aus dem Spender-Organismus zu isolieren, enzymatisch in die komplementäre DNA-Sequenz (cDNA) zurückzuverwandeln und diese dann mit Hilfe eines Vektors in eine Mikroorganismen-Zelle einzubauen. Eigenschaften, die das Ergebnis mehrere Gene sind, können auch durch Protoplastenfusion übertragen werden. Die erhaltenen Hybridzellen können Eigenschaften beider Elternstämme in sich vereinigen. Ganz entscheidende Fortschritte für die Gentechnik hat die Methode der „Polymerase chain reaction" (PCR) gebracht, mit der es gelingt, auch geringste DNA-Mengen innerhalb von wenigen Stunden millionenfach zu vermehren.

10 Mit Genen auf der Spur von Krankheiten und Tätern

Das menschliche Blutplasma enthält mehr als 200 verschiedene Proteine. Von denen werden etwa 20 durch Fraktionierung von Humanplasma im großen Maßstab hergestellt und für therapeutische oder prophylaktische Zwecke verwendet. Albumin ist nach wie vor das beste Plasmaersatzmittel, und Immunglobuline dienen zur Therapie von Infektionen und Antikörpermangelzuständen. Proteine des Blutgerinnungssystems leisten wertvolle Dienste bei der Behandlung von Gerinnungsstörungen, die durch einen Mangel an diesen Proteinen verursacht werden. Besonders bekannt ist das ANTIHÄMOPHILE GLOBULIN, das ist der sog. FAKTOR VIII in der menschlichen BLUTGERINNUNGSKASKADE, der bei der Bluterkrankheit (HÄMOPHILIE) fehlt. Um 1942 lag die mittlere Lebenserwartung eines Bluters noch bei 16,5 Jahren, heute entspricht sie, dank des therapeutischen Einsatzes von Faktor VIII, bereits der eines gesunden Menschen. Probleme verursacht jedoch die Bereitstellung ausreichender Mengen. Jeder Mensch hat in seinen 6 l Blut nur etwa 1 mg dieses Proteins, und einem Bluter muß man zweimal wöchentlich 1 mg spritzen, das entspricht mehreren Litern Blut eines gesunden Spenders. Die Gewinnung und Verarbeitung der dazu erforderlichen riesigen Mengen an Spenderblut ist nicht nur sehr teuer, sondern auch mit einigen Risiken behaftet, denn die Gefahr, daß VIREN oder andere Krankheitserreger mit dem gesammelten Blut der zahlreichen Spender eingeschleppt werden, ist nicht ganz auszuschließen. Früher befürchtete man in erster Linie Infektionen mit dem *Hepatitis B-Virus* (Erreger der Gelbsucht), heute überwiegt die Sorge um das als AIDS-VIRUS bekannte HTLV-III-Retrovirus. Hier können gentechnische Methoden helfen, andere Quellen für dieses seltene Protein aufzutun.

Exkurs: Faktor VIII aus gentechnisch veränderten Hamsterzellen

Die Vererbung der Bluterkrankheit erfolgt geschlechtsgebunden, sie wird bevorzugt von der Mutter vererbt und kommt ausschließlich bei männlichen Nachkommen zum Ausbruch. Das ist so, weil die genetische Anweisung für das Faktor VIII-Protein auf der DNA des X-Chromosoms (GESCHLECHTSCHROMOSOM) liegt. Also wird man versuchen, die Information aus der DNA eines gesunden Menschen herauszusuchen und auf ZELLKULTUREN zu übertragen, so daß diese den Faktor in großen Mengen produzieren. Dieser Prozeß soll hier kurz geschildert werden.

Die dabei auftretenden Probleme werden deutlich, wenn man sich klarmacht, daß das gesamte menschliche GENOM schätzungsweise aus 6 Mrd. Bausteinen (Nucleotiden) besteht und das X-Chromosom aus etwa 200 Mio. Das gesamte Faktor VIII-Gen enthält vielleicht 200 000 Bausteine, d. h., die Isolierung dieses DNA-Fragmentes gleicht der Suche nach der oft zitierten Stecknadel im Heuhaufen. Faktor VIII ist ein ungewöhnlich großes *Glykoprotein*, das aus 2332 AMINOSÄURE-Bausteinen aufgebaut ist und außerdem noch zahlreiche Kohlenhydratseitenketten enthält. Es wäre daher sinnlos, dieses Gen in *Escherichia coli* klonieren zu wollen, weil nur eine höhere Zelle dazu ausgerüstet ist, die Glykosidierung des Proteins nach seiner TRANSLATION auszuführen. Man geht von der gesamten menschlichen DNA aus und zerschneidet sie mit einer Enzymschere (RESTRIKTIONS-ENDONUCLEASE s. Kap. 9) in viele tausend, unterschiedlich lange Fragmente. Dabei wird sicher auch das Faktor VIII-Gen in mehrere Teile zerschnitten, und die nächste Aufgabe ist es, diese Stücke in der richtigen Reihenfolge wieder zusammenzuflicken. Dazu müssen wir uns von den Fragmenten erst einmal einige tausend Kopien herstellen. Das gelingt mit Hilfe eines BAKTERIOPHAGEN. Solche Phagen können Bakterien infizieren (und zwar in der Regel nur ein Phage pro Bakterienzelle) und schießen dabei ihre Phagen-DNA in das Bakterium hinein, wo sie mit Hilfe der bakteriellen ENZYME vermehrt wird. Das Bakterium verpackt dann die vermehrte DNA in Phagenhüllen, und wenn es mit neuen Phagen prall gefüllt

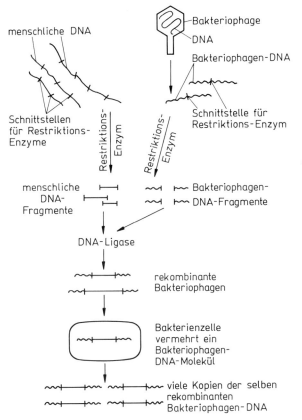

menschliche DNA

Bakteriophage

DNA

Bakteriophagen-DNA

Schnittstellen
für Restriktions-
Enzyme

Schnittstelle für
Restriktions-Enzym

Restriktions-
Enzym

Restriktions-
Enzym

menschliche
DNA-
Fragmente

Bakteriophagen-
DNA-Fragmente

DNA-Ligase

rekombinante
Bakteriophagen

Bakterienzelle
vermehrt ein
Bakteriophagen-
DNA-Molekül

viele Kopien der selben
rekombinanten
Bakteriophagen-DNA

Abb. 10.1. Entstehung einer genomischen Bibliothek. Bakteriophagen – angesiedelt im Grenzbereich zwischen belebter und unbelebter Natur – können ihre DNA in Bakterienzellen einschleusen, wo sie sich mit Hilfe des Bakterienstoffwechsels vermehrt. Am Ende des Vorgangs werden dann neue Bakteriophagen-Proteine gebildet, die der vermehrten DNA als Hülle dienen. Schneidet man Bakteriophagen-DNA und menschliche DNA mit dem selben Restriktionsenzym, so lassen sich die Enden mit Ligase enzymatisch verschmelzen. Es entsteht rekombinante Bakteriophagen-DNA, die ebenfalls in Bakterienzellen vervielfältigt werden kann. Da jede Bakterienzelle in der Regel nur ein Bakteriophagen-Molekül aufnimmt, entsteht eine Sammlung von Bakterienzellen, die jeweils nur ein bestimmtes menschliches DNA-Fragment enthalten. Eine solche Sammlung bezeichnet man als genomische Bibliothek

ist, platzt es und die Bakteriophagen werden ins Medium entlassen, um vielleicht erneut Bakterienzellen zu infizieren usw. Die Phagen-DNA kann man mit demselben Restriktionsenzym aufschneiden wie zuvor die menschliche DNA. Beim Mischen der beiden Ansätze verbinden sich menschliche und Phagen-DNA aufgrund ihrer „klebrigen Enden", wie das bereits bei den Plasmidvektoren in Kap. 9 besprochen wurde. Infiziert man nun erneut Bakterien mit diesen REKOMBINANTEN PHAGEN, so entsteht eine Ansammlung von Bakterienzellen, die jeweils ein menschliches DNA-Frag-ment in einem Bakteriophagen vermehren. Eine solche Sammlung bezeichnet man als *genomische Bibliothek* oder auch als GENBANK (Abb. 10.1). Nun geht es darum, die Teile des gewünschten Gens aus dieser Sammlung zusammenzuklauben. Man trennt dazu die DNA-Fragmente nach ihrer Größe durch eine GELELEKTROPHORESE auf. Das ist eine poröse, gelatineartige Schicht, in der die negativ geladenen DNA-Stücke aufgrund eines außen angelegten elektrischen Feldes in Richtung der positiven Elektrode wandern, und zwar umso schneller, je kleiner sie sind. Die DNA im Gel läßt

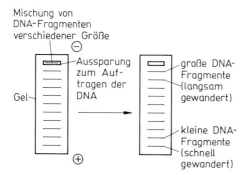

Abb. 10.2. Gelelektrophorese (schematisch). Die DNA-Mischung wird auf ein Gel aufgetragen. Dabei handelt es sich um eine poröse, gelatineähnliche Masse, an die eine elektrische Spannung angelegt wird. DNA-Moleküle sind negativ geladen und wandern im elektrischen Feld zum positiven Pol. Das Gel wirkt dabei wie ein Sieb, das größere Fragmente langsamer und kleinere schneller wandern läßt

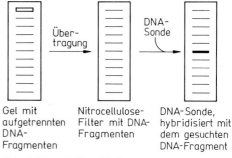

Abb. 10.3. Blotting-Verfahren. Aufgetrennte DNA-Fragmente werden aus dem Gel auf dünne Streifen aus Nitrocellulose übertragen, die DNA-Moleküle sehr fest bindet. Dabei wird die Anordnung der Fragmente aus dem Gel beibehalten (*blotting*). Als nächstes stellt man chemisch ein kurzes DNA-Stück her, das einer Nucleotidfolge im gesuchten Gen spiegelbildlich entspricht. Um diese später auf der Folie finden zu können, wird sie radioaktiv markiert. Dieses künstliche Molekül heißt DNA-Sonde und läßt sich mit den an die Nitrocellulose gekoppelten Fragmenten verbinden (hybridisieren), sofern sie eine für das gesuchte Gen charakteristische Nucleotidfolge enthalten.

Die Suche nach bestimmten Informationen in der genomischen Bibliothek ist mühsam. Im Fall des Faktors VIII mußten 500000 Bakteriophagen mit je einem DNA-Fragment untersucht werden. 12 davon enthielten Teile der gesuchten Information

sich mit geeigneten Verfahren sichtbar machen (mit Farbreaktionen oder aufgrund einer radioaktiven Markierung), und man erhält ein *Verteilungsmuster* von vielen einzelnen DNA-Banden, nach ihrer Größe sortiert (Abb. 10.2). Anschließend macht man sich von diesem Fragmentmuster einen Abklatsch, indem man einen Streifen einer Nitrocellulosefolie auf das Gel drückt. Etwas von den DNA-Banden wird von der Nitrocellulose festgehalten, so daß der Streifen dazu benutzt werden kann, herauszufinden, welches die gesuchten Banden sind. Dazu verwendet man eine DNA-SONDE, das ist ein chemisch synthetisiertes, kurzes Stück DNA, dessen Nucleotidfolge einem Sequenzbereich der Faktor VIII-Information „komplementär" ist. Zum besseren Nachweis wird diese Sonde noch radioaktiv markiert. Badet man jetzt den Nitrocellulosestreifen in einer Lösung dieser Sondenmoleküle, so bleibt radioaktive DNA nur an den Banden hängen, in denen eine Sequenzübereinstimmung vorliegt (DNA-HYBRIDISIERUNG, (Abb. 10.3). Der englische Ausdruck für diese Technik ist BLOTTING, einen deutschen gibt es nicht (und die Genetiker leisten ihren aktiven Beitrag zur Entartung der deutschen Sprache, indem das Elektrophoresegel „geblottet" wird). Mit dem so erhaltenen Abklatsch kann man nun auf dem Elektrophoresegel die gesuchten DNA-Fragmente aufspüren und ausschneiden. Die so erhaltenen Teilsequenzen des gesuchten Gens werden nun ihrerseits als Köder zum Angeln von Boten-RNA (mRNA s. Kap. 9) benutzt. Hierzu ist es zunächst wichtig zu wissen, daß bei der Produktion von

Faktor VIII in der menschlichen Zelle zunächst das gesamte Gen in mRNA überschrieben wird (TRANSLATION). In dieser noch nicht „gereiften" *Kern-RNA* ist aber die eigentliche Faktor VIII-Information zunächst noch (an 26 Stellen!) durch sog. INTRONS unterbrochen; das sind Abschnitte ohne bekannte Bedeutung, die nicht in Protein übersetzt werden. Diese Introns werden bei der natürlichen Reifung der mRNA noch innerhalb des Zellkerns herausgeschnitten, wobei die zurückbleibenden, informationstragenden Sequenzen, die sog. EXONS lückenlos aneinandergesetzt werden. Dieser Prozeß wird als SPLEISSEN der mRNA bezeichnet (s. Kap. 9, Abb. 9.12). Die reife mRNA, die jetzt vielleicht noch größenordnungsmäßig 10 000 Nucleotide besitzen dürfte, enthält dann die fertige Bauanleitung für die Proteinsynthese. Diese bereits fertig gespleißten mRNA-Moleküle können wir nun aus dem Extrakt einer Zellinie herausangeln, wenn wir die oben erwähnten Köder-DNA-Fragmente aus der genomischen Bibliothek da-

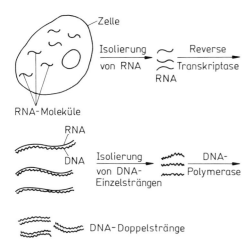

Abb. 10.4. Darstellung intronfreier DNA aus RNA mittels reverser Transkriptase. Die DNA bestimmter Bakteriophagen – aus der genomischen Bibliothek – wird als Sonde eingesetzt, um aus einer Zellinie die entsprechenden, bereits fertig gespleißten RNA-Moleküle zu isolieren. Diese werden nun ihrerseits als Matrize verwendet, um wieder ein Stück DNA zu erzeugen. Das Enzym reverse Transkriptase kehrt den Vorgang der Transkription um und übersetzt RNA in DNA. Da die RNA ein einzelsträngiges Molekül ist, erzeugt es nur einen DNA-Einzelstrang, der durch DNA-Polymerase zum Doppelstrang ergänzt werden muß. Es entsteht intronfreie DNA

zu benutzen (s. Abb. 10.4). Wiederum über die Paarung komplementärer Nucleotidsequenzen erhalten wir diesmal HYBRIDISIERUNGS-Produkte aus DNA- und mRNA-Molekülen, die sich leicht aus dem Ansatz abtrennen lassen. Nun erst haben wir die Information für das gesuchte Gen in der Hand, aber erst in Form der einzelsträngigen mRNA. Zum Glück gibt es Enzyme, die in der Lage sind, in umgekehrter Richtung wie üblich, eine RNA-Sequenz in den entsprechenden DNA-Strang zu überschreiben; sie werden daher als REVERSE TRANSCRIPTASEN bezeichnet (s. Kap. 9, Abb. 9.17). Das so erhaltene Gen soll nun in eine geeignete Zelle gebracht werden, die aus diesem Gen den Faktor VIII herstellt (der Fachausdruck hierfür ist EXPRESSION). Damit wir aber auch möglichst große Mengen davon erhalten, müssen wir dem Gen noch eine spezielle Anweisung voranstellen, etwa: „Achtung, hier Anfang – bitte möglichst oft benutzen!". Eine solche DNA-Sequenz mit Steuerungsfunktion heißt PROMOTOR. Einen der effektivsten Promotoren für unsere Zwecke finden wir in dem Affenvirus SV40. Den Befehl zur Ablesung der

Information liefert uns ein PLASMID, ein kleines, ringförmiges DNA-Molekül, das sich in Zellen selbständig verdoppeln kann (s. Kap. 9). Mit den uns bereits bekannten Methoden und den entsprechenden RESTRIKTIONSENZYMEN können wir uns nun ein REKOMBINANTES PLASMID zusammenbauen, das den SV40-Promotor und die Faktor VIII-DNA enthält (s. Kap. 9, Abb. 9.14). Zur Expression dieses Plasmids dient dann eine ZELLKULTUR von Hamsterzellen, die auch die Fähigkeit hat, die erforderlichen Kohlenhydratseitenketten an das fertige Protein anzuhängen.

Bisher konnten auf dem geschilderten Weg nur wenige Milligramm Faktor VIII im Labormaßstab erzeugt werden. Der weltweite Jahresbedarf wird aber auf etwa ein halbes Kilogramm geschätzt. Zur Zeit ist man dabei, die technischen Probleme zu lösen, die mit der MASSTABVERGRÖSSERUNG (engl. SCALE UP) der Zellkulturen in den Bereich von mehreren hundert Litern verbunden sind.

Auf weitere Produkte, die mit Hilfe von REKOMBINANTEN ZELLEN hergestellt werden, soll hier nur kurz eingegangen werden. Zu ihnen gehören das menschliche WACHSTUMSHORMON und Human-INSULIN (s. Kap. 9). Weitere interessante Produkte sind die INTERFERONE, das sind speziesspezifische Proteine in Wirbeltieren, die gegen Viruserkrankungen schützen und offenbar auch tumorhemmende Wirkungen haben. Die Herstellung von Interferonen aus tierischen Zellen ist aufwendig und führt nur zu kleinsten Mengen, so daß es viele Jahre überhaupt nicht möglich war, aussagekräftige klinische Versuche durchzuführen. Inzwischen ist es aber gelungen, das verantwortliche menschliche Gen zu isolieren, in das Bakterium ESCHERICHIA COLI zu klonieren und das Interferon in größeren Mengen herzustellen. Für die Reinigung des bakteriell hergestellten Proteins verwendet man übrigens MONOKLONALE ANTIKÖRPER (s. AFFINITÄTS-CHROMATOGRAPHIE s. Kap. 7).

Ein Medikament zur Behandlung des akuten Herzinfarktes ist der gentechnisch hergestellte *Gewebsplasminogen-Aktivator* (TPA). Er wird normalerweise im Gewebe und in Zellen von Blutgefäßen gebildet und in das Blut abgegeben. Zusammen mit UROKINASE regelt TPA das Gleichgewicht zwischen Fließ- und Gerinnungsfähigkeit des Blutes. TPA wird verabreicht, weil die körpereigenen TPA-Mengen zum Auflösen des Blutgerinnsels, das den Herzinfarkt verursacht, nicht ausreichen.

ERYTHROPOIETIN (*EPO*) ist ein körpereigenes Glykoproteinhormon, das vermehrt in der Niere gebildet und ausgeschüttet wird, sobald die Sauerstoffsättigung des Blutes absinkt. Unter der Einwirkung von EPO entwickeln sich die Vorläuferzellen von roten Blutkörperchen zu reifen *Erythrocyten*. EPO wird mit großem Erfolg bei der Therapie von Anämieerkrankungen besonders bei Dialysepatienten eingesetzt und kann bereits biotechnisch aus rekombinanten Hamsterzellkulturen hergestellt werden.

Erwähnt seien auch die INTERLEUKINE, die als Signalmoleküle zwischen verschiedenen Zellen des Immunsystems eine wichtige Rolle spielen. Sie können sowohl bei der Tumortherapie als auch zur Vermeidung von Abstoßungsreaktionen bei Transplantationen wichtig werden. Die Entwicklung von Produktionsverfahren mit Säugetierzellkulturen, aber auch mit rekombianten Einzellern, steht bei mehreren Firmen kurz vor dem Abschluß.

ANTIKÖRPER sind Serumproteine, die vom Organismus als Antwort auf einen äußeren Reiz (ANTIGEN) gebildet werden. Als Antigene können unterschiedliche Substanzen wirken, die der Organismus als Fremdkörper ansieht, wie z.B. Bakterien, Viren, Oberflächenstrukturen von Körperzellen oder roten Blutkörperchen sowie TOXINE, wie sie z.B. von Diphteriebakterien gebildet werden. Der Körper setzt sich gegen diese Reize zur Wehr, indem B-LYMPHOZYTEN angeregt werden, Antikörper zu bilden. Diese können die Eindringlinge in spezifischer Weise binden und dadurch unschädlich machen. Jeder B-Lymphozyt produziert nur Antikörper einer einzigen Spezifität, stirbt aber im Reagenzglas nach wenigen Generationen ab. Daher war es früher nicht möglich, außerhalb des tierischen oder menschlichen Körpers Antikörper in ausreichenden Mengen herzustellen. Dieses änderte sich mit der Entdeckung der MONOKLONALEN ANTIKÖRPER durch Georges Köhler und Cesar Milstein im Jahr 1975. Es gelang ihnen, die antikörperproduzieren-

den Lymphozyten unsterblich zu machen, indem sie die ungebremste Vermehrungsfähigkeit von Krebszellen zu Hilfe nahmen (Abb. 10.5). In einem geeigneten Medium gelingt es, Krebszellen (MYELOMZELLEN) mit Plasmazellen zu verschmelzen (*Fusion*). Dabei sterben die Lymphozyten in diesem Ansatz nach wenigen Generationen ab. Anschließend muß man durch Zugabe geeigneter Hemmstoffe der DNA-Synthese dafür sorgen, daß auch die übrigen Myelomzellen noch absterben und kann durch die Methoden der KLONIERUNG Fusionsprodukte erhalten, in denen die Eigenschaften beider Zelltypen vereint sind, sog. HYBRIDOMA-Zellen. Sie produzieren nur noch identische, d.h. MONOKLONALE ANTIKÖRPER. Mit ihnen können immundiagnostische Bestimmungsmethoden aufgebaut werden, wie der Nachweis von *Isoenzymen* oder von *Hormonen*. Ferner können monoklonale Antikörper in der Labordiagnostik als MARKER in Verbindung mit anderen Molekülen verwendet werden. Besondere Bedeutung haben tumorspezifische Antigene für die Diagnostik von Tumoren sowie für die postoperative Überwachung von Tumorpatienten. Ein in vielen Ländern bereits zugelassener monoklonaler Antikörper (OKT3) richtet sich gegen T3-Zellen und verhindert dadurch weitgehend die Abstoßung von Organtransplantaten nach der Operation (Tab. 10.1).

Abb. 10.5. Hybridoma-Technik. Ausgangspunkt ist eine Myelomzellinie der Maus. Während der Vermehrung kommt es vor, daß eine einzelne Myelomzelle das genetische Programm zur Produktion *ihres* Antikörpers spontan verliert. Diese deprogrammierten Myelomzellen lassen sich aussortieren. In Kultur genommen und vermehrt, sind diese Zellen in der Lage, ein neues Programm zur Antikörperproduktion aufzunehmen. Das Programm entnimmt man gesunden B-Lymphozyten einer immunisierten Maus.

Um zum Beispiel monoklonale Antikörper gegen menschliches Interferon zu gewinnen, wird eine Maus durch Injektion mit diesem Material immunisiert. Die Milz des getöteten Tieres wird bis auf die Stufe einzelner Zellen zerkleinert. Ein Großteil dieser Zellen sind B-Lymphozyten, darunter auch solche, die stimuliert sind, Antikörper gegen

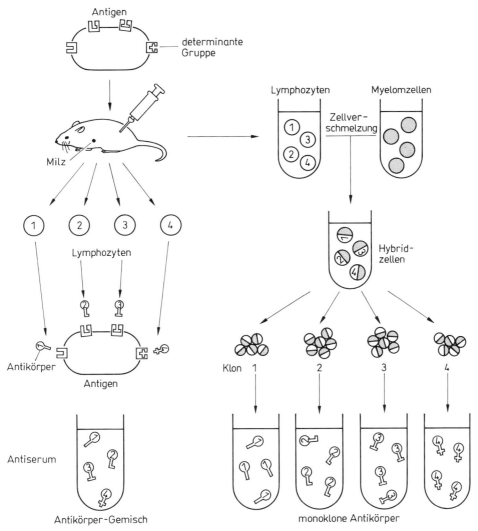

Antigen

determinante Gruppe

Milz

Lymphozyten   Myelomzellen

Zellver-schmelzung

Lymphozyten

Hybrid-zellen

Antikörper

Antigen

Klon 1   2   3   4

Antiserum

Antikörper-Gemisch   monoklone Antikörper

Interferon zu bilden. Die Übertragung des neuen Produktionsprogramms auf deprogrammierte Myelomzellen geschieht durch Zellverschmelzung (Fusion), die chemisch oder durch elektrisch ausgelöst wird. Die gebildeten hybriden Zellen enthalten das genetische Material beider Elternzellen. Bei nachfolgenden Zellteilungen geht ein Teil dieses Materials verloren, bis der Chromosomensatz seine übliche Größe wieder erreicht hat. Dabei können sich verschiedene genetische Kombinationen ausbilden. Die Zellen werden in Kultur genommen. B-Zellen sterben nach kurzer Zeit ab; was sich stabil vermehrt, ist Abkömmling einer Myelomzelle. Die Population der überlebenden Zellen besteht allerdings aus normalen Myelomzellen und solchen, die mit anderen fusioniert haben. Die

Bedingungen in der Nährlösung werden dann so modifiziert, daß nur fusionierte Zellen weiterleben können. Immer noch liegt eine komplexe Mischung verschiedener Fusionszellinien vor, die, Klon für Klon, einzeln auf ihre Bindungsfähigkeit von Interferon hin untersucht werden müssen. Als Ergebnis erhält man eine oder mehrere Zellinien, welche die beiden entscheidenden Eigenschaften vereinigen: Produktion eines Antikörpers gewünschter Bindungsspezifität, geerbt von den gesunden B-Lymphozyten aus der Milz des immunisierten Versuchstiers, und unbegrenztes Wachstum in Zellkultur, geerbt von der deprogrammierten Myelomzelle. Diese Zellinien heißen *Hybridome*. Sie sind eine reiche, nie versiegende Quelle chemisch einheitlicher, monoklonaler Antikörper

Tabelle 10.1. Einige Anwendungsgebiete für monoklonale Antikörper

Höhere Empfindlichkeit und bessere Reproduzierbarkeit bereits existierender Immunassays oder neuer Tests für:

Histokompatibilitätsantigene	Interleukine	Blutgerinnungsfaktoren
Fibronectin	Komplementbestandteile	Östrogen
Blutgruppenantigene	Interferone	menschliches
	Progesteron	Wachstumshormon
Spermaantigene	Gastrin	

Diagnose von:

sexuell übertragbaren Krankheiten

Krebs (durch Nachweis krebsspezifischer Antigene)

Therapie:

Neueinstellung bei Überdosierung von Medikamenten

Risikoverringerung bei Knochenmarkstransplantationen

Nachweis von Krebsmetastasen

Krebstherapie (unmittelbar oder durch Steuerung zelltötender Verbindungen)

Möglicherweise lassen sich monoklonale Antikörper auch als „Fremdenführer" benutzen, indem man sie mit pflanzlichen oder bakteriellen Toxinen oder Cytostatika beladen kann, um so diese Wirkstoffe selektiv an den zu bekämpfenden Tumor heranzuführen, ohne das gesunde Gewebe zu schädigen (s. Abb. 10.6).

Mit Hilfe der GENDIAGNOSTIK kann in einem Untersuchungsmaterial auch die Anwesenheit einer bestimmten *Nucleinsäuresequenz* erkannt werden, die z.B. auf Gene von Viren oder Bakterien schließen läßt (Abb. 10.7). Dadurch ist eine Erkennung von mikrobiellen Krankheitserregern bereits im Frühstadium möglich. Beispiele sind die Tests zur Erkennung von *Hepatitis B-Viren* oder von *Salmonellen-Infektionen*. Ferner kann auch der Defekt eines körpereigenen Gens durch die Gendiagnostik nachgewiesen werden. Das führt zur Diagnose (auch zur pränatalen) von Erbkrankheiten, wie Sichelzellen-Anämie, Stoffwechselstörungen (z.B. Phenylketonurie), Bluterkrankheit, Zwergwuchs und anderen.

DNA-SONDEN sind besonders auch zum Identitätsnachweis geeignet. Die (schätzungsweise 10 000) Gene im menschlichen Genom sind in unterschiedlich lange, nichtkodierende Sequenzen eingestreut, und der Anteil an nichtkodierender DNA dürfte etwa 90 % der gesamten DNA ausmachen. Mutationen in diesen Bereichen sind zwar gewöhnlich bedeutungslos, sie werden aber an die Nachkommen weitergegeben. So ist mit der Zeit eine Vielfalt an Sequenzvariationen entstanden, die beim DNA-FINGERABDRUCK ausgenutzt werden kann. Die nichtkodierenden Sequenzen können in mehreren (bis millionenfach) tandemartig wiederholten Nucleotidfolgen auftreten (REPETITIVE DNA). Die Anzahl solcher Sequenzwiederholungen unterscheidet sich von einem Menschen zum anderen. Spaltet man die DNA verschiedener Personen mit einer RESTRIKTIONSENDO-NUCLEASE und vergleicht die erhaltenen Fragment-Muster durch GELELEKTROPHORESE miteinander, so zeigen sich deutliche Unterschiede in den Fragmentlängen. Man nennt das „*Restriktions-Fragmentlängen-Polymorphismus*" (RFLP). Ursache kann das Vorhandensein oder Fehlen einer spezifischen Schnittstelle für das Restriktionsenzym sein oder unterschiedlich häufige Wiederholungen von kurzen DNA-Sequenzen zwischen

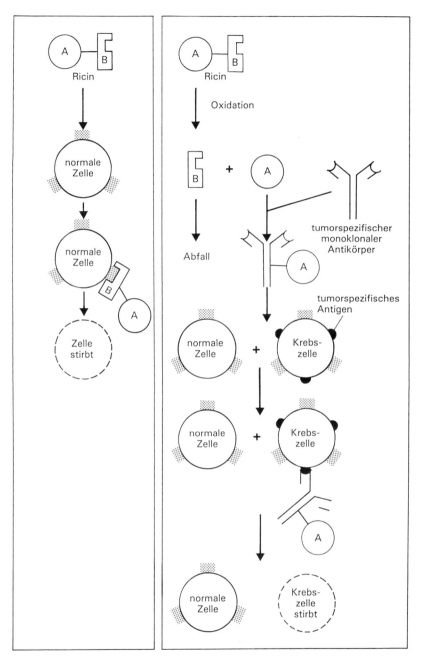

Abb. 10.6. Immuntoxine als therapeutische Hilfsmittel. Ein für Zellen höchst giftiges Protein ist in der Pfefferbohnenpflanze enthalten. Ricin besteht aus zwei Peptidketten. Die B-Kette bindet an spezielle Gruppen der Zelloberfläche und erleichtert so das Eindringen der A-Kette. Gelangt sie ins Cytoplasma, dann schädigt sie die Ribosomen. Dies führt zum Zelltod. Isoliert man die giftige A-Kette und koppelt sie mit einem tumorspezifischen, monoklonalen Antikörper, so entsteht ein Immuntoxin. Damit lassen sich Krebszellen selektiv abtöten. Da die A-Kette nicht die Zellteilung, sondern die Proteinsynthese blockiert, tötet sie potent karzinogene Zellen auch dann, wenn sich diese nicht aktiv teilen

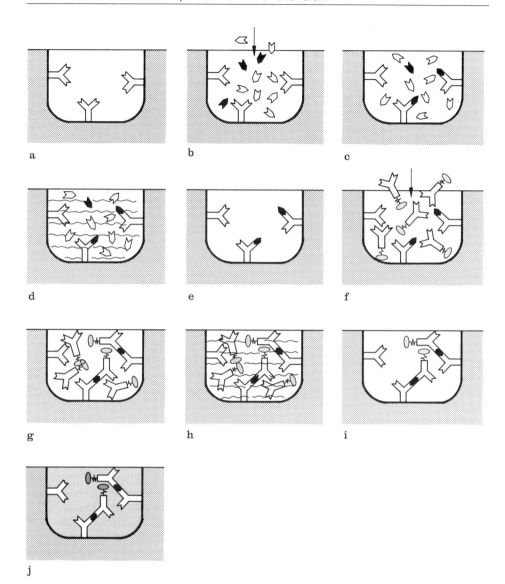

Abb. 10.7. Virusdiagnose durch Enzym-Immuno-Assay. In einem Reaktionsgefäß sind virusspezifische Antikörper gebunden (a). Aus dem zugegebenen Patientenserum (b) bindet nur das passende Virusantigen an die Antikörper (c), andere Serumbestandteile werden ausgewaschen (d, e). Anschließend wird ein weiterer virusspezifischer Antikörper zugesetzt. Er ist mit einem Enzym (f) gekoppelt und bindet an die vom ersten Antikörper festgehaltenen Virusantigene (g). Überschüssiges Antikörper-Enzym-Konjugat wird wieder ausgewaschen. Enthält das Serum Virusantigen, so hält es die beiden Antikörper wie eine Brücke zusammen (i). Seine Anwesenheit kann z. B. durch eine Farbreaktion (j) nachgewiesen werden

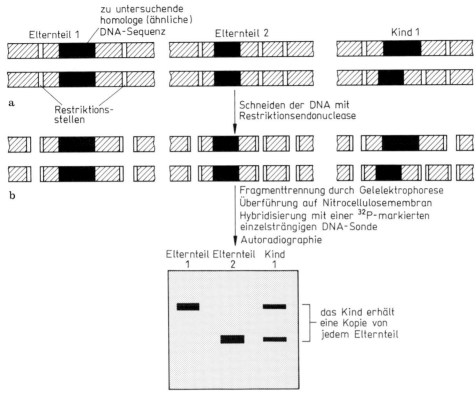

Abb. 10.8. Restriktions-Fragmentlängen-Polymorphismus (RFLP). Unter Polymorphismus versteht man das Auftreten genetischer Unterschiede in einer Population. Die Methode erlaubt die Bestimmung von Vererbungsmustern und Erbkrankheiten innerhalb einer Familie. Kleine Unterschiede zwischen ähnlichen DNA-Molekülen sind feststellbar, da ihre Restriktionsfragmente durch Gelelektrophorese getrennt werden können. Die Doppelstränge werden denaturiert und auf eine Nitrocellulosemembran überführt, wo die DNA-Ketten mit einer ^{32}P-markierten DNA-Sonde hybridisiert werden. Das Autoradiogramm zeigt schließlich die Position des Restriktionsfragments an, das eine zur Sonde komplementäre Sequenz besitzt. Man bezeichnet diese Nachweismethode als *Southern-Blotting*

den Schnittstellen. Durch die Verwendung entsprechender DNA-Sonden können bestimmte Genorte im GENOM sichtbar gemacht werden, und man erhält Muster aus vielen Banden. Die Wahrscheinlichkeit, daß zwei nicht miteinander verwandte Personen das gleiche Bandenmuster besitzen, ist äußerst gering, und auf diese Weise ist z. B. ein gesicherter VATERSCHAFTSNACHWEIS möglich (Abb. 10.8). Allerdings besitzen eineiige Zwillinge stets das gleiche RFLP-Muster, und ihre Identifizierung ist auf diese Weise nicht

möglich. Man kann auch DNA-Sonden verwenden, die nur mit einem einzigen Locus des haploiden Genoms binden können (sog. Single-Locus-Sonden); dann erhält man für jede Person nur zwei Banden, und die Interpretation wird dadurch wesentlich erleichtert. Das Bundeskriminalamt Wiesbaden benutzt hintereinander fünf verschiedene DNA-Sonden, wodurch die Wahrscheinlichkeit der individuellen Zuordnung erheblich vergrößert wird. Auf diese Weise werden aufgrund von Spuren (Speichel, Sperma, Blut,

Haarwurzel) auch *Täteridentifizierungen* mit „an Sicherheit grenzender Wahrscheinlichkeit" möglich gemacht.

Zusammenfassung

Verschiedene Proteine mit wichtigen biologischen Funktionen werden im menschlichen Körper nur in Spuren gebildet. Soweit sie für therapeutische oder diagnostische Zwecke von Bedeutung sind, besteht die Möglichkeit, sie mit gentechnischen Methoden herzustellen. Dazu muß die entsprechende genetische Information aus dem menschlichen Gewebe isoliert und in einen einzelligen Organismus oder in eine Tierzelle übertragen werden. Solche rekombinanten Zellen können im großen Maßstab kultiviert werden und liefern dabei das begehrte Produkt. Faktor VIII ist ein Protein aus der menschlichen Blutgerinnungskaskade und wichtig für die Therapie der Hämophilie. Die Methoden zur Klonierung dieses Gens werden näher beschrieben. Seine Produktion ist nur mit Hilfe von Tierzellen möglich, weil nur diese in der Lage sind, das Protein nach seiner Fertigstellung mit den Kohlenhydratseitenresten zu versehen. Interferone werden mit Hilfe von rekombinanten *Escherichia-coli*-Bakterien hergestellt. Weitere Beispiele sind der Gewebsplasminogen-Aktivator (TPA) gegen Herzinfarkt, Erythropoietin zur Therapierung von Anämien und die Interleukine. Monoklonale Antikörper werden von Hybridomazellen gebildet, die durch Fusionierung von B-Lymphozyten mit Myelomzellen entstehen. Sie haben vor allem in der Tumortherapie und als Immundiagnostika Verwendung gefunden. Die Genomdiagnostik erlaubt den Nachweis viraler und bakterieller Infektionen im Körper und dient zur Erkennung von genetisch bedingten Stoffwechselstörungen. DNA-Sonden werden zur Erstellung von DNA-Fingerabdrücken verwendet, die insbesondere für forensische Zwecke (Vaterschaftsnachweis, Täteridentifizierung) von großem Nutzen sind.

11 Biotechnologie mit Pflanzen- und Tierzellen

Die meisten BAKTERIEN und niederen PILZE sind ausgesprochene Individualisten; in ihren Nährlösungen liegen sie als *Einzelzellen* vor, und nur wenige bilden fadenförmige Verbände oder andere Formen des Zusammenlebens. Anders die Zellen von Pflanzen und Tieren; sie lieben die Gemeinschaft und finden sich zu höheren Organisationsformen zusammen, die man als GEWEBE bezeichnet. In ihnen haben sich die Zellen zu speziellen Aufgaben „differenziert". Wurzelzellen haben andere Aufgaben als die Zellen im Blattgewebe, und Leberzellen unterscheiden sich grundsätzlich in Aufbau und Funktion von Knochenmarkzellen. Da stellt sich die Frage, ob es nicht auch möglich wäre, einzelne Zellen von Tieren oder Pflanzen, ähnlich wie die Bakterien und Pilze, in wäßrigen Suspensionen oder auf Oberflächen zu kultivieren. Man hätte dadurch die Aussicht, z. B. die Fähigkeit, wertvolle Stoffe zu bilden – etwa eine Droge oder ein Hormon –, aus der Pflanze oder dem Tier heraus in einen technischen BIOREAKTOR zu verlagern. Wegen ihrer unterschiedlichen Charakteristika sollen Pflanzen- und Tierzellkulturen anschließend getrennt betrachtet werden.

11.1 Zellkulturen aus Pflanzen

Gehen wir davon aus, daß die Zellen aller Gewebe, ob in der Wurzel, im Stengel oder im Blatt, von einer einzigen KEIMZELLE abstammen, in der alle Informationen für die späteren Spezialfunktionen in den verschiedenen Geweben vorprogrammiert sein müssen. Die DIFFERENZIERUNG besteht dann darin, daß die Gewebezellen einen großen Teil ihrer genetischen Programmierung „vergessen" müssen, um sich durch die Förderung

bestimmter, ausgewählter Fähigkeiten zu Experten zu entwickeln. Dieser Differenzierungsprozeß kann bei den Zellen tierischer Gewebe nur selten oder gar nicht rückgängig gemacht werden.

Demgegenüber können die Zellen vieler Pflanzen (zumindest der meisten zweikeimblättrigen) wieder „entdifferenziert" werden; man bezeichnet das als TOTIPOTENZ. So kann man z. B. aus einem Stück Blatt- oder Stengelgewebe einer Pflanze – nachdem man es durch Behandlung mit einem Desinfektionsmittel oberflächlich keimfrei gemacht hat – einen noch lebenden Gewebebezirk entnehmen („*Gewebeexplantat*") und auf einen mit Agar verfestigten Nährboden (z. B. eine AGARPLATTE) übertragen, der alle für das Pflanzenwachstum erforderlichen Nährstoffe enthält. Dies sind, neben Zucker als Nährstoffquelle, anorganische Salze, verschiedene *Vitamine*, eventuell AMINOSÄUREN und vor allem bestimmte pflanzliche WUCHSSTOFFE, die als PHYTOHORMONE bezeichnet werden. Unter den richtigen Bedingungen bildet sich an der Schnittstelle des Explantates ein Wundgewebe, ein sog. *Kallus* (Abb. 11.1). Man kann das Kallusgewebe auf ein frisches Agarmedium übertragen, wo es sich als undifferenzierte Zellmasse weiter vermehrt; man kann es auch in ein flüssiges Medium übertragen. Zur ausreichenden Versorgung der Zellen mit Sauerstoff wird diese Kultur geschüttelt, wobei die größeren Zellaggregate des Kallus in kleinere oder sogar in *Einzelzellen* zerfallen. Das ist dann eine KALLUS-KULTUR, wie sie auch in großen BIOREAKTOREN gehalten werden kann. Es ist noch nicht einmal erforderlich, die Kultur zu belichten, die Zellen wachsen auch im Dunkeln. Wichtig ist nur, daß alles unter streng aseptischen Bedingungen (s. ASEPSIS) abläuft.

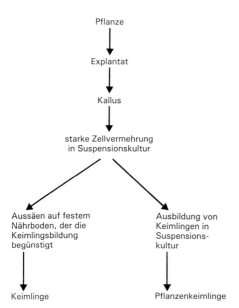

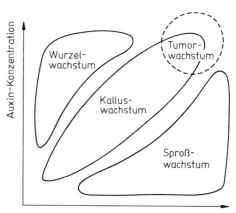

Abb. 11.2. Differenzierungsrichtung pflanzlicher Zellen. Das Blatt einer Tabakpflanze zum Beispiel kann mit Hilfe von Enzymen in wandlose Einzelzellen zerlegt werden, bestehend aus Protoplasma und Zellmembran, den Protoplasten. Sie können sich mit einer neuen Wand umgeben und sich teilen. Eine bestimmte Balance pflanzlicher Wachstumshormone sorgt dafür, daß sich diese Zellen weiter vermehren, sie wachsen als undifferenzierte Zellmasse, als Kallus. *Auxine* und *Cytokinine* bilden die beiden Hauptklassen der Wachstumsregulatoren. Auxine sind für das Wurzelwachstum verantwortlich

Abb. 11.1. *In-vitro*-Verfahren zur Massenvermehrung von Pflanzen. Entwickelt sich eine Pflanze aus Samen, dann ist die Steigerung der Individuenzahl ein langwieriger Prozeß. Das gilt insbesondere für Bäume und Sträucher, die erst Jahre nach der Samenkeimung zum ersten Mal blühen. In solchen Fällen kann eine *in-vitro*-Vermehrung vorteilhaft sein. Man nimmt ein Explantat und läßt es auf einem festen Nährboden einen Kallus bilden. Diesen bringt man in flüssiges Medium und legt so eine Suspensionskultur an. Nach einer Reihe von Mitosen streicht man die Zellen auf einer Agarplatte aus und erhält Keimlinge. Ölpalmen lassen sich so vermehren

Das Entscheidende ist nun, daß es möglich ist, in den weitgehend undifferenzierten Kalluskulturen durch Änderung der Zusammensetzung des Nährmediums eine ORGANOGENESE auszulösen (Abb. 11.2). An diesem Prozeß sind hauptsächlich zwei Hauptklassen von Phytohormonen schuld. Die AUXINE stimulieren das Wurzelwachstum und sorgen außerdem dafür, daß nur die endständigen Knospen einer Pflanze austreiben. Die CYTOKININE dagegen rufen ein Sproßwachstum hervor und hemmen das Wachstum der Wurzeln. Eine Erhöhung der Cytokinin- und gleichzeitige Erniedrigung der Auxinkonzentration im Medium führt dazu, daß aus der amorphen Zellmasse des Kallus kleine Spros-

se austreiben (DIFFERENZIERUNG). Sie können nach einiger Zeit vom Kallus abgetrennt und als Stecklinge auf ein Agarmedium mit höheren Auxinkonzentrationen übertragen werden. Dann beginnen sich Wurzeln auszubilden, und so ist es möglich, daß aus einer ursprünglich einzelnen Blattzelle eine neue, komplette Pflanze wird. Die Pflanze ist fruchtbar, sie kann gekreuzt werden und über Samen auch Nachkommen hervorbringen. Tausende von solchen genetisch identischen, *geklonten Pflanzen* können so aus einer einzigen Pflanzenzelle erzeugt werden, z. B. solche, die zu einem vorbestimmten Zeitpunkt, etwa zu bestimmten Festtagen, ihre Hochblüte haben und auf den Markt gebracht werden können. Leider gelingt dieser Prozeß noch nicht bei allen Pflanzen; z. B. bereitet bei den Einkeimblättrigen, zu denen auch unsere einheimischen Getreidearten gehören, eine Regenerierung von neuen Pflanzen aus Einzelzellen noch große Schwierigkeiten.

Eines der Ziele der klassischen Pflanzenzüchtung ist die züchterische Neukombination der GENOME unterschiedlicher Sorten und die SELEKTION und Weiterzüchtung von neuen GENOTYPEN mit verbesserten Eigenschaften. Von der ersten *Kreuzung* bis zur Zulassung einer neuen Sorte vergehen mitunter 10 bis 20 Jahre. Daher ist die klassische Methode äußerst langwierig. Trotzdem waren diese klassischen Züchtungstechniken die Voraussetzung für die unglaublichen Erfolge bei der Ertrags- und Qualitätsverbesserung unserer Sorten im Verlauf des letzten Jahrhunderts. Heute sind die Techniken der Zellkultur schon so weit zur Routine geworden, daß sie in den meisten privaten Züchtungsbetrieben eingesetzt werden können. Dadurch kann das Feld mit seinen vielen, unkontrollierbaren Umwelteinflüssen durch eine biotechnische Kultivierung der Pflanzen im Glaskölbchen (IN VITRO) oder im BIOREAKTOR ersetzt werden. Man kann noch einen Schritt weitergehen, denn es ist möglich, den einzelnen Kalluszellen durch Behandlung mit cellulosespaltenden Enzymen die Zellwand wegzunehmen. Solche zellwandlosen PROTOPLASTEN von ähnlichen oder auch von unterschiedlichen Zelltypen können unter bestimmten Bedingungen miteinander verschmolzen werden (*Protoplastenfusion*). Die Verschmelzung gelingt z. B. durch Zugabe von Polyethylen oder in einem inhomogenen, elektrischen Feld durch kurze Stromstöße (ELEKTROFUSION). Die erhaltenen *Hybride* können sogar eine neue Zellwand und wieder einen Kallus bilden. Auf diese asexuelle Weise gelingt es, Pflanzenhybride von Arten zu erzeugen, die auf sexuellem Wege nicht miteinander gekreuzt werden können. Bekanntestes Beispiel ist die *Tomoffel*, eine somatische Zellhybride aus Kartoffel und Tomate. Hybride dieser Art haben natürlich vornehmlich wissenschaftliches Interesse, sie sind meist unfruchtbar, bringen keine Samen hervor und liefern (in diesem Fall) weder brauchbare Knollen noch ansprechende Tomaten; das wäre wohl auch zuviel verlangt. Immerhin ist es aber mit Kartoffelprotoplasten schon gelungen, durch Fusion eine Virusresistenz zu übertragen

und diese Pflanze hat sich in der Praxis bereits bewährt.

Die Verfahren der ZELLKULTUR arbeiten mit der gesamten ERBINFORMATION der Pflanze, und der Mensch hat zunächst keinen Einfluß darauf, welche Teile der genetischen Information erhalten bleiben und welche verschwinden. Wünschenswert wäre aber eine Übertragung bestimmter GEN-Abschnitte in das Pflanzen-GENOM, um Eigenschaften der Pflanze gezielt zu verändern. Wie so etwas geschehen kann, hat uns die Natur bereits vorgemacht, nämlich mit einem tumorauslösenden Bodenbakterium (daher sein Name *Agrobacterium tumefaciens*). Wenn eine Pflanze am Wurzelhals (engl. crown) verwundet wird, dann bildet sich nach Infektion dieser Stelle mit dem AGROBAKTERIUM eine Zellwucherung, eine sog. „Galle" (engl. crown gall, Abb. 11.3). Die Zellen der WURZELHALS-GALLEN haben insofern die Eigenschaften eines Tumors, als sie in einer sterilen Kultur auch ohne die Anwesenheit von Agrobakterien unbegrenzt weiterwachsen können, vergleichbar mit dem „malignen", krankhaften Wachstum tierischer Krebszellen. Sie benötigen für ihre Vermehrung auch nicht die Zugabe von Pflanzenhormonen. Man kann das Tumorgewebe auch auf eine gesunde Pflanze übertragen, wo es wieder eine starke Wucherung verursacht.

Bei der Analyse der Zellinhaltsstoffe findet man ungewöhnliche AMINOSÄUREN, die im normalen Gewebe nicht vorkommen. Am häufigsten werden zwei OPINE gebildet namens *Octopin* und *Nopalin*. Dabei handelt es sich um Abkömmlinge der natürlichen Aminosäure *Arginin*. Wichtig ist, daß die Pflanzenzellen von dem infizierenden Agrobakterienstamm die Information erhalten, welches Opin sie bilden sollen. Dieses dient dann dem jeweiligen Bakterienstamm (und nur diesem) als eine Art Spezialdiät. Mit Seeräuberei könnte man diesen Vorgang vergleichen, bei dem ein Bakterium die Pflanzenzellen „entert" und den STOFFWECHSEL der „gekaperten" Zellen unter seinen Befehl stellt: „Bildet einen Tumor und synthetisiert mein Opin-Leibgericht." Der Befehl wird mittels eines genetischen Elements erteilt, das von

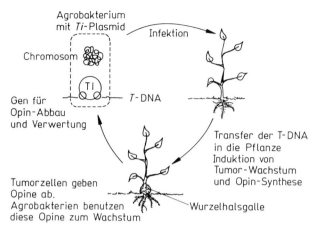

Agrobakterium
mit *Ti*-Plasmid

Infektion

Chromosom

Gen für
Opin-Abbau
und Verwertung

T-DNA

Transfer der T-DNA
in die Pflanze
Induktion von
Tumor-Wachstum
und Opin-Synthese

Tumorzellen geben
Opine ab.
Agrobakterien benutzen
diese Opine zum Wachstum

Wurzelhalsgalle

Abb. 11.3. Infektion einer Pflanze mit *Agrobacterium tumefaciens* I. Verwundet man eine Pflanze am Wurzelhals (*crown*) und infiziert diese Wunde mit Agrobakterien, so wird sich nach einiger Zeit an der Infektionsstelle eine Zellwucherung, ein Tumor oder eine Galle (*gall*), bilden. Isoliert man Gewebeteile dieses Tumors und bringt sie steril in Kultur, so wachsen die Zellen auch in Abwesenheit von Agrobakterien weiter. Dabei synthetisieren sie eine neue Klasse von organischen Verbindungen, die Opine. Das jeweilige Opin kann nur von den Agrobakterien als Energiequelle genutzt werden, die den Tumor ausgelöst haben; für andere Stämme ist es nutzlos

den Pflanzenzellen erworben werden und auch wieder verlorengehen kann. Es wird als *„tumorinduzierendes Prinzip"* oder auch als TI-PLASMID bezeichnet (Abb. 11.4). Ähnlich wie bei den uns schon aus Kap. 9 bekannten Bakterien-Plasmiden handelt es sich dabei um ein ringförmiges DNA-Molekül aus etwa 200 000 BASENPAAREN (Abb. 11.5a). So haben diese Bodenbakterien gewissermaßen ein natürliches GENTECHNIK-System entwickelt, das wir benutzen können, um neue genetische Informationen in Pflanzenzellen einzubringen.

Die Vorbereitungen, die dazu zu treffen sind, entsprechen den üblichen gentechnischen Methoden, wie wir sie in Kap. 9 schon kennengelernt haben – Isolierung der DNA aus den Tumorzellen: Zerschneiden mit RESTRIKTIONSENDONUCLEASEN, Auftrennen der Spaltstücke durch GELELEKTROPHORESE, Herausfischen der gesuchten Fragmente durch Hybridisierung mit DNA-SONDEN usw. Schauen wir uns nochmals die Abb. 11.5a an: Die VIRULENZ-Region ist wichtig für den stabilen Einbau der T-DNA in die Pflanzenzelle;

diese müssen wir erhalten. In den Bereichen 1, 2 und 4 sind die Pflanzenhormone kodiert, Auxin für die Ausbildung von Wurzeln und Cytokinin für die von Sprossen. Zerstören oder entfernen wir diese beiden Gene des Ti-Plasmids, dann findet zwar der Einbau von T-DNA in das Wirtszellen-GENOM statt, aber es kann kein Tumor mehr gebildet werden; wir haben ein „entschärftes" Ti-Plasmid in der Hand. Die beiden Grenzsequenzen (engl. border sequences) links und rechts dieser tumorinduzierenden Region sind nicht länger als jeweils 25 BASENPAARE und spielen eine besondere Rolle für die Verknüpfung der T-DNA mit der Pflanzen-DNA. Entfernt man also alle Gene der T-DNA, die von diesen Signalsequenzen eingerahmt sind und ersetzt sie durch irgendeine fremde DNA, so wird diese von den Agrobakterien ebensogut in das Genom einer Pflanze übertragen, wie die normale T-DNA, jedoch wird kein Tumor gebildet(s. Abb. 11.5b). Damit haben wir ein sehr wirkungsvolles Gentransfersystem für Pflanzen in der Hand. Das Gen für die *Antibiotikaresistenz* (Kanamycin) ist erforderlich

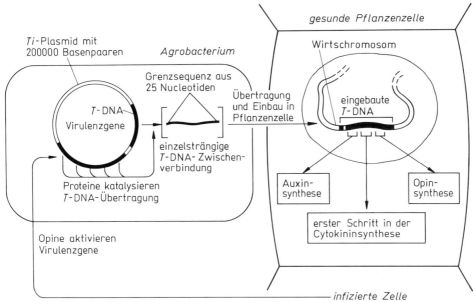

Abb.11.4. Infektion einer Pflanze mit *Agrobacterium tumefaciens* II. Die *T*-DNA, die vom tumorinduzierenden (*Ti*-) Plasmid des Bakteriums auf die Pflanzenzelle übertragen wird, gelangt an beliebiger Stelle ins Wirtschromosom. Unter den gebildeten genetischen Produkten sind Enzyme, die in die Wachstumsregulation eingreifen und damit für die Tumorbildung verantwortlich sind

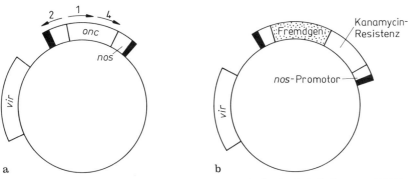

a   b

Abb.11.5. Schematische Darstellung von *Ti*-Plasmiden.

a) Die Virulenzgene (*vir*) sind für den Transfer der *T*-DNA in die Pflanzenzelle entscheidend. Dort treten die *onc*-Gene auf der *T*-DNA in Aktion; sie verursachen Tumorbildung durch die Gene *1* und *2* für die Auxin- und Gen *4* für die Cytokininsynthese. Die *onc*-Gene kann man entfernen, ohne die Übertragung der *T*-DNA zu beeinträchtigen. Allerdings müssen die Sequenzen an der Grenze zwischen *T*-DNA und dem Rest des *Ti*-Plasmids intakt sein, damit der Transfer funktioniert. Das *nos*-Gen steuert die Opinsynthese. Die dunklen Zonen markieren Gene für die linke und rechte Grenzsequenz aus je 25 Basenpaaren, die für die Verknüpfung von *T*-DNA mit Pflanzen-DNA wichtig sind.

b) zeigt den abgewandelten Vektor für genetische Veränderungen in Pflanzen, da ursprüngliche Plasmide sehr groß und genetisch zu komplex sind. Um ein Fremdgen in Pflanzenzellen zu exprimieren, muß es mit einem für die Zellen lesbaren Promoter verbunden sein. Da die Opinsynthese für die Zellen nicht lebensnotwendig ist, hat man Vektoren konstruiert, in denen das Fremdgen unter der Kontrolle des *nos*-Promoters steht. Damit ist die Pflanzenzelle so umprogrammiert, daß sie Antibiotika-Resistenzgene (in diesem Fall Kanamycinresistenzgene) aus Bakterien exprimiert

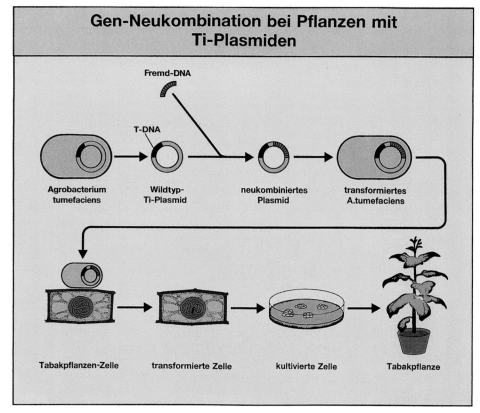

Gen-Neukombination bei Pflanzen mit Ti-Plasmiden

Fremd-DNA

T-DNA

Agrobacterium tumefaciens → Wildtyp-Ti-Plasmid → neukombiniertes Plasmid → transformiertes A.tumefaciens

Tabakpflanzen-Zelle → transformierte Zelle → kultivierte Zelle → Tabakpflanze

Abb. 11.6. Genneukombination bei Pflanzen mit *Ti*-Plasmiden. Ti-Plasmide, die keine aktiven Auxin- oder Cytokiningene mehr enthalten, rufen an der Verwundungsstelle der Pflanze weder einen Tumor noch Sproß- oder Wurzelwachstum hervor. Es entsteht lediglich ein kleiner Wundkallus wie bei jeder Verletzung. Die T-DNA wird weiter in die Pflanzenzellen transferiert und ins Genom integriert, da die Zellen des Wundkallus weiter Opine produzieren. Sie können bei externer Hormonzugabe kultiviert werden

für die SELEKTION der gesuchten Zellen: Bringt man die transformierten Agrobakterien, zusammen mit Blattstückchen aus einer Pflanze auf einen Nährboden, der Kanamycin enthält, so besitzen nur die infizierten Pflanzenzellen eine RESISTENZ gegen das Antibiotikum, und nur diese können daher als Kallus aus dem Blattgewebe herauswachsen. Aus diesem Gewebe kann man anschließend wieder komplette Pflanzen regenerieren, die das Fremdgen in allen Zellen enthalten (s. Abb. 11.6). Seine Weitergabe ist durch die Bildung von Samen ebenfalls gesichert.

Auf die praktische Bedeutung solcher *klonierter Pflanzen* wie auch von Zellkulturen soll anhand einiger Beispiele eingegangen werden:

● *HERBIZID-RESISTENTE PFLANZEN.* Das Herbizid *Glyphosat* wird in großem Umfang zur „Säuberung" landwirtschaftlicher Anbauflächen vor dem Aussäen der Nutzpflanzen eingesetzt. Unerwünschte Samen, die erst später auf den Acker gelangen, können aber auskeimen und die Ernte gefährden. Ähnlich wie im Falle der Antibiotikaresistenz wäre es auch möglich, mit gentechnischen Methoden *Resistenzgene* gegen bestimmte Unkrautvernichtungsmittel in Kulturpflanzen zu übertragen, so daß entsprechende Herbizide auch nach der Aussaat noch ohne Schaden für die Nutzpflanzen ausgebracht werden könnten. Durch den Einsatz von herbizidresistenten Pflanzen könnten vielleicht die Mengen der versprühten und zum Teil sehr giftigen Herbizide vermindert oder die Mittel selber gegen weniger schädliche und biologisch abbaubare ausgetauscht werden. Die Schaffung und Verbreitung herbizidresistenter Pflanzen ist einer der zur Zeit am meisten umstrittenen Aspekte angewandter Pflanzengentechnik.

• *Samenspeicherproteine.* Die Getreidearten (Weizen, Mais, Reis, Gerste usw.) gehören zu den mengenmäßig bedeutendsten Kulturpflanzen. Von ihnen verwenden wir die Samen und damit deren Stärke und deren Speicherproteine als Nahrungs- und Futtermittel. Qualitätsverbesserungen durch eine Erhöhung der Proteinmenge oder durch eine Anreicherung bestimmter, für die Ernährung besonders wichtiger ESSENTIELLER AMINOSÄUREN wären im Prinzip mit den geschilderten gentechnischen Methoden möglich. Leider sind aber diese einkeimblättrigen Pflanzen weder durch AGROBAKTERIEN infizierbar noch lassen sie sich bis jetzt aus Einzelzellen zu ganzen Pflanzen regenerieren. Die GENE für verschiedene pflanzliche Speicherproteine sind bereits KLONIERT (darunter für das *Hordein* der Gerste, das *Zein* im Mais und für *Glycinin* und *β-Conglycinin* aus der Sojabohne), es müssen aber noch wichtige, grundlegende Fortschritte abgewartet werden.

• *Gewinnung von Drogen aus Pflanzen.* Etwa ein Viertel aller verordneten Arzneistoffe und Drogen sind pflanzlichen Ursprungs. Dazu gehören die ALKALOIDE, zumeist stickstoffhaltige, heterozyklische Verbindungen aus unterschiedlichen Substanzklassen, die im Pflanzenreich in großer Zahl auftreten. Oftmals haben sie in der Volksmedizin wegen ihrer pharmakologischen und toxikologischen Wirkungen eine lange Tradition. Als Beispiele seien das *Coffein* in den Samen des Kaffeestrauches, die *etherischen Öle* in den Blättern der Pfefferminzpflanze oder ein medizinisch wichtiges Alkaloid aus dem Stechapfel erwähnt, welches als *Hyoscyamin* in der Wurzel synthetisiert und nach Epoxidierung

als *Scopolamin* in den Blättern der Pflanze angereichert wird. Die Bildung dieser Stoffe ist oft an bestimmte morphologische Strukturen, also an differenzierte Gewebe gebunden, und schon daher ist ihre Herstellung mit Hilfe von Pflanzen-ZELLKULTUREN problematisch. Hinzu kommt, daß sie oft nur in geringen Konzentrationen vorkommen, so daß ihre Isolierung schwierig und kostenaufwendig ist. Selbst durch SCREENING erhaltene Zellkulturen mit einer erhöhten Produktion sind bezüglich ihrer Produktivität oft nicht stabil und müssen vielfach immer wieder nachselektiert werden. Inzwischen gibt es nur wenige ZELLINIEN, die Arzneistoffe in weit höheren Konzentrationen enthalten als die differenzierte Pflanze. Ein Beispiel ist *Shikonin*, ein intensiv roter Farbstoff aus den Wurzeln von *Lithospermum*-Arten. Er wird heute in Japan mit Zellkulturen in großen BIOREAKTOREN erzeugt und ist wegen seiner entzündungshemmenden und antibakteriellen Eigenschaften, aber auch als Farbstoff für Lippenstifte und für das traditionelle Kunsthandwerk sehr begehrt. Die Pflanzen, aus deren Wurzeln Shikonin bisher hergestellt wurde, benötigen 5 bis 7 Jahre bis zur Ernte und müssen aus Korea oder China eingeführt werden. Die Produktion mit Zellkulturen benötigt 21 Tage. In Deutschland wird *Rosmarinsäure*, eine Verbindung mit antiphlogistischen Wirkungen, aus Zellkulturen der Buntnessel (*Coleus blumei*) hergestellt und auf seine klinische Verwendbarkeit überprüft. In Tabelle 11.1 sind einige weitere, aus Pflanzen zu gewinnende Wertstoffe aufgeführt.

• *Stickstoff-Fixierung.* Alle Lebewesen benötigen Stickstoff für den Aufbau stickstoffhaltiger Zellbestandteile (AMINOSÄUREN, NUCLEOTIDE und viele andere; s. Abb. 11.7). Stickstoff ist zwar im Überfluß vorhanden, etwa 78 % der Erdatmosphäre bestehen aus diesem Gas, es ist jedoch, wie der Name schon vermuten läßt, recht reaktionsträge. Daher können die meisten Organismen mit dieser Form von Stickstoff nichts anfangen. Im allgemeinen sind die Einzeller und die Pflanzen auf anorganische Stickstoffverbindungen angewiesen, Ammonium- (NH_4^+) oder Nitra-

Tabelle 11.1. Einige Wertstoffe, die aus Pflanzen gewonnen werden können

Produkt	Herkunft	Verwendung
Menthol	Mentha piperita	Geschmacksstoff
Jasmin	Jasminum sp.	Parfümzusatzstoff
Safran	Crocus sativus	Farb- u. Geschmacksstoff für Lebensmittel
Codein	Papaver somniferum	Schmerzmittel
Reserpin	Rauwolfia serpentina	gegen Bluthochdruck
Atropin	Atropa belladonna	Behandl. v. Herzrhythmusstörungen, Pupillenerweiterung
Vincristin, Vinblastin	Catharanthus roseus	Behandlung von Blutkrebs
Digoxin, Digitoxin	Digitalis lanata	Behandl v. Herz-Kreislauf-Erkrankungen
Chinin	Chinchona ledgeriana	gegen Malaria, Bitterstoff f. Getränke
Diosgenin und Sitosterin	Dioscorea sp. (Yams) Zea mays	Rohstoffe f. d. Herst. von Hydrocortison u. Steroiden
Scopolamin (Hyoscin)	Datura stramonium	Behandlung d. Seekrankheit
Pyrethrin	Chrysanthemum sp.	Insektizid

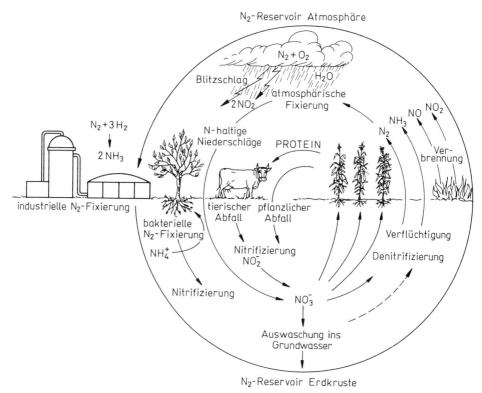

Abb. 11.7. Stickstoffkreislauf in der Natur. Die Menge des im globalen Kreislauf bewegten Stickstoffs beträgt ca. 500 Mio. t im Jahr

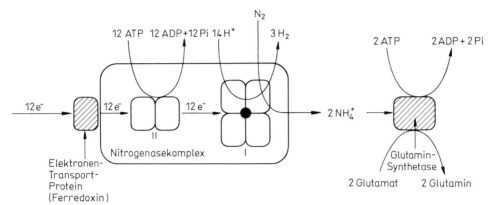

Abb. 11.8. Nitrogenasereaktion (schematisch). Einige Mikroorganismen sind in der Lage, unter Aufwendung von chemischer Energie den molekularen Stickstoff der Luft zu verwerten. ATP wird dabei verbraucht und in ADP sowie Phosphat Pi umgewandelt. Die Nitrogenase ist das komplexe bakterielle Enzym, welches die Stickstoffixierung katalysiert. Pro Mol Stickstoff N_2 werden zwei Mol Ammoniumionen $NH_4^{\oplus}$ gebildet. Für diese Reaktion werden vierzehn Protonen $H^{\oplus}$ und zwölf Elektronen $e^{\ominus}$ benötigt, wobei drei Mol Wasserstoff H_2 frei werden. Der Nitrogenasekomplex ist aus verschiedenen Untereinheiten aufgebaut und extrem sauerstoffempfindlich. Deshalb findet die Fixierung des Stickstoffs aus der Luft nur unter anaeroben Bedingungen statt. Von den *Rhizobien* werden die Ammoniumionen nicht freigesetzt, sondern sofort ins Cytoplasma der Wirtszelle abgegeben. Dort stehen sie dem Aminosäurestoffwechsel zur Verfügung

tionen (NO_3^-). Höhere Organismen können sogar nur fertige Aminosäuren in Form von Nahrungseiweiß verwenden. Es gibt aber auch Mikroorganismenarten, die die Fähigkeit besitzen, den molekularen Stickstoff der Luft in eine chemisch nutzbare Form zu überführen. Es sind relativ wenige, aber sie sind für den globalen STICKSTOFFKREISLAUF von eminenter Bedeutung. Es handelt sich bei dieser STICKSTOFF-FIXIERUNG um einen reduktiven Prozeß, bei dem pro Mol Stickstoff (N_2) zwei Mol Ammoniak (NH_3) entstehen, die dann sofort in Aminosäuren (zunächst Glutamin) eingebaut werden (Abb. 11.8). Diese Reaktion benötigt sehr viel Energie, und ein Teil der Energie geht dabei sogar noch durch die Bildung von Wasserstoffgas verloren. Das erforderliche Enzym, die NITROGENASE, das die Elektronen direkt auf Stickstoff überträgt, ist ein kompliziert aufgebauter Enzymkomplex, der nicht nur Eisen, sondern auch das in der Biochemie sehr seltene Metall Molybdän für seine Funktion benötigt.

Der Luftstickstoff wird aber nicht nur von freilebenden BAKTERIEN fixiert, sondern auch von einigen Bakterienarten, die diesen Prozeß nur in enger Verbindung mit bestimmten Pflanzenfamilien ausführen können. Am bekanntesten ist wohl die SYMBIOSE zwischen Bakterien der Gattung der RHIZOBIEN und den LEGUMINOSEN (Hülsenfrüchte), zu denen so wichtige Pflanzen gehören wie Soja, Bohne, Erbse und Linse, sowie die Futterpflanzen Luzerne und Klee. Sie werden in der Landwirtschaft schon immer zur Rekultivierung und Stickstoffversorgung des Ackerbodens angebaut (*Gründüngung*). Ein Vergleich der Leistungsfähigkeit verschiedener Systeme geht aus Tab. 11.2 hervor.

Die Rhizobien infizieren die Wurzelhaarzellen der Pflanzen, dringen in das Gewebe ein und vermehren sich dort, wodurch hochdifferenzierte Gewebestrukturen als *Wurzelknöllchen* entstehen (NODULATION). Dann kommt es zu einer intensiven Zusammenarbeit zum Wohle beider. Dabei wird u.a. ein besonderes Protein gebildet, das LEGHÄMOGLOBIN, welches für die richtige Einstellung des Sauerstoffgehaltes in den Knöllchen sorgt. Die Farbstoffkomponente (Häm) dieser Verbin-

Tabelle 11.2. Die Stickstoffixierungskapazität verschiedener Bakterien

System	Jährliche Stickstoffbindung
Freilebende Bodenbakterien (z. B. *Azotobacter* u. *Klebsiella*)	0,4 – 0,8 kgN pro ha
Freilebende Blaualgen	25 – 50 kgN pro ha
Symbiose zwischen Schwimmfarn (*Azolla*) und Blaualge (*Anabaena*) im Reisanbau	ca 300 kgN pro ha
Symbiose zwischen Erle (*Alnus*) und ACTINOMYCETEN (*Franckia*)	40 – 300 kgN pro ha
Symbiose zwischen Leguminosen und Rhizobien	100 – 600 kgN pro ha
Weizen benötigt an Stickstoffdünger	50 – 90 kgN pro ha

dung wird von den Rhizobien geliefert, während der Proteinanteil von der Pflanze stammt. Die Pflanze versorgt die Bakterien reichlich mit Kohlenhydratnahrung, und diese liefert den Rhizobien die Energie wie auch die Reduktionsäquivalente für die Stickstoffreduzierung. Dafür erhält die Pflanze von den Bakterien die gebildeten Stickstoffverbindungen, die sie ihrem eigenen Stoffwechsel zuführt. In gewisser Weise ist dieser Prozeß mit der Kolonisierung von Pflanzen durch AGROBAKTERIEN vergleichbar (s. oben). Jedoch üben diese durch die Bildung eines Tumors auf die Pflanze eine krankmachende Wirkung aus, während die Besiedlung mit Rhizobien ohne Austausch von DNA vor sich geht und zu einer echten Symbiose zum Wohle beider Partner führt. An den engen Wechselwirkungen sind schätzungsweise 50 bis 100 Pflanzengene beteiligt, aber auch Gene des Bakteriums, wie Nod-Gene (für die Nodulierung), Fix-Gene (für die N_2-Fixierung) und NIF-GENE (für die NITROGENASE).

Bis zur Jahrhundertwende waren die Salpetervorkommen in Chile die hauptsächliche Stickstoffquelle für die Landwirtschaft. Dann wurde erkannt, daß diese Vorräte zur Neige gehen, was zur Entwicklung des HABER-BOSCH-VERFAHRENS zur industriellen Produktion von Ammoniak und Stickstoffdünger aus dem Luftstickstoff führte. Nun sind möglicherweise die fossilen Brennstoffe, die für

diese *„chemische Stickstoffixierung"* benötigt werden, ebenfalls begrenzt. Auf diesem Hintergrund sind die Bestrebungen der Pflanzengenetiker zu einer möglichen Optimierung der biologischen Stickstoffixierung zu verstehen, um die Zukunft der Agrarwirtschaft auch in dieser Hinsicht sicherzustellen. Zwei mögliche Wege könnten beschritten werden: Man kann versuchen, die bakteriellen Gene für die Stickstoffixierung direkt in das Genom der Pflanze zu transferieren. Dazu müßten schätzungsweise 17 verschiedene Gene übertragen werden und jedes müßte mit einem in der Pflanze funktionierenden Kontrollsignal ausgestattet werden, denn die Einzelschritte müssen sorgfältig aufeinander abgestimmt sein, damit das Ganze auch wirklich funktioniert. Eine alternative Möglichkeit wäre die Übertragung der für die Symbiose erforderlichen Pflanzengene auf Nicht-Leguminosen, z. B. auf Getreidearten. Diese Gene hätten dann sogar schon die für die Pflanze erkennbaren Regulationssignale, und das Ergebnis wäre ein durch bestimmte Rhizobienstämme nodulierbares Getreide. Dazu ist jedoch die Charakterisierung der erforderlichen Pflanzengene bei weitem noch nicht ausreichend fortgeschritten. Hinzu kommt, daß die Getreidearten zu den Pflanzen gehören, die durch Agrobakterien nicht induzierbar und auch nicht aus Einzelzellen regenerierbar sind. Auf jeden Fall müßte auch mit einem

Rückgang der Erträge unserer modernen Hochleistungsgetreidesorten gerechnet werden, wenn ihnen die Fähigkeit zur selbständigen Stickstoffversorgung verliehen würde. So verlockend dieses Ziel der „GRÜNEN GENTECHNIK" auch erscheinen mag, über eine verbesserte Stickstofffixierung die Abhängigkeit von zusätzlichem Mineraldünger zu begrenzen, die Erreichung dieser Ziele dürfte noch in weiter Ferne liegen.

11.2 Zellkulturen aus Tieren

Während sich Pflanzenzellen, zumindest aus den meisten Zweikeimblättrigen, unter Kallusbildung entdifferenzieren und daraus auch wieder zu kompletten Pflanzen regenerieren lassen, ist dieses bei Säugetierzellen nicht möglich. Tierzellkulturen sind daher immer Einzelzellen aus bestimmten Geweben. Die Nährstoffansprüche der verschiedenen Zellarten sind unterschiedlich, und generell sind die Nährmedien sehr komplex zusammengesetzt. Neben etwa 0,1 % GLUCOSE als Kohlenstoffquelle müssen sie fast alle AMINOSÄUREN enthalten, die in den natürlichen PROTEINEN vorkommen, dazu 8 bis 10 verschiedene *Vitamine* und COFAKTOREN, zahlreiche anorganische Salze und ferner etwa 10 % *Blutserum*, z.B. fetales Kälberserum. Solche Medien verursachen leider große Probleme: Ihre STERILISATION durch Erhitzen auf 121 °C ist nicht möglich, und unerwünschte Mikroorganismen können nur durch ULTRAFILTRATION (0,2 µm Porenweite) entfernt werden. Durch die Anwesenheit der organischen Mediumskomponenten wird die Gewinnung der Produkte am Ende des Prozesses sehr erschwert, und die Medien sind außerdem sehr teuer. Trotzdem sind technische Zellkulturen in serumfreien Medien noch immer die Ausnahme.

Man beginnt mit dem Anlegen einer *Primärzellkultur*, für die ein Stück Gewebe (ein Explantat) unter sterilen Bedingungen entnommen, zerkleinert und mit PROTEASEN (eiweißspaltenden Enzymen wie z.B. *Trypsin*) behandelt wird, um Einzelzellen aus dem Gewebe herauszulösen. Nach Übertragung auf das sterile Medium in einer flachen Glasschale setzt bei 37 °C nach etwa 7 Tagen eine Zellvermehrung ein. Zufällig anwesende Mikroorganismen würden sich um ein Vielfaches schneller vermehren und die Kultur überwuchern, weshalb absolute Keimfreiheit oberstes Gebot ist. Anschließend werden daraus durch Überführen von Zellen in frisches Nährmedium *Sekundärzellkulturen* angelegt. Dazu werden häufig runde Glasflaschen benutzt, die nur wenige Milliliter Nährmedium enthalten und liegend um ihre Längsachse gedreht werden (2 – 4 Umdr. pro Minute). Auf diese Weise kommen die Zellen in der Lösung ausreichend mit Sauerstoff in Berührung. Nicht alle Zellen lassen sich als Suspensionskulturen (s. SUBMERS-FERMENTATION) vermehren, manche benötigen zum Wachstum eine feste Unterlage mit definierter Oberflächenladung. Sie bilden auf der Innenseite von *Rollerflaschen* einen Film, der nur aus einer Schicht von Einzelzellen besteht (MONOLAYER-KULTUR). Danach wird das Wachstum eingestellt, wenn sich die Zellen gegenseitig berühren (KONTAKTHEMMUNG). Daher versucht man, die Oberfläche für das Zellwachstum durch Einbringen von Glasstäben, Scheibenpaketen, Hohlfaserbündeln oder kleinen Glaskügelchen (MIKROCARRIER) zu vergrößern. Eine auf diese Weise über mehrere Generationen geführte Zellkultur nennt man eine ZELLINIE.

Als Ausgangsmaterial dient z.B. Bindegewebe, aus dem sich in der Zellkultur FIBROBLASTEN bilden und deren Wachstum von der Anwesenheit von Trägermaterialien als „Anker" abhängig ist (engl.: anchorage dependent). Auch EPITHELZELLKULTUREN (z.B. aus Hautgewebe) benötigen solche Anker. Durch eine Fraktionierung von Blut oder Lymphe lassen sich die *weißen Blutzellen* abtrennen. Diese können als Suspensionskulturen geführt werden, da sie keine Trägermaterialien benötigen. Von diesen LYMPHOZYTEN existieren zwei Formen, die *B-Lymphozyten*, die in der Lage sind, ANTIKÖRPER auszuscheiden und die *T-Lymphozyten*, die für die Bildung einer Reihe von immunregulierenden Substanzen verantwortlich sind, den *Lymphokinen*. Zellkulturen können als CHEMOSTAT-KULTUREN betrieben werden, mit kontinuierlicher Zuführung von frischem Medium und gleichzeitigem Abzug eines gleich großen Volumens an verbrauchtem Medium mit den darin enthaltenen Zellen und Produkten (vergl. Kap. 7). Auf diese Weise stellen sich im Reaktor konstante Konzentrationen und Bedingungen ein, die für die Zellvermehrung besonders günstig sind. Eine alternative Technik ist die PERFUSIONSKULTUR, bei der der Reaktorinhalt über eine MIKROFILTRATIONSMEMBRAN abgezogen wird, so daß die Zellen vollständig im Reaktor zurückgehalten werden und sich bis zu hohen Zelldichten vermehren können. Die Sauerstoffversorgung erfolgt dabei über eine Schlauchmembran, um eine Zerstörung der sehr empfindlichen Zellen durch zerplatzende Gasblasen zu vermeiden (BLASENFREIE BEGASUNG). Bei dem langsamen Zellwachstum werden die wertvollen Bestandteile des Mediums nur zu einem geringen Teil verwertet, und es liegt daher nahe, das verbrauchte Medium – nach Ergänzung der von den Zellen aufgenommenen Stoffe – im Kreislauf wieder in den Reaktor zurückzuführen. Ein solcher *Medium-Kreislauf-Fermenter* (MKF) wurde an der Universität Bielefeld entwickelt, mit dem Erfolg, daß bei jedem Zyklus 70 bis 80 % der Mediumskosten eingespart werden können.

Wozu können Zellkulturen biotechnisch genutzt werden?

Einmal zur Produktion bestimmter Zellen im technischen Maßstab, z.B. von HYBRIDOMAZELLEN. Ihre Herstellung durch Fusion von antikörperproduzierenden Lymphozyten mit tumorähnlichen MYELOMZELLEN, ihre SELEKTION und KLONIERUNG wurden schon in Kap. 10 vorgestellt. Eine Kultivierung dieser Hybridomazellen im 10 000-Liter-Fermenter erlaubt die Herstellung von Kilogrammengen an MONOKLONALEN ANTIKÖRPERN, das sind die Mengen, die wahrscheinlich für die Humantherapie weltweit erforderlich sind.
Die Tierzelltechnologie dient ferner zur Gewinnung einer Reihe von Virusimpfstoffen für human- und veterinärmedizinische Zwecke. Die Bedeutung viraler VAKZINE geht aus der Tatsache hervor, daß aufgrund weltweiter Impfmaßnahmen mit einem *Vaccinia-Lebendvirus*-Impfstamm seit Ende 1977 keine Pockenerkrankung mehr registriert wurde und daß die spinale Kinderlähmung seit Einführung der aktiven, oralen Immunisierung so gut wie nicht mehr auftritt. VIREN sind in der Lage, sich in bestimmten tierischen Zellen zu vermehren und werden anschließend unter Zerstörung der Wirtszelle in das Medium entlassen. Für die Herstellung von *Polioimpfstoffen* geht man von Zellinien diploider, menschlicher Fibroblasten aus, die auf MIKROCARRIERN in großen Bioreaktoren kultiviert werden. Die ausgewachsenen Zellkulturen werden mit den Viren beimpft, die sich vermehren, bis nach etwa drei Tagen der maximale Virustiter erreicht ist. Anschließend müssen die Viren durch ULTRAFILTRATION und durch Gel- oder Ionenaustausch-CHROMATOGRAPHIE aufgearbeitet und von jeglichen Spuren von Serumprotein aus dem Medium befreit werden. Die Viren werden anschließend durch Behandlung mit Formaldehyd inaktiviert, so daß sie im Körper nur noch eine IMMUNISIERUNG, aber keine INFEKTION mehr bewirken können. Auf diese Weise werden die drei hauptsächlichen Stämme von *Polioviren* hergestellt, in einem vorgegebenen Verhältnis gemischt und als trivalenter Impfstoff eingesetzt. Zur Gewinnung von Viren mit einer abgeschwächten VIRULENZ (sog. *attenuierte Viren*) geht man von genetisch veränderten Viren aus, deren antigene Eigenschaften noch erhalten sind, während ihre Pathogenität durch fortgesetzte Passagen in Zellkulturen vermindert wurde. Bei der Impfung mit solchen Lebendvirus-Vakzinen erfolgt die Immunstimulierung, nachdem sich die Viren im infizierten Organismus vermehrt haben. Dazu sind aber Dosen erforderlich, die um Größenordnungen unter denen für inaktivierte Vakzine liegen. Auch kann dieser Impfstoff oral in Form einer *Schluckimpfung* verabreicht werden.
Die *Maul- und Klauenseuche* (MKS) verursacht in Ländern mit ausgedehnter Rinderzucht erhebliche wirtschaftliche Schäden. Um

Tabelle 11.3. Mit Zellkulturen im techn. Maßstab herstellbare Säugerproteine

Protein	Zellinie	Verwendung
GEWEBSPLASMINOGEN AKTIVATOR (TPA)	diploide Epithel- u. Fibro-blastenzellen	Thrombosen, Herzinfarkt
INTERFERONE:	Namalvazellen	
IFN-α	Humanleukocyten	antivirale Wirkung
IFN-β	Humanfibroblasten	Haarzell-Leukämie
IFN-γ	klonierte Gene in CHO-chinese hamster ovary	Modulator d. Immunantwort Krebstherapie
INTERLEUKIN		Krebstherapie
Tumor-Nekrose-Faktor		Hemmung v. Tumoren
FAKTOR VIII	Säugerleberzellen, Hamsternieren-Zellen	Bluterkrankheit Hämophilie Typ A
Faktor IX	Rattenhepatom-Zellinie	Hämophilie Typ B
ERYTHROPOIETIN	rekombinante Hamster-nierenzellen	Anämie

sie zu vermeiden, sollte jede Kuh zwei oder drei Injektionen pro Jahr erhalten. Daraus ergibt sich ein weltweiter Bedarf von 1,5 Mrd. Injektionen jährlich. Wurden früher Serum-extrakte von infizierten Tieren zur Schutz-impfung verwendet, so müssen heute Zellkul-turtechniken herhalten, um solche Mengen an Impfstoff bereitzustellen. Als Wirtszellen die-nen die Dauerzellinien BHK 21, die aus den Nieren eintägiger Goldhamster (baby hamster kidney) hervorgegangen sind. Die Zellen lassen sich in Suspensionskulturen von meh-reren tausend Litern vermehren und werden mit MKS-Viren beimpft. Die inaktivier-ten Viren dienen zur Vakzination in der Veterinärmedizin.

In Tab. 11.3 sind noch einige weitere Säuge-tierproteine aufgeführt, die ZELLKULTUREN oder mit Hilfe von genetisch veränderten Zel-len im technischen Maßstab hergestellt oder entwickelt werden.

Zusammenfassung

Die Gewebezellen der meisten zweikeim-blättrigen Pflanzen können in vitro in un-differenzierte Zellen (Kallus) übergehen und als Zellinien auf den Oberflächen von Agarnährböden oder in Suspension in Nähr-lösungen kultiviert werden. Ferner ist es mög-lich, solche Zellen aus verschiedenen Arten in Form ihrer Protoplasten miteinander zu ver-schmelzen und dadurch zu Zellhybriden zu gelangen. Durch Einstellung des richtigen Verhältnisses an Pflanzenhormonen können aus den Einzelzellen auch wieder komplette Pflanzen regeneriert werden. Solche geklon-ten Pflanzen sind für die moderne Pflanzen-erzeugung von großer wirtschaftlicher Be-deutung. Eine Neukombination der Genome unterschiedlicher Sorten, wie sie in der klassi-schen Pflanzenzüchtung üblich ist, kann durch moderne gentechnische Methoden äußerst effektiv ergänzt werden. Wichtigstes Hilfsmittel dazu sind die Ti-Plasmide in Agrobakterien, die bei der natürlichen Infek-tion eine Bildung von tumorartigen Wurzel-halsgallen verursachen. Mit gentechnischen Methoden kann man aus diesen Plasmiden die Information für die Tumorbildung entfer-nen und gegen andere Erbinformationen aus-tauschen. So entstehen Pflanzensorten mit gezielt veränderten Erbanlagen. Beispiele sind herbizidresistente Pflanzen, Nutzpflanzen mit qualitativ verbesserten Speicherproteinen und die Gewinnung von wertvollen Pflanzen-inhaltsstoffen mit Hilfe von Pflanzenzellkulturen. Die Stickstofffixierung der Leguminosen ist das Ergebnis einer Symbiose mit *Rhizobium*-Arten in den Wurzelknöllchen der Pflanzen, an der sowohl bakterielle als auch pflanzliche Gene beteiligt sind. Vor einer erfolgreichen Übertragung der Bakteriengene zur Stickstofffixierung in Nicht-Leguminosen sind sicher noch zahlreiche grundlagenwissenschaftliche Vorarbeiten zu leisten. Einige Säugetierzellen können in Suspensionskulturen geführt werden, andere benötigen feste Oberflächen zu ihrem Wachstum, wie z.B. Mikrocarrier. Als wichtige Anwendungsgebiete für Tierzellkulturen werden besprochen: Die Kultivierung von Hybridomazellen für die Gewinnung von monoklonalen Antikörpern sowie die Herstellung von Virusimpfstoffen für die Vakzinierung von Mensch und Tier.

12 Biotechnologie – wo steht sie heute und wie geht es weiter?

Lassen wir noch einmal den Inhalt der vorstehenden Kapitel im Geist an uns vorüberziehen, so müssen wir feststellen, daß doch Beachtliches auf diesem Gebiet geleistet worden ist.

Im Mittelpunkt stehen die Stars in diesem Theater, die MIKROORGANISMEN. Klein und anpassungsfähig wie sie sind, können sie in verhältnismäßig kurzen Zeitabschnitten erstaunliche Massen umsetzen (s. WACHSTUMSRATEN). Aus der schier unübersehbaren Vielfalt, in der sie in der Natur anzutreffen sind, kann sich der Mensch die für seine Absichten am besten geeigneten heraussuchen. Er kann sie außerdem ordentlich unter Druck setzen (SELEKTIONS-Druck, Mutationsdruck) und erwarten, daß sich Mikroben mit veränderten oder verbesserten Leistungsfähigkeiten finden lassen. Die meisten sind außerdem höchst anspruchslos und geben sich mit einfachsten Ernährungs- und Lebensbedingungen zufrieden. Eine einfache Kohlenstoffquelle und ein paar Salze reichen aus, und im übrigen müssen nur noch die Temperatur und der Säuregrad (PH-WERT) stimmen, und – noch nicht einmal in allen Fällen – die Sauerstoffversorgung muß ausreichend sein.

So haben Mikroorganismen schon in grauer Vorzeit dem Menschen geholfen, alkoholische Getränke aus zuckerhaltigen Säften herzustellen, Milch in Joghurt oder Käse zu verwandeln oder ein bekömmliches Brot zu bereiten. Aus diesen primitiven, traditionellen Verfahren entwickelten sich in unserem Jahrhundert ausgeklügelte Technologien, mit denen es gelingt, zahlreiche Produkte in großen Mengen und in hoher Reinheit auf mikrobiellen Wegen herzustellen, von Ethanol über Essigsäure, CITRONENSÄURE und den verschiedenen AMINOSÄUREN bis hin zu EINZELLERPROTEIN mit hohem Nähr- und Futterwert.

Andere biotechnisch erzeugte Eiweißsorten dienen als ENZYME für die Waschmittelindustrie und die STÄRKEVERZUCKERUNG ebenso wie für die Medizin zu diagnostischen und therapeutischen Zwecken. Herausragender Markstein in der Entwicklung der Biotechnologie war zweifellos die Gewinnung der ersten ANTIBIOTIKA aus SCHIMMELPILZEN Anfang der vierziger Jahre, denen wir es zu verdanken haben, daß manche der früher so gefürchteten Infektionskrankheiten heute fast völlig verschwunden sind. Was bei der Entwicklung dieser Prozesse an verfahrenstechnischem Know-how gewonnen wurde, kam zahlreichen, später entwickelten biotechnischen Verfahren zugute, so daß heute auch schon die sehr viel empfindlicheren und anspruchsvolleren Zellen aus höheren Pflanzen und Tieren in BIOREAKTOREN kultiviert werden können.

Seit 1971 kommt die GENTECHNIK hinzu, durch die es möglich ist, Erbinformationen zwischen Organismen der unterschiedlichsten Arten zu übertragen und so Mikroorganismen in die Hand zu bekommen, die in der Lage sind, zahlreiche pharmazeutisch interessante Produkte zu bilden, für die Diagnostik (Enzyme, Immuntests), die Therapie (menschliche Plasmaproteine, Hormone) oder die medizinische Vorsorge (VAKZINE, Immunsuppressoren u.a.). Durch Eingriffe in das Erbgut von Pflanzen ist es auch bereits gelungen, Sorten mit größerer Widerstandsfähigkeit gegen bestimmte Schädlinge zu erzeugen.

Nach einer vorsichtigen Schätzung lag der Marktwert aller biotechnisch erzeugten Produkte im Jahr 1982 bereits bei 41 Mrd. DM, mit einer jährlichen Steigerungsrate von 8%. Diese Zahl dürfte inzwischen schon auf über 75 Mrd. angestiegen sein. Besonders interes-

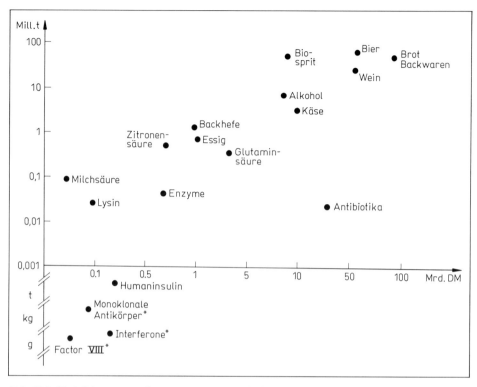

Abb. 12.1. Wert-/Mengenverhältnis wichtiger Bioprodukte. Die Angaben mit * sind Schätzungen

sant ist dabei ein Vergleich der jährlich erzeugten Mengen und der jeweiligen Produktwerte (Abb. 12.1). Danach stehen Produkte der Lebensmittel- und Getränkeindustrie und Agraralkohol sowohl mengenmäßig als auch im Wert an oberster Stelle.

Man darf wohl sagen, daß sich eine ganze Generation von Forschern mit großer Begeisterung auf dieses so verlockende Arbeitsgebiet gestürzt hat, daß daher die Zahl der einschlägigen Publikationen lawinenartig angewachsen ist und daß auch das Vertrauen in das Marktwachstum für gentechnische Produkte schier unbegrenzt war: Mehr als 200 Gentechnologiefirmen sind seit 1972 allein in den USA gegründet worden (von denen allerdings auch einige ebenso schnell wieder verschwunden sind). Sie alle hoffen, mit einem bestimmten Produkt als erster auf dem Markt zu sein. Besonders Produkte wie TPA, menschliches WACHSTUMSHORMON

oder INTERFERON faszinieren durch ihre phantastisch hohen Marktwerte.

Die Erwartungen, die in die Biotechnologie gesetzt wurden, waren immer schon optimistisch, oftmals sogar übertrieben optimistisch, und trotz zahlreicher Mahnungen vor falschen Hoffnungen war das Vertrauen in die Biotechnologie kaum zu bremsen. Woher kommt das? Im einleitenden Kapitel wurde Biotechnologie als „Technik mit Leben" apostrophiert. Man könnte sogar kühn behaupten „Technik für das Leben", nämlich eine Technik, die sogar geeignet sein könnte, zum Überleben der menschlichen Rasse Wesentliches beizutragen. Hierin gerade lag die große Faszination, die von diesem Arbeitsgebiet seit Beginn der sechziger Jahre ausging.

Besonders nach dem Ende des Zweiten Weltkrieges hatte sich in den westlichen Ländern eine mächtige Industrie entwickelt. Energie stand – so glaubte man damals – in Form von Erdöl in unermeßlichen Mengen und zu niedrigen Preisen zur Verfügung. Die bei der Verarbeitung der riesigen Rohölmengen anfallenden Haupt- und Nebenprodukte bildeten eine willkommene Rohstoffquelle für zahlreiche Prozesse, und so ist im gleichen Zuge eine sehr potente petrochemische Industrie entstanden.

Allein von den vier wichtigsten chemischen Grundstoffen (Ethylen, Propylen, Butadien und Benzol) wurden 1984 in der Bundesrepublik über 8 Mio. t hergestellt. Da weckten plötzlich eine sprunghafte Erhöhung der Rohölpreise und die dadurch ausgelöste *Ölkrise* im Herbst 1973 das Bewußtsein, daß die Vorräte an fossilen Energieträgern nicht unbegrenzt sind, sondern – bei gleichbleibender Förderung – bestenfalls noch für 100 oder 150 Jahre reichen dürften. Zum erstenmal wurde allgemein bewußt, daß Energie nicht zum Nulltarif zu haben und deren Einsparung ein Gebot der Stunde ist. Der *Club of Rome* stellte in seinen Prognosen über die „Grenzen des Wachstums" ferner deutlich vor Augen, daß auch zahlreiche Rohstoffe, insbesondere einige Metalle, bei gleichbleibendem Verbrauch nur noch für wenige Jahrzehnte reichen dürften. Gleichzeitig steigt aber auch die Zahl der Erdbevölkerung gewaltig an, zur Zeit mit einer jährlichen Steigerungsrate von 1,9%. Waren 1960 noch etwa 3 Mrd. Menschen auf der Erde, so hatten wir vor 6 Jahren schon die 5-Milliarden-Grenze überschritten und sollen im Jahr 2000 bei 6 Mrd. angekommen sein. Die Probleme, wie diese Menschenmassen ernährt, mit Bedarfsgütern versorgt und gesund erhalten werden können, sind gewaltig. Wirtschafts- und Bevölkerungswachstum führen zwangsläufig auch zu einer starken Belastung unserer Umwelt mit Schadstoffen in Boden, Luft und Wasser. Die zahlreichen Abläufe aus Industrien und aus menschlichen Ansiedlungen, die mancherorts unzureichend vorgeklärt den Vorflutern überantwortet werden, führten dazu, daß die BIOLOGISCHE SELBSTREINIGUNG vieler Gewässer überfordert wurde und zahlreiche Seen und Flüsse zu übelriechenden und giftigen Kloaken wurden. Im folgenden soll uns kurz

beschäftigen, was die Biotechnologie zu den hier angesprochenen vier Problembereichen beizusteuern hat.

• *Verknappung der Energie.* Das stetige Wirtschaftswachstum in den letzten Jahrzehnten und die Anhebung des Wohlstandes in den Industrienationen haben zu einem enormen Energiebedarf der westlichen Länder geführt. Allein die bundesdeutschen Kraftfahrer verbrauchen jährlich 32 Mrd. l Benzin und Diesel. In Kap. 3 wurde gezeigt, daß „*Bioalkohol*" (s. AGRARALKOHOL) bereits in großem Umfang als Kraftfahrzeugtreibstoff hergestellt wird. Die „*nachwachsenden Rohstoffe*" für die Erzeugung des Alkohols sind in den USA der Mais (GASOHOL) und in Brasilien die Rohsäfte aus der Rohrzuckerverarbeitung. Mehr als 10 Mrd. l Alkohol werden dort jährlich erzeugt, die zum überwiegenden Teil für den Betrieb von Kraftfahrzeugen dienen, sowohl als ein 10 bis 15%iger Zusatz zum Benzin, als auch in Form von reinem Ethanol. Können wir in Europa diesem Beispiel folgen? Es wird von großen Agrarüberschüssen gesprochen, aus denen Alkohol durch Vergärung hergestellt werden könnte, aber im Augenblick scheint nur die Zuckerrübe (oder eine etwas zuckerreichere Sorte, die „Spritrübe") als Rohstoff geeignet zu sein, weil sie den meisten und preiswertesten Alkohol liefert, nämlich etwa 3,5 t Ethanol pro Hektar und Jahr bei einem mittleren Hektarertrag von 50 t Rüben. Wollten wir unseren gesamten Treibstoffbedarf durch Bioalkohol decken, so müßte etwa ein Fünftel der gesamten Fläche der Bundesrepublik mit Rüben bepflanzt werden – unser schönes Land ein einziger Rübenacker! Außerdem würde eine Energieeinheit Bioalkohol mindestens doppelt so viel kosten wie eine Einheit Benzin. Somit können wir unseren Treibstoffbedarf allenfalls zu einem geringen Teil mit Bioalkohol decken. Dessen ungeachtet ist es aber wichtig, daß mit staatlicher Unterstützung kleinere Bioalkoholanlagen gebaut und studiert werden, denn, so alt diese Technologie auch ist, es könnte immer noch manches verbessert werden, und es wäre falsch, den bereits eingeschlagenen Weg völlig aufzugeben.

Dann gäbe es da noch eine weitere biotechnische Möglichkeit, nachwachsende Rohstoffe in einen Energieträger umzuwandeln, die Erzeugung von BIOGAS. Wie wir in Kap. 8 gesehen haben, entsteht Biogas bei der anaeroben ABWASSERREINIGUNG. Ein Kilogramm BSB₅ entspricht etwa 350 l METHAN. Nicht nur der BELEBTSCHLAMM aus den Klärwerken, sondern auch zahlreiche andere Abfallprodukte könnten in modernen Anlagen unter Biogasbildung zersetzt werden, wie Dung und Gülle aus der Tierhaltung, Pflanzenreste aus der Land- und Forstwirtschaft, Rückstände aus der Nahrungsmittelproduktion und Abwässer aus Schlachthöfen, Molkereien, Brauereien, Zuckerfabriken usw. Trotzdem sind auch dieses nur optimistische Träume: Die US-Amerikaner decken bereits 26 % ihres gesamten Energiebedarfes aus dem Erdgas ihrer Ölquellen, aber nur 0,08 % aus dem Biogas von biologischen Abwasserreinigungsanlagen. Es würde gewaltiger Anstrengungen bedürfen, auch nur einen Teil unseres Energieverbrauches auf Biogas abstellen zu wollen. Selbst wenn unsere Landwirtschaft ihre gesamten Abfälle zur Biogaserzeugung nutzen würde, könnte sie damit nicht einmal 10 % der für ihre eigenen Betriebe benötigten Energie gewinnen. Man darf sich nicht davon täuschen lassen, daß allein in der chinesischen Szechuan-Provinz etwa 5 Mio. primitive Anlagen existieren, in denen die Bauern direkt auf ihrem Hof aus Dung und Abfällen Biogas gewinnen, das ihnen für die Bereitung ihrer warmen Mahlzeit und für ein wenig Wärme im Haus ausreicht. Die Bescheidenheit dieser Menschen ist grenzenlos, verglichen mit den Ansprüchen, die in einer hoch industrialisierten Gesellschaft gestellt werden. Auch hier gilt aber ähnliches wie beim Bioalkohol: Die Entwicklung von modernen Biogasanlagen mit sehr kurzen Verweilzeiten und hohen Ausbeuten muß weitergehen, schon deshalb, weil damit eine Verknüpfung von Abfallbeseitigung und gleichzeitiger Energiegewinnung möglich ist. Zieht man die übrigen Möglichkeiten einer Energiegewinnung durch Bioprozesse in Betracht, wie etwa die mikrobielle Gewinnung von Wasserstoffgas oder die Erzeugung von Elektrizität auf direktem

Weg aus Sonnenlicht durch Biobrennstoffzellen, so stecken solche Projekte im Augenblick eher noch im Stadium der Spekulationen (Abb. 12.2).

● *Verknappung der Rohstoffe.* Die chemische Industrie ist seit langem bemüht, wo immer möglich, petrochemische Grundstoffe durch *nachwachsende Rohstoffe* zu ersetzen. Am ehesten gelingt dies im Bereich der Fette und Öle sowie der verschiedenen „modifizierten Stärken". Zu den Grundchemikalien, die auf mikrobiellen oder enzymatischen Wegen besser herzustellen sind als auf chemischen, gehören vor allem CITRONENSÄURE, Gluconsäure, L-Sorbose, L-Äpfelsäure, Milchsäure und einige der L-AMINOSÄUREN. In diesem Zusammenhang könnte man auch an *Ethylen* denken, das durch katalytische Abspaltung von Wasser aus AGRARALKOHOL gewonnen werden kann. Ethylen ist immerhin der wichtigste Chemiegrundstoff, von dem in Deutschland jährlich 3,5 Mio. t produziert werden. Auch hierbei ist es wieder eine Frage des Preises und der verfügbaren Mengen, denn um diese Menge an Ethylen herzustellen, wären mindestens 5,5 Mio. t Ethanol erforderlich; das ist das Vierzigfache dessen, was in Deutschland noch vor zehn Jahren an Agraralkohol erzeugt wurde, und inzwischen ist unsere Produktion von Gärungsalkohol im Zuge der EG-Politik drastisch reduziert worden.

Bei der *Erdölförderung* hat die Biotechnologie wesentlich bessere Chancen, in Zukunft helfend einzugreifen (s. TERTIÄRE ERDÖLFÖRDERUNG). Bekanntlich kann mit den konventionellen Fördermethoden nur etwa ein Drittel der vorhandenen Ölmenge zutage gefördert werden (*Primäre Förderung*). Der größere Teil wird aufgrund seiner hohen Viskosität in den Kapillarräumen des Gesteins und der Sande zurückgehalten. Will man das Öl aus dem Gestein durch Wasser verdrängen, so muß dessen Viskosität etwa denselben Wert haben wie das Öl. Einige Bakterien scheiden bei ihrem Wachstum POLYSACCHARIDE aus, wie z. B. der Stamm *Xanthomonas campestris*, der schon seit langer Zeit für die Erzeugung von XANTHAN eingesetzt wird. Selbst verdünnte

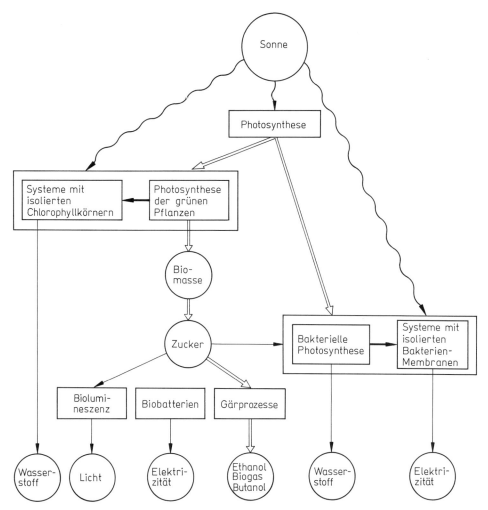

Abb. 12.2. Energieliefernde Bioprozesse können Sonnenenergie direkt oder indirekt in Strom
bzw. flüssige und gasförmige Energieträger
umwandeln

Xanthanlösungen zeichnen sich durch sehr
hohe Viskositäten aus und haben zahlreiche
Anwendungen als Dickungs- und Geliermit-
tel gefunden. Ein solches mikrobielles Produkt als Bohrhilfsmittel sollte schon in geringen Konzentrationen die Viskosität des
Wassers erhöhen. Außerdem bleibt diese Viskosität auch bei hohen Temperaturen, wie sie
in einigen tausend Metern Tiefe herrschen,
noch erhalten. Schließlich muß das ganze
auch noch billig sein. Die „Tertiäre Erdölförderung" könnte außerdem noch durch Bakte-

rien unterstützt werden, die oberflächenaktive Stoffe (*Detergenzien*) ausscheiden. Das
tun gewisse Bakterien, wenn sie wasserunlösliche Nährsubstrate (z. B. Kohlenwasserstoffe) zu ihrem Wachstum verwenden. Solche Bakterien könnte man in die Lagerstätten
hinunterschicken, so daß sie sich unten vermehren und ihre Produkte ausscheiden. Dadurch wird die Fließfähigkeit der Öl-Wasser-
Emulsionen in den Kapillaren so stark erhöht, daß sie einfach hinaufgepumpt werden
können.

Ein anderes Feld dieser *Geobiotechnologie* ist die mikrobielle Gewinnung von Metallen aus sulfidischen Erzen in Abraumhalden (ERZ-LAUGUNG). Der Prozeß, der sich in der Praxis schon hervorragend bewährt hat, wurde in Kap. 8 beschrieben. Hierbei oxidieren Schwefelbakterien (s. THIOBACILLUS) die Metallsulfide in der Halde zu löslichen Sulfaten und durch die dabei entstehende Schwefelsäure gehen weitere Sulfiderze in Lösung. Besonders Uran wird nach diesem Verfahren aus armen Vorkommen gewonnen. In den USA sollen bereits 10 % der gesamten Kupfererzeugung auf Verfahren der mikrobiellen Laugung (leaching) beruhen.

Für beide Problembereiche, Energie und Rohstoffe, kann also prinzipiell von der Biotechnologie Unterstützung und Hilfe erwartet werden, wenn auch zunächst in bescheidenem Umfang. Sollte allerdings eines Tages das Erdöl nicht mehr so reichlich und vor allem so preiswert fließen, dann werden wir gezwungen sein, zur Kohle zurückzukehren, und auch nachwachsende Rohstoffe sowie mikrobielle Prozesse werden dann in viel stärkerem Maße gefragt sein.

• *Belastung der Umwelt.* Biotechnische Prozesse zur ABWASSER- und ABLUFTREINIGUNG, zur BODENSANIERUNG und zur KOMPOSTIERUNG wurden in Kap. 8 im Zusammenhang besprochen. Bis heute wird noch die *aerobe* Abwasserreinigung bevorzugt, weil sie relativ schnell und sicher abläuft und weil die entsprechenden Anlagen vorhanden sind. Unter aeroben Bedingungen wird aber etwa die Hälfte der organischen Schmutzfracht in einen äußerst unangenehmen Schlamm umgewandelt (*Belebtschlamm*), der ohne weitere Behandlung weder auf DEPONIEN abgelagert noch anderweitig verarbeitet werden kann. Demgegenüber produzieren die Bakterien bei der *anaeroben* Abwasserreinigung viel weniger Schlamm, dafür werden aber nahezu 90 % des organisch gebundenen Kohlenstoffs in BIOGAS umgewandelt, ein Gemisch aus Kohlendioxid und dem brennbaren METHAN-Gas. Die anaeroben Prozesse sind daher sowohl unter dem Aspekt der Umweltentlastung als auch unter dem der Energiege-

winnung aus Abfallstoffen zu sehen. Die Entwicklung tendiert ganz eindeutig zu diesen anaeroben Verfahren, wobei mittlerweile schon Anlagen entwickelt wurden, in denen die Verweilzeit des Abwassers im Reaktor nur noch einige Stunden beträgt, statt einige Wochen oder gar Monate, wie in den Anlagen, die nach der herkömmlichen Betriebsweise arbeiten. Zweifellos sind in diesem Bereich ganz erhebliche Fortschritte von der modernen Biotechnologie zu erwarten.

Besondere Probleme bereiten dabei allerdings die sog. *anthropogenen Stoffe*, Verbindungen, die vom Menschen gemacht werden und in der Natur so gut wie nicht vorkommen, weshalb für Mikroorganismen auch keine Notwendigkeit bestand, Abbaumethoden für diese Verbindungen zu erfinden. Es handelt sich vornehmlich um bi- oder polyzyklische, aromatische Verbindugen sowie um halogen- und sulfonsäurehaltige Substanzen, die in Abläufen aus der chemischen Industrie auftreten können. Sie werden als „biologisch schwer abbaubare" oder XENOBIOTISCHE VERBINDUNGEN bezeichnet. Auch bei diesem Problem kommt uns wieder die Natur zu Hilfe, denn es gibt Bakterien aus der *Pseudomonas*-Familie, die mit besonderen PLASMIDEN ausgestattet sind. Auf diesen Plasmiden tragen sie die Bauanleitung für ENZYME, die zur Aufspaltung der sehr widerstandsfähigen aromatischen Ringsysteme erforderlich sind. Andere Enzyme können die Halogene (das sind vor allem die Elemente Fluor, Chlor und Brom) oder die Sulfogruppen abspalten, und die verbleibenden Spaltprodukte können dann genauso abgebaut werden, wie in anderen Bakterien auch. Im Laboratorium kommen diese Bakterien schon mit der schwerverdaulichen Kost zurecht, und da Plasmide auch auf andere Bakterien übertragen werden können, sollte es wohl möglich sein, auch der natürlichen Bakterienflora einer Kläranlage beizubringen, wie sie mit solchen Problemstoffen fertig wird. Auf jeden Fall wäre es dann aber sinnvoll, schon im Produktionsbetrieb die problematischen Abläufe von der Hauptmenge des übrigen Abwassers zu trennen und in einer kleinen Spezialanlage biologisch zu behandeln.

• *Ernährung und Gesundheit.* Eine Entsendung von Nahrungsmitteln in Katastrophengebiete, um Menschen vor dem akuten Hungertod zu bewahren, kann nur als eine erste Hilfsmaßnahme angesehen werden. Langfristig muß angestrebt werden, daß sich die betroffenen Völker aus eigener Kraft erhalten und ernähren. Viele Probleme sind dazu zu lösen, zahlreiche psychologische Barrieren müssen überwunden werden, und solche Entwicklungen können sich möglicherweise über Generationen hinziehen. Vielleicht sind dies die Hauptgründe dafür, daß die in den siebziger Jahren mit großem Forschungsaufwand entwickelten Verfahren zur Gewinnung von EINZELLERPROTEIN (SCP) nicht den erhofften Erfolg hatten. Allein in einer Pilotanlage in Südengland konnten jährlich 60 000 t Bakterienprotein mit einem hohen Futterwert aus Methylalkohol und Ammoniak als einzigen Nährstoffen erzeugt werden. Trotz dieses Erfolges wurden diese und andere Pilotanlagen in Europa inzwischen geschlossen. Der Grund hierfür ist, daß es in unseren Ländern nicht möglich ist, SCP zu den niedrigen, gegenüber Sojaprotein konkurrenzfähigen Preisen herzustellen. Auch ist die Betreibung solcher hochmoderner Anlagen direkt in den Hungergebieten nicht möglich, weil dort die dazu erforderliche Infrastruktur fehlt. Lediglich in den Ländern der ehemaligen USSR und in China sollen noch einige SCP-Anlagen in Betrieb sein. Das technische Know-how für die Errichtung und den Betrieb solcher Anlagen wurde mit großem Engagement erarbeitet, doch alle Pläne liegen vorläufig auf Eis, weil gewisse Rahmenbedingungen, die bestimmt nicht im Bereich der Biotechnologie zu suchen sind, noch nicht erfüllt werden können.

Mehr Aussicht auf Erfolg verspricht da die *Biotechnologie mit Pflanzen*, etwa die Züchtung von Nutzpflanzen, die auf stark salzhaltigen Böden gedeihen oder längere Dürreperioden überstehen können. Wichtig ist auch das Zusammenspiel zwischen Mikroorganismen und höheren Pflanzen. Einige PILZE können die Pflanzenwurzeln besiedeln und bilden sog. MYCORRHIZA. Für die Pflanze bedeutet das eine Erweiterung und Optimierung des Wurzelsystems und damit eine bessere Versorgung mit Nährstoffen und Wasser. Es ist heute schon möglich, die Pflanzensämlinge mit den entsprechenden Pilzen zu beimpfen, so daß sie besser gedeihen und schneller wachsen als die unbehandelten. Dabei kommt es auf die richtige Art der Pilze an. Einige sind in der Lage, auch aus phosphatarmen Böden phosphorsaure Salze zu lösen und die Partnerpflanze damit zu versorgen. Mycorrhiza können daher bei der Rekultivierung von Böden von besonderer Bedeutung sein.

Neben den in Kap. 11 besprochenen Bakterien (RHIZOBIEN), die in den Wurzelknöllchen der LEGUMINOSEN für eine Fixierung von atmosphärischem Stickstoff sorgen, gibt es auch freilebende Bakterien, die Stickstoff zu Ammoniak reduzieren können, ohne dabei auf eine SYMBIOSE mit einer Pflanze angewiesen zu sein, z. B. *Azotobacter vinelandii.* Das Bakterium erzeugt aber nur so viel Ammoniak, wie es für sich selbst benötigt. Daher wurden Mutanten des Bakteriums herausgesucht, deren Rückmeldesystem ausgeschaltet ist und die daher Ammoniak über den Eigenbedarf hinaus produzieren. Sodann ist es auch gelungen, aus *Rhizobium*-Arten die Gene zu isolieren, die für die Besiedlung der Pflanze erforderlich sind und diese auf *Azotobacter* zu übertragen. Nun braucht man noch Getreidesorten, die in ihren Wurzeln höhere Konzentrationen an Nährstoffen bilden, mit denen sie die rekombinanten Bakterien bewirten können. Auf diese Weise könnte es gelingen, auch wirtschaftlich wichtige Getreidepflanzen dazu zu bringen, ähnlich wie die Leguminosen, mit weniger Stickstoffdünger zurechtzukommen, denn Düngemittel sind teuer und kosten Devisen, die gerade den Entwicklungsländern fehlen. Den Pflanzenzüchtern ist inzwischen auch schon die Züchtung von *lysinreichen Getreidesorten* gelungen. Das Eiweiß in den Samen dieser Pflanzen enthält mehr von der für den Menschen ESSENTIELLEN AMINOSÄURE *Lysin* und hat daher einen höheren biologischen Wert (s. Kap. 11). Wie immer in solchen Fällen müssen aber auch die Vorteile dieser Neuzüchtungen teuer erkauft werden, denn sie stellen höhere Ansprüche an Boden und Klima und sind weniger widerstandsfähig gegen Pflanzenschädlinge und Pflanzenkrankheiten.

Es gab zwei große Innovationsschübe in der Biotechnologie des vergangenen halben Jahrhunderts: in den vierziger Jahren die Entdeckung der ANTIBIOTIKA in Mikroorganismen und ihre Herstellung im industriellen Maßstab für therapeutische Zwecke und – 30 Jahre später – die Entwicklungen in der GENTECHNIK mit der Isolierung von genetischem Material aus einzelnen Organismen und der Rekombination und Neuordnung von GENEN. Beide Entwicklungen betreffen den Problemkreis *„Krankheitsbekämpfung und Gesunderhaltung"*. Seit der Einführung hygienischer Maßnahmen in den Krankenhäusern Ende des 19. Jahrhunderts haben keine Mittel oder Maßnahmen die Menschheit besser vor Krankheit und Tod als Folge von Infektionen geschützt als die Antibiotika. Weltweit durchgeführte SCREENING-Programme (s. Kap. 5) führten zur Entdeckung von etwa 5000 verschiedenen Antibiotika, von denen allerdings nur etwa 100 zum human- und veterinärmedizinischen Einsatz geeignet sind.

Diese große Zahl antibiotischer Substanzen muß allerdings als das zufällige Ergebnis der eingesetzten Auffindungsstrategien angesehen werden. Um ein Antibiotikum gegen einen krankmachenden Keim aufzuspüren, BEIMPFT man die dünne Schicht eines NÄHRMEDIUMS, das durch Zusatz von Agar verfestigt wurde, mit diesem Keim, stanzt ein Loch in den Nährboden und gibt einige Tropfen der zu untersuchenden Lösung hinein. Nach dem „Bebrüten" dieser AGARPLATTE übernacht ist der Nährboden von den ausgewachsenen Keimen gleichmäßig getrübt. Lediglich in der Umgebung des ausgestanzten Loches, wo das Antibiotikum hingelangen konnte, wurde das Wachstum verhindert und man beobachtet einen klaren *„Hemmhof"*, dessen Durchmesser um so größer ist, je höher Konzentration und Wirksamkeit des Antibiotikums waren. Leider ist es sehr viel schwieriger, Naturstoffe mit anderen wertvollen Eigenschaften nachzuweisen, wie etwa solche gegen VIREN-Infektionen oder gegen Tumoren (Antikrebsmittel).

Es ist jedoch damit zu rechnen, daß in der Natur noch viele unbekannte Verbindungen mit interessanten pharmakologischen Eigenschaften existieren, und es kommt nur darauf an, geeignete Screening-Methoden und Testverfahren zu entwickeln, mit denen man nach solchen Diamanten fündig wird. Schon jetzt aber sind biotechnische Produkte dieser Art von großer Bedeutung. Außerdem hat die moderne GENTECHNIK diesen Möglichkeiten eine weitere Dimension hinzugefügt, die ZELLFUSION und die IN-VITRO-Rekombination von DNA, durch die wir heute in der Lage sind, die Artenschranken zwischen Mikroorganismen, Pflanzen und Tieren zu überwinden. In Kap. 10 wurde das Beispiel des FAKTORS VIII geschildert. Dabei wurde das verantwortliche GEN des Menschen isoliert und mit Hilfe eines VEKTORS, sozusagen als „trojanisches Pferd", in andere Zellen verpflanzt. Als Empfängerzellen diente in diesem Fall eine permanente ZELLINIE aus der Niere von neugeborenen, syrischen Hamstern (*BHK-Zellen*). Sie lassen sich im größeren Maßstab als ZELLKULTUREN führen, so daß das gewünschte ANTIHÄMOPHILE GLOBULIN für Tausende von Bluterpatienten bereitgestellt werden kann. In diesem Fall ist man auf die Kultur mit Tierzellen angewiesen, weil die BHK-Zellen in der Lage sind, das Faktor-VIII-Protein an einigen seiner 2.332 AMINOSÄUREN nach der TRANSLATION noch mit den erforderlichen Zuckerresten zu versehen, was mit PROKARYONTEN-Kulturen nicht möglich ist. In anderen Fällen, in denen das gewünschte Protein, sei es vom Menschen oder von anderen Organismen, keine solchen GLYKOSID-Reste trägt, kann man Mikroorganismen als Empfänger des Gens verwenden, wobei an erster Stelle das Darmbakterium *ESCHERICHIA COLI* steht oder bestimmte *Bacillus*-Arten oder auch die altvertrauten *SACCHAROMYCES*-Hefen. Sie lassen sich leichter und billiger kultivieren, vermehren sich schneller und liefern höhere Produktausbeuten als Tierzellkulturen.

Viele Diskussionen sind geführt worden über den technischen Einsatz von REKOMBINANTEN ORGANISMEN hinsichtlich möglicher Gefahren für die Arbeiter in der Anlage oder bei

Unfällen, die zur Freisetzung solcher Organismen führen. Speziell in unserem Land haben Bürgerinitiativen dazu geführt, daß wertvollen Industrieanlagen (z. B. für die Insulinerzeugung mit rekombinanten Bakterien) die Betriebserlaubnis über Jahre hinweg verweigert wurde. Der dadurch entstandene Schaden ist riesengroß, nicht nur der materielle, sondern auch der ideelle. Inzwischen sind diese Bedenken international mehr und mehr geschwunden. Moderne Fermentationsanlagen können so konstruiert werden, daß nichts nach außen gelangen kann, und die Organismen am Ende des Prozesses werden abgetötet. Auch gibt es umfangreiche Sicherheitsvorschriften, bei deren strikter Einhaltung die Risiken bei der Fermentation mit gut charakterisierten, rekombinanten Mikroorganismen nicht nennenswert größer sind als bei den herkömmlichen Prozessen. Im übrigen haben genetisch veränderte Mikroorganismen in der freien Natur keine Überlebenschancen mehr. So können rekombinante *E. coli*-Stämme den menschlichen Darm nicht mehr besiedeln.

Auch könnte man befürchten, daß rekombinante Bakterien nach ihrer Freilassung genetische Information mit den im Erdreich lebenden Mikroben austauschen könnten. Darin liegt jedoch nichts Beunruhigendes: Seit Jahrmillionen finden, selbst zwischen nichtverwandten Organismen, ständig Übergänge und Umordnungen statt. Dieses Mischen der „genetischen Spielkarten" ist normal und ein wesentlicher Teil der biologischen EVOLUTION. Ohne sie könnte die Vielfalt der Arten nicht existieren. Die Prinzipien, die dabei zum Zuge kommen, sind dieselben wie die der Gentechnik – die Übertragung von Genen zwischen Bakterien, teilweise mit Hilfe von BAKTERIOPHAGEN oder durch „springende Gene" (*Transposons*) und ähnliche Prozesse. Auch könnte man befürchten, daß Erreger von Pflanzenkrankheiten ihre Gene z. B. mit *E. coli* austauschen, aber bisher wurde noch nie ein *E. coli*-Stamm gefunden, der bei Pflanzen eine Krankheit hervorruft. Ein bekannter Fall war die Kontroverse in den USA um die Freisetzung von genetisch umprogrammierten *Pseudomonas*-Stämmen zur

Verhinderung von Frostschäden an Kartoffelpflanzen (*Eisbakterien*). Dieser Versuch war Anlaß für komplizierte juristische Auseinandersetzungen. Aber, hätten die Genetiker das bewußte Gen durch eine Mutation (z. B. durch Bestrahlung mit ultraviolettem Licht) ausgeschaltet, dann hätte der Freilandversuch keiner gesetzlichen Regelung bedurft.

Trotz der sehnsüchtig erwarteten therapeutischen Hilfe, die gentechnisch hergestellte Produkte zahllosen schwerkranken Menschen bringen könnten, existiert eine gegenüber der Gentechnik besonders kritische Öffentlichkeit, die eine Inbetriebnahme von Anlagen und die Markteinführung der Produkte erheblich zu verzögern sucht. Der Grund ist in vielen Fällen eine mangelnde Information der Öffentlichkeit über die möglichen Risiken der Gentechnik. Das Wissen hierüber wird vielfach aus den Massenmedien bezogen, deren Berichte kurz und anschaulich sein müssen. Dem Unterhaltungswert der Gentechnik wird dabei in vielen Darstellungen größerer Wert beigemessen als der sachlichen, neutralen Darstellung. Die Folge ist, daß oft dringend erforderliche Erläuterungen dieser komplizierten Materie entfallen müssen und die Zusammenhänge durch die Vereinfachungen verfälscht werden. Hypothetische Risiken, über die Experten in der Öffentlichkeit laut nachdenken, werden oft als reale Gefahren dargestellt und schüren dadurch die Angst der Bevölkerung vor einer neuen, unbekannten Gefahr durch die Gentechnik. Diese Angst abzubauen ist auch ein Anliegen der Industrie, und ein namhaftes deutsches Unternehmen der Branche hat sich unter dem Motto „nur das Unbekannte ist unheimlich und wird beschworen" nun entschlossen, öffentliche Kurse mit Informationen und Diskussionen sowie der Möglichkeit zu praktischen Arbeiten in einem speziellen DNA-Labor anzubieten. Die Nachfrage soll erfreulich groß sein.

Seit dem Sommer 1990 haben wir das GENTECHNIK-GESETZ, das bezüglich seiner Auflagen international als einzigartig gilt. Es sollte einen zuverlässigen Rahmen schaffen, in dem sich diese Technik entwickeln kann, und es geht darum, Mißbrauch und Gefahren, die mit jeder neuen Technik verbunden sind, zu erkennen und richtig einzuordnen. Ein ausdrücklich erklärtes Ziel des Gesetzes ist die *Förderung der Gentechnik* in unserem Lande. Zur allgemeinen Enttäuschung kann von dieser Förderung bisher keine Rede sein, im Gegenteil ist durch restriktive und schleppende Vollzugspraktiken noch immer eine erhebliche Behinderung der Gentechnik zu beklagen. Dadurch werden gentechnische Arbeiten in Deutschland langsam erstickt, und wir laufen Gefahr, den internationalen Anschluß zu verlieren. Wenn sich aber Forschungsergebnisse nicht mehr praktisch umsetzen lassen, trocknet auch die Forschung selber bald aus, und es ist ein ernsthaftes Signal, wenn die Max-Planck-Gesellschaft kürzlich festgestellt hat: „Die gegebenen Rahmenbedingungen lassen den Standort Deutschland für die genetische Forschung unattraktiv werden". Man kann nur hoffen, daß sich die Entscheidungsgremien in der nahen Zukunft wieder auf sachlichere Argumente besinnen.

Lexikalischer Teil

Die Zahlen am Ende der einzelnen Stichwörter verweisen auf die Seiten im Textteil, in denen der jeweilige Begriff verwendet wird

A

Abbau von Glucose s. Glykolyse

Abfall. Sammelbezeichnung für flüssige oder feste Rückstände, Nebenprodukte oder Altstoffe, die bei Produktion, Verteilung, Konsum und Energiegewinnung entstehen, von denen sich der Besitzer entledigen will oder deren geordnete Beseitigung zur Wahrung des Wohls der Allgemeinheit, insbesondere des Schutzes der Umwelt geboten ist (Abfallgesetz, AbfG). Man unterscheidet: Siedlungsabfälle (Hausmüll, KLÄRSCHLAMM, Gartenabfälle), Gewerbe- und Industrieabfälle (Produktions- und Verbrennungsrückstände, Verpackungsabfälle, Bauschutt), landwirtschaftliche Abfälle (Ernterückstände, Flüssig- und Festmist) und Sonderabfälle (z. B. Tierkadaver, Pflanzenschutzmittelreste, alte Medikamente usw.). Nach dem Abfallgesetz (1986) hat die Abfallvermeidung Vorrang vor der Abfallverwertung und diese wiederum Vorrang vor der Abfallbeseitigung.

Abluftreinigung, biologische. Entfernung von störenden Geruchskomponenten aus Abgasen durch aerobe Mikroorganismen (s. AEROBIER), die auf gasdurchlässigen Schichten aus körnigen oder faserartigen Materialien angesiedelt sind, sog. *Biobeeten* oder *Biofiltern*. – *99*

Abwasser. Nach dem ABWASSER-ABGABEN-GESETZ unterscheidet man zwischen *Schmutzwasser*, das durch häuslichen, gewerblichen, industriellen, landwirtschaftlichen und sonstigen Gebrauch in seiner natürlichen Zusammensetzung verändert wurde und *Niederschlagswasser*, d. h. das weniger verschmutzte Regen- oder Schmelzwasser, das von bebauten oder befestigten Flächen abfließt. Als Verunreinigungen enthält das Abwasser 1) Schweb- und Sinkstoffe (Papier, Sand usw.), 2) kolloidale Feststoffe (organische, polymere Verbindungen), 3) gelöste Stoffe (organische Stoffe, anorganische Salze), 4) unlösliche Flüssigkeiten (Lösungsmittelrückstände, Öle, Fette) und 5) gelöste Gase (Ammoniak, Schwefelwasserstoff usw.).
An häuslichen Abwässern fallen je Einwohner und Tag durchschnittlich 200 l mit einem mittleren CHEMISCHEN SAUERSTOFFBEDARF (CSB) von 300 g Sauerstoff pro Kubikmeter an. Die Belastung industrieller Abwässer, besonders aus biotechnischen Prozessen, liegt meist um ein Vielfaches höher (z. B. Brauereien: CSB = 1500 – 2000; Hefefabriken: CSB = 14 000 – 20 000; Zuckerfabriken: CSB = 4000 – 10 000). Besonders große Probleme verursachen Abläufe aus Ledergerbereien (Chromsalze), Färbereien (Naphthalinfarbstoffe), Bleichereien (Chlorverbindungen) und Betrieben der Zellstoffindustrie. – *1, 91ff*

Abwasser-Abgabengesetz (AbwAG). Gesetzliche Regelung der für das Einleiten von ABWASSER in ein Gewässer (sog. Direkteinleiter) je nach Verschmutzungsgrad oder Schädlichkeit zu erhebenden Pflichtzahlungen. Als Bemessungsgrundlage dient der CHEMISCHE SAUERSTOFFBEDARF (CSB). Der Abwasser-Abgabesatz wird aus der Gesamtheit der jährlich verursachten SCHADEINHEITEN berechnet, wobei eine Schadeinheit etwa der Schmutzfracht des Abwassers eines Einwohners por Jahr (EINWOHNERGLEICHWERT) entspricht. Der Abgabesatz beträgt seit dem 1. 1. 1991 50 DM je Schadeinheit im Jahr und erhöht sich 1993, 1995 und 1997 jeweils um 10 DM. – *92*

Abwasserreinigung, biologische. Verfahren zur Umwandlung von organischen (und auch anorganischen) Inhaltsstoffen des Abwassers in unschädliche Verbindungen mit Hilfe von MIKROORGANISMEN und Kleinlebewesen. Bei der *aeroben* Reinigung werden die Stoffe unter Beteiligung von Luftsauerstoff etwa zur Hälfte in Kohlendioxid, Wasser, Nitrate, Sulfate usw. umgewandelt, während die andere Hälfte zur Vermehrung der beteiligten Organismen führt, die dann als KLÄRSCHLAMM anfallen. Die *anaerobe* Abwasserreinigung erfolgt unter Luftabschluß, wobei etwa 90% der Abwasserinhaltsstoffe in BIOGAS (ein Gemisch aus Kohlendioxid und Methangas), Ammonium- und Sulfidverbindungen umgewandelt werden und nur wenig Schlamm („*Faulschlamm*") entsteht. Wegen seines hohen Heizwertes kann das Biogas zur Wärme- oder Krafterzeugung genutzt werden. Etwa 90% der häuslichen und industriell-gewerblichen Abwässer der alten Bundesländer werden derzeit biologisch gereinigt (s.a. FAULTURM). – *77, 87, 89, 92, 152*

Aceton-Butanol-Fermentation. Technisches Verfahren zur Gewinnung von Lösungsmitteln (1-Butanol, Aceton, Isopropanol und Ethanol) durch Vergärung von kohlenhydrathaltigen Rohstoffen wie MELASSE, Maisstärke u.a. mit Hilfe von strikt anaeroben Bakterien (Clostridien) gemäß der Bruttogleichung:

$$3 \text{ Glucose} \rightarrow 2 \text{ Butanol} + \text{Aceton} + 7 \text{ CO}_2 + 4 \text{ H}_2 + \text{H}_2\text{O}.$$

Diese Bakterien sind sehr empfindlich gegen ihre Gärprodukte, weshalb die vergorene Maische nicht mehr als etwa 20 g Lösungsmittel im Liter enthält. Diese müssen durch Destillation abgetrennt werden, und der Prozeß ist daher sehr energieaufwendig. Daher wurden fast alle Produktionsanlagen nach dem Zweiten Weltkrieg stillgelegt. – *46, 51*

Actinomyceten (von griech.: actino = Strahl; mykes = Pilz). BAKTERIEN aus der Ordnung der *Actinomycetales*, die sich durch die Ausbildung von verzweigten Filamenten und sogar von HYPHEN auszeichnen. Diese Eigenschaft verleiht den Kulturen ein pilzähnliches Aussehen, obwohl diese Bakterien eindeutig zu den PROKARYONTEN zählen. Einige Actinomyceten leben in SYMBIOSE in den Wurzeln von Nicht-LEGUMINOSEN und sind in der Lage, Stickstoff zu fixieren (z.B. *Franckia*-Arten, s. Tab. S. 144). Die zu den Actinomyceten gehörende Familie der *Streptomyceten* spielt eine wichtige Rolle in der Biotechnologie als Produzent zahlreicher ANTIBIOTIKA (Streptomycine, Tetracycline, Actinomycine u.a.) und verschiedener technischer Enzyme (z.B. GLUCOSEISOMERASE). – *9, 64*

Acylasen. Enzyme, die in der Lage sind, von Säureamiden die Säuregruppe (den Acylrest) abzuspalten. Beisp. sind die Abspaltung von Phenylessigsäure aus PENICILLIN G oder von Essigsäure aus D,L-N-Acetyl-aminosäuren, wobei stereoselektiv nur die L-Verbindung, nicht aber die D-Verbindung hydrolysiert wird (s. RACEMAT-Trennung). – *68, 77, 78*

Adaptation. Die Anpassug von Organismen, Geweben oder Zellen an ihre Umwelt oder die Fähigkeit, umweltbedingte Störungen zu vermindern oder zu korrigieren. Beisp.: Bei einigen Algen die Bildung bestimmter Pigmente in Abhängigkeit von der Belichtung; in der EVOLUTION die Entstehung von Nachfahren, die an die vorherrschenden Bedingungen besser angepaßt sind als ihre Vorfahren; in der Sinnesphysiologie eine vorübergehende Veränderung der Empfindlichkeit eines Systems gegenüber Reizeinwirkungen; in der Mikrobiologie die Veränderung biochemischer Reaktionen bei Änderung des Nährstoffangebotes usw. – *9*

Adenin s. Basen – *104*

Adenosin-5′-triphosphat s. ATP

Aerobe Abwasserreinigung s. Abwasserreinigung

Aerobier. Organismen, die in Gegenwart von Sauerstoff leben (Gegensatz: ANAEROBIER). Man unterscheidet zwischen *obligat* aeroben Organismen, die auf Sauerstoff als terminalen Elektronen-Akzeptor ihrer ATMUNGSKETTE zur Energiegewinnung angewiesen sind und den *fakultativ* aeroben Organismen, die bei Abwesenheit von Sauerstoff ihre Stoffwechselenergie alternativ aus GÄRUNGS-Prozessen gewinnen können (s.a. ADAPTATION). – *15, 31, 85, 91*

Affinitäts-Chromatographie. Ein besonders effektives und schonendes Trennverfahren zur technischen Reinigung von biologisch aktiven Substanzen. Es beruht auf hochspezifischen, zwischenmolekularen Bindungskräten (*Affinitäten*) zwischen dem abzutrennenden Molekül und einem *Liganden*, der an ein inertes Trägermaterial gebunden ist. Dieses Material befindet sich in einer *Chromatographiersäule*, durch die ein roher Zellextrakt hindurchfließt. Dabei wird die gesuchte Substanz in der Säule zurückgehalten, während alle anderen Moleküle ausgewaschen werden. Anschließend kann die gebundene Substanz, z. B. durch *Elution* (Auswaschen) mit einer Salzlösung in gereinigter Form gewonnen werden (s. a. CHROMATOGRAPHIE). – *88, 127*

Agarplatte. Eine flache Glasschale mit einem NÄHRMEDIUM für Mikroorganismen oder Zellen höherer Organismen, dem durch Zusatz von 1,5 bis 2 % *Agar* (d. i. ein stark vernetztes POLYSACCHARID aus Meeresalgen) eine gelartige Konsistenz verliehen wurde. Das Medium ist bei höheren Temperaturen flüssig; unterhalb von 45 °C ist es fest und für Oberflächenkulturen geeignet. – *62, 115, 135, 156*

Agraralkohol. Bezeichnung für Ethylalkohol, der durch *Vergärung* (s. GÄRUNG) von landwirtschaftlichen Produkten erhalten wurde. Die hauptsächlichen Rohstoffe sind in Europa Rübenzucker-MELASSE, Getreide und Kartoffeln, in den USA vor allem Mais, in Brasilien Zuckerrohr-Dünnsaft und -Melasse und in tropischen Ländern CASSAVA (Maniok). – *44, 151, 152*

Agrobakterien. BAKTERIEN aus der Familie der *Rhizobiaceae*. Das pflanzenpathogene *Agrobacerium tumefaciens* enthält ein TI-PLASMID und erzeugt dadurch in den befallenen Pflanzen tumorartige Wucherungen, die sog. WURZELHALS-GALLEN. Aufgrund dieser Eigenschaften eignet sich dieses Bakterium als VEKTORSYSTEM für die gentechnische Übertragung fremder Erbanlagen in Pflanzen. – *137*

Airlift-Fermenter s. Schlaufenreaktor.

AIDS-Virus. Ein Virus, das als ätiologisches Agens von AIDS (engl.: aquired immune deficiency syndrom = erworbene Immunschwäche) erkannt wurde. Die heute übliche Bezeichnung ist „HTLV III" (human T-cell lymphotropic virus III). Gehört zur Familie der *Retroviren*, weil sein GENOM aus einzelsträngiger RNA besteht.

Im Lebenszyklus dieses Virus entsteht aus der RNA mit Hilfe des Enzyms REVERSE TRANSKRIPTASE zunächst ein doppelsträngiges DNA-Molekül (das Provirus), das alle Steuerfunktionen des Virus für TRANSKRIPTION und TRANSLATION enthält. Das AIDS-Virus wird vorzugsweise über Blut, aber auch über Samenflüssigkeit und Speichel übertragen. Die Infektion führt zur Zerstörung der *T-Helferzellen* und damit zu den schweren Immundefizienz-Erscheinungen, die mit AIDS verbunden sind. – *124*

Aktives Zentrum. Der Bereich eines Enzymmoleküls, an den das SUBSTRAT in spezifischer Weise gebunden wird.

Alkaloide. Biologisch aktive Naturstoffe, vornehmlich aus dem Pflanzenreich, die sich durch ein oder mehrere, meist heterocyclisch gebundene Stickstoffatome im Molekül auszeichnen. Wegen ihrer großen Bedeutung als Arzneistoffe und Drogen wird versucht, verschiedene Alkaloide biotechnisch durch Pflanzen-ZELLKULTUREN herzustellen, was jedoch bisher nur in wenigen Fällen zum Erfolg geführt hat. – *14, 60, 141*

Alkoholische Gärung. Biochemischer Prozeß, bei dem aus GLUCOSE (und anderen Zuckern) ohne Beteiligung von Sauerstoff Ethylalkohol und Kohlendioxid gebildet werden. Zu dieser Umwandlung sind vor allem SACCHAROMYCES-Hefen befähigt, aber auch viele andere Mikroorganismen sowie Zellen aus höheren Pflanzen (z. B. Karotten, Maiswurzel). Tierische Zellen können hingegen keine alkoholische Gärung durchführen; an ihre Stelle tritt hierbei die Bildung von Milchsäure aus Zuckern.

Der Energiegewinn für die Zelle ist bei GÄRUNGEN viel geringer als bei der ATMUNG (2 Mol ATP pro Mol Glucose bei der alkoholische Gärung gegenüber 36 Mol ATP beim Atmungsstoffwechsel). Die alkoholische

Gärung stellt einen der umfangreichsten biotechnischen Prozesse dar, z. B. zur Gewinnung von Treibstoffalkohol (GASOHOL) aus nachwachsenden Rohstoffen. – *15, 19, 36, 41, 42*

Altlasten. Ansammlungen von Schadstoffen aufgrund früherer Industrietätigkeit oder Deponierung in nicht sachgerecht abgedichteten Ablagerungen, von denen akute oder potentielle Umwelt- oder Gesundheitsgefährdungen ausgehen. Eine BODENSANIERUNG auf mikrobiellem Wege ist möglich durch Einbringen von geeigneten Bakterien, zusammen mit Nährstoffen und Sauerstoff, in den Boden (in situ-Verfahren) oder durch biologische Behandlung des ausgehobenen Bodens in Mieten oder geeigneten Reaktoren (on site-Verfahren). – *99*

Aminoglykosid-Antibiotika. Eine große Gruppe von ANTIBIOTIKA, in denen ein oder mehrere Zucker- oder Aminozuckermoleküle glykosidisch mit einem Cyclohexanabkömmling verbunden sind. Die wichtigsten Vertreter der über hundert natürlichen Aminoglykosid-Antibiotika sind *Streptomycin, Neomycin, Ribostamycin, Kanamycin, Gentamycin* und andere mehr. – *63, 64*

Aminosäuren. Kristallisierte, meist hochschmelzende Verbindungen, die gleichzeitig basische und saure Eigenschaften haben und daher in Lösung als *Zwitterionen* vorliegen. Die wichtigsten Aminosäuren sind die 2-Amino-carbonsäuren der allgemeinen Formel R–*CH(NH$_2$)–COOH, die sich durch ihre Seitenreste R unterscheiden. Sie können durch PEPTIDBINDUNGEN miteinander zu langen Ketten verknüpft werden, indem die Aminogruppe der ersten Aminosäuren mit der Carboxygruppe der folgenden Aminosäure eine *Säureamid-Bindung* (=CH–NH–CO–CH=) eingeht. Dabei entstehen *Dipeptide, Oligopeptide* bis zu *Polypeptiden* (PROTEINE).

Am Aufbau der natürlichen Proteine sind (mit wenigen Ausnahmen) nur 20 verschiedene Aminosäuren beteiligt, die als „proteinogene" Aminosäuren bezeichnet werden. Das α–C-Atom (*C) bildet ein ASYMMETRISCHES ZENTRUM im Molekül, d. h., die vier Liganden dieses C-Atoms können im Uhrzeigersinn oder entgegengegesetzt angeordnet sein. Daher liegen die Aminosäuren jeweils in zwei *isomeren Formen* vor, die sich wie Bild und Spiegelbild voneinander unterscheiden und die mit „D" und „L" (rechts und links) bezeichnet werden. Die natürlichen Proteine sind ausschließlich (wieder mit seltenen Ausnahmen) aus L-Aminosäuren aufgebaut. Da die chemische Synthese i. a. ein Gemisch der beiden Formen (ein RACEMAT) liefert, werden Aminosäuren technisch zumeist durch mikrobielle Fermentation oder durch eine enzymatische Spaltung der synthetisch gewonnenen Racemate produziert. – *48, 53, 54*

Amylasen. Stärkespaltende ENZYME, z. B. α-*Amylase* (zerlegt Stärke zu niedermolekularen Dextrinen), β-*Amylase* (spaltet aus der Stärke MALTOSE-Moleküle ab), *Glucoamylase* (spaltet aus den Stärkemolekülen einzelne GLUCOSE-Reste ab) und andere. Sie alle sind an der STÄRKEVERZUCKERUNG beteiligt. – *72, 73*

Anabolismus (von griech.: anaballein = hinaufheben, hinaufwerfen). Bezeichnung für die im Prinzip aufbauenden Reaktionswege im Stoffwechsel, bei denen höhermolekulare Verbindungen unter Aufwendung von Energie aus niedermolekularen Substanzen aufgebaut werden. Zunächst werden die monomeren Bausteine (Aminosäuren, Zuckerphosphate, NUCLEOTIDE u. a.) auf bestimmten Synthesewegen gebildet, und anschließend erfolgt der Zusammenbau zu Makromolekülen wie PROTEINEN, POLYSACCHARIDEN, Nucleinsäuren usw. Gegensatz: KATABOLISMUS bzw. *Dissimilation* (s. a. STOFFWECHSEL). – *14*

Anaerobe Abwasserreinigung s. Abwasserreinigung.

Anaerobier. Organismen, die in Abwesenheit von Sauerstoff leben (Gegensatz: AEROBIER). Zu diesen gehören viele Bakterien, einige Pilze und nur wenige Tiere. Unter den anaeroben Bakterien unterscheidet man zwischen den *obligat* anaeroben (auch strikt anaeroben), für die Sauerstoff giftig ist und den *aerotoleranten* Organismen, die Sauerstoff zwar vertragen, ihn aber nicht für ihren Stoffwechsel nutzen können. – *15, 97*

Antibiotika. Bezeichnung für SEKUNDÄRME-TABOLITE aus Bakterien, Pilzen und niederen Pflanzen, die bereits in geringen Konzentrationen andere Mikroorganismen hemmen oder abtöten. Im Gegensatz zu allgemeinen Zellgiften wirken Antibiotika jedoch selektiv, indem sie im mikrobiellen Stoffwechsel an solchen Stellen angreifen, an denen er sich vom Stoffwechsel höherer Organismen unterscheidet. Dadurch ist eine gezielte Hemmung, z. B. von pathogenen Keimen möglich, ohne die Zellen des Wirtsorganismus zu schädigen.
Antibiotika werden immer auf Stoffwechselnebenwegen, zumeist erst nach Beendigung der aktiven Wachstumsphase, und von speziellen Organismenarten produziert. Die wichtigsten Antibiotikabildner unter den Bakterien gehören zu den Gattungen der Bazillen (*Bacitracin, Gramicidin* usw.) sowie der Streptomyceten und ACTINOMYCETEN (z. B. *Streptomycine, Tetracycline, Anthracycline, Chloramphenicol* u. a.). Unter den Pilzen gehören die bedeutendsten Antibiotikaproduzenten zu den Gattungen PENICILLIUM und ASPERGILLUS (PENICILLINE, CEPHALOSPORINE und andere β-LACTAM-ANTIBIOTIKA). Weltweit werden etwa 30 000 t Antibiotika jährlich erzeugt, mit einem geschätzten Marktwert von 2,5 Mrd. US-Dollar. – *14, 62, 113, 115, 117*

Antigene. Substanzen, die vom Wirbeltierorganismus als fremd erkannt werden und in ihm eine *Immunantwort* auslösen. Diese besteht häufig in der Bildung von spezifischen ANTIKÖRPERN. Der Antikörper bindet sich an einen bestimmten Bereich des Antigens unter Ausbildung eines, meist reversiblen Komplexes, was man als *Antigen-Antikörper-Reaktion* bezeichnet. Diese ist u. a. die Grundlage für die *Immunabwehr*, d. h. die Eliminierung von Toxinen, Infektionserregern, virusinfizierten Zellen usw. aus dem Körper. Auch bei der technischen Reinigung von biologisch aktiven Proteinen durch AFFINITÄTS-CHROMATOGRAPHIE macht man sich diese Reaktion zunutze. – *128*

Antihämophiles Globulin. Bezeichnung für den FAKTOR VIII der BLUTGERINNUNGSKASKADE, dessen Fehlen zu einer krankhaften Blutungsneigung führt, der HÄMOPHILIE A. – *124, 156*

Antikörper. Ein Serumprotein aus der Gruppe der Immunglobuline, das nach Eindringen eines ANTIGENS in den Körper gebildet wird und dieses antigenspezifisch bindet (*Immunantwort*). Die Antikörper werden von den B-LYMPHOCYTEN (und Plasmazellen) synthetisiert, wobei jeder B-Lymphocyt nur Antikörper einer Spezifität bildet (vgl.: MONOKLONALE ANTIKÖRPER). Antikörperproteine sind aus verschiedenen Untereinheiten (H-Ketten und L-Ketten) zusammengesetzt, die jeweils konstante und variable Regionen enthalten. Daraus erklärt sich die ungeheure Vielfalt der Antikörper eines Organismus. – *88, 128, 145*

Antikörper-Säule s. Affinitäts-Chromatographie.

Archaebakterien (von griech.: archaios = alt, ursprünglich; bacterion = Stäbchen). Gruppe von Mikroorganismen, die nach heutigen Erkenntnissen als dritte Form neben den *Eubakterien* (d. s. alle übrigen PROKARYONTEN) und den EUKARYONTEN aus der EVOLUTION hervorgegangen sein muß. Archaebakterien sind im allg. an extremen Standorten anzutreffen (Salzseen, heiße Quellen, Schwefelfelder), also unter Lebensbedingungen, wie sie vermutlich in der Frühzeit der Erdgeschichte vorgelegen haben. Archaebakterien werden in zwei Zweige eingeteilt, die METHANOGENEN und extrem halophilen (salzliebenden) BAKTERIEN und die thermophilen und schwefelmetabolisierenden Bakterien. Für die Biotechnologie sind die Archaebakterien von Bedeutung bei der Bildung von Methan (BIOGAS bei der anaeroben ABWASSERREINIGUNG), für die mikrobielle Umwandlung sulfidischer Erze (s. ERZLAUGUNG) sowie für die Gewinnung von hitzebeständigen ENZYMEN für besondere technische Einsatzbereiche. – *96, 122*

L-Ascorbinsäure (Vitamin C). Farblose, sauer schmeckende Kristalle. L-Ascorbinsäure entsteht im Körper von Säugetieren durch Oxidation aus GLUCOSE über Gluconsäure. Primaten (Mensch und Menschenaffe) und

Meerschweinchen haben diese Fähigkeit im Laufe der EVOLUTION verloren, weshalb sie auf eine Zufuhr ausreichender Mengen an Vitamin C mit ihrer Nahrung angewiesen sind. Die empfohlene Tagesdosis für den Erwachsenen liegt bei 40 bis 80 mg. Vitamin C-Mangel führt zu Ausfallerscheinungen und *Skorbut*, die frühere „Seefahrerkrankheit". L-Ascorbinsäure wird biotechnisch in einer Menge von 30 bis 40 000 t jährlich durch die Kombination einer bakteriellen Umsetzung (s. SORBIT-SORBOSE-OXIDATION) mit mehreren chemischen Umwandlungsschritten hergestellt. Die Verbindung findet Verwendung in zahlreichen Arzneimitteln sowie als *Antioxidans* in vielen lebensmitteltechnischen Bereichen. – *25, 31, 33, 35, 58, 60*

Asepsis. Begriff für die Abwesenheit von Keimen unerwünschter oder gefährlicher Mikroorganismen. – *135*

Aspartam. Ein Dipeptidester von intensiv süßem Geschmack und mit aromaverstärkender Wirkung, der aus den AMINOSÄUREN L-Asparaginsäure und L-Phenylalaninmethylester aufgebaut ist. Die Verbindung wird im Intestinaltrakt hydrolysiert und vollständig resorbiert, beim Erhitzen und bei längerer Lagerung aber teilweise zerstört. Aspartam schmeckt 150 bis 200mal süßer als SACCHAROSE und findet als moderner, unbedenklicher Süßstoff bei der Verarbeitung von Lebensmitteln und im Haushalt Verwendung.

Aspergillus (von lat.: aspergillum = Wedel zum Besprengen), auch „Gießkannenschimmel", wegen seines Aussehens. Eine Gattung in der Klasse der ASCOMYCETEN, die etwa 150 Arten umfaßt. Diese Bodenpilze sind vor allem am Abbau von Cellulose und Chitin beteiligt und spielen insofern für den globalen Kohlenstoffkreislauf eine wichtige Rolle. Einige Arten (z.B. *Aspergillus flavus*) bilden hochgiftige *Aflatoxine*, z.B. in Nüssen und anderen Lebensmitteln. *Aspergillus oryzae* dient zur biotechnischen Gewinnung verschiedener ENZYME, *Aspergillus niger* zur technischen Erzeugung von CITRONENSÄURE. Einige Arten bilden ANTIBIOTIKA, andere werden für BIOTRANSFORMATIONEN von STEROIDEN eingesetzt. *Aspergillus oryzae* spielt ferner eine große Rolle bei der Zubereitung fernöstlicher Fermentationsprodukte (Sojasauce, Shoyu, Miso, Sake usw.) – *23, 47, 73*

Asymmetrisches Kohlenstoffatom. Ein C-Atom in einer Verbindung, das mit vier verschiedenartigen „Liganden" besetzt ist (z.B. bei AMINOSÄUREN mit $-COOH$, $-NH_2$, $-R$ und $-H$). Aufgrund der räumlichen Anordnung der Bindungsarme des C-Atoms in Form eines regulären Tetraeders ergeben sich zwei *isomere* Molekülformen, die wie ein Bild mit seinem Spiegelbild nicht miteinander zur Deckung gebracht werden können. Die Reihenfolge der Liganden verläuft in der einen Form (D-Form) im Uhrzeigersinn, in der andern (L-Form) entgegengesetzt. Lösungen der beiden isomeren Verbindungen sind in der Lage, die Ebene eines hindurchtretenden, polarisierten Lichtstrahles in entgegengesetzte Richtung zu drehen; es handelt sich um *optisch aktive Verbindungen.* – *53*

Atmung. Biochemische Prozesse, bei denen organische Verbindungen im lebenden Organismus unter Aufnahme von Sauerstoff und Bildung von Kohlendioxid und Wasser (und gegebenenfalls weiterer Oxidationsprodukte) umgesetzt werden. Die Atmung ist also als eine „biologische Verbrennungsreaktion" zu betrachten, bei der um so mehr Energie freigesetzt wird, je stärker reduziert die veratmete Verbindung ist. Sie liefert den größten Beitrag zur Energieversorgung im Zellstoffwechsel. Das Gegenstück zur Atmung ist die GÄRUNG (s.a. STOFFWECHSEL). – *14, 93, 95*

Atmungskette (Elektronentransportkette). Bezeichnung für eine Folge von Reaktionen, bei der die durch Oxidation von organischen Stoffen freigesetzten Elektronen (Wasserstoffatome) stufenweise von ihrem negativen zu einem positiven elektrochemischen Potential verschoben werden. In der letzten Stufe werden sie unter Bildung von Wasser auf molekularen Sauerstoff übertragen. An diesem Prozeß sind verschiedene COENZYME (NADH, Ubichinon und Cytochrome) beteiligt. Dabei wird den Elektronen gewissermaßen portionsweise Energie entzogen, wobei einige

Stufen enzymatisch mit der Bildung von *energiereichem* ATP verbunden sind. Bei der direkten, explosionsartigen Vereinigung von Wasserstoff mit Sauerstoff entsteht sehr viel Energie. Die biologische Bedeutung der Atmungskette ist daher in einer „gezähmten Knallgasreaktion" zu sehen, durch die es möglich ist, einen Teil (etwa 40 %) der Energie von Nährstoffen in eine für die Zelle verwertbare Form von chemischer Energie (ATP) zu überführen. – *14, 15*

ATP (Abk. f. Adenosin-5′-triphosphat) (Adenin-Ribose-(Phosphat)$_3$). Die Verb. gilt als einer der wichtigsten Energiespeicher und -überträger im Zellstoffwechsel. Sie entsteht aus Adenosin-5′-diphosphat (ADP) nach der Gleichung

ADP + anorg. Phosphat + Energie $\rightarrow$ ATP

mit Hilfe des Enzyms *ATP-Synthase*. Im Prinzip wird die bei den Abbaureaktionen des KATABOLISMUS anfallende Energie durch dieses Enzym teilweise zur Bildung von ATP genutzt. Andererseits werden die unter Energieaufnahme ablaufenden Aufbaureaktionen des ANABOLISMUS durch eine gleichzeitige Spaltung von ATP ermöglicht. Die wichtigsten Prozesse zur Gewinnung von ATP sind die ATMUNGSKETTEN-Phosphorylierung (auch „oxidative Phosphorylierung") sowie die bei der Lichtreaktion der PHOTOSYNTHESE ablaufende Photophosphorylierung. – *15*

Autotroph (von griech.: autos = selbst; trophe = Ernährung). Bezeichnung für die Lebensweise der Organismen, die ihren Kohlenstoffbedarf durch die Aufnahme (Assimilation) von Kohlendioxid decken. Der Gegensatz ist die *heterotrophe* Ernährungsweise durch organische Kohlenstoffverbindungen aus andern Organismen. Für die Umwandlung von CO_2 in organ. Verbindungen ist grundsätzlich Energie erforderlich, weshalb für die autotrophe Ernährungsweise eine zusätzliche Energiequelle benötigt wird. Diese kann, wie bei der PHOTOSYNTHESE, aus dem Sonnenlicht stammen (photoautotrophe Organismen) oder aus gleichzeitig ablaufenden chemischen Oxidationsreaktionen (chemoautotrophe Organismen). – *100*

Auxine. Natürlich vorkommende oder synthetische Pflanzenwuchsstoffe (PHYTOHORMONE). Sie fördern Streckungswachstum, Zellteilung und Wurzelbildung der Pflanzen und werden daher auch für die *Entdifferenzierung* von KALLUS-KULTUREN benutzt. Bei Überdosierung wirken Auxine herbizid, und synthet. Auxine werden daher auch zur Unkrautbekämpfung verwendet. Das physiol. wirksame Auxin der Pflanze ist 3-Indolylessigsäure. – *136*

Azeotrope Destillation. Verfahren zur Gewinnung von wasserfreiem („absolutem") Ethanol durch Destillation in Gegenwart eines „Schleppmittels". Bei der einfachen Destillation von wässr. Ethanollösungen erhält man ein „azeotropes Gemisch" aus 95,57 %-Gew. Ethanol und 4,43 %-Gew. Wasser. Durch Zugabe von z. B. Benzol destilliert bei etwas tieferer Temperatur ein ternäres Gemisch aus Ethanol, Benzol und Wasser, und zwar solange, bis Wasser und Benzol aus dem System entfernt sind. Der zurückbleibende, wasserfreie Alkohol siedet dann bei 78,32 °C. – *43*

B

Backhefe. Zur Lockerung von Teigen für Backerzeugnisse speziell ausgewählte Heferassen von SACCHAROMYCES *cerevisiae*. Sie müssen eine hohe Gäraktivität (Teigtriebkraft) mit einer guten Lagerstabilität vereinigen. Unter anaeroben Bedingungen setzt die Backhefe die im Teig enthaltenen, vergärbaren Zucker um, wobei das entstehende Kohlendioxid zur Lockerung des Mehlteiges führt (sog. *Gare* oder *Aufgehen* des Teiges). Daneben erhalten die Backwaren durch Gärungsnebenprodukte einen charakteristischen Geschmack und Geruch. Frische Backhefe ist eine cremefarbene, krümelige Masse von lebenden Hefezellen mit 27 bis 32 % Trockensubstanzgehalt und bei Lagertemperaturen um 4 °C 4 – 6 Wochen haltbar. *Aktive Trockenbackhefe*, die auch bei Zimmertemp. eine längere Haltbarkeit aufweist, wird aus der *Frischbackhefe* durch Wasserentzug unter schonenden Bedingungen hergestellt und ist vor allem für den Export in tropische Länder gedacht. – *7, 28, 37, 38, 75, 85, 88*

Bakterien (von griech.: bakterion = kleiner Stab). Sehr große Gruppe von einzelligen Mikroorganismen, die keinen echten Zellkern besitzen und daher als PROKARYONTEN bezeichnet werden. Unter diesen unterscheidet man heute aber zwischen den ARCHAE-BAKTERIEN und den übrigen Bakterien, die als *Eubakterien* bezeichnet werden. Aufgrund von taxonomischen Kriterien werden die Bakterien in 25 Gruppen unterteilt, jedoch ist diese Einordnung noch als vorläufig zu betrachten.

Im Folgenden werden nur solche Begriffe aufgeführt, die im Rahmen des vorliegenden Buches relevant sind. *Acidogene Bakterien* sind solche, die beim anaeroben Abbau organischer Stoffe (s. ABWASSERREINIGUNG) die monomeren Verbindungen (Zucker, AMINOSÄUREN, langkettige Fettsäuren) zu niederen Säuren (Butter-, Propion-, Milch- und Essigsäure) und Alkoholen unter Bildung von Kohlendioxid und Wasserstoffgas abbauen. *Acetogene Bakterien* bauen die auf diese Weise entstandenen niederen Fettsäuren weiter ab zu Essigsäure, Wasserstoff und CO_2 und stellen damit die Verbindung zu den *methanogenen Bakterien* her, welche Kohlendioxid und Wasserstoff zu Methan und Wasser umsetzen können; einige methanogene Bakterien können Essigsäure spalten. Durch diese Prozesse entsteht das BIOGAS bei der anaeroben Abwasserbehandlung. – *37*

Bakteriophagen (von griech.: phagein = fressen). Bei diesen Bakterienviren handelt es sich um *obligate Parasiten*, die zu ihrer Vermehrung lebende Bakterienzellen benötigen, in die sie ihr Erbmaterial (doppel- oder einzelsträngige DNA oder RNA) injizieren. Sie befallen jeweils spezifisch bestimmte Bakterienarten und werden daher als Coli-Phagen, Salmonella-Phagen usw. bezeichnet. Dabei bauen *temperente* (d.h. „gemäßigte") Bakteriophagen einen Teil ihrer Nucleinsäure in das Bakterien-GENOM ein, und die Bakteriophagengene können nur unter bestimmten Streßbedingungen exprimiert werden (s. GENEXPRESSION). Dieses nennt man den *lysogenen Vermehrungszyklus. Virulente* (d.h. „giftige", s. VIRULENZ) Bakteriophagen stellen den gesamten bakteriellen Stoffwechsel unter ihre Kontrolle, und es werden nur noch phagenspezifische Nucleinsäuren und Proteine gebildet. Die Bakterienzelle füllt sich mit neuen Bakteriophagen an, bis sie platzt und die Bakteriophagen ins Medium entläßt. Verschiedene ausgewählte Bakteriophagen dienen als VEKTOREN zur molekularen KLONIERUNG von DNA und zum Aufbau von GENBANKEN oder werden bei DNA-Sequenzanalysen verwendet. – *124, 157*

Basen. In der Molekularbiologie die Kurzbezeichnung für die in Nucleinsäuren vorkommenden, stickstoffhaltigen (und daher basisch reagierenden), heterozyklischen Bausteine. Die Basen sind glykosidisch an die C1-Atome der Zucker in der fortlaufenden Zucker-Phosphat-Kette gebunden. Die DNA enthält vier verschiedene Basen, die beiden Purinbasen *Adenin* und *Guanin* und die Pyrimidinbasen *Cytosin* und *Thymin* (5-Methyluracil). In der RNA kommt *Uracil* anstelle von Thymin vor. Sie werden mit ihren Anfangsbuchstaben (A, G, C, T und U) abgekürzt. Durch die Aufeinanderfolge der einzelnen Basen kommt die *genetische Information* in den Nucleinsäuren zustande. – *11, 12, 103, 104*

Basenpaar. Ein Basenpaar entsteht durch die Eigenschaft zweier BASEN, sich durch WASSERSTOFFBRÜCKEN-BINDUNGEN aneinanderzulagern. Diese Bindungen sind besonders ausgeprägt bei den Basenpaaren G–C und A–T bzw. A–U, und sie verbinden die beiden Stränge der DNA-DOPPELHELIX miteinander. Durch die Spezifität der Basenpaarung ergibt sich zwangsläufig, daß die beiden Stränge einander „entsprechen", d.h. sie sind nicht identisch, aber sie sind *komplementär*. Auf diesem Prinzip beruht die sequenzgetreue Verdopplung (REPLIKATION) und Weitergabe (TRANSKRIPTION) der genetischen Information. – *104, 105, 138*

Batch-Verfahren s. diskontinuierliche Kultur.

Beimpfen. Das Übertragen von vermehrungsfähigen Zellen (dem sog. *Inokulum*, s. IMPFKULTUR) auf einen festen Nährboden, in ein flüssiges Nährmedium oder in ein Versuchstier mittels aseptischer (s. ASEPSIS) Arbeitstechnik. Im Labormaßstab liegt das Volumenverhältnis von Inokulum zu Nährmedium bei 1% oder niedriger, während technische BIOREAKTOREN üblicherweise mit 5–20% ihres Volumens beimpft werden. – *23, 86, 87*

Belebtschlammverfahren. Das verbreitetste Verfahren zur aeroben ABWASSERREINIGUNG. Der Abbau findet in flachen Becken oder neuerdings auch in Reaktoren der Hochbauweise statt (s. TURMBIOLOGIE), wobei durch eine intensive Belüftung für eine maximale Stoffwechselaktivität der abbauenden Mikroorganismen gesorgt wird. Anschließend wird in einem *Nachklärbecken* der Schlamm vom gereinigten Abwasser getrennt und – gegebenenfalls nach einer wiederholten Belüftung in einem Schlammspeicher – als *Belebtschlamm* wieder in den Reaktionsraum zurückgeführt. – *93, 95*

Bibliothek, genomische s. Genbank. – *125*

Bier. Ein aus Gerstenmalz unter Zusatz von Hopfen durch ALKOHOLISCHE GÄRUNG mit Hilfe von SACCHAROMYCES-Hefen und anschließender Nachreifung und Klärung hergestelltes, alkohol- und kohlensäurehaltiges Getränk. Die größte Menge wird als *untergäriges Bier* hergestellt (Pilsener, Dortmunder, Münchener Biere und Bockbiere) durch Vergärung der Würze bei 5 bis max. 10 °C und unter Verwendung einer Hefe, die sich nach der Gärung am Tankboden absetzt. *Obergäriges Bier* (Weißbiere, Altbiere, Porter u. a.) entsteht bei Gärtemperaturen zwischen 15 und 22 °C, und die Hefe sammelt sich an der Oberfläche der Würze an. In der Bundesrepublik werden jährlich über 120 Mio. hl Bier gebraut. – *20ff, 42, 51*

Bioalkohol s. Agraralkohol. – *44*

Biobeet s. Abluftreinigung, biologische.

Bioethanol s. Agraralkohol. – *44*

Biofilter s. Abluftreinigung, biologische.

Biogas (Deponiegas). Bezeichnung für das beim anaeroben, biologischen Abbau von organischen Stoffen (Grünpflanzen, Mist KLÄRSCHLAMM, Biomüll usw.) und von Abläufen durch Methangärung entstehende, brennbare Gasgemisch. Je nach Zusammensetzung der Rohstoffe enthält es 50–70% Methan und 30–45% Kohlendioxid. Diese Hauptbestandteile sind geruchlos, ein eventuell unangenehmer Geruch stammt von geringen Beimengungen von Schwefelwasserstoff und Mercaptanen. In Bergwerken führt Biogas zu Unfällen („schlagende Wetter"), in hohen Behältern besteht Erstickungsgefahr, da sich Biogas (schwerer als Luft) am Boden ansammelt. Der untere Heizwert von Biogas mit 60% Methan liegt bei 21 MJ pro Kubikmeter, daher kann es in Gasmotoren und in Blockheizkraftwerken energetisch genutzt werden. Natürliche Quellen für Biogas sind Sümpfe, überrieselte Reisfelder, Mülldeponien und der Pansen von Wiederkäuern. – *91, 96, 152*

Bioingenieur. Berufsbezeichnung, vornehmlich für Diplom-Ingenieure (Fachhochschule) der Fachrichtung Biotechnologie. – *2, 82*

Biokatalysatoren. Sammelbegriff für katalytisch wirksame ENZYME oder ganze, lebende oder auch inaktivierte Zellen von Mikroorganismen, Pflanzen oder Tieren für biotechnische Umwandlungen (s. BIOTRANSFORMATION, IMMOBILISIERTE BIOKATALYSATOREN, ENZYMMEMBRANREAKTOR).

Bioleaching. Bezeichnung für den mikrobiellen Aufschluß oder Abbau von mineralischen Stoffen (s. ERZLAUGUNG, BIOLOGISCHE). – *100, 101, 154*

Biologische Selbstreinigung. Der natürliche Abbau von organischen Substanzen in verschmutzten Oberflächengewässern durch eine genau angepaßte Lebensgemeinschaft von Bakterien, Pilzen, Algen, Protozoen, Würmern, Insektenlarven und Fischen. Durch diese *Biozönose* werden die im Wasser befindlichen absterbenden Pflanzen und Tiere, Stoffwechselprodukte der Wassertiere und zugeleitetes ABWASSER stufenweise abgebaut. Teils haften diese Organismen auf Steinen und Wasserpflanzen, teils sind sie als Bakterienflocken, Plankton oder Kleinkrebse im Wasser suspendiert. Ihre Konzentration ist relativ gering, so daß die biologische Selbstreinigung nur langsam vor sich gehen kann. Insbesondere beim Einleiten von Abwässern kann die Selbstreinigungskraft bald erschöpft sein. Bei Sauerstoffverarmung oder bei überreicher Nährstoffzufuhr (EUTROPHIERUNG) geht die biologische Selbstreinigung unter Umständen von der aeroben in eine anaerobe Phase über, bei der neben Methan auch übelriechende Produkte wie Schwefelwasserstoff, Ammoniak und Fettsäuren gebildet werden. Man spricht dann vom „*Umkippen*" des Gewässers. – *91, 151*

Biologischer Sauerstoffbedarf (BSB$_5$). Eine Maßzahl, welche die Masse an Sauerstoff angibt, die von Mikroorganismen für den aeroben Abbau der in einem Liter einer Probe enthaltenen organischen Inhaltsstoffe in 5 Tagen Inkubationszeit benötigt wird. Die Bestimmung wird, nach Zusatz einer geringen Menge Bakterienschlamm, im geschlossenen Gefäß bei 20 °C durchgeführt, der Sauerstoffverbrauch wird elektrometrisch bestimmt. Bei stark verschmutzten Abwässern muß Sauerstoff während der Messung nachgeführt werden, am besten durch elektrolytische Zersetzung einer Salzlösung in der Apparatur selbst. Die Sauerstoffaufnahme kann dann direkt aus dem Stromverbrauch der Elektrolysezelle ermittelt werden. Der BSB$_5$ dient in der Abwassertechnik als Überwachungswert, und aus dem Verhältnis von BSB$_5$ zum CHEMISCHEN SAUERSTOFFBEDARF (CSB) können Aussagen über die biologische Abbaubarkeit der Inhaltsstoffe gemacht werden. – *91*

Biomasse. 1) Allgemein ein Ausdruck für die Gesamtheit allen biologischen Materials, das durch Wachstum und Stoffwechsel von Tieren, Pflanzen und Mikroorganismen gebildet wird. Bei der pflanzlichen PHOTOSYNTHESE wird durch Assimilation von schätzungsweise 300 Mrd. t Kohlendioxid jährlich Biomasse mit einem Energieäquivalent von 3×10^{21} J gebildet. Die Nutzung dieser „*nach-*

wachsenden Rohstoffe" anstelle der nur in begrenzten Mengen verfügbaren fossilen Rohstoffe (Kohle, Erdöl, Erdgas) ist von enormer ökonomischer und ökologischer Bedeutung.

2) In der Mikrobiologie versteht man unter Biomasse im engeren Sinn die beim Wachstum von Mikroorganismen oder ZELLKULTUREN entstehende Zellmasse. Sie kann entweder das Zielprodukt des Prozesses sein (BACKHEFE, EINZELLERPROTEIN, STARTERKULTUREN), ein Abfall- bzw. Nebenprodukt (Klärschlamm bei der ABWASSERREINIGUNG, Rückstände bei biotechnischen Produktionen) oder das Ausgangsmaterial für die Gewinnung von Produkten (intrazelluläre ENZYME und METABOLITEN). – *91*

Bionik. Ein nicht eindeutig definierter Begriff, mit dem gelegentlich die Entwicklung medizinischer Apparate bezeichnet wird, welche die Funktion geschädigter Organe übernehmen können (Herz-Lungen-Maschine, künstliche Niere u.a.). Als Bionik bezeichnet man auch eine Fachrichtung, die das Ziel hat, Grundprinzipien biologischer Systeme zu erforschen und für technische oder medizinische Zwecke anzuwenden. Beisp.: Aufbau und Struktur von Kieselalgen oder Insektenflügeln als Prinzip für besonders tragfähige technische Konstruktionen; Bewegungsmechanik von Fischen als Grundlage neuartiger Antriebsarten für Wasserfahrzeuge; das akustische Ortungssystem von Fledermäusen zur Entwicklung leistungsfähiger Echolotverfahren.

Bioreaktor, auch als *Fermenter* bezeichnet, ist ein Behälter, in dem biologische Stoffumwandlungen mit BIOKATALYSATOREN, Mikroorganismen oder tierischen bzw. pflanzlichen Zellen durchgeführt werden können. Um die jeweils prozeßspezifisch, optimalen Bedingungen zu schaffen, müssen im Bioreaktor die Zustandsgrößen des Wachstums bzw. der Produktbildung kontrolliert und gesteuert werden (Substrat- und Produktkonzentrationen, Temperatur, PH-WERT, Sauerstoffverbrauch usw.).

Im *Oberflächenreaktor* haften die lebenden Organismen an festen Trägermaterialien oder schwimmen als Schicht an der Flüssigkeits-

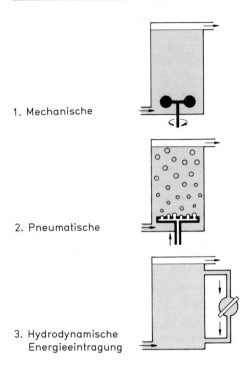

1. Mechanische

2. Pneumatische

3. Hydrodynamische
   Energieeintragung

oberfläche. Bei der SUBMERSFERMENTATION sind die Organismen im flüssigen KULTUR-MEDIUM suspendiert. Bei aeroben Prozessen muß außerdem noch Luft in der flüssigen Phase dispergiert werden, um eine möglichst große Phasengrenzfläche für einen guten Sauerstoffübergang zu erzeugen. Die für diese Durchmischungs- und Zerteilungsaufgaben erforderliche Energie kann nach verschiedenen Prinzipien in den Bioreaktor eingetragen werden.

1) Beim *mechanischen Energieeintrag* wird die Flüssigkeit durch Propeller-, Turbinen- oder Schaufelrührer umgewälzt und die Luft unter dem Rührer eingetragen. Nach diesem Prinzip arbeitet der *Rührkesselreaktor*, der wohl am häufigsten eingesetzt wird. Die Rührer bewirken im Bioreaktor eine vertikale Aufwärtsströmung, und durch Einsetzen eines koaxialen Leitzylinders läßt sich eine gezielte Umlaufströmung erzwingen (*Rührschlaufenreaktor*).

2) Bei *pneumatischer Energieeintragung* wird die Bewegung der Flüssigkeit durch die mittels eines Kompressors eingeblasene Luft erzeugt (*Blasensäule*). Auch hierbei erreicht

man durch Einbau eines Leitzylinders eine Umlaufströmung, eine durch den Gasauftrieb im Zylinder aufwärts und im äußeren Ringraum abwärts gerichtete Bewegung *(Airlift-Reaktor)*. Die Flüssigkeit kann auch durch eine äußere Schlaufe zurückgeführt werden *(Schlaufenreaktor)*.

3) Bei der *hydrodynamischen Energieeintragung* wird die Kulturflüssigkeit mit einer Umwälzpumpe im äußeren Kreislauf in Bewegung gehalten und mit einer *Zweistoffdüse* in den Bioreaktor zurückgeführt. Dabei entsteht in der Düse ein Unterdruck, durch den die Luft spontan eingesaugt wird *(Tauchstrahlreaktor)*.

Umsetzungen mit IMMOBILISIERTEN BIOKATALYSATOREN werden entweder in einem kontinuierlich durchströmten Rührreaktor (s. CHEMOSTATKULTUR) durchgeführt oder in einem *Säulenreaktor*. Dabei strömt die Flüssigkeit entweder von oben nach unten durch eine Packung des Biokatalysators (FESTBETTREAKTOR) oder sie strömt mit solcher Geschwindigkeit von unten nach oben, daß die Partikel in der Schwebe gehalten werden *(Wirbelbettreaktor)*. Eine Rückhaltung der Biokatalysatoren oder anderer, hochmolekularer Komponenten, z.B. Enzyme, ist auch mit *Membranen* möglich *(Membranreaktor,* HOHLFASERREAKTOR*)*. – 37, 82, 85, 94

Biosensor. Ein Meßfühler mit einer biologisch aktiven Komponente (z.B. ENZYM, ANTIKÖRPER, Mikroorganismenzellen u.a.). Das biologische Material ist immobilisiert und steht in engem Kontakt mit einem *Überträger (Transduktor)*, der das biologische Signal in ein meßbares, physikalisches Signal (elektrischer Strom, Wärmeentwicklung, Lichtabsorption usw.) überträgt. Ein Beispiel ist die kontinuierliche Messung der PENICILLIN-Konzentration während einer Fermentation. Das Enzym Penicillin-ACYLASE befindet sich in den Poren einer Membran, die auf dem Diaphragma einer pH-Elektrode aufliegt. Durch die Spaltung von Penicillin entsteht Phenylessigsäure, und die Abnahme des PH-WERTES an der Elektrodenoberfläche wird durch eine entsprechende Spannungsänderung angezeigt. – 80, 81

Biotechniker. Beruf mit Ausbildung auf Technikerebene. Dazu muß ein Fachschulbesuch von zwei Jahren mit einer staatlichen Prüfung abgeschlossen werden. – 2

Biotechnologie (synonyme Bezeichnungen sind „Biotechnik", „Technische Biochemie", „Industrielle" oder „Angewandte Mikrobiologie"). Nach der Definition der EUROPÄISCHEN FÖDERATION BIOTECHNOLOGIE (EFB) aus dem Jahre 1989 ist Biotechnologie die integrierte Anwendung von Naturwissenschaften und Ingenieurwissenschaften mit dem Ziel, Organismen, Zellen, Teile daraus und molekulare Analoge technisch zu nutzen. Die Biotechnologie befaßt sich folglich mit dem Einsatz biologischer Prozesse im Rahmen von technischen Verfahren und industriellen Produktionen. Sie ist damit eine stark anwendungsorientierte Wissenschaft der Mikrobiologie und Biochemie in enger Verbindung mit der Technischen Chemie und der Verfahrenstechnik. – 1ff, 4

Biotop (von griech.: bios = Leben; topos = Ort). Bezeichnung für den Lebensraum von Pflanzen und Tieren (und Mikroorganismen) innerhalb eines Ökosystems, der aufgrund spezieller Umweltbedingungen zur Besiedlung für bestimmte Organismen (s. BIOZÖNOSE) geeignet ist. Typische Biotope sind Flüsse, Auenwälder, Wiesen, Moore usw.

Biotransformation (auch „Biokonversion" oder „mikrobielle Stoffumwandlung" genannt). Der Begriff bezeichnet eine selektive, chemische Umwandlung einer definierten Ausgangssubstanz in ein definiertes Endprodukt mit Hilfe von MIKROORGANISMEN, ZELLKULTUREN oder von einzelnen ENZYMEN. Der große Vorteil der Biotransformation liegt in der hohen Spezifität sowohl bezüglich des umgesetzten Substrates und der Position im Substratmolekül (REGIOSPEZIFITÄT) als auch bezüglich der sterischen und räumlichen Konformation von Substraten und Produkten (STEREOSPEZIFITÄT). Ein Beispiel für eine Biotransformation ist die Hydroxylierung eines STEROIDS (11-Desoxycortisol) in der β-Stellung am C-Atom 11 des Ringsystems unter Bildung von *Hydrocortison*. – 55, 57, 60

Bioverfahrenstechnik (auch „Bioprozeßtechnik"). Der Teil der Verfahrenstechnik, der sich mit den für die Biotechnologie spezifischen Problemen befaßt. Dazu gehören alle Techniken für steriles Arbeiten, für den Umgang mit lebenden Organismen und Zellen und die Grundoperationen für die Aufarbeitung von empfindlichen Proteinen und anderen Biopolymeren. – 82ff

Biozönose (von griech.: koinos = gemeinsam). Eine entsprechend den ökologischen Verhältnissen zusammengesetzte und im Gleichgewicht stehende Lebensgemeinschaft von Tieren, Pflanzen (und Mikroorganismen) innerhalb eines BIOTOPS. Alle Mitglieder der Biozönose stehen durch gegenseitige Beeinflussung und Abhängigkeit in vielseitigen direkten und indirekten Wechselbeziehungen zueinander.

Blasenfreie Begasung. Bezeichnung für die Versorgung einer ZELLKULTUR mit Sauerstoff unter Vermeidung von Gasblasen, durch die die scherkraftempfindlichen Zellen geschädigt werden könnten. In der Kulturlösung befindet sich eine, auf einem drehbaren Gestänge aufgewickelte, gasdurchlässige Schlauchmembran, durch die sauerstoffhaltiges Gas unter Druck geleitet wird. Zur Vermeidung von Gasblasen an der Membranaußenseite wird die Lösung durch einen entsprechend geringeren und genau kontrollierbaren Gegendruck überlagert. – 90, 146

Blotting-Verfahren (von engl.: blot = Klecks). Eine Labortechnik zur Lokalisierung von DNA- und RNA-Fragmenten gesuchter Sequenzen durch HYBRIDISIERUNG mit markierten DNA- oder RNA-Abschnitten bekannter NUCLEOTID-Sequenz, die als RNA- oder DNA-SONDEN bezeichnet werden. Dazu wird das Fragmentgemisch (z.B. aus einem Abbau mit RESTRIKTIONS-ENDONUCLEASEN) auf einer GELELEKTROPHORESE-Platte aufgetrennt, und die Platte wird anschließend auf eine Filtermembran aus Nitrocellulose fest aufgepreßt. Man erhält einen Abklatsch des Fragmentmusters auf der Filtermembran. Durch Behandeln der Membran mit der Lösung einer Sonde, die z.B. radioaktiv oder mit einem Farbstoff markiert ist, werden alle die Fragmentbanden auf der Membran radioaktiv oder farblich markiert, die aufgrund von komplementären BASENPAAREN mit den Molekülen der Sonde hybride Moleküle bilden. – *126*

Blutgerinnungskaskade. Bezeichnung für die komplizierten, biologischen Vorgänge bei der Umwandlung des flüssigen Blutes in die gallertige Masse des Blutkuchens, der die Abdichtung verletzter Blutgefäße durch Pfropfbildung bewirkt. Dabei wird das im Blutplasma gelöste *Fibrinogen* in den Gerinnungsstoff, das *Fibrin,* überführt. Es handelt sich um einen mehrstufigen Prozeß, an dem mindestens 15 verschiedene, mit römischen Ziffern bezeichnete Blutgerinnungsfaktoren beteiligt sind und von denen jeder, wenn er aktiviert ist, die inaktive Vorstufe des jeweils nächsten B-Faktors wieder aktiviert. Zu ihnen gehört u.a. der FAKTOR VIII, der heute schon aus gentechnisch veränderten Hamsterzellen durch ZELLKULTUR-Technik hergestellt wird. – *124*

Bodensanierung, mikrobielle (auch „Bodendekontaminierung"). Der Abbau organischer Bodenverunreinigungen durch Aktivierung der Mikroflora des Bodens oder durch Einsatz speziell gezüchteter Mikroorganismen. Viele, auch schwer abbaubare Stoffe, können von geeigneten Bakterien abgebaut werden, sofern ausreichend Sauerstoff zugegen ist. Zur Technik der Bodensanierung s. ALTLASTEN. – *100*

Boten-RNA s. mRNA. – *107*

BSB₅. Abk. für biologischer Sauerstoffbedarf (s. dort). – *91*

Budapester Vertrag. Ein Vertragswerk über die internationale Anerkennung der Hinterlegung von Mikroorganismenstämmen für die Zwecke von Patentverfahren (v. 28.4.1977, Ausführungsanordnung v. 31.1.1981). Als Voraussetzung für den Status einer internationalen Hinterlegungsstelle muß diese im Hoheitsgebiet eines der Unterzeichnerstaaten des Budapester Vertrages (Vertragsstaaten) liegen und außerdem eine Anzahl von Bedingungen erfüllen. In Deutschland erfüllt die DSM „Deutsche Sammlung von Mikroorganismen und Zellkulturen GmbH" in Braunschweig-Stöckheim diese Voraussetzungen.

Bundes-Immissionsschutzgesetz (BImSchG). Kurzbezeichnung für das Gesetz zum Schutz vor schädlichen Umweltwirkungen durch Luftverunreinigungen, Geräusche, Erschütterungen und ähnliche Vorgänge (v. 15.3.1974, zuletzt geändert durch VO vom 1.9.1988). Zweck des Gesetzes ist es, Menschen, Tiere, Pflanzen und andere Sachen vor schädlichen Umwelteinflüssen zu schützen und solchen Einflüssen vorzubeugen.

Butanol-Gärung s. Aceton-Butanol-Fementation. – *46, 51*

C

Candida-Hefen s. Hefen. – *39*

Cassava (auch Maniok). Wolfsmilchgewächs (*Manihot esculenta*) in tropischen Gebieten mit besonders stärkereichen (s. POLYSACCHARIDE) Wurzeln, das auch als Rohstoff für die Gewinnung von AGRARALKOHOL in Frage kommt. – *43*

cDNA. Abk. für (engl.) „complementary DNA". Eine DNA-Sequenz, die an einer mRNA-Matrize mit Hilfe spezieller Enzyme (z.B. einer REVERSEN TRANSKRIPTASE) synthetisiert wurde. Man benutzt cDNA, um damit GENBANKEN in dem Bakterium ESCHERICHIA COLI anzulegen. Die Verwendung von mRNA als Matrize bietet bei EUKARYONTEN den großen Vorteil, daß diese mRNA schon „gereift" ist, d.h., die in eukaryotischen GENOMEN häufig vorkommenden und für die folgenden gentechnischen Arbeiten störenden INTRONS sind in der reifen mRNA schon durch SPLEISSEN entfernt worden. Auf diese Weise erhält man vollständige cDNA-Sequenzen, die auch in Prokaryonten wie Escherichia coli exprimiert werden können (s. GENEXPRESSION). – *119*

Cellulose s. Polysaccharide. – *44*

Cephalosporine. Verbindungen aus der Gruppe der β-LACTAM-ANTIBIOTIKA. – *64, 68*

Chemikaliengesetz. Das Gesetz zum Schutz vor gefährlichen Stoffen vom 16.9.1980 (Chemikaliengesetz) regelt das Inverkehrbringen chemischer Verbindungen. Der Zweck dieses Gesetzes ist es, Mensch und Umwelt vor schädlichen Einwirkungen gefährlicher Stoffe zu schützen. Es betrifft gleichermaßen den Gesundheits-, Arbeits- und Umweltschutz und wird durch spezielle Verordnungen (z.B. Gefahrstoffverordnung, VO über Anmeldeunterlagen und Prüfnachweise) ergänzt. Nicht zum Anwendungsbereich des Chemikaliengesetzes gehören Stoffe, für die besondere Regelungen in anderen Rechtsvorschriften getroffen sind (Lebensmittelgesetz, Pflanzenschutzgesetz u.a.).

Chemischer Sauerstoffbedarf (CSB). Ein summarischer Parameter zur Beschreibung der Wasserqualität, der den Gehalt an chemisch oxidierbaren Inhaltsstoffen kennzeichnet. Zu seiner Bestimmung wird eine Wasserprobe mit einem Überschuß von Kaliumdichromat und Quecksilbersulfat als Katalysator 2 Stunden bei 148 °C oxidiert und anschließend die Menge an unverbrauchtem Dichromat maßanalytisch oder photometrisch bestimmt. Mit dem CSB werden 95 bis 98 % der organischen Stoffe erfaßt und nur wenige Verbindungen (z.B. Benzol, Pyridin) werden unvollständig oxidiert. Allerdings reagieren auch anorganische, oxidierbare Stoffe (z.B. zweiwertiges Eisen, Sulfid, Nitrit usw.). Der CSB ist im Wasserrecht der wichtigste Beurteilungsparameter und bildet die Bemessungsgrundlage für das ABWASSER-ABGABEN-GESETZ (AbwAG). – *92*

Chemostatkultur (auch KONTINUIERLICHE FERMENTATION; Gegensatz ist die DISKONTINUIERLICHE KULTUR oder das „Batch-Verfahren").
Die Chemostatkultur wird üblicherweise in einem gerührten BIOREAKTOR betrieben, dem mit einer konstanten Fließrate eine Nährlösung zugeführt und mit derselben Fließrate umgesetztes Medium, einschließlich der entstandenen BIOMASSE und eventuell gebildeter Produkte, entnommen wird. Nach einer gewissen Anlaufphase stellt sich ein FLIEß-GLEICHGEWICHT ein, in dem alle Parameter

(Zelldichte, Substrat- und Produktkonzentration, PH-WERT usw.) konstant sind. Die WACHSTUMSRATE der Mikroorganismen paßt sich dann an die Zuführungsrate der Nährstoffe an. Eine Chemostatkultur könnte theoretisch unbegrenzt lange betrieben werden, solange nicht ein Fehler im System (z.B. Ausfall der Förderpumpen), eine INFEKTION mit Fremdkeimen oder eine spotane MUTATION in der Kultur auftreten. Wegen dieser Begrenzungen werden Chemostatkulturen für technische Fermentationen nur selten eingesetzt, obwohl sie die höchsten RAUM-ZEIT-AUSBEUTEN erbringen würden. – *87, 145*

Chloroplasten. Organellen in Zellen grüner Pflanzen, in denen die Pigmente für die PHOTOSYNTHESE lokalisiert sind. Vgl. MITOCHONDRIEN.

Chromatographie. Sammelbegriff für die physikalische Trennung von Substanzgemischen aufgrund ihrer unterschiedlichen Verteilung zwischen einer festen, *stationären* und einer flüssigen (oder gasförmigen), *mobilen Phase*. Die Chromatographie findet ihren Einsatz sowohl im Labor als auch zur schonenden Aufarbeitung labiler Verbindungen im technischen Maßstab.
Eine Unterscheidung der zahlreichen Chromatographieverfahren ist möglich: a) nach der Natur des Trägers (z.B. [Polyacrylamid- oder Dextran-] Gel, Papier, Ionenaustauscher, Dünnschicht); b) nach der Art der mobilen Phase (z.B. Flüssigkeit, Gas, superkritische Fluide); c) nach den zugrundeliegenden physikalischen und chemischen Prinzipien (z.B. Adsorptions-, AFFINITÄTS-, Molekularsieb- oder IONENAUSTAUSCH-CHROMATOGRAPHIE). Das zu trennende Substanzgemisch wird in flüssiger oder gasförmiger Phase in einer Säule durch eine homogene Packung der stationären Phase hindurchgeleitet, wobei die Substanzen unterschiedlich stark zurückgehalten werden und dadurch getrennt nacheinander im Auslauf der Säule erscheinen. – *72, 88, 146*

Chromosomen. Aus doppelsträngiger DNA und Proteinen bestehender Teil des GENOMS, der bei der Zellteilung lichtmikroskopisch sichtbar wird. Der Mensch besitzt in jeder Körperzelle 46 Chromsomen, davon 22 *Autosomen*-Paare und 2 Geschlechts-Chromosomen. (*Heterosomen*, XX bei der Frau und XY beim Mann). In den EUKARYONTEN ist die Chromosomen-DNA durch eine Kernmembran vom CYTOPLASMA abgetrennt. Die Chromosomen der PROKARYONTEN sind von einfacherer Struktur und geringerer Größe. Bei diesen handelt es sich zumeist um eine einzige, ringförmig geschlossene DNA-DOPPELHELIX, die an einer Stelle der Zellmembran angeheftet und nicht von einer Kernmembran umschlossen ist. – *9, 13, 104, 112*

Citratcyclus (auch Tricarbonsäurecyclus, Abk. TCC). Ein Stoffwechselzyklus des KATABOLISMUS mit CITRONENSÄURE als Schlüsselsubstanz, der in fast allen Mikroorganismen und den Zellen höherer Lebewesen anzutreffen ist. Dabei wird Essigsäure in aktivierter Form (als *Acetyl-Coenzym A*) in einer Folge von acht Umwandlungsschritten zu zwei Molekülen Kohlendioxid abgebaut. Die dabei freigesetzten Wasserstoffatome (bzw. Elektronen) werden zunächst auf COENZYME übertragen und können von diesen in die ATMUNGSKETTE gelangen, wo sie stufenweise unter Bildung von energiereichem ATP mit Hilfe der CYTOCHROME weitergegeben werden. Am Ende der Kette reagieren sie mit Sauerstoff unter Bildung von Wasser. Neben dieser Funktion des Citratcyclus als oxidativer *„Endabbau der Kohlenstoffverbindungen"* liefert er auch wichtige Zwischenprodukte für verschiedene Syntheseprozesse in der Zelle. Vom Erwachsenen werden täglich 2000 g Citronensäure gebildet und wieder abgebaut. – *48, 50*

Citronensäure. Eine Verbindung (2-Hydroxy-1, 2, 3-propantricarbonsäure), die im Lebensmittelsektor als Säuerungsmittel und als Puffersubstanz (Pharmazeutika, Kosmetika) von großer Bedeutung ist. Citronensäure ist die Schlüsselsubstanz des CITRATCYCLUS, durch den in fast allen Organismen die Kohlenhydrate, Fette und Eiweißstoffe der Nahrung abgebaut werden.
Zahlreiche Mikroorganismen bilden Citronensäure, und unter ihnen ist ASPERGILLUS

niger der wichtigste Produktionsorganismus für die Erzeugung von jährlich 350000 t reiner Citronensäure. Als Rohstoffe werden Rübenzucker-MELASSEN und andere preiswerte Kohlenstoffquellen verwendet. Dabei wird die oft noch praktizierte OBERFLÄCHENFERMENTATION heute zunehmend durch SUBMERSFERMENTATIONEN in großen Rührtanks verdrängt. Unter kräftiger Belüftung wird der Zucker innerhalb von etwa acht Tagen zu 75 % in Citronensäure umgewandelt. – *47, 150*

Codon. Bezeichnung für ein *Triplett* von drei aufeinanderfolgenden NUCLEOTIDEN in der mRNA, das bei der TRANSLATION den Einbau einer AMINOSÄURE in die wachsende POLYPEPTID-Kette bestimmt oder als *Terminations-Codon* das Ende der Translation signalisiert. – *110, 112*

Coenzyme (auch Cofaktoren). Bezeichnung für meist niedermolekulare Verbindungen, die bei enzymatisch katalysierten Reaktionen eine Übertragung von Wasserstoffatomen, Elektronen oder Atomgruppen übernehmen. Zum Beispiel ist NAD^+ (Abk. für Nicotinamid-Adenin-Dinucleotid) ein Coenzym für zahlreiche Oxidations-Reduktions-Reaktionen nach der Gleichung:

$$AH_2 + NAD^+ \rightarrow A + NADH + H^+;$$
$$NADH + H^+ + B \rightarrow BH_2 + NAD^+.$$

Die Verbindung AH_2 wird dehydriert und das Coenzym übernimmt den Wasserstoff. Das hydrierte Coenzym kann dann seinen Wasserstoff in einer anderen Reaktion auf die Substanz B übertragen. Dabei wird das Coenzym zwischen den Enzymen für die beiden Reaktionen reversibel ausgetauscht. In anderen Fällen kann das Coenzym kovalent an das Enzym gebunden sein. Zum Beispiel enthält das „Flavoenzym" *Glucoseoxidase* FAD (Abk. für Flavin-Adenin-Dinucleotid) als Coenzym und die Reaktion lautet:

$$Glucose + Enzym\text{-}FAD \rightarrow Gluconsäure + Enzym\text{-}FADH_2;$$
$$Enzym\text{-}FADH_2 + O_2 \rightarrow Enzy\text{-}FAD + H_2O_2.$$
– *72, 78*

CKW. Häufig verwendete Abk. für „chlorierte Kohlenwasserstoffe", die als biologisch schwer abbaubare Komponenten im ABWASSER große Probleme verursachen.

Computer aided drug design (Abk.: CADD, computerunterstützte Planung von Wirkstoffen). Methode, mit deren Hilfe Struktur-Wirkungsbeziehungen zwischen biologisch aktiven Verbindungen ermittelt werden können. Dazu werden von möglichst vielen chemischen Verbindungen mit bekannter Struktur und ausgewiesener biologischer Wirkung die Eigenschaften im Computer gespeichert und verglichen. Man erhält so mathematische Ansätze für die quantitative Beschreibung der biologischen Aktivitäten und findet bestimmte Konformationen als Voraussetzung für hohe biologische Aktivitäten. Daraus lassen sich computergraphisch generierte 3-D-Bilder gewinnen, mit denen z.B. die Synthese von Arzneistoffen mit verbesserter Wirkung gezielt geplant werden kann.

CSB. Abk. für „chemischer Sauerstoffbedarf" (s. dort). – *92*

Cyanocobalamin. Andere Bezeichnung für *Vitamin B$_{12}$*. Eine rote, kristalline Verbindung, deren Strukturmerkmal ein *Corrin-Ringsystem* ist mit Cobalt als Zentralatom. Cyanocobalamin wird durch Fermentation einfacher Glucosemedien mit Propionibakterien in Konzentrationen von 30 bis 40 mg pro Liter erhalten. In den fünfziger Jahren wurde Vitamin B$_{12}$ auch aus dem Schlamm der FAULTÜRME von Kläranlagen gewonnen. Cyanocobalamin dient zur therapeutischen Behandlung bestimmter Anämien und wird auch dem Tierfutter als Zusatz beigemischt. Weltweit werden pro Jahr nur knapp 2 t hergestellt, aber der Marktwert liegt bei 10 000 US-Dollar pro Kilogramm. – *42*

Cytochrome. Bezeichnung für eine Gruppe von weitverbreiteten Proteinen mit *Häm* als Wirkgruppe. Cytochrome sind als Redox-Katalysatoren an der Übertragung von Elektronen in der ATMUNGSKETTE und bei der PHOTOSYNTHESE beteiligt. Dabei findet ein Wechsel der Wertigkeit des zweiwertigen Eisens im Ferrohäm zu Ferrihäm statt.

Cytokinine. Abkömmlinge der BASE Adenin, die am N6-Atom noch eine weitere Gruppe tragen. Cytokinine gehören, wie die AUXINE zu den PHYTOHORMONEN und stimulieren vor allem die Zellteilung, greifen aber auch bei der Fruchtbildung, Fruchtreifung und bei der Entwicklung der Knospen ein und verzögern die Alterung (*Seneszens*) von Pflanzen. – *136*

Cytoplasma. Bezeichnung für den PROTEIN-Inhalt von Zellen, ohne Zellkern und -membran. Das Cytoplasma ist der Ort der Proteinsynthese und der meisten Stoffwechselvorgänge in der Zelle. Seine Grundsubstanz ist das *Cytosol*, das bei EUKARYONTEN von zahlreichen *Organellen* durchsetzt ist, wie MITOCHONDRIEN, Plastiden, endoplasmatisches Reticulum mit den RIBOSOMEN, Microbodies und (bei Pflanzen) den Vakuolen. Durch diese starke „*Kompartimentierung*" können einzelne Stoffwechselreaktionen räumlich getrennt voneinander im Cytoplasma ablaufen. – *9, 13, 112*

Cytosin s. Basen. – *104*

D

Datenbanken der Gentechnik. Mit der Entwicklung moderner gentechnischer Methoden zur schnellen Sequenzermittlung fallen gewaltige Mengen an Daten über NUCLEOTID- und AMINOSÄURE-Sequenzen an, die international in Datenbanken gespeichert und verwaltet, in regelmäßigen Abständen ergänzt und für den allgemeinen Gebrauch zur Verfügung gestellt werden. Deutsche Datenbanken sind das „*Genmon Package*" der Gesellschaft für Biotechnologische Forschung in Braunschweig-Stöckheim und das „*European Molecular Biology Laboratory*" in Heidelberg. Wenn heute ein Wissenschaftler eine Sequenz aufgeklärt hat, so kann er in kürzester Zeit erfahren, ob diese Sequenz schon einmal gefunden wurde und welche Ähnlichkeiten und Übereinstimmungen mit anderen, bereits bekannten Sequenzen existieren.

Denitrifikation. Ein Prozeß, bei dem in Abwesenheit von Sauerstoff Nitrat über Nitrit und Distickstoffoxid (N_2O) zu elementarem Stickstoff (N_2) reduziert wird. Der Denitrifikationsprozeß ist bisher nur bei *aeroben Bakterien* beobachtet worden, die über das komplette System der ATMUNGSKETTE verfügen. Nur in Abwesenheit von Sauerstoff bilden sie das für die Denitrifikation erforderliche Enzymsystem (Nitratreduktase A und Nitritreduktase). Bei vielen Denitrifikanten wird das Enzymsystem durch die Anwesenheit von Nitrationen *„induziert"*. Nitrat dient also anstelle von Sauerstoff – wenn dieser fehlt – den Bakterien als *terminaler Wasserstoffakzeptor*. Im übrigen ist dieser Prozeß ebenfalls über eine *Elektronentransportkette* mit der Bildung von energiereichen ATP-Molekülen verbunden. Daher wird er auch als *„Nitrat-Atmung"* oder als *„anaerobe Atmung"* bezeichnet. Aus landwirtschaftlicher Sicht bedeutet die Denitrifikation der Bodenbakterien einen Stickstoffverlust, vor allem in schlecht durchlüfteten Böden, bei Staunässe und insbesondere, wenn organische Dünger und Nitrat gleichzeitig angewendet werden. – *97, 99, 142*

Deponie. Bezeichnung für Lagerstellen, auf denen ABFALL-Stoffe aus Haushalt, Gewerbe oder Industrie gemäß der rechtlichen Bestimmungen (Abfallgesetz, Wasserhaushaltsgesetz, BUNDES-IMMISSIONSSCHUTZGESETZ) geordnet abgelagert werden. – *94*

Desoxyribonucleinsäure s. DNA. – *11, 103ff*

Dextrane. POLYSACCHARIDE aus Bakterien, die aus GLUCOSE-Einheiten (vornehmlich in α-1,6-Bindung mit gelegentlichen α-1,3-Bindungen) aufgebaut sind. Die Molmassen können bis zu 50 Millionen erreichen. Dextrane werden durch Fermentation von SACCHAROSE-Lösungen mit Bakterien (*Leuconostoc dextranicum*) hergestellt. Niedermolekulare Dextrane mit Molmassen um 75000 dienen in der Medizin als Blutersatzmittel und Plasmaexpander, hochmolekulare Dextrane finden als Dickungsmittel vielseitige Anwendungen bei der Lebensmittelherstellung. In der Biochemie verwendet man quervernetzte Dextrane als Säulenmaterial für die Molekularsieb-CHROMATOGRAPHIE. – *13, 51, 77, 88*

Diabetes mellitus (von griech.: dia = durch; baino = gehen; lat.: mellitus = honigsüß). Auch als „Zuckerkrankheit" bezeichnete, chronische Stoffwechselstörung, bei der GLUCOSE mit dem Harn ausgeschieden wird (Glucosurie). Sie beruht auf einem Mangel an INSULIN oder herabgesetzter Insulinwirkung, wodurch es zu einem Anstieg des Blutzuckerspiegels (Hyperglykämie) kommt. Als Folge treten vermehrte Harnbildung und dadurch Wasser- und Elektrolytverluste auf. Unter dem Einfluß der insulinantagonistischen Hormone findet ein gesteigerter Fettabbau statt mit Anreicherung von freien Fettsäuren im Blut und der Bildung von „Ketonkörpern" im Harn (Ketonurie). Unter akuten Bedingungen können die Fehlregulationen lebensbedrohlich werden mit Koma und Kreislaufversagen (Coma diabeticum).
Unterschieden wird zwischen dem insulinabhängigen Typ I im jugendlichen Alter (juveniler Diabetes), der durch Insulinmangel als Folge von Autoimmunprozessen oder von Virusinfektionen entstehen kann und dem insulinunabhängigen Typ II (Altersdiabetes), bedingt durch eine verminderte Ansprechbarkeit der Erfolgsorgane bei an sich normalem oder sogar erhöhtem Insulinblutspiegel. – *79*

Diacetyl (2,3-Butandion, $C_4H_6O_2$). Eine Verbindung aus zwei Kopf-an-Kopf aneinandergesetzten *Acetyl*-Gruppen. Diacetyl ist ein Gärprodukt verschiedener MILCHSÄUREBAKTERIEN und anderer Mikroorganismen. Es verursacht in Molkereiprodukten das „Butteraroma". Im BIER ist diese Aromanote unerwünscht, weshalb das durch die Hefegärung in geringen Mengen entstandene Diacetyl bei der anschließenden *Reifung* des Bieres möglichst durch mikrobielle Reduktion (zu *Acetoin*) eliminiert werden muß. – *23, 29*

Differenzierung. Als Differenzierung bezeichnet man die Umwandlung der embryonalen Zellen von vielzelligen EUKARYONTEN in spezialisierte Zellen mit bestimmten Funktionen und Aufgaben. Ausdifferenzierte, *pflanzliche Zellen* können sich sowohl in der Pflanze als auch in ZELLKULTUREN wieder zu Embryonalzellen „entdifferenzieren" und umgekehrt (s. TOTIPOTENZ). Im Gegensatz dazu behalten ausdifferenzierte *tierische Zellen* auch in der Zellkultur ihren Differenzierungszustand bei.

Auch bei Einzellern finden gewisse Differenzierungen statt, wie etwa die Ausbildung von *Sporen* bei Bakterien und Pilzen als spezielle Überlebensformen unter extremen Umweltbedingungen. – *135, 136*

Disaccharide. Kohlenhydrate, die aus zwei Monosaccharidmolekülen durch eine *glykosidische Bindung* aufgebaut sind. Beisp.: *Maltose* (aus zwei GLUCOSE-Resten); *Saccharose* (aus Glucose und Fructose); *Lactose* (aus Glucose und Galactose) usw. – *74*

Diskontinuierliche Kultur (auch „statische Kultur" oder „Batchverfahren"). Ein geschlossenes System, in dem ein NÄHRMEDIUM mit Mikroorganismen BEIMPFT und dann ohne Zu- oder Ablauf bis zum Ende fermentiert wird. Dabei sind die Zustandsgrößen im System ständigen Änderungen unterworfen (Nährstoffkonzentrationen nehmen ständig ab, Zelldichte und Produktkonzentrationen steigen an, der PH-WERT kann sich ändern usw.). Das Gegenteil ist die CHEMOSTAT-KULTUR, in der sich konstante Fließgleichgewichtsbedingungen einstellen. – *86*

DNA (Abk. für engl.: deoxyribonucleic acid; weniger gebräuchlich ist die deutsche Abk. DNS).

Der Träger der genetischen Information in allen Organismen (außer in einigen RNA-Viren). Doppelsträngiges Molekül (DOPPEL-HELIX) aus zwei POLYNUCLEOTID-Einzelsträngen, in denen vier verschiedene BASEN (A, G, C und T) an die Zuckereinheiten (2-Desoxy-D-ribose) einer fortlaufenden Zucker-Phosphat-Kette angehängt sind. Die beiden Stränge sind durch WASSERSTOFF-BRÜCKEN-BINDUNGEN zwischen jeweils komplementären Basenpaaren miteinander verbunden. In der *Basensequenz*, der Reihenfolge der einzelnen Basen, ist die gesamte ERBINFORMATION des Organismus festgelegt. Zum Beispiel besteht das CHROMOSOM des Bakteriums ESCHERICHIA COLI aus einer einzigen ringförmigen DNA-Doppelhelix mit 4 Mio. Basenpaaren. Es hat eine Molmasse von etwa 2,6 Mrd. und eine Gesamtlänge von 1,4 mm. – *11, 103, 105ff, 112ff, 125ff, 138ff*

DNA-Amplifikation. 1) Eine Vervielfachung der Kopienzahl bestimmter bakterieller PLASMIDE durch eine selektive Hemmung der REPLIKATION der chromosomalen DNA des Bakteriums, während die Plasmide weiter vermehrt werden.

2) Die *in vitro*-Vermehrung definierter DNA-Abschnitte durch die Methode der POLYMERASE-KETTENREAKTION (PCR). – *120, 122*

DNA-fingerprint s. Fingerabdruck, molekularer. – *130*

DNA-Polymerase. Ein Enzym, das von einem vorgegebenen DNA-Molekül als Matrize ein dazu komplementäres DNA-Molekül synthetisiert. Diese sog. *DNA-abhängige DNA-Polymerase* benutzt als Substrate die vier Desoxynucleosid-5′-triphosphate. Beim Knüpfen jeder Bindung wird ein Molekül anorganisches Diphosphat abgespalten. Eine *RNA-abhängige DNA-Polymerase* dagegen synthetisiert ein einzelsträngiges DNA-Molekül, das zu einer vorgegebenen RNA-Matrize komplementär ist. Nach diesem Prinzip arbeiten die REVERSEN TRANSKRIPTASEN. – *107*

DNA-Probe soviel wie DNA-Sonde s. dort.

DNA-Replikation s. Replikation. – *106, 122*

DNA-Sonde. Ein DNA-Fragment, das als ein speziell markierter Einzelstrang zur HYBRIDISIERUNG mit homologen oder verwandten DNA- oder RNA-Sequenzen befähigt ist. Dadurch ist deren Nachweis und quantitative Bestimmung möglich. Zur Markierung der DNA-Sonde gibt es verschiedene Möglichkeiten, z.B. eine radioaktive Markierung mit dem Phosphorisotop ^{32}P oder eine Kopplung mit dem lichtproduzierenden Enzym *Luciferase* usw. DNA-Sonden werden beim BLOTTING-VERFAHREN eingesetzt, beim SCREENING von GENBANKEN, zur Bestimmung von Fragmentlängen, von GENOMGRÖSSEN usw. – *126, 130, 133*

Doppelhelix. Bezeichnung für den Molekülbau der DNA (s. dort) in Lösung: zwei

Polynucleotideinzelstränge sind in der Art einer Wendel um einen gedachten Zylinder gewickelt und werden in der Hauptsache durch WASSERSTOFFBRÜCKEN-BINDUNGEN zusammengehalten, die sich zwischen den gegenüberliegenden BASENPAAREN (A–T bzw. G–C) der beiden Stränge ausbilden. Durch Erwärmen der Lösung (im Bereich zwischen etwa 70–90 °C) geht diese *native* Form der DNA verloren (*Denaturierung*), so daß die Stränge einzeln als ungeordnete „Knäuel" vorliegen. Beim langsamen Abkühlen der Lösung kann sich mit einer gewissen Wahrscheinlichkeit die Doppelhelix wieder zurückbilden (*Renaturierung*). Darauf beruht auch die HYBRIDISIERUNG von DNA mit DNA bzw. DNA mit RNA verschiedenen Ursprungs. – *11, 104*

Down-stream-processing. Oft verwendeter Ausdruck für die Produktaufarbeitung und alle anderen Prozesse, die nach Beendigung der eigentlichen Fermentation folgen. – *82*

DSM – Deutsche Sammlung von Mikroorganismen und Zellkulturen GmbH. Die DSM wurde 1969 als Stammsammlung in Göttingen gegründet und 1979 der Gesellschaft für Biotechnologische Forschung mbH (GBF) in Braunschweig-Stöckheim angegliedert. Sie ist anerkannte Hinterlegungsstelle im Sinne des BUDAPESTER VERTRAGES.

E

Einwohnergleichwert (EGW). Eine Vergleichszahl zur Beurteilung des Verschmutzungsgrades von gewerblichem und industriellem ABWASSER. Der EGW bezieht sich in der Regel auf den durchschnittlichen BSB_5 (s. BIOLOGISCHER SAUERSTOFFBEDARF) der täglichen Abwassermenge eines Einwohners (etwa 200 l), der bei 60 g Sauerstoff liegt. Mit dem EGW läßt sich abschätzen, wieviele Menschen die gleiche Abwasserschmutzfracht erzeugen würden wie der Industrie- oder Gewerbebetrieb. – *1, 92*

Einzellerprotein (Abk. SCP von engl. single cell protein). Ein Begriff, der sich auf Protein

aus Mikroorganismen (Bakterien, Hefen, andere Pilze, Algen usw.) bezieht und zur Unterscheidung von Nahrungseiweiß aus höheren Pflanzen oder Tieren dient. – *7, 39, 155*

Eiweiß. Umgangssprachliche Bezeichnung für PROTEINE; das sind Biopolymere, die aus einzelnen AMINOSÄUREN aufgebaut sind.

Eiweißbedürfnis des Menschen. Diejenige Menge an Nahrungsprotein, die aufgenommen werden muß, um ernährungsbedingte Stoffwechselstörungen oder Mangelsymptome zu vermeiden. Von der FAO (Food and Agricultural Organisation) wird dieser Wert mit 0,35 g *Normaleiweiß* pro Kilogramm Körpergewicht und Tag angegeben. Unter Berücksichtigung entsprechender Sicherheitsfaktoren ergibt sich daraus die von der Deutschen Gesellschaft für Ernährung *empfohlene Tagesmenge* von 60 g Eiweiß für den durchschnittlichen Erwachsenen.

Elektrofusion (auch Protoplastenfusion). Die *in vitro*-Vereinigung von zellwandlosen Zellen unter dem Einfluß von kurzen, elektrischen Gleichstromimpulsen mit dem Ziel der genetischen Kombination. – *137*

Elektrophorese (von griech.: phorein = tragen). Transport geladener Moleküle oder Partikel in einer Elektrolytlösung unter dem Einfluß eines elektrischen Feldes. Die Elektrophorese ist eine vielfach angewendete Methode zur analytischen und präparativen Auftrennung von Molekülen aus einem Gemisch, wobei die Trennung in einem mit Pufferlösung getränkten Trägermaterial stattfindet (z. B. GELELEKTROPHORESE, Papierelektrophorese usw.). Die Moleküle (z. B. Proteine) bewegen sich bei Anlegen einer Gleichstromspannung in Abhängigkeit von ihrer Ladung und ihrer Größe als getrennte „Banden" mit unterschiedlicher Laufgeschwindigkeit durch den Träger.

Embden-Meyerhof-(Parnas-)Weg s. Glykolyse. – *41*

Embryonenschutzgesetz (vom 13. 12. 1990). Regelt unter anderem die mißbräuchliche Anwendung von Fortpflanzungstechniken und Verwendung menschlicher Embryonen, die eigenmächtige Embryoübertragung, die künstliche Veränderung menschlicher Keimbahnzellen sowie deren KLONIERUNG und Hybridbildung.

Endprodukthemmung (auch Rückkopplungshemmung). Die Hemmung der *Aktivität* eines ENZYMS durch das Endprodukt einer mehrstufigen Synthesekette. Nicht zu verwechseln mit ENZYMREPRESSION. – *9, 56*

Energiereiche Verbindungen. Verbindungen mit einem hohen *Gruppenübertragungspotential*. Durch ihre Spaltung steht im Zellstoffwechsel so viel chemische Energie zur Verfügung, daß damit neue chemische Bindungen geknüpft, Atomgruppen auf andere Moleküle übertragen oder andere Arbeiten (z. B. Transportarbeit) geleistet werden können. Energiereiche Verbindungen haben daher die Funktion von Energieträgern im Zellstoffwechsel und ermöglichen den Ablauf auch von energetisch ungünstigen (*endergonischen*) Reaktionen (s. a. ATP).

Enzyme. Eine umfangreiche Gruppe von Proteinmolekülen (mit Ausnahme der *Ribozyme*, das sind enzymatisch aktive RNAS), die als BIOKATALYSATOREN fungieren und chemische Reaktionen erheblich (oft um Faktoren von vielen Millionen) beschleunigen können. Die Wirkung der Enzyme beruht auf selektiven Bindungsstellen, an denen sich die *Substratmoleküle* (das sind die Moleküle, die umgewandelt werden) vorübergehend anlagern und dabei in *Produktmoleküle* überführt werden. Viele Enzyme benötigen neben dem reinen Proteinanteil auch noch *Cofaktoren* (z. B. COENZYME, Metallionen usw.). – *70ff*

Enzymelektrode. Elektrochemischer Meßfühler (s. BIOSENSOR), der als biologisch aktive Komponente einen IMMOBILISIERTEN BIOKATALYSATOR (z. B. ein Enzym) enthält. – *81*

Enzyminduktion. Das Einschalten der *Biosynthese* bestimmter ENZYME durch eine chemische Verbindung (z. B. Substrat, Hormon usw.). In Bakterien werden zahlreiche Enzyme nicht ständig, sondern nur bei Bedarf gebildet. Beisp.: Solange das Bakterium GLUCOSE als Nährstoff zur Verfügung hat, fehlt ihm ein Enzym, das zur Hydrolyse von Milchzucker (LACTOSE) erforderlich ist. Wenn das Nährmedium Milchzucker statt Glucose enthält, wird in den Bakterien das Enzym (β-Galactosidase) *„induziert"*, das sie für den Abbau und den Verbrauch von Milchzucker benötigen. Gegensatz: ENZYMREPRESSION. – *9*

Enzymmembranreaktor. Bezeichnung für einen kontinuierlich durchströmten BIOREAKTOR, in dem das ENZYM für einen Umwandlungsprozeß mittels ULTRAFILTRATIONS-Membran im Reaktor zurückgehalten wird. – *78, 89*

Enzymrepression (auch Endproduktrepression). Die Unterdrückung der *Biosynthese* von anabolischen Enzymen (s. ANABOLISMUS) durch das Endprodukt eines Syntheseweges. Beisp.: Im bakteriellen Stoffwechsel entstehen die Aminosäuren zumeist in mehreren Syntheseschritten. Wenn die Bildung der AMINOSÄURE den Bedarf übersteigt und sich die Aminosäure in der Zelle anreichert, oder wenn die Aminosäure im Nährmedium angeboten wird, dann wird die Bildung derjenigen Enzyme eingeschränkt, die an dem Syntheseweg beteiligt sind, und zwar solange, bis die Aminosäure aufgebraucht ist. – *9*

Enzymsensor s. Enzymelektrode. – *81*

Epithelzellen (von griech.: epithelein = auf etwas wachsen). Zellen, die in ein- oder mehrschichtigen Verbänden die inneren oder äußeren Körperoberflächen bedecken. – *145*

Erbinformation (auch Erbanlagen, Erbfaktoren). Umgangssprachliche Bezeichnung für ein oder mehrere GENE. Die Gesamtheit aller Erbanlagen eines PROKARYONTEN wird in der Molekularbiologie als GENOM bezeichnet. – *103, 137*

Erbkrankheit. Krankhafte Erbanlage in Form von defekten GENEN oder Gengruppen (z. B. CHROMOSOMEN-Aberrationen), die zu klinisch erkennbaren Anomalien oder Entwicklungsstörungen führt. Vererbt werden aber die defekten Erbanlagen, nicht die Krankheit. – *122*

Ertragskoeffizient (auch Ausbeutekoeffizient). Das Verhältis aus der, während eines Wachstumsprozesses gebildeten mikrobiellen Zellmasse (X) und der verbrauchten Masse an limitierendem Substrat (S). Der Ertragskoeffizient läßt sich sinngemäß auch auf die Bildung von Produkten anwenden. – *86*

Erythropoietin (erythropoetischer Faktor, Abk. EPO). Ein Glykoproteinhormon, das die Bildung von Blutkörperchen (*Hämatopoese*) bei Säugetieren reguliert. Zur Therapie von Anämieerkrankungen, insbesondere bei Dialysepatienten, wird heute schon Erythropoietin eingesetzt, das biotechnisch mit ZELL-KULTUREN von rekombinanten Hamsterzellen hergestellt wurde. – *128, 147*

Erzlaugung, mikrobielle. Verfahren der *Hydrometallurgie*, bei dem Metalle aus (meist armen) Erzen und anderen mineralischen Rohstoffen (z.B. aus Abraumhalden) durch die Einwirkung von Mikroorganismen herausgelöst werden. Zur Erzlaugung sind säureliebende, eisen- und schwefeloxidierende Bakterien befähigt. Dabei entstehen konzentrierte Lösungen der Metallsulfate, aus denen die Metalle leicht gewonnen werden können. In der Praxis ist die Erzlaugung heute für die Gewinnung von Kupfer und Uran von Bedeutung. – *100, 154*

Escherichia coli. Ein Bakterium (s. BAKTERIEN) aus der Familie der *Enterobacteriaceae*, das als harmloser Bewohner im menschlichen und tierischen Darmtrakt vorkommt. Wichtig ist sein Nachweis in Trinkwasser, weil *Escherichia coli* ein guter Indikator für Kontaminationen mit Fäkalien ist. *Escherichia coli* ist ein beliebtes Studienobjekt für Molekularbiologen und Genetiker und gilt als der am besten untersuchte Organismus. Wichtigster Wirtsorganismus für die heterologe GENEXPRESSION von eukaryontischen Proteinen (z.B. INSULIN, INTERFERON, Somatostatin usw.) sowie für die KLONIERUNG, die DNA-AMPLIFIKATION und die Anlage von GENBANKEN. – *103, 127*

Essentielle Aminosäuren. Diejenigen AMINOSÄUREN in den natürlichen Proteinen, die der menschliche Organismus nicht selbst synthetisieren kann und daher mit dem Nahrungseiweiß aufnehmen muß. Viele Nahrungsproteine sind ernährungsphysiologisch gesehen nicht vollwertig, weil in ihnen die eine oder andere essentielle Aminosäure nicht in ausreichender Menge vorhanden ist. Die wichtigsten essentiellen Aminosäuren sind *Lysin* (liegt in den meisten Getreideproteinen in zu geringer Menge vor), *Tryptophan* (fehlt vor allem im Maisprotein) und *Threonin* (das Protein im Reis enthält zu wenig Threonin und Lysin). Durch SUPPLEMENTIERUNG der Getreideproteine mit den fehlenden essentiellen Aminosäuren ist es möglich, deren biologische Wertigkeit erheblich zu verbessern. – *141, 155*

Essigsäurefermentation. Die Bildung von Essigsäure im Stoffwechsel zahlreicher Mikroorganismen (z.B. bei den acetogenen BAKTERIEN oder der heterofermentativen MILCHSÄUREGÄRUNG).
Bei der technischen Essigsäure-Fermentation werden wäßrige Lösungen von Gärungs-ETHANOL durch Bakterien der Gattung *Acetobacter* unter starker Belüftung zu Essigsäure oxidiert. Beim sog. *Generator-Verfahren* rieselt die Alkohollösung durch eine hohe Schicht von Buchenholzspänen, auf denen die Bakterien angesiedelt sind, während beim moderneren *Acetator-Verfahren* die in der Lösung suspendierten Bakterien mit Hilfe eines Hochleistungsbelüfters mit Sauerstoff versorgt werden. Am Ende des Prozesses enthält die Lösung 10 – 15 % Essigsäure und wird nach kurzer Nachbehandlung (Schönung) und Verdünnung als *Speiseessig* auf den Markt gebracht. – *17, 47*

Ethanol (Ethylalkohol, Spiritus, Branntwein). Wasserklare, farblose, leicht entzündliche Flüssigkeit, die bei 78,32 °C siedet. Der Siedepunkt des *azeotropen Gemisches*, das 95,57%-Gew. Ethanol und 4,43%-Gew. Wasser enthält, liegt etwas tiefer bei 78,15 °C. Deshalb kann wasserfreies Ethanol nicht durch einfache Destillation erhalten werden, und zur Entfernung des restlichen Wassers destilliert man in Anwesenheit einer weiteren Komponente als *Schleppmittel* (AZEOTROPE DESTILLATION). Technisch wird Ethanol entweder durch chemische Synthese aus Ethylen hergestellt (als *Synthesesprit*) oder durch ALKOHOLISCHE GÄRUNG von zuckerhaltigen Lösungen mit HEFEN (s. a. AGRARALKOHOL). Hochgereinigter *Primasprit* für Trinkzwecke ist 96%iger Alkohol, der keine Gärungsnebenprodukte mehr enthalten sollte. – *43, 51, 150*

Eubakterien s. Bakterien.

Eukaryonten (von griech.: eu = gut, ausgeprägt, eigentlich; karyon = Kern, Nuß). Organismen, in denen das genetische Material (CHROMOSOMEN) in einem *Kern* zusammengefaßt ist. Dieser ist durch eine *Kernmembran* vom CYTOPLASMA abgetrennt. Im Gegensatz zu den PROKARYONTEN enthalten die Zellen der Eukaryonten außerdem noch verschiedene Organellen, wie MITOCHONDRIEN, *endoplasmatisches Retikulum, Microbodies* usw. – *9, 65, 112, 113*

Europäische Föderation Biotechnologie (EFB). 1978 gegründete Vereinigung von europäischen Fachverbänden, die auf den Gebieten der Biotechnologie tätig sind. Ziel ist die Förderung der interdisziplinären, wissenschaftlichen Zusammenarbeit in Europa. Dazu gehört auch die Organisation der *European Congresses of Biotechnology* (ECB) in Abständen von drei Jahren (der 6. ECB fand 1993 in Florenz statt). Deutscher Ansprechpartner ist die DECHEMA in Frankfurt/ Main.

Eutrophierung. Die Überdüngung von Gewässern durch übermäßiges Einleiten von organisch belasteten ABWÄSSERN oder durch nitrat- und phosphathaltiges Oberflächenwasser. Die Eutrophierung führt zu einer Massenentwicklung von photosynthetisierenden Algen und anderen Wasserpflanzen, die von aeroben Bakterien unter Sauerstoffverbrauch abgebaut werden. Durch den Sauerstoffmangel kommt es zur Verarmung an Fischarten oder sogar zum Fischsterben. In tieferen Schichten können anaerobe FÄULNISPROZESSE ablaufen unter Bildung giftiger und übelriechender Stoffe (z. B. Schwefelwasserstoff, Ammoniak u. a.). Die Fähigkeit zur BIOLOGISCHEN SELBSTREINIGUNG des Gewässers

geht dadurch verloren, und das Gleichgewicht der BIOZÖNOSE wird zerstört. – *97*

Evolution (von lat.: evolvere = entwickeln). Bezeichnung für die chemische und biologische Entwicklung auf der Erde, seit vor etwa 4,5 Mrd. Jahren die ersten organischen Moleküle entstanden sind (*chemische Evolution*). Reste von bakterienähnlichen Mikroorganismen wurden in Gesteinen nachgewiesen, deren Alter auf 3,5 Mrd. Jahre geschätzt wurde.

Die *biologische Evolution* ist die Entwicklung von der Einzelzelle über Zellverbände und deren DIFFERENZIERUNG bis zu den vielzelligen Lebewesen, wie sie heute in so großer Artenvielfalt anzutreffen sind. Sie beruht auf den Prinzipien der *zufälligen Ereignisse* und der von C. Darwin postulierten, gerichteten, *natürlichen Auslese* unter Selektionsdruck. Zufällige *Variationen* entstehen durch Veränderungen im GENOM (s. MUTANTEN), und daran schließt sich die SELEKTION an, je nachdem, ob sich eine erhaltenswerte Verbesserung oder eine Verschlechterung ergeben hat. – *17, 119*

Excisionsreparatur. Ein Prozeß für die intrazelluläre Reparatur von Schäden an der bakteriellen DNA. Solche Schäden (z. B. Einzelstrangbrüche in der DOPPELHELIX, Bindung von MUTAGENEN an die DNA, Dimerisierung von benachbarten BASEN durch Bestrahlung mit ultraviolettem Licht) können eine korrekte Verarbeitung der DNA-Information stören. Die schadhafte Stelle kann von spezifischen „Ausschneide"-Enzymen erkannt und aus einem Strang der Doppelhelix herausgeschnitten werden, während die entstandene Lücke wieder durch eine Sequenz von korrekten BASENPAAREN aufgefüllt und das Loch enzymatisch verschlossen wird. – *106*

Exon. Eine DNA-Sequenz in einem Gen, die einen Teil der AMINOSÄURE-Sequenz des späteren Proteins codiert. In EUKARYONTEN-Genen ist die für das Protein codierende NUCLEOTID-Sequenz (Exon) häufig durch eine oder mehrere eingeschobene Sequenzen unterbrochen (INTRONS), die für die Codierung des Proteins nicht erforderlich sind. Die

Introns werden zunächst ebenfalls in mRNA transkribiert, jedoch während einer weiteren „Reifung" der mRNA aus dem *primären Transkript* wieder entfernt (das SPLEIßEN der RNA). Die einzelnen Exons eines Gens werden dann nach dem Spleißen (z. T. in unterschiedlicher Anordnung) zusammengesetzt und für die TRANSLATION in das Genprodukt verwendet.

Da BAKTERIEN nicht über einen solchen Mechanismus zum Spleißen verfügen, müssen eukaryontische Gene vor ihrer GENEXPRESSION in Bakterien zuerst von ihren Introns befreit werden, z. B. durch KLONIERUNG ihrer gespleißten mRNA in eine cDNA. – *112, 126*

Expression von Genen s. Genexpression. – *116, 127*

F

Fäulnis. Bakterielle Zersetzung vornehmlich stickstoffhaltiger, organischer Stoffe unter anaeroben Bedingungen, wobei unangenehme oder giftige Stoffe entstehen. Aus den AMINOSÄUREN der PROTEINE bilden sich durch Kohlendioxidabspaltung sog. *biogene Amine*, die zur Bildung giftiger Stoffe führen können. Ferner entstehen Phenole, Indol, Skatol, Schwefelwasserstoff und Ammoniak.

Faktor VIII (antihämophiler Faktor) s. Blutgerinnungskaskade. – *124, 147*

Faulturm. Aus Beton oder Stahl konstruierter, meist eiförmiger Behälter für die SCHLAMMFAULUNG in ABWASSERREINIGUNGS-Anlagen. Faultürme sind mit Fassungsvermögen bis zu 15 000 m³ ausgelegt. Der Faulturm dient zur weiteren Behandlung von Überschußschlamm (KLÄRSCHLAMM) aus der Kläranlage. Bei Temperaturen zwischen 28 und 37 °C werden im Faulturm im Verlauf von 10 – 30 Tagen organische Bestandteile des Schlammes abgebaut (*Mineralisierung* des Schlammes), um ihn für die DEPONIE, für eine Trocknung oder die Verbrennung vorzubereiten. Das gleichzeitig entstehende BIOGAS (Faulgas) wird über einen, auf dem Faulturm aufgesetzten Gasdom abgezogen und zumeist direkt für die Beheizung des Faulturms verwendet. – *95*

Fed-batch-Prozeß s. Zulaufverfahren. – *86*

Fermentation. Vom lateinischen fermentum = Gärung, Gärstoff, abgeleiteter Ausdruck, der in unterschiedlicher Weise benutzt wird.

Allgemein bezeichnet man mit Fermentation die Gesamtheit aller Reaktionen in einer Massenkultur von Mikroorganismen, die den Substratverbrauch, die Erzeugung von Biopolymeren und von metabolischen Zwischen- oder Endprodukten sowie die Bildung von Zellmasse umfassen. Insofern können nahezu alle mikrobiellen Umsetzungen in der Biotechnologie als Fermentation bezeichnet werden. Ferner werden auch technische Prozesse bei der Bereitung zahlreicher Nahrungsmittel (z. B. Soja-Fermentationsprodukte) sowie bei der Verarbeitung von Kaffee, Kakao, Tee, Tabak, Flachs und Leder „Fermentationen" genannt.

Im Englischen wird auch die Gärung als „fermentation" bezeichnet, während im Deutschen zwischen diesen beiden Begriffen unterschieden werden sollte (s. bei GÄRUNG). Wegen dieser unklaren Definition lehnen viele Fachzeitschriften die Verwendung des Wortes Fermentation in wissenschaftlichen Publikationen ab. – *82*

Fermenter (engl. auch manchmal „fermentor") s. Bioreaktor. – *82, 84*

Festbettreaktor. Ein BIOREAKTOR-Typ zur *Stoffumwandlung* unter Verwendung von BIOKATALYSATOREN (Zellen, Mikroorganismen oder Enzymen), die an statische Trägermaterialien gebunden sind und in ungeordneter Schüttung oder in geordneter Packung im Festbettreaktor vorliegen. Das Bett wird entweder von oben nach unten oder in umgekehrter Richtung von der Flüssigkeit durchströmt. Zur besseren Ausnutzung der katalytischen Aktivität wird häufig ein Teilstrom des Reaktorablaufes mittels Pumpe zurückgeführt.

Das Gegenstück ist der *Fließbettreaktor* (auch *Wirbelbettreaktor*), der von unten nach oben mit einer solchen Fließrate durchströmt wird, daß die Biokatalysatoren in der Schwebe gehalten werden. – *97*

Fibroblasten. Zellen, die zusammen mit *Fibrozyten* am Aufbau des *Bindegewebes* beteiligt sind. Sie lassen sich als explantiertes Gewebe in ZELLKULTUREN züchten und können durch Behandlung mit einer synthetischen, doppelsträngigen RNA (Poly–I–C) zur vermehrten Bildung und damit zur Herstellung von Gamma-INTERFERON angeregt werden. – *145*

Fingerabdruck, molekularer (engl.: fingerprint). Ein charakteristisches Bandenmuster von DNA- oder PROTEIN-Fragmenten nach der Spaltung mit speziellen ENZYMEN und Auftrennung durch CHROMATOGRAPHIE und/oder ELEKTROPHORESE. Das Bandenmuster kann zumeist eindeutig identifiziert und einem Organismus zugeordnet werden, vergleichbar mit einem Fingerabdruck zur Personenidentifizierung. Das Verfahren ist als *Beweismittel* in Strafverfahren zur Be- und Entlastung von Beteiligten an Straftaten sowie in familienrechtlichen Statusverfahren geeignet. – *130*

Fließgleichgewicht. Bezeichnung für den stationären Zustand in einer CHEMOSTAT-KULTUR, in dem Zu- und Ablaufgeschwindigkeit einander gleich sind und alle Konzentrationen (Substrat-, Produkt- und Zellmassekonzentration) konstant und keinen zeitlichen Änderungen unterworfen sind. – *86*

Frischbackhefe. Die im Handel befindliche und als Teiglockerungsmittel verwendete, cremefarbige, krümelige Masse aus lebenden HEFE-Zellen mit 68–73% Wassergehalt. Durch schonende Verminderung des Wassergehaltes auf weniger als 5% erhält man die *Trockenbackhefe.* – *37*

D-Fructose (auch Fruchtzucker oder Lävulose). Ein weit verbreiteter Zucker mit 6 Kohlenstoffatomen (*Hexose*), der in freier Form in den meisten Früchten und im Bienenhonig vorkommt. D-Fructose ist Bestandteil verschiedener zusammengesetzter Zucker. Das Disaccharid *Saccharose* besteht aus je einem

Molekül D-Fructose und D-GLUCOSE, und *Inulin*, das Speicher-POLYSACCHARID der Topinamburpflanze, ist ausschließlich aus D-Fructose aufgebaut (ein *Fructan*). Man gewinnt D-Fructose durch Hydrolyse von Saccharose, Inulin oder durch enzymatische Isomerisierung von Glucosesirup (s. bei GLU-COSEISOMERASE). – *74, 75*

Fungizide (von lat.: fungus = Pilz; caedere = töten, vernichten). Verbindungen, die PILZE und deren Sporen abtöten oder ihr Wachstum hemmen. Fungizide werden hauptsächlich im Pflanzenschutz verwendet sowie zur Verhinderung von Schadpilzen auf Lebensmitteln, Textilien, Holz usw. Die gegen Hautpilze gerichteten medizinischen Präparate werden meist als *Antimykotika* bezeichnet.

Fuselöle. Gärungsnebenprodukte (hauptsächlich Isoamyl-, Isobutyl- und Propylalkohole), die bei der ALKOHOLISCHEN GÄRUNG von der HEFE in geringen Mengen gebildet werden. Bei der Destillation des Alkohols werden die Fuselöle als schwererflüchtige Komponenten am Fuß der Destillationskolonne abgezogen. Hochgereinigter Alkohol (*Primasprit*) sollte keine Fuselöle mehr enthalten, während geringe Mengen Fuselöle in verschiedenen Spirituosen (Weinbrand, Cognac, Whisky, Rum usw.) als aromagebende Komponenten unerläßlich sind.

Futterhefe (auch Eiweißhefe). Erzeugnisse aus getrockneten HEFEN, die aufgrund ihres hohen Eiweißgehaltes von 45–60% als *Futtermittelzusatz* in der Tierernährung verwendet werden. Um mit den herkömmlichen Futtereiweißträgern (Soja- und Fischmehl) konkurrieren zu können, wird Futterhefe immer nur aus billigen Rohstoffen, bzw. aus Abläufen von anderen Verarbeitungsprozessen hergestellt. Die hauptsächlichen Substrate zur Erzeugung von Futterhefe sind die SULFIT-ABLAUGEN aus der Zellstoffproduktion, die *Molke* aus der Käseherstellung, *stärkehaltige Abläufe* aus der Kartoffelstärkeindustrie usw. Die Erzeugung von Futterhefe ist daher fast immer unter dem Aspekt der Verminderung oder Verwertung der organischen Schmutzfracht von ABWÄSSERN zu sehen. – *38*

G

Gärung. Als Gärung bezeichnet man in der Biochemie eine besondere Form des Stoffwechsels, durch die bei Abwesenheit von Sauerstoff Endprodukte ausgeschieden werden, die noch weiter oxidiert werden könnten und daher noch viel Energie enthalten. Die Alternative zur Gärung ist die ATMUNG, bei der die Nährstoffe in Gegenwart von Sauerstoff und unter hohem Energiegewinn für den Organismus vollständig oxidiert werden. Die Benennung der Gärungsprozesse erfolgt nach der Art ihrer Endprodukte: ALKOHOLISCHE oder ETHANOL-Gärung, MILCHSÄURE-GÄRUNG, ACETON-BUTANOL-FERMENTATION, *Methangärung* usw.

Bei zahlreichen biotechnischen Prozessen werden ebenfalls unvollständig oxidierte Produkte gebildet, sie sind aber streng sauerstoffabhängig und gehören daher definitionsgemäß nicht zu den Gärungen. In diesen Fällen sollte man konsequenterweise von „FERMENTATIONEN" sprechen (ESSIGSÄURE-, CITRONENSÄURE-, AMINOSÄURE-Fermentation usw.). – *15, 41, 42, 96*

Gärungsalkohol s. Agraralkohol. – *43*

Gasohol (Treibstoffalkohol). Kunstwort aus (engl.) gasoline = Motorenkraftstoff und Alkohol. Fossile Energieträger (z.B. Erdöl) stehen bekanntlich nicht in unbegrenzter Menge zur Verfügung, und um einer Ausbeutung dieser wertvollen Resourcen so weit wie möglich vorzubeugen, besteht eine aussichtsreiche Alternative in der Nutzung *nachwachsender Rohstoffe* für energetische Zwecke. ETHANOL ist als Treibstoff für Verbrennungsmotoren vorzüglich geeignet, und so bietet es sich an, Rohstoffe oder Nebenprodukte der landwirtschaftlichen Erzeugung (insbesondere Stärke und Cellulose nach ihrer Hydrolyse) großtechnisch durch ALKOHOLISCHE GÄRUNG in Ethanol umzuwandeln und dem Kraftfahrzeugbenzin beizumengen. Gasohol ist ein unter staatlicher Förderung in den USA entwickeltes Treibstoffgemisch aus Benzin mit 5 oder 10% Alkoholzusatz. Aufgrund der amerikanischen Getreideüberschüsse ist Maisstärke der hauptsächliche Rohstoff. – *44*

Gegenstromextraktion. Ein kontinuierlicher Aufarbeitungsprozeß, bei dem die wäßrige Lösung des Produktes mit einem organischen (mit Wasser nur begrenzt mischbaren) Lösungsmittel im Gegenstrom „ausgezogen" wird. Das Produkt kann auf diese Weise aus der wäßrigen Phase herausgelöst und von anderen, im Lösungsmittel unlöslichen Begleitstoffen befreit werden. – *88*

Gelelektrophorese. Auftrennung von Substanzgemischen aufgrund der unterschiedlichen Beweglichkeiten der Einzelkomponenten in einem elektrischen Feld (s. ELEKTROPHORESE). Als Trägermaterial werden bei der Gelelektrophorese *Agarose-Gele* oder noch häufiger *Polyacrylamid-Gele* verwendet. Die letzteren stellt man durch Polymerisierung von Acrylamid in kleinen Glasröhrchen oder in dünnen Schichten auf Glasplatten her, wobei man durch die Zugabe von bifunktionellen Acrylamiden den für die Molmasse der zu trennenden Verbindungen optimalen Vernetzungsgrad selbst bestimmen kann. Anwendung: Zur Trennung von Eiweißhydrolysaten und Peptiden, von Nucleinsäuren und deren „Restriktionsfragmenten" (s. RESTRIKTIONS-ENDONUCLEASE), bei der Sequenzermittlung von DNA und RNA und zur Molmassenbestimmung von Proteinen. – *122, 125, 130, 138*

Gen. In der Molekularbiologie ein Abschnitt auf einem DNA-Molekül, der eine einzige POLYPEPTID-Kette codiert (STRUKTURGEN). Als RNA-*Gene* gelten die Gene, welche die Information für ribosomale RNA oder für die verschiedenen, spezifischen Transfer-RNA-Moleküle (tRNA) enthalten. *Regulatorgene* sind solche DNA-Abschnitte, an denen ein bestimmtes Regulationsprotein angreift, um dadurch die TRANSKRIPTION der nachfolgenden Genabschnitte zu verzögern oder zu beschleunigen. In PROKARYONTEN sind oft mehrere Strukturgene (*Cistrons*) zu regulatorischen Einheiten zusammengefaßt. In EUKARYONTEN ist die für ein Protein codierende DNA-Sequenz (als EXON bezeichnet) oftmals von Sequenzen unterbrochen (INTRONS), die nicht für AMINOSÄUREN codieren. Außerdem sind eukaryontische

Gene oftmals nicht an ihrer Stelle fixiert und können ihre Position innerhalb des GENOMS verändern, sog. „springende Gene" oder „transposable Elemente". – *107, 140, 141*

Genbank (Genbibliothek). Eine Population von rekombinanten BAKTERIEN oder BAKTE-RIOPHAGEN, in denen die gesamte DNA eines Organismus (oder eines CHROMOSOMS) in Form von klonierten Fragmenten enthalten ist. Für eine *genomische Genbank* wird die DNA mit einer geeigneten RESTRIKTONS-ENDONUCLEASE in einzelne, verschieden lange Fragmente zerschnitten, die dann durch GELELEKTROPHORESE nach ihrer Größe fraktioniert werden. Anschließend werden die Fragmente mit Hilfe von VEKTOREN in einem Wirtsorganismus (zumeist ESCHERICHIA COLI) „verpackt".

Eine *cDNA-Genbank* enthält die mRNA-Sequenzen eines Organismus in Form von doppelsträngigen DNA-KLONEN. In diesem Fall geht man von der mRNA eines Organismus (oder Gewebes) aus und hat dadurch den Vorteil, daß die mRNA schon „prozessiert" (s. SPLEIßEN) vorliegt, d.h., daß die überflüssigen INTRONS schon herausgeschnitten sind. Die daraus erzeugte cDNA kann wie oben zerschnitten und in Bakterien oder Phagen verpackt werden. – *125*

Gendiagnostik. Direkte oder indirekte Diagnostizierung von ERBKRANKHEITEN durch GENOM-Analyse mit Hilfe von DNA-, RNA-oder Oligonucleotidsonden, die vor allem im Bereich der PRÄNATALEN DIAGNOSTIK zur Früherkennung von Anomalien eine Rolle spielt. – *130*

Genetik. Teilgebiet der Biologie mit den beiden Bereichen der klassischen und der molekularen Genetik. Die *klassische Genetik* befaßt sich mit der Weitergabe von Erbmerkmalen und den Gesetzmäßigkeiten der Vererbung, hauptsächlich auf phänomenologischer und physiologischer Ebene. Die *Molekulargenetik* untersucht die Natur der molekularen Strukturen zur Speicherung und zur Weitergabe (TRANSKRIPTION und TRANSLATION) von genetischer Information, durch welche Prozesse wie GENEXPRESSION, ADAPTATION, DIF-FERENZIERUNG usw. gesteuert werden.

Genetischer Code. Die Zuordnung der 64 möglichen NUCLEOTID-Tripletts (aus den BASEN A, G, C und U) zu den 20 in natürlichen PROTEINEN vorkommenden AMI-NOSÄUREN. Der genetische Code ist (mit geringen Einschränkungen) *universell*, d.h. gültig für alle prokaryontischen und eukaryontischen Organismen. Er ist außerdem *degeneriert*, insofern, als viele Aminosäuren durch zwei oder vier, manche sogar durch sechs verschiedene *Codons* bestimmt werden. Drei Triplets haben die Funktion von *Stopcodons*, sie bestimmen keinen Einbau einer Aminosäure (Nonsenscodons), sondern das Kettenende bei der Proteinsynthese. – *110, 111*

Genexpression. Die Überschreibung der in einer DNA-Sequenz gespeicherten Information in eine mRNA (TRANSKRIPTION) und die effektive Synthese eines Proteins (TRANSLA-TION). Voraussetzung dazu ist gewöhnlich eine entsprechende Aktivierung des GENS, z.B. durch eine davorstehende PROMOTOR-Sequenz, welche die richtige Bindung der DNA-abhängigen RNA-POLYMERASE ermöglicht und den richtigen Leseraster gewährleistet. – *116, 127*

Genkartierung. Methode zur Bestimmung der Positionen und der relativen Abstände von GENEN innerhalb des GENOMS. Daraus ergibt sich die *Genkarte*, eine lineare Anordnung der Gene, die bei PROKARYONTEN häufig ringförmig geschlossen ist.

Genom. Die Gesamtheit der genetischen Information einer Zelle. Bei EUKARYONTEN ist diese auf eine speziesspezifische Anzahl von CHROMOSOMEN verteilt. Zusätzliche Genome befinden sich in den MITOCHONDRI-EN, bei Pflanzenzellen in den Chloroplasten. Bei BAKTERIEN und HEFEN trifft man oft auch noch *extrachromosomale Genome* an (z.B. PLASMIDE, Resistenzfaktoren usw.). – *104, 116, 124, 137*

Genotyp. Als Genotyp bezeichnet man die Gesamtheit aller Erbanlagen (GENE) eines Organismus. Davon muß das äußere Erscheinungsbild des Individuums, der PHÄNOTYP, unterschieden werden, das durch die Summe der Erbanlagen geprägt wird. Organismen vom gleichen Phänotyp können sich in ihrem Genotyp unterscheiden, wenn z. B. nicht ausgeprägte *rezessive Gene* von *dominanten Genen* überdeckt werden. – *137*

Gensonde. Eine DNA- oder RNA-Sequenz, zumeist radioaktiv oder auf andere Weise markiert, die sich mit einem NUCLEOTID-Abschnitt auf einer anderen DNA oder RNA mit komplementärer Basensequenz durch HYBRIDISIERUNG verbinden kann und dadurch dessen Erkennung ermöglicht.

Gentechnik (auch genetische Rekombination, Genmanipulation, engl.: genetic engineering). Ein weitgefaßter Begriff für die Arbeitsmethoden zur Isolierung von DNA-Molekülen unterschiedlicher Herkunft, ihre Verbindung zu neuer, REKOMBINANTER DNA und deren Einbau in ein bakterielles PLASMID, ein VIRUS oder ein anderes VEKTOR-System. Mit Hife des Vektors kann die rekombinante DNA in einen Wirtsorganismus eingeschleust werden, der in der Lage ist, diese kontinuierlich zu replizieren und zu exprimieren. Mit Hilfe der Gentechnik ist es daher möglich, einem Organismus eine ihm bisher fremde Erbanlage aus einem anderen Organismus stabil einzupflanzen.

Gentechnik-Gesetz (GenTG). Das „Gesetz zur Regelung von Fragen der Gentechnik", das seit dem 1. 7. 1990 in Kraft ist, soll *schützen* und *fördern*. Es *schützt* das Leben und die Gesundheit von Menschen, Tieren und Pflanzen sowie die sonstige Umwelt vor möglichen Gefahren gentechnischer Verfahren und Produkte und beugt diesen Gefahren vor. Es *fördert* die GENTECHNIK, indem es den rechtlichen Rahmen für Erforschung, Entwicklung, Nutzung und Förderung der wissenschaftlichen und technischen Möglichkeiten der Gentechnik schafft.

Die Errichtung und der Betrieb einer gentechnischen Anlage sowie die Durchführung gentechnischer Arbeiten bedürfen nach diesem Gesetz der Anmeldung oder der Genehmigung. Gentechnische Arbeiten werden in vier Sicherheitsstufen eingeteilt, von Stufe 1 (ohne Risiko) bis Stufe 4 für hohes Risiko oder dem begründeten Verdacht für ein solches. – *157*

Geschlechts-Chromosomen. CHROMOSOMEN, in denen sich die Geschlechter unterscheiden, z. B. das X- und das Y-Chromosom beim Menschen (XX Frau; XY Mann). – *124*

Gewebe. Bei höheren Organismen bezeichnet man als Gewebe größere, abgegrenzte Verbände von mehr oder weniger gleichartig differenzierten Zellen mit gleicher Funktion. Unter bestimmten Voraussetzungen lassen sich tierische oder pflanzliche Gewebe *in vitro* auf Nährböden halten und zum Wachstum bringen (*Gewebezellkulturen*) und, wie z. B. FIBROBLASTEN-Gewebe, zur Erzeugung von Gamma-INTERFERON benutzen. – *135*

Gewebs-Plasminogen-Aktivator (engl.: Tissue plasminogen activator) s. TPA. – *127, 147*

Gläserner Mensch. Ein Schlagwort, mit dem negative Auswirkungen der GENOM-Analyse zum Ausdruck gebracht werden sollen. Wenn es möglich wird, den einzelnen Menschen in allen seinen genetischen Merkmalen zu erfassen, werden weitreichende Konsequenzen für sein Berufsleben und Eingriffe in seine Privatsphäre befürchtet.

D-Glucose (auch Traubenzucker, Dextrose). Der bekannteste aller monomeren Zucker, aufgebaut aus 6 Kohlenstoffatomen (*Hexose*). D-Glucose kommt in fast allen süßen Früchten vor (besonders in Weintrauben), ist aber zumeist mit D-FRUCTOSE zu dem DISACCHARID SACCHAROSE verbunden. Die mengenmäßig bedeutendsten POLYSACCHARIDE in der Natur sind ausschließlich aus D-Glucoseeinheiten aufgebaut und werden daher als *Glucane* bezeichnet: *Cellulose* aus β-1,4-verknüpften D-Glucoseeinheiten sowie *Stärke* und *Glykogen* aus α-1,4-gebundener D-Glucose mit α-1,6-Verzweigungen. POLYOSEN (Hemicellulosen) sind Polymere, die außer D-Glucose noch weitere Hexosen (*Galactose, Mannose*) und Pentosen (Xylose, Arabinose) enthalten.

Aus den Glucanen kann D-Glucose durch saure oder enzymatische Hydrolyse technisch hergestellt werden, wobei die STÄRKEVERZUCKERUNG bei weitem die größte Bedeutung hat. Der so hergestellte Glucosesirup spielt bei der Lebensmittelverarbeitung als Süßungsmittel eine wichtige Rolle und kann mit dem Enzym GLUCOSEISOMERASE zum Teil in Fructose umgelagert werden. D-Glucose ist die Kohlenstoffquelle bei den meisten Fermentationsprozessen. Das Blut des gesunden Menschen enthält etwa 0,1 % D-Glucose. Diese Konzentration wird hormonell reguliert (s. INSULIN) und ist bei der Zuckerkrankheit (DIABETES) erhöht. – *7, 42, 74, 79*

Glucoseisomerase. Ein Enzym, das die Umlagerung von D-GLUCOSE in die wesentlich stärker süß schmeckende D-FRUCTOSE katalysiert. Glucoseisomerase ist das erste, in großen Mengen technisch eingesetzte, intrazelluläre Enzym und dient zur Herstellung eines Glucose-Fructose-Gemisches aus Glucosesirup. Es wird jährlich in einer Menge von etwa 1500 t hergestellt. Diese dienen dazu, 3,7 Mio. t *Isomeratzucker* pro Jahr zu erzeugen. – *75, 78*

Glutaminsäure (2-Amino-glutarsäure). Eine „proteinogene" AMINOSÄURE, die in fast allen Proteinen enthalten ist. Das Natriumsalz (MSG, von engl.: monosodium glutamate) hat nur einen relativ geringen Eigengeschmack, es wirkt aber in Lebensmitteln als *Geschmacksverstärker* und wird daher bei der Herstellung von Suppen, Saucen, Fleischaromakonzentraten, Würzen, Fertiggerichten usw. im großen Umfang eingesetzt. Glutaminsäure wird durch Fermentation mit Corynebakterien in einer Menge von über 300 000 t jährlich hauptsächlich für die Lebensmittelindustrie hergestellt. – *33, 42, 48ff, 55*

Glykolyse. Der am weitesten verbreitete Abbauweg von D-GLUCOSE in aeroben und anaeroben Zellen; nach seinen Entdeckern, Embden, Meyerhof und Parnas auch als *EMP-Weg* und nach seinem charakteristischen Zwischenprodukt, Fructose-1,6-diphosphat, auch als *FDP-Weg* bezeichnet. In der Glykolyse wird die Glucose nach Phosphorylierung (zu Glucose-6-phosphat) in zwei Moleküle Triosephosphat gespalten, aus denen dann zwei Moleküle Brenztraubensäure (*Pyruvat*) entstehen:

$$C_6H_{12}O_6 + 2\ NAD^+ \rightarrow 2\ CH_3-CO-COOH$$
$$+ 2\ NADH + 2\ H^+;\qquad \text{Brenztraubensäure}$$

Die dabei abgespaltenen Wasserstoffatome werden auf das Coenzym NAD⁺ übertragen und können zur Reduktion einer anderen Verbindung benutzt werden (s. COENZYME). Bei der Glykolyse werden pro Mol Glucose zwei Mol ATP gebildet, die der Zelle als chemisch verwertbare Energie zur Verfügung stehen. – *41*

Glykoside. Verbindungen, in denen das „acetalische Kohlenstoffatom" eines Zuckermoleküls (bei GLUCOSE das C1- und bei FRUCTOSE das C2-Atom) durch eine Etherbindung mit der Hydroxygruppe eines anderen Zuckers oder eines beliebig anderen Moleküls verbunden ist; letzteres wird dann als *Aglykon* bezeichnet. – *14, 124*

Grüne Gentechnik. Umgangssprachliche Bezeichnung für die Anwendung der GENTECHNIK auf pflanzliche ZELLKULTUREN zur Erzeugung von *transgenen Pflanzen*. – *145*

Guanin s. Basen. – *104*

H

Haber-Bosch-Verfahren. Ein nach den Erfindern F. Haber und C. Bosch benanntes, großtechnisches Verfahren zur Synthese von *Ammoniak* aus Stickstoff und Wasserstoff. Das Gemisch der beiden Gase (Synthesegas) wird bei 200 bar Druck und 475–600 °C in einem röhrenförmigen Kontaktofen über einen Katalysator geleitet, wobei die Umsetzung zu Ammoniak unter Wärmeentwicklung erfolgt:

$$N_2 + 3\ H_2 \rightarrow 2\ NH_3 + 92{,}5\ kJ;$$

Das Haber-Bosch-Verfahren ist für die Düngemittelversorgung von entscheidender Bedeutung. – *144*

Hämophilie. Die *Bluterkrankheit*, verursacht durch eine Störung in der BLUTGERINNUNGSKASKADE. Hämophilie vom Typ A ist auf einen Mangel an FAKTOR VIII zurückzuführen, bei der Hämophilie B fehlt Faktor IX. Die

Krankheit wird geschlechtsgebunden und rezessiv durch das X-CHROMOSOM vererbt und tritt daher fast ausschließlich bei Männern auf. – *124*

Halbsynthetische Antibiotika s. Penicilline. – *68, 77*

Hefen. Eine große, heterogene Gruppe von überwiegend einzelligen *Sproßpilzen*, die sich meist durch Knospung (Sprossung) vermehren; einige Gattungen vermehren sich allerdings durch Querteilung (*Spaltpilze*). Von biotechnischer Bedeutung sind vor allem die *Saccharomycetaceae*, die auch als „echte Hefen" bezeichnet werden. Zu ihnen gehören die zur ALKOHOLISCHEN GÄRUNG besonders befähigten BACKHEFEN und Bierhefen, die verschiedenen, speziellen Weinhefen u.a., ferner die Gattungen *Hansenula* und *Pichia*, die alle in der Lage sind, *Ascosporen* zu bilden. Auch eine Reihe von asporogenen Hefen haben wirtschaftliche Bedeutung, darunter die Gattungen *Candida*, *Torulopsis*, *Rhodotorula* u.a. – *6, 9, 37*

Hemicellulosen s. Polyosen.

Herbizidresistente Pflanzen. Pflanzen, die gegen die zur Unkrautbekämpfung eingesetzten Herbizide widerstandsfähig sind. Es gibt einige Herbizide mit selektiver Wirkung, andere greifen aber in die Biosynthesewege aller Pflanzen ein, z.B. durch Hemmung der PHOTOSYNTHESE oder der Biosynthese von AMINOSÄUREN. Ein Ziel der praktischen Pflanzenzüchtung ist daher die Entwicklung von Nutzpflanzen, die gegen die verwendeten Herbizide resistent sind. Dadurch wird eine Unkrautbekämpfung auch nach dem Auskeimen der Nutzpflanzen noch möglich gemacht. – *140*

Hexosen. Monomere Zucker (KOHLENHYDRATE) mit 6 Kohlenstoffatomen der allgemeinen Formel $C_6H_{12}O_6$. Sie enthalten im allgemeinen 5 (oder weniger) Hydroxygruppen und eine Carbonylgruppe im Molekül. Hexosen mit der Carbonylfunktion am C1-Atom heißen *Aldohexosen* (z.B. GLUCOSE, Galactose, Mannose usw.), und Hexosen mit einer Oxogruppe am C2-Atom nennt man *Keto-*

hexosen (z.B. FRUCTOSE, Sorbose usw.). PENTOSEN sind Zucker mit 5 Kohlenstoffatomen, z.B. die Ribose in der RNA, Desoxyribose in der DNA, Xylose, Arabinose usw.). – *42*

High-fructose-corn syrup (HFC) s. Glucoseisomerase. – *75*

Hohlfaserreaktor. Ein spezieller BIOREAKTOR, in dem der Reaktionsraum durch *Membranen* in zwei Bereiche unterteilt ist. Dies wird erreicht durch eine große Zahl von dünnen Schlauchmembranen (Fasern mit 0,4 mm innerem und 0,5 – 0,9 mm äußerem Durchmesser), die zu einem Bündel (*Hohlfasermodul*) zusammengefaßt sind. Das NÄHRMEDIUM wird durch das innere Lumen der Fasern geführt, während sich im Außenraum die Biokatalysatoren (Enzyme, Zellen usw.) befinden und dort durch die Membran zurückgehalten werden. Der Stoffaustausch erfolgt durch Diffusion durch die Membran. Durch möglichst hohe Katalysatorkonzentrationen im Außenraum erreicht man sehr hohe Umsatzraten. – *78, 89*

Holzverzuckerung. Verfahren zur sauren oder enzymatischen Spaltung der im Holz enthaltenen Cellulosen und POLYOSEN zu den monomeren Zuckern. Die beiden wichtigsten, klassischen Verfahren sind das *Bergius-Rheinau-Verfahren* (Hydrolyse mit 40%iger Salzsäure bei 20 °C) und das häufiger angewandte *Scholler-Tornesch-Verfahren* (Hydrolyse mit 0,2 – 0,4%iger Schwefelsäure bei 170 – 180 °C). Die so gewonnenen *Holzzuckerlösungen* enthalten GLUCOSE als Hauptkomponente neben anderen HEXOSEN und PENTOSEN. Daneben liegen aber auch noch verschiedene Zersetzungsprodukte vor, die eine weitere Verarbeitung sehr erschweren.
In Deutschland existierten während des Zweiten Weltkrieges drei Anlagen, in denen die Holzzuckerlösungen durch Vergärung mit HEFEN in ETHANOL zu Treibstoffzwecken umgewandelt wurden (*Holzspiritus*). Die Holzverzuckerungsanlagen wurden in allen westlichen Ländern aus wirtschaftlichen Gründen und wegen der hohen Umweltbelastungen inzwischen geschlossen. Eine Renaissance könnten diese Verfahren erleben, wenn

es gelänge, die Polysaccharide des Holzes auf enzymatischem Wege statt mit Säuren aufzuschließen. – *44, 45*

HUGO. Abk. für „Human Genome Organisation", eine internationale Organisation für die Erforschung des menschlichen GENOMS und den Austausch der dabei anfallenden Daten und Materialien.

Hybridisierung. In der Molekulargenetik ein Prozeß, der auf der BASENPAARUNG zwischen komplementären DNA- und/oder RNA-Strängen beruht. Durch die Zusammenlagerung einer einzelsträngigen DNA mit RNA oder von DNA-Einzelsträngen untereinander, die zuvor nicht schon als DOPPELHELIX existiert haben, kommt es zur Bildung von hybriden Nucleinsäuremolekülen. Die Methode dient zum Nachweis (s. GENSONDE) und zur Isolierung bestimmter NUCLEOTID-Sequenzen (s. BLOTTING-VERFAHREN) sowie zur Bestimmung des Grades der Homologie zwischen Nucleinsäuren verschiedenen Ursprungs, z. B. in der forensischen Chemie und zur taxonomischen Einordnung von Mikroorganismen. – *126, 127, 137*

Hybridoma-Zellen. Bezeichnung für Zelllinien, die aus der Vereinigung (*Zellfusion*) zwischen einem normalen B-LYMPHOZYTEN und einer MYELOMZELLE entstanden sind. Wegen ihrer Herkunft von einer tumorartigen Zelle, haben Hybridoma-Zellen eine unbegrenzte Teilungsfähigkeit, und ihre ZELLKULTUREN können zur Produktion von ANTIKÖRPERN eingesetzt werden (s. MONOKLONALE ANTIKÖRPER). – *128, 146*

Hydrolasen. ENZYME, die in einem Molekül die Spaltung einer Bindung unter Beteiligung von Wasser katalysieren (hydrolytische Spaltung oder HYDROLYSE). Beispiele für Hydrolasen sind die *Lipasen* (sie spalten Fettsäureesterbindungen), die AMYLASEN (spalten die α-GLYKOSID-Bindungen der Stärke), *Cellulasen* (spalten die β-glukosidischen Bindungen in der Cellulose), *die Peptidasen* und *Proteasen* (spalten Säureamidbindungen in Peptiden und Proteinen) und andere. – *71ff*

Hydrolyse. Eine chemische Reaktion, bei der eine Verbindung unter Beteiligung von Wasser gespalten wird nach der Gleichung:

$$A–B + H_2O \rightarrow A–H + B–OH.$$

Hyphen (von griech.: hyphos = Gewebe). Fädige Organe der PILZE (und auch einiger ACTINOMYCETEN), deren Gesamtheit als MYCEL bezeichnet wird. – *9*

I

Immobilisierte Biokatalysatoren. Alle Arten von enzymatisch aktiven Materialien (freie, lösliche ENZYME, Mikroorganismen, pflanzliche und tierische Zellen, Zellgewebe, Zellorganellen u. a.), aus denen auf künstlichem Wege katalytisch aktive Partikel oder Folien hergestellt werden. Die immobilisierten Biokatalysatoren können durch adsorptive, elektrostatische, chemische oder sonstige Bindungskräfte an einen inerten Träger gebunden oder durch Einschluß bzw. Copolymerisierung in das Netzwerk eines Polymeren integriert sein. Die Immobilisierung bietet die Möglichkeit, die Katalysatoren wiederholt zu verwenden, erleichtert deren Abtrennung nach der Reaktion und ermöglicht ihren Einsatz in kontinuierlich betriebenen Reaktoren. Immobilisierte Biokatalysatoren werden für analytische, diagnostische, präparative und industrielle Zwecke eingesetzt. – *29, 57, 76*

Immunantwort. Die durch ein ANTIGEN ausgelöste Reaktion eines Organismus auf einen immunogenen Reiz. Dadurch kommt es entweder zur Bildung von spezifischen ANTIKÖRPERN oder zur Aktivierung von T-LYMPHOZYTEN. Die Immunantwort kann sich als *Immunität* äußern (z. B. Schutz gegen bestimmte Krankheiten), als *Toleranz* (immunologisch spezifische Nichtreaktivität) oder als *Allergie* (pathologische Überempfindlichkeit).

Immunisierung (Impfung). Bezeichnung für die Erzeugung einer, gegebenenfalls über Jahre anhaltenden *Immunität* gegen ein bestimmtes ANTIGEN, wie z. B. einen Krankheitserreger. Zur *aktiven Immunisierung* werden dem Körper abgeschwächte oder abgetötete Krankheitserreger oder auch deren TOXINE verabreicht. Zu diesem Zweck werden heute zunehmend gentechnisch erzeugte Produkte und synthetische Peptide eingesetzt. Die *passive Immunisierung* erfolgt zur Vermeidung lebensbedrohlicher Situationen durch Injektion spezifischer ANTIKÖRPER, die das eingedrungene Antigen neutralisieren sollen; sie bewirkt nur einen vorübergehenden Schutz. – *146*

Immunologie. Die Wissenschaft von den biologischen und chemischen Grundlagen der Immunitäts- und Abwehrreaktionen des menschlichen und tierischen Organismus, die beim Eindringen eines ANTIGENS ausgelöst werden.

Impfkultur (Inokulum). Die Masse lebender Mikroorganismen, mit der ein NÄHRMEDIUM BEIMPFT wird, um diese Organismen zum Wachstum oder zur Produktbildung (bzw. Produktumwandlung) zu bringen. Bei technischen Prozessen wird die Impfkultur durch „Überimpfen" von einem kleineren auf das nächst größere Volumen stufenweise herangezogen (*Propagierung*, s.a. BEIMPFEN). – *87*

Infektion (von lat.: inficere = hineintun, anstecken). In der Biotechnologie die meist unbeabsichtigte Kontaminierung einer Mikroorganismen- oder ZELLKULTUR mit Fremdkeimen. – *87, 146*

Inkubation (von lat.: incubare = brüten). In der Biotechnologie die Bezeichnung für die Prozeßstufe, in der die Mikroorganismen- oder ZELLKULTUR in einem abgeschlossenen Gefäß oder einem BIOREAKTOR, meist unter genau kontrollierten Bedingungen, gehalten wird, zum Zwecke der Zellvermehrung oder der Produktbildung bzw. -umwandlung. Auf die Inkubation folgt gewöhnlich entweder das *Ernten* (Aufarbeitung und Gewinnung der Zellen oder Produkte) oder das *Überimpfen* in eine nächste Fermentationsstufe (*Propagierung*, s.a. BEIMPFEN).

Insektizide. Natürliche oder synthetische Stoffe, die sich in ihrer Wirkung besonders gegen Insekten und deren Entwicklungsfol-

gen richten. Neuerdings ist man bestrebt, „Bioinsektizide" einzusetzen, die in der Regel selektiv wirken und schnell abgebaut werden, so daß sie nicht in der Nahrungskette akkumuliert werden können (*biologische Schädlingsbekämpfung*). Zum Beispiel produziert das BAKTERIUM *Bacillus thuringiensis* ein *Endotoxin*, das als Fraßgift selektiv gegen Insektenlarven wirkt und schon für den Pflanzenschutz eingesetzt wird. – *37*

Insulin. Ein Hormon aus den β-Zellen der Bauchspeicheldrüse, das an der Regulation des Blutzuckerspiegels im Körper beteiligt ist (s. DIABETES MELLITUS). Für therapeutische Zwecke wird Insulin seit mehr als 50 Jahren aus dem Pankreas von Schweinen hergestellt. Jedoch unterscheidet sich dieses Insulin vom menschlichen Insulin in einer der 51 AMINOSÄUREN, weshalb es immer wieder zu unerwünschten Nebenwirkungen bei der Behandlung kommt. Die erfolgreiche KLONIERUNG des Human-Insulin-Gens in das Bakterium ESCHERICHIA COLI war das erste Beispiel für die Gewinnung eines menschlichen POLYPEPTIDS mit Hilfe von rekombinanten Bakterien. – *88, 118*

Interferone. Eine Familie von Proteinen im höheren Organismus, die eine Vermehrung von VIREN hemmen. Interferone werden in drei Subtypen unterteilt (Alpha-, Beta- und Gamma-Interferone) mit mehreren Proteinen in jeder Gruppe. Zusätzlich zu ihren antiviralen Wirkungen modulieren Interferone auch die IMMUNANTWORT des Körpers. Von menschlichen LYMPHOZYTEN werden nur äußerst geringe Mengen Interferone gebildet, so daß eingehende Untersuchungen der klinisch-therapeutischen Wirkungen bisher überhaupt noch nicht möglich waren. Inzwischen ist es gelungen, das menschliche Gamma-Interferon-Gen mit Hilfe der cDNA-Technik in Hamsterzellen zu übertragen, die in der ZELLKULTUR zur Gewinnung von Interferon verwendet werden können. – *88, 89, 127, 147*

Interleukine. Eine Gruppe von Proteinen, die im höheren Organismus als Signalmoleküle zwischen verschiedenen Zellen des Immunsystems fungieren. Am besten charakterisiert ist Interleukin 2 (T-Zell-Wachstumsfaktor, TCGF), das die T-LYMPHOZYTEN aktiviert und zur Bildung von Gamma-INTERFERON anregt. – *128, 147*

Intron (auch „intervenierende Sequenz"). Introns sind DNA-Sequenzen innerhalb der codierenden Region der meisten EUKARYON-TENGENE. Die Intronsequenz codiert nicht für den Einbau von AMINOSÄUREN und unterbricht die Information für das Genprodukt. Ein Intron ist immer von zwei EXONS eingerahmt und daher nicht zu verwechseln mit den nichtcodierenden Bereichen zwischen den Genen. Bei der TRANSKRIPTION wird zunächst das gesamte GEN in eine hn-RNA (heterogene, nucleare RNA) überschrieben, aus der anschließend die Intronsequenzen durch SPLEISSEN herausgeschnitten werden, so daß die reife mRNA nur noch aus Exons besteht und anschließend in Protein übersetzt werden kann.
Bakterielle Gene haben keine Introns und somit auch keine Enzyme für den Spleißvorgang. Aus diesem Grund ist es nicht möglich, klonierte eukaryontische Gene direkt in Bakterien zu exprimieren. Man muß daher zunächst eine cDNA-Kopie der reifen eukaryontischen mRNA herstellen, die dann in das Bakterium kloniert wird. – *112, 118, 126*

Invertzucker. Ein Gemisch (theoretisch 1 : 1) aus GLUCOSE und FRUCTOSE, das bei der hydrolytischen Spaltung (HYDROLYSE) von SACCHAROSE mit Säuren oder mit dem Enzym *Invertase* entsteht. Invertzucker findet vielseitige Anwendungen im Bereich der Süßwarenindustrie. – *75*

In vitro (von lat.: im Glas). Bezeichnung für Untersuchungen, die außerhalb der lebenden Zelle mit Zellhomogenaten, Zellfraktionen, gereinigten Komponenten usw. durchgeführt werden. Gegensatz: *in vivo*, am oder im lebenden System. – *137*

Ionenaustauscher. Feste, wasserlösliche, aber hydratisierbare organische Polymere oder mineralische Stoffe, die an der Oberfläche Gruppen mit ionischen Ladungen tragen. Die Gegenionen dieser Gruppen können teilweise durch gleichsinnig geladene Ionen aus der Lösung ausgetauscht werden. – *78, 88*

Isomeratzucker s. bei Glucoseisomerase. – *75*

Isomere. Verbindungen mit gleicher Summenformel und Molmasse, die sich aber in ihrer Struktur unterscheiden. Es gibt verschiedene Typen von Isomeren: Bei den *Strukturisomeren* (auch Stellungsisomere) liegen die Atome in den Molekülen in unterschiedlichen Anordnungen vor (z. B. Butan-1-ol, Butan-2-ol, 2-Methyl-propan-1-ol). *Stereoisomere* sind Verbindungen mit unterschiedlichen Atomanordnungen im dreidimensionalen Raum (z. B. Spiegelbildisomere oder optische Isomere; cis-/trans-Isomere oder geometrische Isomere). S. a. ASYMMETRISCHES KOHLENSTOFF-ATOM. – *10, 42, 53*

K

Kalluskultur. Ein Zellhaufen von undifferenzierten pflanzlichen Zellen ohne erkennbare histologische Strukturierung auf einem festen NÄHRMEDIUM. Kalluskulturen entstehen aus Explantaten von ausdifferenzierten Geweben (z. B. Blätter, Sprosse usw.). Durch mechanische Bewegung in einem flüssigen Nährmedium können Kalluskulturen auch als Suspensionskulturen (s. SUBMERSFERMENTATION) geführt werden. Unter bestimmten und für jede Pflanzenart typischen Bedingungen können sich Kalluskulturen auch wieder zu normalen Pflanzen regenerieren. – *135*

Katabolismus (von griech.: kataballein = niederschlagen). Die im Prinzip abbauenden Reaktionen des STOFFWECHSELS, bei denen höhermolekulare Substanzen unter Energiegewinn in niedermolekulare Bausteine umgewandelt werden, z. B. die GLYKOLYSE, d. i. der Abbau von GLUCOSE zu Brenztraubensäure. Die in entgegengesetzter Richtung verlaufenden, aufbauenden Reaktionen bezeichnet man als ANABOLISMUS. – *14*

Katalysatoren, biologische s. Enzyme und Biokatalysatoren. – *70*

Keimzellen (Gameten). Zellen, die der geschlechtlichen Fortpflanzung dienen. Bei den höheren Tieren entstehen die männlichen Keimzellen (*Samenzellen* oder *Spermien*) in den Hoden, die weiblichen *Eizellen* in den Ovarien, jeweils aus den *Urkeimzellen*. Da die Keimzellen an die nächste Generation weitergegeben werden, ist in der GENETIK die Trennung zwischen Keimzellen und *Somazellen* (nicht vererbte Körperzellen) wichtig, besonders in den Diskussionen um die *Gentherapie*. In Deutschland sind gentechnische Eingriffe in Keimzellen verboten. – *135*

Kilobasen. Eine in der Molekulargenetik häufig verwendete Bezeichnung für 1000 BASEN (Abk. kb) oder auch 1000 BASENPAARE bei doppelsträngigen Nucleinsäuren (kbp).

Klärschlamm. Der aus den Absetzbecken der biologischen ABWASSERREINIGUNG abgezogene Schlamm, der zum großen Teil aus BAKTERIEN der verschiedenen Gattungen besteht. Klärschlamm enthält maximal 4–7% Trockensubstanz, von denen 60–80% organische Stoffe sind, die dazu neigen, sich unter starker Geruchsentwicklung zu zersetzen. Zur Entsorgung muß der Klärschlamm daher „*konditioniert*" werden. Der Abbau der organischen Stoffe (MINERALISIERUNG) erfolgt durch eine anaerobe Behandlung des Klärschlamms in FAULTÜRMEN. Zur Entwässerung kann der Klärschlamm nach Zugabe von Fällungs- und Flockungsmitteln auf Temperaturen um 200 °C erhitzt und anschließend zentrifugiert werden. Der konzentrierte Schlamm wird dann entweder verbrannt, kompostiert (s. KOMPOSTIERUNG) oder auf einer DEPONIE abgelagert. – *94*

Klon. Eine Kolonie von genetisch identischen Lebewesen, Zellen oder Nucleinsäuremolekülen. Zellklone gehen durch ungeschlechtliche Vermehrung aus einem gemeinsamen Vorläufer hervor und sind mit diesem identisch. – *116*

Klonierung. In der Molekulargenetik die Isolierung und anschließende Vermehrung bestimmter DNA-Sequenzen (häufig GENE) und deren Einbau in einen geeigneten VEKTOR, so daß dieser in einem Wirtsorganismus

beliebig vermehrt werden kann. Durch Teilung der Wirtszellen entstehen Kolonien oder KLONE von identischen Wirtszellen, die alle eine oder mehrere Kopien des gentragenden Vektors beherbergen. – *73, 116, 128, 141, 146*

Knöllchenbakterien s. Rhizobien. – *143*

Kohlenhydrate. Größte Gruppe aller organischen Verbindungen, vornehmlich aus Kohlenstoff, Wasserstoff und Sauerstoff aufgebaut, zu der alle Zucker und zuckerähnlichen Verbindungen (*Saccharide*) sowie deren Polymere gehören. Die Namen der monomeren Zucker werden durch die Endung „ose" gekennzeichnet, z. B. die HEXOSEN ($C_6H_{12}O_6$, darunter GLUCOSE und FRUCTOSE) und die PENTOSEN ($C_5H_{10}O_5$, darunter Ribose, Xylose, Arabinose usw.).
Die Verknüpfung dieser „einfachen Zucker" untereinander führt zu den POLYSACCHARIDEN, zu denen wichtige Naturstoffe gehören wie *Stärke, Glykogen, Cellulose, Chitin*, POLYOSEN, *Pectine* u. a.

Kohlenstoffatom, asymmetrisches s. Asymmetrisches Kohlenstoffatom. – *53*

Komplementäre Basenpaare. BASEN, die sich in der DNA-DOPPELHELIX jeweils gegenüberstehen, da nur zwischen *Adenin* und *Thymin* (bzw. *Uracil*) sowie zwischen *Guanin* und *Cytosin* eine korrekte Ausbildung von WASSERSTOFFBRÜCKEN-BINDUNGEN möglich ist (s. BASENPAARE). – *105, 106*

Komplementäre DNA s. cDNA. – *119*

Kompostierung. Bei der Kompostierung werden organische ABFÄLLE pflanzlicher oder tierischer Herkunft unter Beteiligung von Luftsauerstoff durch eine Mischpopulation von verschiedenen Mikroorganismen und Kleinlebewesen (Milben, Würmer, Käfer) biologisch abgebaut. Die Kompostierung erfolgt in *Mieten*, rotierenden *Trommeln* oder turm- bzw. tunnelförmigen *Rottezellen* und dauert in der Miete 3–6 Monate, in der Rottezelle 4–6 Wochen. Ziel der Kompostierung ist eine Volumenverminderung, der Abbau von organischen Stoffen (MINERALISIERUNG) und damit die Gewinnung eines humusreichen *Kompostes*. – *100*

Konservierung. Maßnahmen zur Erhaltung der Qualität, des Wertes oder der Gebrauchseigenschaften von verderblichen Stoffen oder Sachen und deren Bewahrung vor *Zersetzung* oder *Beschädigung* durch physikalische, chemische oder biologische Einflüsse.

Für die hier hauptsächlich interessierende Konservierung von Lebensmitteln gibt es verschiedene Möglichkeiten: Konservierung durch *Kälte* (Kaltlagerung, Gefriertechnik); Konservierung durch *trockene oder feuchte Hitze* (PASTEURISIERUNG, STERILISATION); Konservierung durch *Entwässerung* (Trocknen, Eindicken); Konservierung durch *chemische Verfahren* (z. B. Pökeln, Räuchern, Zusatz von Konservierungsstoffen); Konservierung durch *Bestrahlung* (UV- und ionisierende Strahlen); Konservierung durch *mikrobielle oder enzymatische Verfahren* (z. B. MILCHSÄUREGÄRUNG u. a.). – *31*

Kontakthemmung (Kontaktinhibition). Die Beendigung der Zellteilung von normalen tierischen Zellen, sobald sie sich beim Wachstum in der ZELLKULTUR (in vitro) gegenseitig berühren. Krebszellen (Tumorzellen) zeigen keine Kontakthemmung und können sich nahezu unbegrenzt weiter teilen. – *145*

Kontinuierliche Fermentation. Bezeichnung für einen Prozeß, bei dem mikrobielles Wachstum und/oder Produktbildung in einem BIOREAKTOR stattfinden, dem mit konstanter Fließrate frisches NÄHRMEDIUM zugeführt wird, während man gleichzeitig mit derselben Fließrate verbrauchtes Medium mit Zellen, Produkten und nicht umgesetzten Substraten abzieht (s. CHEMOSTATKULTUR). – *87, 89*

Kulturmedium s. Nährmedium.

L

Labferment (auch *Rennin*). Bezeichnung für das ENZYM „*Chymosin*" im vierten Magen (Abomasum) von säugenden und milchgefütterten Kälbern, aus dem es auch gewonnen wird. Das Labferment bewirkt die Koagulation von Milcheiweiß (*Casein*) bei der Käse-

produktion. Entsprechende proteolytische Enzyme aus PILZEN haben sich bei der Käseherstellung oftmals nicht als optimal erwiesen. Deshalb wird versucht, das Labferment auf gentechnischem Wege durch KLONIERUNG des Kälbergens in einen Mikroorganismus zu gewinnen (s. GENTECHNIK). – *30, 73*

β-Lactam-Antibiotika. Bezeichnung für alle ANTIBIOTIKA, deren Grundstruktur einen viergliedrigen β-Lactamring enthält.

$$\begin{array}{cc} \diagdown N - & C = O \\ | & | \\ \diagup C - & C - \\ H & H \end{array}$$

β-Lactam-Antibiotika stellen mengen- und wertmäßig bei weitem den bedeutendsten Anteil aller produzierter Antibiotika dar. Die wichtigsten Vertreter sind die PENICILLINE, das sind Derivate der 6-Amino-penicillansäure (6-APA), und die *Cephalosporine*, die sich von der 7-Amino-cephalosporansäure (7-ACA) ableiten. – *64*

β-Lactamasen (Penicillinasen, Cephalosporinasen). Bakterielle ENZYME, die den β-Lactamring durch HYDROLYSE der Säureamidbindung spalten und damit die Antibiotika unwirksam machen. Sie sind die hauptsächliche Ursache für die RESISTENZ von Bakterien gegen diese Antibiotika. – *66, 67*

Leghämoglobin. Ein autoxidables *Hämoprotein* in den RHIZOBIEN der LEGUMINOSEN, das für die symbiontische STICKSTOFF-FIXIERUNG der *Knöllchenbakterien* erforderlich ist. – *143*

Leguminosen. Eine der größten und ökonomisch bedeutendsten Familien der Blütenpflanzen. Ihre Bedeutung beruht hauptsächlich auf ihrer Fähigkeit, mit Hilfe von Bakterien in ihren *Wurzelknöllchen* atmosphärischen Stickstoff in organische Stickstoffverbindungen umzuwandeln (s. STICKSTOFF-FIXIERUNG) und für ihr Wachstum zu verwenden. Solche Pflanzen (dazu gehören Soja, Bohnen, Linsen, Erdnuß, Klee, Luzerne u. a.) benötigen daher weniger oder keinen Stickstoffdünger. – *143, 155*

Leseraster. Bezeichnung für die Art, in der jeweils drei aufeinanderfolgende NUCLEOTIDE

(CODONS) in der fortlaufenden Polynucleotidkette der mRNA abgelesen werden (s. GENETISCHER CODE). Für eine gegebene mRNA-Sequenz gibt es drei mögliche Leseraster, die sich nur in ihrem Startpunkt unterscheiden. Dieser wird bei der TRANSLATION durch ein *Startcodon* (in der Regel das Triplett AUG) bestimmt. – *111, 112*

Lymphozyten. Klasse der weißen Blutkörperchen mit vielfältigen Funktionen bei der IMMUNANTWORT des höheren Organismus. Entsprechend ihrer Eigenschaften wird unterschieden zwischen den B-Lymphozyten (Bursa-abhängige Lymphozyten), die für die Produktion von ANTIKÖRPERN verantwortlich sind und den T-Lymphozyten (Thymus-abhängige Lymphozyten), die regulierende und cytotoxische Funktionen haben (als *Killerzellen, Helferzellen, Suppressorzellen* u.a.). – *128, 145*

L-Lysin (2,6-Diamino-hexansäure). Eine basische AMINOSÄURE, die in Bakterien und Pflanzen aus *Asparagin-semialdehyd* entsteht (s. Abb. 4.4), in Pilzen und Hefen aber über den sog. *Homocitratweg* gebildet wird. L-Lysin gehört zu den für den Menschen ESSENTIELLEN AMINOSÄUREN. Im Vergleich mit hochwertigem, tierischem Nahrungseiweiß haben die meisten Getreideproteine eine geringere biologische Wertigkeit, weil in ihnen der Anteil von L-Lysin an den gesamten Aminosäuren zu niedrig ist. L-Lysin wird biotechnisch in reiner Form hergestellt, in erster Linie zur SUPPLEMENTIERUNG von Getreideproteinen. – *54, 56, 155*

M

Mälzen. Bezeichnung für den Prozeß zur Herstellung von *Braumalz* für die Bereitung von BIER. Man läßt rohe *Gerste* (oder auch *Weizen*) nach entsprechender Wasseraufnahme *keimen*, wobei verschiedene stärke- und eiweißspaltende ENZYME entweder neu gebildet oder aktiviert werden. Anschließend werden die entstandenen Keime entfernt und die zurückbleibenden Körner getrocknet und geröstet (*Darren*): Bei 75 – 85 °C (für helles

Malz), bei 100 – 110 °C (für dunkles Malz) oder bei 150 – 180 °C (für Karamel-Malz). – *20*

Maisquellwasser. Das erste Wasch- und Extraktionswasser bei der Verarbeitung von Mais zu *Stärke*. Als stark belastetes ABWASSER müßte es biologisch gereinigt werden. Andererseits enthält Maisquellwasser aber wertvolle organische Komponenten (AMINOSÄUREN, Vitamine u.a.). Maisquellwasser wird daher bis zu einem Trockensubstanzgehalt von etwa 50% konzentriert und als preiswerter Rohstoff für viele FERMENTATIONS-Prozesse (Gewinnung von ANTIBIOTIKA, Enzymen, Aminosäuren u.a.) gehandelt. – *42*

Malo-Lactat-Fermentation. Auch als „sekundäre Weingärung" bezeichneter Prozeß, der auf verschiedene Gattungen von MILCHSÄUREBAKTERIEN zurückzuführen ist. Die Bakterien wandeln *L-Malat* (Äpfelsäure) durch Abspaltung von Kohlendioxid in *L-Lactat* (Milchsäure) um. Der Prozeß ist für den *Ausbau des Weines* wichtig, weil dadurch der „spitzige", saure Geschmack der Äpfelsäure dem mehr abgerundeten und angenehmeren Geschmack der Milchsäure weicht. Durch die Schwefelung des Mostes kann die Malo-Lactat-Fermentation gefährdet werden, so daß man daher heute die Jungweine zunehmend mit STARTERKULTUREN von *Leuconostoc oenus* beimpft. Der Abbau der Äpfelsäure kann durch Lagerung bei 18 – 20 °C nach zwei Wochen abgeschlossen sein. – *25*

Maltose (Malzzucker). Ein DISACCHARID aus zwei Molekülen D-GLUCOSE, die in α-1,4-glucosidischer Bindung (s. GLYKOSIDE) miteinander verknüpft sind. Maltose hat nur etwa 30% der Süßkraft von SACCHAROSE und gehört, zusammen mit dieser und dem Milchzucker (*Lactose*), zu den am häufigsten vorkommenden natürlichen Disacchariden. Maltose wird technisch durch enzymatische STÄRKEVERZUCKERUNG gewonnen und als Maltosesirup bei der Herstellung von Süßwaren, Eiscremes, Getränken u.a. vielfach eingesetzt. – *23*

Mangelmutante (Defektmutante). Bezeichnung für einen *auxotrophen* Mikroorganismus, der aufgrund einer *Mutation* in einem bestimmten GEN die Fähigkeit zur Synthese eines essentiellen METABOLITEN verloren hat (z. B. einer AMINOSÄURE). Dieser Mangelmutante muß dann zum Wachstum der fehlende Metabolit im NÄHRMEDIUM angeboten werden, sie ist „Aminosäure-auxotroph". – 57

Marker, genetischer. Ein GEN-Abschnitt für einen gut charakterisierten und leicht erkennbaren PHÄNOTYP. Durch Kopplung eines gesuchten Gens mit einem solchen Marker soll der Nachweis des Gens ermöglicht werden. Besonders eignet sich als Marker eine RESISTENZ, z. B. gegen ein ANTIBIOTIKUM. Alle klonierten Zellen, die das markierte Gen erhalten haben, besitzen damit auch die Resistenz und können auf einem NÄHRMEDIUM, das dieses Antibiotikum in geringen Mengen enthält, auskeimen. Dagegen sterben alle Zellen, die das markierte Gen nicht erhalten haben, ab (SELEKTION). – 115, 128

Maßstabvergrößerung (engl.: scaling up). Die Verfahren zur Auslegung von Produktionsanlagen auf der Basis von Daten aus kleineren Labor- oder Piloteinrichtungen. Dabei wird versucht, die Probleme auf der Grundlage der *Ähnlichkeitstheorie* zu lösen, was jedoch zu Schwierigkeiten führt, da zumeist mehrere, miteinander nicht verträgliche Forderungen der Ähnlichkeit in Einklang zu bringen sind. In vielen Fällen ist eine Maßstabvergrößerung nur aufgrund von empirischem Herumprobieren möglich. – 127

Melasse. Bezeichnung für den konzentrierten Endablauf (die „Mutterlauge") der Kristallzuckergewinnung aus Zuckerrüben oder Zuckerrohr. Melasse ist eine dunkelbraune, zähflüssige Masse mit etwa 80 % Trockensubstanz. Sie enthält zu etwa 50 % ihres Gewichtes SACCHAROSE und außerdem noch weitere Verbindungen, die den Nährstoffbedarf von Mikroorganismen teilweise decken können. Wegen ihres relativ günstigen Preises ist daher Melasse einer der wichtigsten technischen Rohstoffe in der Fermentationsindustrie. – *9, 37, 42*

Membranreaktor. Eine spezielle Anordnung, durch die der Reaktionsraum eines BIOREAKTORS mit Hilfe einer ULTRAFILTRATIONS- oder Dialyseeinheit in zwei Teilräume unterteilt wird. Die niedermolekularen, löslichen Moleküle (Nährstoffe, Produkte u. a.) verteilen sich auf beide Reaktionsräume, während die hochmolekularen (z. B. PROTEINE, POLYSACCHARIDE) sowie partikuläre Komponenten (z. B. Mikroorganismen, IMMOBILISIERTE BIOKATALYSATOREN) in einem der Reaktionsräume zurückgehalten werden. – *79*

Messenger-RNA (Boten-RNA) s. mRNA. – *107*

Metaboliten. Bezeichnung für die zumeist niedermolekularen Zwischenverbindungen, die bei den Abbau- und Aufbaureaktionen (KATABOLISMUS und ANABOLISMUS) des zellulären STOFFWECHSELS auftreten. – *14*

Methan. Farbloses, geruchloses, brennbares Gas (Heizwert = 36 MJ pro Kubikmeter). Kommt vor allem als Hauptbestandteil (80 – 90 %) im Naturgas über Erdölquellen (*Erdgas*) vor. Der Methangehalt der Erdatmosphäre (1,3 ppm) steigt zur Zeit um 1 bis 2 % pro Jahr an. 500 bis 800 Mio. t Methan werden jährlich durch die Tätigkeit von METHANOGENEN BAKTERIEN unter anaeroben Bedingungen gebildet (in Sümpfen, Mooren, Seen, Naßreisfeldern, Mülldeponien und im Pansen von Wiederkäuern). Das aus biogenen Quellen stammende Methan trägt als klimawirksames Spurengas schätzungsweise zu 20 % zum sog. *atmosphärischen Treibhauseffekt* bei (s. a. BIOGAS). – *96, 152*

Methanogene Bakterien. Eine Gruppe von BAKTERIEN, die als einzige in der Lage sind, METHAN als Hauptprodukt ihres STOFFWECHSELS auszuscheiden. Zu ihnen gehören die Gattungen *Methanobacterium, Methanococcus* und *Methanosarcina*, die alle zur Gruppe der ARCHAEBAKTERIEN gezählt werden. Sie bilden Methan entweder aus Kohlendioxid und Wasserstoff oder durch Spaltung von Essigsäure. Methanogene Bakterien sind verantwortlich für die Entstehung von Methan unter anaeroben Bedingungen in Sümpfen und Seen sowie in anaeroben ABWASSERREI-

NIGUNGS-Anlagen und in FAULTÜRMEN. – *96*

Mikrobielle Transformation s. Biotransformation. – *55, 57*

Mikrocarrier. Kugelförmiges Trägermaterial zur Anheftung von tierischen Zellen in der ZELLKULTUR. Mikrocarrier haben für die Kultivierung von *kontaktabhängigen Zellen* entscheidende Vorteile: höhere ZELLDICHTEN, höhere PRODUKTIVITÄTEN und leichtere Abtrennbarkeit der Zellen vom Medium. – *90, 145, 146*

Mikrofiltrationsmembranen. Mikroporöse Polymermembranen, mit denen Stofftrennungen (fest-flüssig oder fest-gasförmig) im Partikelgrößenbereich von 0,1 – 10 µm möglich sind. – *146*

Mikroorganismen. Sammelbezeichnung für mikroskopisch kleine, überwiegend einzellige Organismen (manchmal auch als „Keime" bezeichnet) mit vergleichsweise einfacher biologischer DIFFERENZIERUNG. Mikroorganismen aus dem Bereich der PROKARYONTEN sind die BAKTERIEN (einschließlich der ACTINOMYCETEN) und die *Cyanobakterien*. Zu den EUKARYONTEN unter den Mikroorganismen zählt man *PILZE, Schleimpilze, niedere Algen* und *Protozoen*. VIREN und Phagen (s. BAKTERIOPHAGEN) sind nichtzelluläre Teilchen, die nicht wachsen, sich nicht selbständig vermehren können und keinen eigenen STOFFWECHSEL haben. Trotzdem werden sie gelegentlich den Mikroorganismen zugeordnet. Mikroorganismen sind über die gesamte Erde in Wasser, Luft und Boden verbreitet und haben entscheidenden Anteil an den globalen Stoffkreisläufen. Einige „*extremophile Mikroorganismen*" sind auch in arktischen Gebieten, heißen Quellen, Schwefelfeldern, Salzseen und an ähnlichen Standorten anzutreffen (s. ARCHAEBAKTERIEN).
Ihren Kohlenstoffbedarf decken die Mikroorganismen entweder aus Kohlendioxid – wozu dann noch eine externe Energiequelle erforderlich ist (*autotrophe Mikroorganismen*) – oder aus anderen, energiereichen organischen Verbindungen (*heterotrophe Mikroorganismen*). Manche können sich auch *mixotroph*

ernähren. Nach ihrem Sauerstoffbedarf unterscheidet man zwischen AEROBIERN und ANAEROBIERN. Die WACHSTUMSRATEN von Mikroorganismen sind sehr viel größer als die von höheren Organismen, und Mikroorganismen lassen sich einfach auf definierten NÄHRMEDIEN kultivieren. Daher sind sie seit langem bevorzugte Untersuchungsobjekte, und viele der allgemein gültigen Erkenntnisse der biologisch-biochemischen Wissensbereiche wurden durch das Studium von Mikroorganismen und ihren verschiedenen MUTANTEN gewonnen. Die besonderen Stoffwechselleistungen von Mikroorganismen lassen sich für fermentationstechnische Zwecke ausnutzen, wobei es zunächst darauf ankommt, die für den jeweiligen Prozeß am besten geeigneten Mikroorganismen durch SCREENING auszulesen und gegebenenfalls ihre Leistungsfähigkeiten durch fortgesetzte Mutationen und SELEKTION oder mit Hilfe moderner gentechnischer Methoden (s. GENTECHNIK) zu verbessern.

Milchsäurebakterien. MIKROORGANISMEN, die ihren Energiebedarf durch die Vergärung von KOHLENHYDRATEN (insbesondere GLUCOSE und Lactose) zu Milchsäure decken (s. MILCHSÄUREGÄRUNG). Milchsäurebakterien leben als ANAEROBIER, sind aber *aerotolerant*. Zwei physiologische Gruppen lassen sich unterscheiden. Die *homofermentativen Milchsäurebakterien* wandeln Glucose ausschließlich auf dem Weg der GLYKOLYSE zu mindestens 90 % in Milchsäure um. Diese Milchsäurebakterien sind für die technische Herstellung von L- und D-Milchsäure geeignet. Die *heterofermentativen Milchsäurebakterien* bilden aus einem Mol Glucose je ein Mol Milchsäure, ETHANOL (oder Essigsäure) und Kohlendioxid. Sie spielen eine Rolle bei der Erzeugung von Sauerkraut, sauren Gemüsen und anderen fermentierten Lebensmitteln. – *23, 28, 31, 37*

Milchsäuregärung. Ein Prozeß, bei dem, ähnlich wie bei der ALKOHOLISCHEN GÄRUNG, pro Mol Glucose auf dem Weg der GLYKOLYSE zwei Mol Brenztraubensäure entstehen, wobei jedoch im Falle der Milchsäuregärung die freigesetzten Wasserstoffatome zur Reduktion der Brenztraubensäure zu Milchsäure verwendet werden:

$$C_6H_{12}O_6 \rightarrow 2\,CH_3-CH(OH)-COOH.$$
$$\text{Milchsäure}$$

Energetisch gewinnt die Zelle dabei zwei Mol ATP. Die Milchsäuregärung ist der typische Stoffwechselweg von MILCHSÄUREBAKTERIEN, jedoch entsteht L-(+)-Milchsäure auch im höheren Organismus, z.B. aus dem Blutzucker im arbeitenden Muskel. – *28, 31, 36, 46*

Mineralisierung. Bezeichnung für einen in der Natur weit verbreiteten Prozeß, bei dem organische Stoffe unter Freisetzung von anorganischen Verbindungen durch MIKROORGANISMEN abgebaut werden. Die Mineralisierung spielt im globalen Stoffkreislauf der Natur eine wichtige Rolle sowie bei der BIOLOGISCHEN SELBSTREINIGUNG von Gewässern und beim Abbau von KLÄRSCHLÄMMEN in FAULTÜRMEN. – *6*

Mitochondrien (von griech.: mitos = Faden; chondros = Korn). Organellen, die in allen Zellen von EUKARYONTEN in unterschiedlichen Zahlen (bis zu mehreren Tausend pro Zelle) anzutreffen sind. Mitochondrien sind von zwei Membranen umgeben, der *äußeren Membran* und einer stark nach innen gefalteten *inneren Membran* (Cristae, Tubuli). An der inneren Membran sitzen die Komponenten der ATMUNGSKETTE und die ATP-Synthase. Mitochondrien dienen somit in erster Linie der Energieversorgung der Zelle. PROKARYONTEN enthalten keine Mitochondrien, und bei ihnen sind die Enzyme der Atmungskette an die Innenseite der CYTOPLASMA-Membran gebunden. Die Zellen der Algen und grünen Pflanzen enthalten neben den Mitochondrien auch noch CHLOROPLASTEN mit einem ähnlichen Aufbau. An deren innerer Membran befinden sich die Photosynthesepigmente und die Komponenten des Elektronentransports bei der PHOTOSYNTHESE. – *9, 13*

Molekularbiologie. Teilgebiet der modernen Biologie, in dem biologische Erscheinungen und Prozesse durch physikalisch-chemische Untersuchungen auf der Ebene von einzelnen Makromolekülen (z.B. DNA, RNA, PROTEINEN) betrachtet werden.

Monoklonale Antikörper. ANTIKÖRPER, die aus einem reinen, aus einer einzelnen Zelle stammenden Zell-KLON hervorgehen und deshalb in ihrer biochemischen Zusammensetzung sowie ihren Bindungs- und Effektoreigenschaften homogen und identisch sind. – *128, 146*

Monolayer-Kulturen. Als „Monolayer" bezeichnet man eine Einzelschicht von adsorbierten Molekülen an einem Trägermaterial oder in der Phasengrenzfläche zweier Flüssigkeiten. Viele Säugetierzellen wachsen typischerweise in Monolayer-Kulturen, d.h. in Form einer monozellulären, zusammenhängenden Schicht (z.B. EPITHELZELLEN). – *145*

Mosaikgene. GENE, die aus nichtcodierenden Bereichen (INTRONS) und codierenden Bereichen (EXONS) zusammengesetzt sind. Bei der Weiterverarbeitung der genetischen Information werden die Introns aus dem ursprünglichen mRNA-Transkript (s. TRANSKRIPTION) durch SPLEISSEN herausgeschnitten. Mosaikgene kommen im allgemeinen nur bei EUKARYONTEN vor und wurden nur gelegentlich bei PROKARYONTEN und VIREN nachgewiesen. – *112*

mRNA (Abk. f. engl. messenger-RNA, auch Boten-RNA). Eine RNA, die als Informationsvermittler an den RIBOSOMEN zur Synthese eines POLYPEPTIDS führt (TRANSLATION). mRNA-Moleküle werden als einzelsträngige Kopien der STRUKTURGENE auf der DNA mit Hilfe einer *DNA-abhängigen RNA-POLYMERASE* synthetisiert (= TRANSKRIPTION). Die meisten mRNAs enthalten die Information eines einzelnen GENS und führen zur Synthese eines zusammenhängenden Polypeptids (*monocistronische mRNA*). Bei Bakterien sind aber auch mRNA-Moleküle anzutreffen, deren Sequenz die Information für mehrere, unabhängige Proteine enthält (*polycistronische mRNA*). Im Gegensatz zur ribosomalen RNA und zu den tRNAs ist die mRNA im allgemeinen relativ instabil und unterliegt einem ständigen Auf- und Abbau in der Zelle. – *107, 112, 126ff*

Murein (von lat.: murus = Mauer, Wand). Ein quervernetzter POLYSACCHARID-PEPTID-Komplex, der das Stützskelett der bakteriellen ZELLWAND bildet. Diese *Peptido-Glykan-Schichten* sind ein durchgängiges Merkmal aller PROKARYONTEN außer den ARCHAEBAK-TERIEN. Sie sind von einer Reihe anderer Substanzen sowohl inkrustiert als auch belegt und bestimmen Form und Festigkeit der Bakterienzelle. Der artspezifische Aufbau der Zellwand dient als wichtiges Kriterium bei der taxonomischen Einordnung der Bakterien. – *65*

Mutagene. Chemische Substanzen oder physikalische Einflüsse, die *Mutationen* auslösen können. Bei jeder Teilung einer Zelle besteht eine geringe Wahrscheinlichkeit für das Auftreten von erblichen Veränderungen der GENE (*Spontanmutationen*). Unter dem Einfluß von Mutagenen wird diese Wahrscheinlichkeit wesentlich erhöht. *Chemische Mutagene* sind entweder *Basenanaloge* (z. B. 5-Brom-uracil), die anstelle der natürlichen Nucleinsäure-BASEN eingebaut werden oder *interkalierende Farbstoffe*, die sich in die Furchen der DNA-DOPPELHELIX einschieben können oder *modifizierende Agentien*, die die Nucleinsäurebasen chemisch verändern können (z. B. durch Alkylierung, Desaminierung usw.). *Physikalische Mutagene* sind häufig *ultraviolette Strahlen*, durch die Basen miteinander verkleben (*dimerisieren*) können oder *ionisierende Strahlen* (z. B. Röntgen- oder Gammastrahlen), welche *Strangbrüche* in der DNA verursachen bzw. reaktionsfähige *Radikale* erzeugen können. Insbesondere die Inkorporierung von *Radionukliden* kann (abhängig von der Halbwertszeit und der Reichweite der Strahlung) zu wesentlich stärkeren Schädigungen führen, als eine vergleichbare Bestrahlung von außen. – *106*

Mutanten (von lat.: mutatio = Veränderung, Wechsel). Organismen, die als Folge einer *Mutation* ein gegenüber dem Elternstamm verändertes GEN tragen. Mutanten werden durch den Vergleich mit ihrem *Wildtyp* defi-

niert, der das unveränderte Gen trägt. Die Veränderung zeigt sich entweder durch *morphologische* Unterschiede (z. B. Änderungen oder Defekte bei der ZELLWAND-Synthese), durch *physiologische* Unterschiede (z. B. Änderung der Temperaturempfindlichkeit oder der Fähigkeit zur Bildung bestimmter Produkte) oder durch ein verändertes *Nährstoffbedürfnis* (z. B. durch die Unfähigkeit zur Synthese einer AMINOSÄURE, s. MANGELMUTANTE). Für biotechnische Zwecke werden in den meisten Fällen Mutanten mit verbesserten technischen Eigenschaften eingesetzt, die man durch gezielte *Mutation* und SELEKTION erhält. – *17, 57, 63*

Mycel. Kollektive Bezeichnung für ein Geflecht von HYPHEN bei PILZEN. – *48, 64*

Mycorrhiza. Bezeichnung für eine enge Vergesellschaftung von Pflanzenwurzeln mit PILZEN. Bodenpilze können in die Wurzeln eindringen und durch Bildung von AUXINEN das Wurzelwachstum anregen. Die Pilze erhalten dadurch Zugang zu pflanzlichen Assimilationsprodukten, während der Vorteil der Wirtspflanze in einer höchst effektiven Absorption von Mineralstoffen (Phosphat, gebundener Stickstoff) aus dem Boden besteht (s. a. SYMBIOSE). – *155*

Myelomzellen. Maligne, entartete Zellen, die auf ANTIKÖRPER-produzierende β-LYMPHO-ZYTEN (Plasmazellen) zurückzuführen sind (s. HYBRIDOMA-ZELLEN). – *128, 146*

Mykotoxine. Bezeichnung für TOXINE, die als Stoffwechselprodukte von HEFEN und anderen PILZEN (insbesondere SCHIMMELPILZEN) ausgeschieden werden. Charakteristische Vertreter der Mykotoxine sind die *Aflatoxine* und *Ochratoxine* aus ASPERGILLUS-Arten sowie *Patulin* und *Citrinin* aus *Penicilliumarten*. Mykotoxine treten vor allem bei unsachgemäßer Lagerung von Lebensmitteln und Futtermitteln auf. Viele Mykotoxine haben *cancerogene Wirkung*, und vor dem Verzehr auch nur schwach befallener Lebensmittel ist zu warnen. – *14, Abb. 1.11*

N

NADH/NAD$^+$. Abkürzung für das COENZYM Nicotinamid-Adenin-Dinucleotid. Die ENZYME der ersten Hauptklasse (*Oxidoreduktasen*) katalysieren sowohl Reduktions- als auch Oxidationsreaktionen (oder Dehydrierungen). Die Wasserstoffatome, die bei der Oxidation des Substrates anfallen, werden dabei auf das Coenzym NAD$^+$ übertragen; dabei entsteht die reduzierte Form, NADH. Diese wirkt dann als Wasserstoff-Donator bei der Reduktionsreaktion eines anderen Enzyms:

Enzym 1: $AH_2 + NAD^+ \rightarrow A + NADH + H^+$;

Enzym 2: $B + NADH + H^+ \rightarrow BH_2 + NAD^+$.

Das Coenzympaar kommt auch in einer phosphorylierten Form im Stoffwechsel vor (NADPH/NADP$^+$). Beide Formen sind wichtige, reversible Transportmetaboliten für Wasserstoffatome (bzw. Elektronen) im Stoffwechsel. Unter aeroben Bedingungen wird NADH bevorzugt in der ATMUNGSKETTE unter ATP-Gewinn regeneriert, während NADPH mehr für die Hydrierung (Reduktion) von anderen Metaboliten verwendet wird.

Nährmedium (auch Kulturmedium). Bezeichnung für eine flüssige *Nährlösung* oder einen festen *Nährboden*, die alle für die Erhaltung der Lebensfunktionen bzw. für das Wachstum von bestimmten einzelligen Organismen (Mikroorganismen, pflanzliche oder tierische Zellen) erforderlichen *Nährstoffe* enthalten.

Das Nährmedium für heterotrophe Organismen (s. unter MIKROORGANISMEN) enthält mindestens eine verwertbare *Kohlenstoffquelle*. Das ist in der Regel GLUCOSE (oder ein anderer Zucker). Als C-Quelle kommen aber auch andere KOHLENHYDRATE in Frage, ferner niedere Alkohole sowie Fettsäuren, wie überhaupt nahezu alle natürlich vorkommenden Kohlenstoffverbindungen. Als *Stickstoffquelle* dienen zumeist anorganische Ammoniumverbindungen, bei einigen Mikroorganismen auch Nitrate (und Nitrite). Höhere Organismen benötigen „organisch gebundenen Stickstoff", z. B. AMINOSÄUREN, für ihre

Stickstoffversorgung. Die Elemente *Schwefel* und *Phosphor* werden im Nährmedium in der Regel als Sulfat- bzw. Phosphat-Salze angeboten. Ferner muß das Nährmedium noch eine Anzahl von *Spurenelementen* enthalten (Kalium, Magnesium, Calcium und einige Metallsalze). *Auxotrophe* Mikroorganismen brauchen gegebenenfalls weitere Nährstoffe (s. MANGELMUTANTEN), und in vielen Fällen sind bestimmte Vitamine, in anderen sind auch Wuchsstoffe (z. B. PHYTOHORMONE bei Pflanzenzellen) erforderlich. Für tierische ZELLKULTUREN muß das Nährmedium außerdem noch komplizierte Eiweißverbindungen enthalten (z. B. Serum-Albumin). – *1, 82*

Nicotinamid-Adenin-Dinucleotid
s. NADH/NAD$^+$.

Nif-Gene (von engl.: nitrogen fixation genes). Die GENE für die Bildung der ENZYME und Komponenten, die zur Reduktion von atmosphärischem Stickstoff zu Ammoniak benötigt werden (s. STICKSTOFF-FIXIERUNG, RHIZOBIEN und LEGUMINOSEN). Die erforderlichen Komponenten bilden zusammen den sog. NITROGENASE-Komplex, für dessen Bildung eine Reihe von Nif-Genen zuständig sind. Die Nif-Gene befinden sich teils auf den CHROMOSOMEN, teils auf gesonderten PLASMIDEN. – *144*

Nitrat-Atmung. Ein der Sauerstoff-ATMUNG analoger biochemischer Prozeß, bei dem die Elektronen nicht auf Sauerstoff, sondern auf Nitrat-Ionen („Sauerstoff in gebundener Form") übertragen werden. Der Energiegewinn der Nitrat-Atmung in Form von ATP ist fast ebenso hoch wie bei der Sauerstoff-Atmung (s. a. DENITRIFIKATION). – *99*

Nitrifikation. Die oxidative Umwandlung von Ammonium über Nitrit zu Nitrat im Boden und in Gewässern durch *nitrifizierende* Bodenbakterien aus der Familie *Nitrobacteriaceae*. Die Nitrifikation führt zu einer Verarmung der Böden an Stickstoff, da Ammonium-Ionen besser durch Tonmineralien gebunden und Nitrate leichter ausgewaschen werden. Daher wird in der Landwirtschaft versucht, die Nitrifikation durch geeignete

Hemmstoffe der Bakterien („Stickstofferhalter") zu unterdrücken. Bei der biologischen ABWASSERREINIGUNG ist die Nitrifikation wichtig für die Entfernung von Ammoniumsalzen aus dem Abwasser. Dieses hat aber nur dann Sinn, wenn das gebildete Nitrat anschließend durch eine DENITRIFIKATION in Form von molekularem Stickstoff aus dem System ausgeschieden werden kann. – *97, 99, 142*

Nitrogenase. Das Schlüsselenzym der STICK-STOFF-FIXIERUNG in aeroben und anaeroben Bakterien (z. B. RHIZOBIEN). Der Nitrogenase-Komplex ist sehr kompliziert und aus mehreren Untereinheiten aufgebaut, an denen auch Eisen-Schwefel-Zentren und Molybdän (als Molybdo-ferredoxin) beteiligt sind. Die Biosynthese dieser Komponenten wird von verschiedenen NIF-GENEN gesteuert. – *143*

Nodulation. Die Bildung von „Wurzelknöllchen" bei den LEGUMINOSEN durch eine INFEKTION der jungen Wurzelhaare durch verschiedene Spezies von RHIZOBIEN. Die Bakterien vermehren sich im Wurzelgewebe und führen dort eine STICKSTOFF-FIXIERUNG aus. Das gebildete Ammonium steht dann der Wirtspflanze als Stickstoffquelle zur Verfügung (s. a. SYMBIOSE). – *143*

Nonsens-Mutation. Die Veränderung eines GENS, zumeist durch eine PUNKTMUTATION, dergestalt, daß im LESERASTER der mRNA eines der drei *Stopcodons* UAG, UAA oder UGA erscheint (s. GENETISCHER CODE). Dieses führt zum Abbruch der TRANSLATION, und es entsteht ein biologisch unwirksames Proteinfragment. – *110*

Normaleiweiß. Ein von den Welternährungsbehörden zu Vergleichszwecken formuliertes theoretisches Eiweiß, dessen Zusammensetzung an ESSENTIELLEN AMINOSÄUREN dem Bedarf des Menschen genau entsprechen soll. Die Aminosäurezusammensetzung von *Hühnereiweiß* kommt diesem Standard sehr nahe.

Nucleinsäuren. Sammelbegriff für DNA, die verschiedenen Formen von RNA und Polynucleotide.

Nucleotide. 1) Die Bausteine der Nucleinsäuren. Ein Nucleotid besteht aus einer BASE (A, G, C, T oder U), einer PENTOSE (Ribose bei RNA und 2′-Desoxyribose bei DNA) und einem Phosphorsäure-Rest am 3′- oder 5′-C-Atom des Zuckers.

2) In die Gruppe der Nucleotide gehören auch zahlreiche COENZYME, wie z. B. NADH, ATP, Flavin-Adenin-Dinucleotid (FAD), Coenzym A (CoA) usw. – *12, 17, 103ff*

O

Oberflächenfermentation. 1) Kultivierung und Wachstum von Organismen auf einem *festen* NÄHRMEDIUM.

2) Mikroorganismen (und ZELLKULTUREN) können auch als Häute oder dickere Matten auf der Oberfläche von nichtbewegten *Nährlösungen* schwimmen, wobei die gebildeten Produkte aus der darunter befindlichen Flüssigkeit gewonnen werden (z. B. CITRONENSÄURE). Gegenstück ist die SUBMERS-FERMENTATION. – *48, 83*

Ökologie (von griech.: oikos = Haus; logos = Lehre). Die Wissenschaft von den Wechselbeziehungen zwischen Lebewesen (Menschen, Tiere, Pflanzen, Mikroorganismen) und ihrer unbelebten Umwelt. Dabei werden sowohl die Wirkungen der Umwelt auf die Lebensgemeinschaften (BIOZÖNOSE) untersucht als auch umgekehrt die Beeinflussung der Umwelt durch die Lebewesen.

Opine. Abkömmlinge von AMINOSÄUREN, die von WURZELHALS-GALLEN gebildet werden und ausschließlich den infizierenden AGROBAKTERIEN als Spezialnahrung dienen. Je nach der Bakterienart entstehen unterschiedliche, aber typische Opine (z. B. Octopin, Nopalin, Agropin u. a.). – *137*

Ölpest. Verschmutzung der Meeresflächen und Küsten durch Erdöl infolge von Tankerunfällen, Störungen in Erdöl-Förderanlagen, beschädigten Lagertanks, Abläufen aus der Tankreinigung u. a. Öl ist leichter als Wasser und verbreitet sich in kürzester Zeit als Ölfilm über große Wasserflächen, der dann noch durch Wind und Seegang vielfach gegen die Küsten getrieben wird. Die Ölpest hat verheerende Wirkungen auf die gesamte BIOZÖNOSE des Meeres und der Küstenregionen. Neben dem Einsatz von Ölbindemitteln und oberflächenaktiven Detergentien könnten zur Bekämpfung der Ölpest auch Mikroorganismen eingesetzt werden (z. B. bestimmte Candida-HEFEN oder Bakterien), die das Öl aufnehmen und verstoffwechseln können.

Onkogene. Zelluläre GENE (c-onc) oder Virusgene (v-onc, z.B. Retroviren), deren Genprodukte im Säugetierorganismus ein unkontrolliertes und unbegrenztes Wachstum von Zellen auslösen (Neoplasmen, Tumoren).

Operator. Eine DNA-Sequenz am Beginn einer Gruppe von benachbarten und funktionsmäßig zusammengehörigen STRUKTUR-GENEN (sie zusammen werden als *Operon* bezeichnet), an welche regulatorisch wirkende PROTEINE (*Aktivatoren* oder *Repressoren*) gebunden werden können. Als Folge davon wird die TRANSKRIPTIONS-Rate der auf den Operator folgenden Strukturgene entweder beschleunigt (= *Enzyminduktion*) oder verzögert (= *Enzymrepression*). – 110, 112

Organellen. Substrukturen in Zellen von EUKARYONTEN mit bestimmten Funktionen. Beispiele sind die MITOCHONDRIEN als Kraftwerke der Zelle, das *endoplasmatische Retikulum* für verschiedene Syntheseleistungen der Zelle, die CHLOROPLASTEN als Orte der pflanzlichen PHOTOSYNTHESE, die RIBOSOMEN, an denen sich die Protein-Biosynthese abspielt u.a.

Organogenese. Die Neubildung von differenzierten Organen mit speziellen Funktionen aus entdifferenzierten Zellen. Beispiel: die Bildung von kompletten Pflanzen (geklonten Pflanzen) aus KALLUSKULTUREN unter dem Einfluß geeigneter Konzentrationen an PHYTOHORMONEN. – 136

Oxidative Phosphorylierung. Die Bildung von energiereichem ATP als Produkt der ATMUNGSKETTE (s. dort). – 15, 95

P

PAGE. Häufig gebrauchte Abkürzung für Polyacrylamid-GELELEKTROPHORESE.

Pasteurisierung. Von dem französ. Mikrobiologen Louis Pasteur um 1850 erstmals angewendete Wärmebehandlung von hitzeempfindlichen Substraten (bes. Lebensmittel) unter 100 °C, mit dem Ziel, unerwünschte, vegetative Mikroorganismen abzutöten und gegebenenfalls auch produkteigene ENZYME zu inaktivieren. Viele BAKTERIEN und PILZE sind in der Lage, unter ungünstigen Umgebungsbedingungen besonders widerstandsfähige Überlebensformen zu bilden, die als *Sporen* bezeichnet werden. Sporen werden durch die Pasteurisierung nicht abgetötet und können nach einiger Zeit wieder zu vegetativen Organismen auskeimen. Daher bietet die Pasteurisierung von Lebensmitteln nur für begrenzte Zeit einen Schutz vor dem Verderb. – 23, 28, 31

Penicilline. Zur Gruppe der β-LACTAM-ANTI-BIOTIKA gehörende Verbindungen der allgemeinen Struktur (s.a. Abb. 53):

$$\overset{\displaystyle\downarrow}{\diagdown N - C = O}$$

Das *Penam*-Grundgerüst, bestehend aus einem viergliedrigen β-Lactamring und einem ankondensierten Thiazolidin-Ring heißt 6-*Amino-penicillansäure* (6-APA). Die Aminogruppe ist mit der Carboxygruppe einer organischen Säure als Säureamid verknüpft. In *Benzylpenicillin* (oder Penicillin G) ist dies die *Phenylessigsäure* (HOOC–CH$_2$–C$_6$H$_5$). Penicillin G ist das häufigste, natürliche Penicillin, das auch in großen Mengen durch FERMENTATION von zuckerhaltigen Lösungen mit Hochleistungsstämmen von *Penicillium chrysogenum* technisch erzeugt wird. Durch β-LACTAMASEN wird der viergliedrige Ring an der mit $\downarrow$ bezeichneten Stelle gespalten, wodurch die antibiotische Wirkung verloren geht. Das ist auch vielfach der Grund für die Penicillin-RESISTENZ von Bakterien. Durch einen anderen Enzym-Typ (Penicillin-ACYLASEN) wird selektiv die Säureamidgruppe abgespalten, wobei der β-Lactamring unversehrt bleibt. Ein Teil des technisch produzierten Penicillin G wird auf diese Weise zu 6-APA abgebaut, aus der dann durch chemische Umsetzung mit anderen Carbonsäuren die *halbsynthetischen Penicilline* hergestellt werden, die in der Natur nicht auftreten und sich durch besondere therapeutische oder sonstige Eigenschaften auszeichnen. Ein Beispiel ist das *Methicillin* (2.6-Dimethoxyphenylpenicillin), das weniger leicht durch β-Lactamasen gespalten und daher zur Bekämpfung von penicillinresistenten Keimen eingesetzt wird. – *62ff, 86*

Pentosen. Monomere Zucker (s. KOHLENHYDRATE) mit 5 Kohlenstoffatomen der allgemeinen Formel $C_5H_{10}O_5$. Die wichtigsten Vertreter sind *Ribose* (und *Desoxyribose*, $C_5H_{10}O_4$), *Arabinose* und *Xylose*; sie alle sind „Aldopentosen" mit der Carbonylfunktion am C-Atom 1. Zu den „Ketopentosen", die die Carbonylgruppe am C-Atom 2 tragen, gehören *Xylulose* und *Ribulose* (s.a. HEXOSEN).

Peptid-Antibiotika. Gruppe von ANTIBIOTIKA, die aus mehreren AMINOSÄUREN aufgebaut sind, wobei auch nichtproteinogene Aminosäuren (s. PROTEINE) beteiligt sein können, wie z.B. D-Aminosäuren, Ornithin u.a. Beispiele sind *Bacitracin*, aus 10 Aminosäuren und *Gramicidin S*, ein cyclisches Decapeptid, beide aus Bakterien der Gruppe *Bacillus*. – *55*

Peptidbindung. Die Verknüpfung zweier AMINOSÄUREN durch eine Säureamidbindung zwischen der Carboxygruppe einer Aminosäure und der α-Aminogruppe einer zweiten Aminosäure. Die Peptidbindung ist das Bauprinzip der Oligo- und POLYPEPTIDE (PROTEINE), in denen zahlreiche Aminosäuren durch Peptidbindung zu langen Kettenmolekülen aneinandergebunden sind. – *14, 109*

Perfusionskultur (von lat.: perfundere = übergießen). Eine Kultur von tierischen Zellen in einem speziellen HOHLFASERREAKTOR. Die oberflächenabhängigen tierischen Zellen wachsen auf den Außenseiten der Fasern, die von dem NÄHRMEDIUM durchströmt werden. Die Zellen werden durch die Fasermembran mit löslichen Nährstoffen und Sauerstoff versorgt, während gleichzeitig ein Abtransport von niedermolekularen Stoffwechselprodukten stattfindet. – *146*

Persistenz. Bezeichnung für die Beständigkeit von Verbindungen gegen biologischen oder chemischen Abbau. Persistente Verbindungen werden nur sehr langsam oder überhaupt nicht durch die ENZYME der Mikroorganismen im Boden oder im Wasser gespalten (s. MINERALISIERUNG). Sie werden auch als XENOBIOTISCHE VERBINDUNGEN bezeichnet. Ein englischer Ausdruck für Persistenz ist „recalcitrance".

Pflanzenhormone s. Phytohormone. – *135*

Pflanzenzellkulturen s. Zellkulturen. – *135, 141*

Phänotyp (von griech.: phainesthai = erscheinen; typos = Gepräge, Muster, Modell). Die äußere Erscheinungsform eines Organismus, die durch die Summe aller genetischen Merkmale (GENOTYP) bestimmt wird. Im Rahmen dieser genetischen Prägung sind aber auch im Laufe der Individualentwicklung durch innere oder äußere Einflüsse gewisse Veränderungen im Phänotyp möglich. – *137*

Phagen s. Bakteriophagen. – *124, 157*

Phosphodiester. Bezeichnung für den Bindungstyp der Bausteine in DNA- und RNA-Molekülen. Dabei sind das 5′-C-Atom des Zuckers eines NUCLEOTIDS und das 3′-C-Atom des Zuckers im folgenden Nucleotid über eine Phosphat-Brücke miteinander verknüpft. – *104*

Photophosphorylierung. Die Bildung von energiereichem ATP unter Ausnutzung der Energie des Sonnenlichtes in Organismen, die zur PHOTOSYNTHESE befähigt sind (grüne Pflanzen, Algen, einige Bakterien). Die Alternative zur Photophosphorylierung ist die *Atmungskettenphosphorylierung*, bei der die Organismen unter aeroben Bedingungen ATP beim oxidativen Abbau von energiereichen Nährstoffen bilden können (s. ATMUNG, ATMUNGSKETTE). – *6*

Photorespiration. Die sog. *Lichtatmung*, die in allen grünen Pflanzen neben der *Dunkelatmung* (s. ATMUNGSKETTE) abläuft. Die beiden Prozesse unterscheiden sich jedoch grundsätzlich. Bei der Photorespiration handelt es sich um eine Kompetition zwischen Kohlendioxid und Sauerstoff um die Bindungsstelle am Schlüsselenzym der PHOTOSYNTHESE. Die Reaktion mit Sauerstoff hat für die Pflanze einen Verlust an Energie und Kohlenstoff zur Folge, und pro Mol aufgenommenem Sauerstoff wird ein Mol Kohlendioxid gebildet. Der Prozeß hat somit formal dieselbe Bilanz wie die ATMUNG (Respiration, daher die Bezeichnung als Photorespiration), kann aber im Gegensatz zu dieser nur unter Belichtung ablaufen und liefert kein ATP.

Photosynthese. Ein metabolischer Prozeß in grünen Pflanzen, Algen und einigen „photosynthetisierenden Bakterien". Bei der Photosynthese wird atmosphärisches Kohlendioxid aufgenommen (*CO_2-Assimilation*) und zusammen mit Wasser in organische Moleküle (vornehmlich KOHLENHYDRATE) umgewandelt. Die Energie für diese Aufbaureaktionen stammt aus dem Sonnenlicht, das im wesentlichen eine Spaltung von Wassermolekülen bewirkt. Der Wasserstoff dient zur Reduktion von Kohlendioxid, und der Sauerstoff wird freigesetzt. – 6

Phototrophe Organismen (genauer photoautotrophe Organismen). Alle Organismen, die Sonnenlicht als Energiequelle benutzen, um organische Kohlenstoffverbindungen aus Kohlendioxid aufzubauen. Das sind in erster Linie alle grünen Pflanzen, viele Algen und einige BAKTERIEN, z.B. *Cyanobakterien*. Im Gegensatz dazu sind *heterotrophe Organismen* auf die Verwendung von organischen Kohlenstoffverbindungen angewiesen, die sie als Kohlenstoff- und Energiequelle verwenden.

pH-Wert. Eine Maßzahl für den Säuregrad von Lösungen. Sie errechnet sich aus dem negativen dekadischen Logarithmus der Wasserstoffionenkonzentration. Eine wäßrige Lösung mit 5 g Schwefelsäure im Liter hat einen pH-Wert von etwa 1 und gilt als stark sauer. pH-Werte zwischen 4 und 6 werden als sauer. pH-Werte zwischen 4 und 6 werden als schwach sauer bezeichnet. Der pH-Wert 7.0 entspricht dem Neutralpunkt, und Lösungen mit pH-Werten bis etwa 10 sind schwach alkalisch (basisch). Das Ende der Skala liegt bei 14 (stark alkalisch). – *31, 72, 77, 84, 96*

Phytohormone (von griech.: phyton = Pflanze, Gewächs; horman = anregen). Eine chemisch uneinheitliche Gruppe von organischen Verbindungen, die Wachstums-, Differenzierungs- und Entwicklungsvorgänge in Pflanzen anregen und steuern. Phytohormone wirken in äußerst geringen Konzentrationen und können in fünf Gruppen eingeteilt werden: AUXINE, CYTOKININE, *Gibberelline*, *Abscisinsäure* und *Ethylen*. Phytohormone finden vielfältige Anwendungen im gärtnerischen und landwirtschaftlichen Bereich. – *135*

Pilze. Eine große Gruppe von Organismen aus dem Bereich der EUKARYONTEN mit etwa 120000 bekannten Arten. Im Unterschied zu Pflanzen haben Pilze keine Plastiden und sind daher nicht zur PHOTOSYNTHESE befähigt. Unter den verschiedenen Pilzgruppen bringt nur eine die umgangssprachlich als „Pilze" bezeichneten Formen (Hut-, Speise-, Gift-Pilze usw.) hervor. Es handelt sich dabei um die sporenbildenden Fruchtkörper der *Basidiomyceten*. Bei den meisten Pilzen besteht der Vegetationskörper aus kleinen Zellfäden (HYPHEN), die zumeist ein enges Geflecht bilden (MYCEL). Pilze leben als *Saprophyten* und *Parasiten*, sie sind weltweit verbreitet und in hohem Maße am globalen Kohlenstoffkreislauf beteiligt. Einige Pilze leben aber auch in SYMBIOSE mit den Wurzeln von höheren Pflanzen, so z.B. die *Mykorrhiza*, durch welche die Nährstoff- und Wasserversorgung der Pflanze erheblich verbessert werden kann. Pilze von biotechnischer Bedeutung sind die HEFEN (z.B. ALKOHOLISCHE GÄRUNG), die ASPERGILLUS-Arten (ENZYME, organische Säuren u.a.) und die *Penicillium*-Arten (ANTIBIOTIKA). – *9, 65*

Plasmamembran (auch Cytoplasmamembran oder Zellmembran). Die äußere Begrenzung von Zellen, bestehend aus einer *Lipid-Doppelschicht*, die von verschiedenen funktionellen PROTEINEN (ENZYMEN, Transport-proteinen, REZEPTOREN usw). durchsetzt ist. Die Plasmamembran hat die Funktion einer selektiven Permeabilitätsbarriere; kleine, lipophile Moleküle können die Plasmamembran zumeist selbständig durchdringen, hydrophile Moleküle (z.B. Zucker) werden, oft unter Aufwendung von Energie (ATP), mit Hilfe von *Carrierproteinen* aktiv durch die Plasmamembran transportiert. Die Plasmamembran bildet ferner die osmotische Schranke für die Zelle, in derem Inneren ein höherer osmotischer Druck herrscht als im umgebenden Medium. Aufgrund ihres Aufbaus besitzt die Plasmamembran eine gewisse *Fluidität*, d.h. sie ist nicht starr, sondern beweglich. Daher ist die Plasmamembran bei vielen Zellen noch von einer stabilen und starren ZELLWAND umgeben, die der Zelle die äußere Form verleiht. – *10, 50, 72, 83, 120*

Plasmide. Kleine, ringförmige, doppelsträngige DNA-Moleküle, die neben der chromosomalen DNA in vielen BAKTERIEN und in einigen EUKARYONTEN anzutreffen sind. Ihre Molmassen liegen bei 1–200 Millionen, also wesentlich niedriger als die Molmasse der chromosomalen DNA. Innerhalb der Zelle können sie sich unabhängig von der Haupt-DNA selbständig verdoppeln. Plasmide der PROKARYONTEN tragen oftmals RESISTENZ-Gene für ANTIBIOTIKA, GENE für den Abbau von XENOBIOTISCHEN VERBINDUNGEN oder für die Produktion von RESTRIKTIONS-ENDONUCLEASEN, von TOXINEN oder von *Virulenzfaktoren*. Dem Wirtsbakterium können sie dadurch entscheidende SELEKTIONS-Vorteile verleihen. Sie können vielfach auch von einer Wirtszelle auf eine andere übertragen werden (*konjugative Plasmide*). Zur Gewinnung der Plasmide werden die aus den Zellen hergestellten PROTOPLASTEN lysiert und die DNA-Bestandteile durch Gradientenzentrifugation aufgetrennt. In der GENTECHNIK haben Plasmide eine große Bedeutung als VEKTOR-Systeme zur Übertragung und Rekombination von DNA-Fragmenten. – *67, 112, 127, 138*

Polymerase-Kettenreaktion (Abk.: PCR). Ein äußerst effektives Verfahren zur Anreiche-rung von DNA-Abschnitten, die sich zwischen zwei geeigneten Oligonucleotid-Primersequenzen befinden. Mit Hilfe einer thermostabilen DNA-POLYMERASE wird der DNA-Einzelstrang bei 72 °C zum Doppelstrang ergänzt; dann wird er durch Erwärmen auf 95 °C wieder in die Einzelstränge zerlegt (*Denaturierung*), so daß anschließend die DNA-Polymerase wieder einen Doppelstrang bilden kann und so weiter. Zur Durchführung der PCR werden alle Reaktionspartner (DNA, Primersequenzen, DNA-Polymerase und die vier Desoxynucleosid-triphosphate) in einem kleinen Reaktionsgefäß im 10-Minuten-Takt automatisch auf die richtigen Temperaturen gebracht (95 °C zur Hitzedenaturierung, 50 °C zur HYBRIDISIERUNG der Primersequenzen und 72 °C zur Polymerisation). Da bei jedem Zyklus theoretisch eine Verdopplung der DNA-Menge erfolgt, sollte man nach 20 Zyklen etwa die einmillionenfache Menge erhalten. Die PCR leistet unschätzbare Dienste bei der vergleichenden Sequenzanalyse von GENEN, bei der PRÄNATALEN DIAGNOSTIK von Gendefekten, zum Nachweis von Virusgenomen (z.B. bei Verdacht auf das AIDS-VIRUS) im Blut sowie im Bereich der forensischen Medizin (Vaterschaftsnachweis, Täteridentifizierung usw.). Für die Entwicklung der PCR-Methode im Jahr 1983 erhielt der amerikanische Wissenschaftler Kary B. Mullis 1993 den Nobelpreis für Chemie. – *121, 122*

Polyosen (veraltet: *Hemicellulosen*). Pflanzliche POLYSACCHARIDE, die aus PENTOSEN (Xylose, Arabinose), HEXOSEN (Glucose, Mannose, Galactose) und Uronsäuren aufgebaut sind. Polyosen finden sich in der Regel zusammen mit *Lignin* zwischen den *Cellulose*-Fasern der Pflanzen und dienen als Reservestoff und Gerüstsubstanzen. – *44*

Polypeptide. Polymere, die durch säureamidartige Verknüpfung der Carboxygruppe einer AMINOSÄURE mit der α-Aminogruppe der folgenden Aminosäure (PEPTIDBINDUNG) entstehen. Produkte aus weniger als 10 Aminosäuren werden gewöhnlich als *Oligopeptide* bezeichnet, darüber als Polypeptide. Für hochmolekulare Polypeptide wird synonym auch der Ausdruck PROTEINE verwendet (z.B.

Nahrungsproteine). Polypeptide haben im höheren Organismus vielfach die Funktionen von Hormonen, wie das *Calcitonin* (aus 32 Aminosäuren) und das *Corticotropin* (39 Aminosäuren). Das INSULIN mit 51 Aminosäuren besteht aus zwei Polypeptidketten, die durch *Disulfidbrücken* miteinander verbunden sind. – *12, 108*

Polysaccharide. Polymere, in denen zahlreiche Monosaccharide (wie HEXOSEN, PENTOSEN) in der Art von GLYKOSIDEN miteinander verknüpft sind. Die einzelnen Polysaccharide unterscheiden sich in der Art ihrer monomeren Bausteine, im Polymerisationsgrad und in der Art der glykosidischen Bindungen. Die Polysaccharide stellen von der Menge her den größten Anteil aller Naturstoffe dar. Die wichtigsten natürlichen Polysaccharide sind: *Cellulose*, die Gerüstsubstanz im Holz, die aus β-1,4-glykosidisch verknüpften GLUCOSE-Einheiten aufgebaut ist; *Stärke*, die Speichersubstanz in Samen und Knollen von Pflanzen, in der die Glucosereste α-1,4-glykosidisch mit gelegentlichen α-1,6-Verzweigungen verbunden sind; *Glykogen*, die Speichersubstanz bei höheren Organismen, aber auch bei PILZEN, ist ähnlich aufgebaut wie die Stärke, jedoch mit häufigeren Verzweigungen; *Inulin* (aus β-1,2-verknüpften FRUCTOSE-Einheiten); *Chitin* (aus N-Acetylglucosamin-Resten) und andere. Fermentativ gewonnene Polysaccharide aus Bakterien haben zahlreiche industrielle Anwendungen gefunden, wie XANTHAN und DEXTRAN. – *13, 22, 44, 51*

Pränatale Diagnostik. Vorgeburtliche Untersuchungen des durch Punktion gewonnenen Fruchtwassers auf mögliche Erkrankungen oder Fehlbildungen des Ungeborenen. Die bekannten 70 verschiedenen CHROMOSMEN-Anomalien lassen sich alle durch pränatale Diagnostik erfassen, und auch von den 2000 bis 3000 auf Gendefekten beruhenden Stoffwechselstörungen kann ein Teil pränatal diagnostiziert werden. Für die pränatale Diagnostik wurden Empfehlungen des Wissenschaftlichen Beirates der Bundesärztekammer ausgearbeitet. – *130*

Primärmetabolite. Niedermolekulare Zwischenprodukte der Hauptstoffwechselwege,

die während des exponentiellen Wachstums (auch als *Trophophase* bezeichnet) einer Mikroorganismenkultur gebildet werden. Das Gegenstück zu den Primärmetaboliten sind die SEKUNDÄRMETABOLITE. – *13*

Produkthemmung. 1) Allgemein die Hemmung des Wachstums (bzw. der Aktivität) von MIKROORGANISMEN in einer Kultur durch ein oder mehrere Stoffwechselprodukte. Zum Beispiel wird die ALKOHOLISCHE GÄRUNG der HEFE durch den gebildeten Alkohol verzögert, bis bei einem Alkoholgehalt von etwa 12%-Vol die Gärung fast völlig zum Stillstand kommt.
2) Die Hemmung eines einzelnen ENZYMS oder eines enzymatischen Syntheseweges durch einen METABOLITEN am Ende des Syntheseweges (s. ENDPRODUKTHEMMUNG). – *9, 56*

Produktivität (auch Raum-Zeit-Ausbeute). Bezeichnung für die pro Volumen- und Zeiteinheit von einer Mikroorganismenkultur gebildete Menge eines Produktes (oder der Menge an BIOMASSE), ausgedrückt z.B. in Kilogramm pro Kubikmeter und Stunde. Bei Produktionsanlagen müssen die *Totzeiten* berücksichtigt werden, das sind die für das Befüllen, Sterilisieren, Entleeren usw. des BIOREAKTORS erforderlichen Zeiten, in denen der Reaktor nicht produktiv ist. Unter Berücksichtigung der Totzeiten erhält man aus der Produktivität über die gesamte Produktionsdauer die *Reaktorleistung*, z.B. die pro Jahr zu erwartende Produktmenge. – *7, 86*

Prokaryonten (von griech.: pro = vor, anstatt; karyotos = nußförmig). Einzeller ohne einen echten, von einer Hülle umgebenen Zellkern (im Gegensatz zu den EUKARYONTEN). Die ringförmige DNA befindet sich im CYTOPLASMA, meistens an der PLASMAMEMBRAN. Auch besitzen die Prokaryonten keine von Membranen umgebenen Organellen wie MITOCHONDRIEN, Chloroplasten usw. Die Enzyme der ATMUNGSKETTE befinden sich an der Innenseite der Plasmamembran. Die meisten Prokaryonten sind von einer ZELLWAND umgeben; diese besteht zumeist aus MUREIN, das bei Eukaryonten nicht vorkommt. Bei den ebenfalls zu den Prokaryonten zählenden ARCHAEBAKTERIEN ist die Zellwand jedoch anders aufgebaut. Außer den Archaebakterien gehören zu den Prokaryonten die *Eubakterien* (das sind die BAKTERIEN im engeren Sinne und die *Cyanobakterien*). − *9, 112, 113*

Promotor. Eine NUCLEOTID-Sequenz, die sich vor einem GEN befindet und als Erkennungsstelle für die Anheftung der RNA-POLYMERASE dient. Dieses Enzym besorgt die TRANSKRIPTION der DNA-Sequenz in eine entsprechende Messenger-RNA (s. MRNA). Bei dem Bakterium ESCHERICHIA COLI sind die Promotor-Sequenzen 35 bzw. 10 BASENPAARE vom Startpunkt der Transkription entfernt und etwa 7 Basenpaare lang. Ein möglichst effektiver Promotor ist die Voraussetzung für eine wirkungsvolle mRNA-Synthese und damit für die Expression des oder der nachfolgenden Gene (GENEXPRESSION). − *110, 112, 127*

Proteasen. Enzyme, die PROTEIN-Moleküle durch die Hydrolyse von spezifischen PEPTIDBINDUNGEN spalten. Je nach den Gruppen, die im aktiven Zentrum der Proteasen für den katalytischen Prozeß verantwortlich sind, werden sie unterschieden in: 1) *Serinproteasen*, an deren Wirkung die Hydroxygruppe der AMINOSÄURE Serin beteiligt ist (z.B. Trypsin, Chymotrypsin, Subtilisin u.a.). 2) *Metalloproteasen*, in denen gewöhnlich ein gebundenes Zink-Ion für die Wirkung verantwortlich ist (z.B. Thermolysin). 3) *Saure Proteasen* mit einer Carboxygruppe im aktiven Zentrum (z.B. Pepsin und das LABFERMENT Rennin). 4) *Thiolproteasen*, für deren Aktivität die SH-Gruppe der Aminoäure Cystein bestimmend ist (z.B. Papain, Bromelain, Ficin u.a.).
Proteasen haben breite industrielle Anwendungen; den größten Markt haben die *Waschmittelproteasen* (alkalische Proteasen vom Typ des Subtilisins), gefolgt von den Proteasen zur *Käseherstellung* (z.B. Rennin) und den in der *Lederindustrie* verwendeten Proteasen (z.B. Trypsin). Sie werden biotechnisch durch Fermentationen mit Bakterien oder Pilzen hergestellt. − *72, 73, 145*

Protein-Biosynthese s. Translation.

Proteine. Polymere, die aus AMINOSÄUREN über Säureamidbindungen (PEPTIDBINDUNGEN) aufgebaut sind. In den natürlichen Proteinen kommen üblicherweise nur 20 verschiedene Aminosäuren vor (die sog. *proteinogenen Aminosäuren*), und zwar normalerweise in ihrer L-Form.
In die Klasse der Proteine gehören die ENZYME, viele *Hormone*, die ANTIKÖRPER, aber auch *Transport-* und *Trägerproteine*, REZEPTOREN und *Strukturproteine*. − *53, 88*

Protoplasten. Mikrobielle oder pflanzliche Zellen, denen die äußere ZELLWAND fehlt. Protoplasten werden durch Behandlung der Zellen mit zellwandlösenden Enzymen in isotonischen Lösungen hergestellt. Durch Verdünnen dieser Lösung mit Wasser (= Erniedrigung des *osmotischen Druckes*) erreicht man, daß die Protoplasten platzen (= *Lyse*); dies ist eine schonende Methode zur Gewinnung von Zellinhaltsstoffen. Protoplasten verschiedenen Ursprungs lassen sich gegebenenfalls miteinander vereinigen (z.B. durch ELEKTROFUSION unter Bildung von Zellhybriden (s. ZELLFUSION). − *120, 137*

Punktmutation. Der Austausch einer einzigen BASE gegen eine andere in einer DNA-NUCLEOTID-Sequenz. In dem PROTEIN, für welches die mutierte DNA codiert (s. GENETISCHER CODE), kann dadurch eine bestimmte AMINOSÄURE gegen eine andere ausgetauscht sein.

R

Racemat. Bezeichnung für eine Mischung aus äquimolaren Teilen der beiden Formen (*Enantiomeren*) einer optisch aktiven Verbindung (s. unter ASYMMETRISCHES KOHLENSTOFFATOM), z.B. die Mischung der D- und L-Formen einer AMINOSÄURE. − *55, 57, 77*

Radioimmunoassay (Abk. RIA). Eine weit verbreitete und sehr empfindliche Methode zur quantitativen Bestimmung geringer Mengen von antigen-wirkenden Substanzen (s. ANTIGENE) mit Hilfe von radioaktiv markierten spezifischen ANTIKÖRPERN (oder umgekehrt) durch die Bildung von hochspezifischen Antigen-Antikörper-Fällungen.

Raum-Zeit-Ausbeute s. Produktivität. – *7, 86*

Reaktionsrate (auch Reaktionsgeschwindigkeit, Umsatzrate). Bezeichnung für die bei einer chemischen oder enzymatischen Umsetzung zu beobachtende zeitabhängige Änderung der Konzentration einer Komponente (z. B. Gramm pro Liter und Stunde). Die Reaktionsrate ist *positiv*, wenn die betrachtete Komponente gebildet und *negativ*, wenn sie verbraucht wird.

Regiospezifität. Die Eigenschaft vieler ENZYME, an einem SUBSTRAT-Molekül, welches mehrere gleichwertige, reaktionsfähige Positionen besitzt, eine Umsetzung ausschließlich oder überwiegend an einer Position durchzuführen. Ein Beispiel ist die Dehydrierung von Sorbit ausschießlich am C5-Atom zu L-Sorbose, obwohl das Sorbit-Molekül noch drei weitere oxidierbare Hydroxygruppen trägt (s. SORBIT-SORBOSE-OXIDATION). – *58, 70*

Regulation des Stoffwechsels. Die Anpassung bestimmter Reaktionsabläufe in der Zelle, durch welche die gesamten Stoffwechselreaktionen aufeinander abgestimmt werden können. Zum Beispiel werden bestimmte ENZYME in der Zelle erst dann gebildet, wenn sie auch wirklich benötigt werden, etwa zum Abbau eines ungewöhnlichen Nährstoffes. Die Regulation des Stoffwechsels kann auf *genetischer Ebene* erfolgen, indem die *Bildungsrate* einzelner Enzyme verändert wird oder durch eine Veränderung (Aktivierung oder Hemmung) der *Aktivität* einzelner Enzyme oder Enzymkomplexe (s. a. ENDPRODUKT-HEMMUNG). – *9, 50*

Regulatorgene s. u. Strukturgene

Reinheitsgebot. Eine im deutschen *Biersteuerrecht* verankerte, gesetzliche Bestimmung, wonach als Rohstoffe für die Bereitung von BIER nur *Gerstenmalz*, *Hopfen*, HEFE und *Wasser* verwendet werden dürfen. Das Reinheitsgebot geht auf ein im Jahr 1516 von den beiden Herzögen Wilhelm IV. und Ludwig X. verkündetes Gebot zurück und wurde in der Zwischenzeit nur unwesentlich verändert. Als eine der wenigen Ausnahmen darf bei *obergärigen Bieren* auch Weizenmalz (für Weizenbiere) eingesetzt werden. Außerdem wurden die aus reinem Hopfen bestehenden *Hopfenpulver* und *Hopfenextrakte* dem ursprünglich verwendeten Doldenhopfen im Gesetz gleichgestellt. – *20*

Rekombinante DNA. DNA-Moleküle (oder auch PLASMIDE), die IN VITRO durch Verknüpfung von DNA-Fragmenten von unterschiedlicher Herkunft entstanden sind. MIKROORGANISMEN oder höhere Zellen, in die solche rekombinante DNA durch Methoden der GENTECHNIK eingeschleust wurden, bezeichnet man als „*rekombinante Organismen*".

Als „*Rekombination*" wird auch die durch natürliche Vorgänge stattfindende Neukombination bzw. Umordnung von GENEN bezeichnet, z. B. die Verteilung von väterlichen und mütterlichen CHROMOSOMEN auf die Tochterzellen bei der *Reduktionsteilung* (Meiose). – *114, 118, 127, 156*

Rennin s. Labferment. – *30, 73*

Repetitive DNA. DNA-Abschnitte, die, besonders in EUKARYONTEN, in mehreren Kopien in einem GENOM vorliegen. Beispiele sind die GENE für die *ribosomale RNA* und die *Immunglobulingene*. Der größte Teil der repetitiven DNA im Genom der höheren Organismen besteht aus Sequenzen, die höchstwahrscheinlich keine Codierungsfunktion besitzen. – *130*

Replikation (auch Reduplikation). Die identische und sequenzgetreue Verdopplung von doppel- und einzelsträngigen DNA- und RNA-Molekülen. Bei der Replikation der DNA wird die DOPPELHELIX partiell aufgetrennt, so daß zwei komplementäre Stränge unter Ausbildung von spezifischen BASENPAAREN neu synthetisiert werden können. Im Tochtermolekül ist also ein alter Einzelstrang erhalten geblieben – sog. *semikonservative Replikation*. – *106, 122*

Resistenz (von lat.: resistere = sich widersetzen). Bezeichnung für die Widerstandsfähigkeit bzw. Nichtanfälligkeit eines Organismus gegenüber schädigenden Umwelteinflüssen, wie chemischen Verbindungen, VIREN, krankheitserregenden Bakterien, Hitze, Kälte, Strahlen usw. Die Resistenz ist im GENOM verankert und kann vererbt werden. Bei BAKTERIEN ist die Resistenz gegenüber ANTIBIOTIKA häufig auf PLASMIDE zurückzuführen, die entsprechende *Resistenzgene* tragen und durch die eine Resistenz auf andere (sog. *kompetente*) Stämme übertragen werden kann. Antibiotika-Resistenzgene sind als genetische MARKER zur Erkennung und SELEKTION von transformierten Zellen (s. unter REKOMBINANTE DNA) von großer Hilfe. – *65ff, 113, 140*

Restriktions-Endonucleasen. ENZYME, meist bakterieller Herkunft, welche die DNA-DOPPELHELIX nur an Stellen mit einer spezifischen Sequenz von meistens 4−8 BASEN (Erkennungsstelle) oder in deren Nähe aufschneiden können. Die erhaltenen Spaltstücke werden als *Restriktionsfragmente* bezeichnet und tragen an ihren Enden zumeist jeweils einige überstehende Einzelbasen (sog. „*klebrige Enden*"), mit denen die Stücke in beliebiger Reihenfolge wieder zusammengefügt werden können. Restriktions-Endonucleasen sind die wichtigsten Werkzeuge der modernen GENTECHNIK. – *113, 114, 124, 127, 130, 138*

Reverse Transkriptase. Ein ENZYM, das zumeist in *Retroviren* (s. RNA-VIREN) anzutreffen ist. Es benutzt einen RNA-Strang als Matrize und synthetisiert einen dazu komplementären DNA-Strang, so daß ein DNA-RNA-Hybridmolekül entsteht. Im Unterschied dazu wird beim normalen Prozeß der TRANSKRIPTION ein RNA-Molekül mit Hilfe einer DNA-Matrize gebildet; daher die Bezeichnung reverse Transkriptase. – *119, 127*

Rezeptoren. In Biologie und Medizin versteht man unter Rezeptoren definierte Bindungsorte für physiologische Signale. Rezeptoren sind zumeist PROTEINE, die oft an der PLASMAMEMBRAN gebunden sind und sich durch hohe Affinität und Selektivität für biologisch aktive Verbindungen auszeichnen, wie z. B. *Hormone*, ANTIKÖRPER, ENZYME usw.

Rhizobien. Eine Gattung von BAKTERIEN, die in den Wurzelhaaren von LEGUMINOSEN leben und dort die STICKSTOFF-FIXIERUNG durchführen. Sie beziehen von der Wirtspflanze bestimmte Nährstoffe, versorgen sie mit Ammonium-Stickstoff und bilden daher mit ihr eine echte SYMBIOSE. – *143, 144, 155*

Ribonucleinsäuren s. RNA.

Ribosomen. Kompliziert aufgebaute Komplexe aus RNA und PROTEINEN im CYTOPLASMA, an denen die Protein-Biosynthese (s. TRANSLATION) abläuft. – *10, 12, 65, 107ff, 109*

RNA (Abk. für engl.: ribonucleic acid; weniger gebräuchlich ist die deutsche Abk. RNS). Polymere Moleküle aus zahlreichen Ribo-NUKLEOTIDEN, die durch PHOSPHODIESTER-Bindungen miteinander verknüpft sind. In dem so entstehenden Zucker-Phosphat-Rückgrat sind vier verschiedene BASEN (A, G, C und U) über die C1-Atome der Riboreste als GLYKOSIDE gebunden. Im Unterschied zur DNA bildet die RNA keine einheitliche DOPPELHELIX-Struktur. Sie liegt vielfach als Einzelstrang vor, der aber unter Ausbildung von *Haarnadelstrukturen* in sich zurückgefaltet sein kann, die durch komplementäre BASENPAARE zusammengehalten werden.
Nach ihren verschiedenen Funktionen unterscheidet man: 1) Die *Boten-RNA* (mRNA), das Produkt der TRANSKRIPTION. Sie übernimmt die Informationsübermittlung zwischen der DNA der GENE und den PROTEINEN. 2) Etwa 80 % der zellulären RNA liegen als *ribosomale RNA* (rRNA) vor und dienen zum Aufbau der RIBOSOMEN. BAKTERIEN haben drei verschieden große rRNA-Moleküle, eines aus etwa 3700, eines aus 1700 und eines aus 120 Nucleotiden. 3) Bei der *Transfer-RNA* (tRNA) handelt es sich um Moleküle aus durchschnittlich 75 Nucleotiden mit der Aufgabe, die einzelnen AMINOSÄUREN bei der Protein-Biosynthese (TRANSLATION) an die Ribosomen heranzuführen. – *12, 107*

RNA-Polymerasen. Eine Gruppe von ENZYMEN, die von der vorgegebenen Matrize einer

DNA (*DNA-abhängige RNA-Polymerase*) oder einer RNA (*RNA-abhängige RNA-Polymerase* oder auch *Replikase*) einen RNA-Strang mit komplementärer NUCLEOTID-Sequenz synthetisieren. – 108, 110

RNA-Viren. Bakterielle, pflanzliche oder tierische VIREN, die anstelle eines DNA-Moleküls eine zumeist einsträngige RNA als primäres genetisches Material enthalten. Unter den Viren der EUKARYONTEN sind die *Retroviren* besonders bemerkenswert, weil sie sich über DNA-Zwischenstufen vermehren. Dazu benötigen sie ein spezielles Enzym, eine REVERSE TRANSKRIPTASE, das die einzelsträngige RNA des Virus in der Wirtszelle als Matrize für die Bildung eines komplementären DNA-Stranges benutzt, wobei zunächst ein DNA-RNA-Hybrid entsteht (s. HYBRIDISIERUNG). – 104

Rückkopplungshemmung s. Endprodukthemmung. – 56

Rührkessel-Reaktoren. Das am weitesten verbreitete Konstruktionsprinzip von BIO-REAKTOREN (s. dort) zur Durchführung von bakteriellen oder enzymatischen Umsetzungen, wobei die Aufgaben von Mischen und Verteilen im Reaktor durch mechanisch bewegte Rührer verschiedener Bauart übernommen werden. – 85

S

Saccharomyces. Eine Gattung in der Familie der *Saccharomycetaceae* (der „eigentlichen" Hefen). Die Vermehrung kann entweder durch Verschmelzen von zwei haploiden Sproßzellen und Bildung von *Ascosporen* erfolgen oder (weit häufiger) durch *Sprossung* von diploiden Zellen. Die BACKHEFEN und Bierhefen sind physiologische Rassen von *Saccharomyces cerevisiae*, die unter aeroben Bedingungen wachsen, aber auch über einen ausgeprägten GÄRUNGS-STOFFWECHSEL verfügen. In der Regel können sie verschiedene Zucker (GLUCOSE, MALTOSE, Galactose, SACCHAROSE) zu Ethanol vergären (ALKOHOLISCHE GÄRUNG). Polymere KOHLENHYDRATE

können sie jedoch im allgemeinen erst nach deren Aufspaltung zu monomeren Zuckern verstoffwechseln. Zur wirtschaftlichen Bedeutung s. HEFEN. – 16, 23, 25, 37, 51, 73, 122

Saccharose. Ein DISACCHARID, in dem je ein Molekül D-GLUCOSE (am C1-Atom) und D-FRUCTOSE (am C2-Atom) als GLYKOSID miteinander verbunden sind. Saccharose ist der wichtigste Zucker in unserer Ernährung, von dem jährlich weltweit etwa 80 Mio. t hergestellt werden dürften, in unseren Breiten aus Zuckerrüben und in tropischen Gebieten aus Zuckerrohr. – 51, 74

Sake. Japanischer Reiswein mit einem Alkoholgehalt von 15 – 22 %-Vol. Zur Herstellung wird gedämpfter Reis mit dem Pilz ASPERGILLUS *oryzae* fermentiert (zur STÄRKEVERZUCKERUNG). Anschließend wird die Maische mit speziellen Hefen (SACCHAROMYCES *saké*) vergoren. – 23

Sauerstoffbedarf s. biologischer Sauerstoffbedarf bzw. chemischer Sauerstoffbedarf.

Sauerstoff-Eintragsrate. Maßzahl für die Versorgung von MIKROORGANISMEN oder Zellen in aeroben SUBMERSFERMENTATIONEN mit Sauerstoff (z. B. Gramm O_2 pro Liter und Stunde). – 86

Sauerteig. Ein Teigtriebmittel für Roggenbrot und Weizen-Roggen-Mischbrot. Der Teig wird biologisch gesäuert und durch die Gasbildung von HEFEN, MILCHSÄUREBAKTERIEN und Essigsäurebakterien gelockert. Im praktischen Backbetrieb wird jeweils ein geringer Mehlteiganteil abgezweigt, in fortlaufender Säuerung und Reifung gehalten und der folgenden Teigcharge zugemischt (*Sauerteigführung*). – 28

Scaling up s. Maßstabvergrößerung. – 127

Schadeinheit. Maßzahl für die Angabe des Verschmutzungsgrades von ABWASSER. Sie setzt sich zusammen aus dem ermittelten CHEMISCHEN SAUERSTOFFBEDARF (CSB) des Wassers und einer Reihe von weiteren Abwasserinhaltsstoffen (Phosphor-, Stickstoff- und organischen Halogenverbindungen sowie Metallen) und bildet die Grundlage für die Bemessung der Abgabesätze für Direkteinleiter nach dem ABWASSER-ABGABENGESETZ. – *92*

Schimmelpilze. Allgemeine Sammelbezeichnung für oberflächlich wachsendes PILZMYCEL aus verschiedenen systematischen Gruppen. Als *Saprophyten* (Fäulnisbewohner) sind sie auf festen und flüssigen organischen Substraten aller Art anzutreffen, wie z.B. Lebensmitteln. Vornehmlich *xerophile Organismen* (die Trockenheit liebende) können auch trockene SUBSTRATE besiedeln, wie Textilien, Leder, Holz usw.
Schimmelpilze haben eine große biotechnische Bedeutung für die Gewinnung von organischen Säuren (CITRONENSÄURE u.a.), ANTIBIOTIKA, SEKUNDÄRMETABOLITEN und ENZYMEN sowie für zahlreiche Reifungsprozesse landwirtschaftlicher Erzeugnisse und für den biologischen Abbau von organischen Materialien. – *9, 23, 35, 37, 47, 62*

Schlammfaulung. Prozeß der „Stabilisierung" von KLÄRSCHLAMM unter anaeroben Bedingungen im FAULTURM, mit dem Ziel einer Verminderung von geruchsbildenden organischen Bestandteilen (MINERALISIERUNG), einer Verbesserung der Entwässerbarkeit und einer Reduzierung von Krankheitserregern. – *94*

Schlaufenreaktor. Ein besonderes Konstruktionsprinzip eines BIOREAKTORS (s. dort) ohne mechanisch bewegte Elemente, wobei die am Fuß des Reaktors eingeblasene Luft durch einen inneren *Leitzylinder* aufsteigt und die Flüssigkeit außerhalb des Zylinders schlaufenförmig zurückströmt (Zwangsumwälzung). Die Flüssigkeit kann auch durch ein externes Schlaufenrohr zurückgeführt werden. – *82*

Schwefeloxidierende Bakterien s. THIOBACILLUS. – *100, 154*

Screening. Ein aus dem Englischen (to screen = u.a. sieben, sichten) entlehnter Ausdruck für die systematische Durchmusterung von MIKROORGANISMEN-Stämmen oder ZELLLINIEN in Bezug auf spezielle Eigenschaften, wie z.B. die Bildung neuer Substanzklassen,

pharmazeutisch wirksamer METABOLITE und Enzym-Inhibitoren oder den Abbau von XENOBIOTISCHEN Verbindungen usw. – *64, 141, 156*

Sekundärmetabolite. Bezeichnung für Stoffwechselprodukte aus Nebenwegen des allgemeinen STOFFWECHSELS, besonders in Mikroorganismen und Pflanzen. Sekundärmetabolite entstehen typischerweise erst nach Abschluß der aktiven Wachstumsphase, gegebenenfalls unter Mangelbedingungen (in der *stationären Phase* oder auch *Idiophase*). Typische Sekundärmetabolite sind ANTIBIOTIKA, ALKALOIDE, TOXINE, Pigmente u.a. Das Gegenstück sind die PRIMÄRMETABOLITE, die während der Wachstumsphase (*Trophophase*) gebildet werden. – *14, 64*

Selbstreinigung der Gewässer s. biologische Selbstreinigung. – *91, 151*

Selektion. Bezeichnung für einen Prozeß, der bestimmten Individuen in einer Gruppe von Lebewesen aufgrund ihrer genetischen Veranlagung Wachstumsvorteile verschafft. Die Selektion ist ein bestimmender Faktor während der biologischen EVOLUTION.
Auch in der GENTECHNIK benutzt man das Prinzip der Selektion zur Auslese von REKOMBINANTEN Zellen. Dazu werden die zur Übertragung eines bestimmten GENS verwendeten VEKTOREN zusätzlich mit einem SelektionsMARKER versehen, z.B. einem Gen für die RESISTENZ gegen ein ANTIBIOTIKUM. Nur diejenigen rekombinanten Zellen, die den Vektor aufgenommen haben und ihn auch exprimieren, können sich dann auf einem antibiotikahaltigen Nährboden (AGARPLATTE) vermehren, während alle anderen absterben. – *57, 65, 137, 140*

Single cell protein (SCP) s. Einzellerprotein. – *7, 39, 155*

Sonde s. DNA-Sonde. – *126, 130, 133*

Sorbit-Sorbose-Oxidation. Ein technischer Prozeß zur mikrobiellen Oxidation des Zuckeralkohols *D-Sorbit* am C5-Atom unter Bildung von *L-Sorbose* (Sorbit wird durch katalytische Hydrierung von D-GLUCOSE hergestellt). Das Bakterium *Acetobacter suboxi-*

dans oxidiert selektiv das C5-Atom (s. REGIOSPEZIFITÄT). Die Hauptmenge der L-Sorbose wird durch zwei chemische Umwandlungsschritte zu *Vitamin C* verarbeitet (s. L-ASCORBINSÄURE). – *58*

Spleißen. Ein natürlicher Prozeß in EUKARYONTEN, bei dem aus dem primären mRNA-Transkript die INTRON-Sequenzen herausgeschnitten und die EXON-Sequenzen wieder zusammengefügt werden. – *112, 126*

Stärke s. Polysaccharide. – *13, 17, 42*

Stärkeverzuckerung. Technisches Verfahren zur Gewinnung von GLUCOSE-Sirup aus pflanzlicher Stärke (Getreide, Kartoffel usw.) durch Säuren oder, wie heutzutage fast ausschließlich üblich, durch ENZYME. Eine 30–40%ige Stärkesuspension wird zuerst kurz auf 130–150 °C erhitzt (*Verkleisterung der Stärke*) und dann bei 85–90 °C mit einer temperaturresistenten α-AMYLASE aus Bakterien behandelt (*Verflüssigung der Stärke*). Das entstandene Teilhydrolysat wird anschließend bei 30–40 °C mit einer *Glucoamylase* bis zu den Glucose-Bausteinen aufgespalten (*Verzuckerung der Stärke*). – *22, 45, 72*

Stammsammlung s. DSM.

Starterkulturen. Gezielt vermehrte und entsprechend konditionierte Rein- oder Mischkulturen verschiedener MIKROORGANISMEN zur Herstellung oder Bearbeitung von Lebensmitteln, Genußmitteln oder Futtermitteln. Anstelle der Mikroorganismenflora, die sich früher in den traditionellen Verarbeitungsbetrieben spontan einstellte, setzt man heute aus Gründen der Qualitäts- und Produktionssicherheit in zunehmendem Maße gezielt Starterkulturen ein. Beispiele sind die „*Säurewecker*" bei der Erzeugung von Sauermilchprodukten, die *Rohwurst-Starter* bei der Fleischverarbeitung, die *Silage-Starter* bei der Silofutterbereitung usw. – *25, 31, 33, 35, 37, 88, 100*

Stereospezifität. Bezeichnung für die Reaktionsweise vieler ENZYME, bei der von zwei oder mehr möglichen stereoisomeren Verbindungen (s. ISOMERIE) jeweils nur eine gebildet oder umgesetzt wird. Ein Beispiel ist die in

Kap. 6 geschilderte Reduktion einer α-Oxocarbonsäure in Gegenwart von Ammoniak durch eine *Aminosäuredehydrogenase*. Dabei entsteht nur die L-AMINOSÄURE, nicht dagegen die D-Form (s. a. ASYMMETRISCHES KOHLENSTOFFATOM). – *70, 78*

Sterilisation. Maßnahme zur Abtötung aller in einem Gut oder auf einem Gegenstand befindlichen MIKROORGANISMEN, Sporen und VIREN, einschließlich der Inaktivierung von sonstigem infektiösen Material. Die Sterilisation von flüssigen NÄHRMEDIEN erfolgt in der Biotechnologie zumeist durch Erhitzen unter Druck auf 121 °C während 30–60 Minuten. Medien mit temperaturempfindlichen Inhaltsstoffen (z. B. serumhaltige Nährmedien für die Tierzellkultur) werden am besten durch die sehr viel teurere Filtration durch *mikroporöse Membranen* sterilisiert (s. ULTRAFILTRATION). Die für aerobe Fermentationen erforderlichen großen Luftmengen macht man mit periodisch sterilisierbaren *Faserpackungen* (z. B. Glaswolle) oder mit Hilfe von *Membranfiltern* keimfrei. – *86, 87, 145*

Steroide. Umfangreiche Gruppe von natürlich vorkommenden oder synthetischen Verbindungen, denen ein viergliedriges Ringsystem mit 21–30 Kohlenstoffatomen zugrundeliegt. Verschiedene Steroide lassen sich durch BIOTRANSFORMATION in pharmazeutisch wichtige Produkte umwandeln. –*59, 60*

Stickstoff-Fixierung. Bezeichnung für den mikrobiellen Prozeß der Bindung von molekularem Stickstoff (N_2) aus der Atmosphäre und seine Reduktion zu Ammonium, der durch das Enzym NITROGENASE katalysiert wird. Zur Stickstoff-Fixierung sind verschiedene BAKTERIEN befähigt, von denen einige frei im Boden leben, während andere zur Stickstoff-Fixierung auf eine SYMBIOSE mit höheren Pflanzen angewiesen sind (z. B. die

RHIZOBIEN in den Wurzelhaaren von LEGU-
MINOSEN). – *141, 143*

Stickstoffkreislauf, globaler. Im Mittelpunkt
des globalen Stickstoffkreislaufs steht *Ammonium* (NH_4^+), das durch mikrobielle Zersetzung von PROTEINEN und AMINOSÄUREN
in abgestorbenen Tier- und Pflanzenteilen
entsteht. Ammonium entsteht ferner aus
atmosphärischem Stickstoff durch frei im
Boden oder in SYMBIOSE mit höheren Pflanzen lebende Bakterien (STICKSTOFF-FIXIE-
RUNG). In gut durchlüfteten Böden wird
Ammonium teilweise zu Nitrit und Nitrat
oxidiert (NITRIFIKATION). Sowohl Nitrat als
auch Ammonium können von den Pflanzen
als Stickstoffquelle verwendet werden, wobei
wieder Proteine entstehen, die den höheren
Tieren als Nahrung dienen. Unter anaeroben
Bedingungen kann das Nitrat des Bodens
durch Bakterien auch wieder als Stickstoff in
die Atmosphäre entlassen werden (DENITRI-
FIKATION). – *99, 142*

Stoffwechsel (Metabolismus). Die Gesamtheit aller chemischen und physikalischen
Umsetzungen in den Zellen lebender Organismen, die der Gewinnung von chemisch
verwertbarer Energie (ATP) und der Bildung
von zelleigenen Substanzen sowie der Erhaltung von Strukturen und Funktionen dienen.
Die einzelnen Reaktionen können linear hintereinander ablaufen (z.B. GLYKOLYSE) oder
zyklisch in geschlossenen Kreisläufen erfolgen
(z.B. CITRATCYCLUS). Die aufbauenden und
energieverbrauchenden Reaktionen werden
als ANABOLISMUS bezeichnet, während die
Abbaureaktionen unter Energiegewinn den
KATABOLISMUS darstellen. Beide haben ge-
meinsame Zwischenprodukte, sie stehen in
enger Beziehung zueinander und werden
wahrscheinlich hauptsächlich über den ATP-
Spiegel der Zelle aufeinander abgestimmt. Die
Zellen nehmen ständig Nährstoffe auf und
scheiden Stoffwechselendprodukte aus; daher
ist der Stoffwechsel als ein *„offenes thermody-
namisches Fließgleichgewicht"* anzusehen, das
durch zahlreiche, miteinander vernetzte
Regulationsmechanismen aufrechterhalten
werden muß (s.a. REGULATION DES STOFF-
WECHSELS). – *13, 14ff, 56*

Streptomyceten s. Actinomyceten. – *9, 64*

Streptomycine s. Aminoglykosid-Antibiotika. – *63, 64*

Strukturgene. Allgemeine Bezeichnung für
GENE, die für die Synthese von PROTEINEN
(z.B. ENZYMEN) oder von RNA codieren. Das
Gegenstück sind die *Regulatorgene*, das sind
diejenigen DNA-Abschnitte, die entweder für
die Synthese von Regulationsproteinen (z.B.
des *Lac-Repressors*) codieren oder an denen
sich Proteine mit regulatorischen Funktionen
anlagern können. Beispiele hierzu sind das
OPERATOR-Gen zur Bindung eines Repressor-
proteins oder die PROMOTOR-Sequenz, die
durch Anlagerung der RNA-POLYMERASE den
Beginn der TRANSLATION bestimmt. – *107,
110*

Submersfermentation (von lat.: submersus
= untergetaucht), auch Suspensionskultur.
Bezeichnung für Fermentationsprozesse, bei
denen die wäßrige Nährlösung mit den darin
suspendierten Mikroorganismen oder Zellen
mechanisch (durch Rührorgane) oder *pneu-
matisch* (durch Einführen von Druckluft)
möglichst homogen durchmischt wird (s.a.
BIOREAKTOR). Dadurch sollen örtliche Kon-
zentrationsunterschiede an Nährstoffen, Produkten, Sauerstoff usw. vermieden werden,
um den Organismen an allen Stellen des
Reaktors möglichst gleiche Bedingungen zu
bieten. Das Gegenstück ist die OBERFLÄCHEN-
FERMENTATION (s. dort). – *48, 58, 84, 145*

Substrat. 1) Allgemein verwendetes Synonym
für feste Nährböden oder Nährlösungen bzw.
für einzelne Nährstoffkomponenten daraus.
2) In der Enzymologie wird als Substrat die
von einem ENZYM umgesetzte Verbindung
oder Substanz bezeichnet. Die dabei gebildete
Substanz nennt man das *Produkt*. – *14, 70*

Subtilisin. Bezeichnung für eine bakterielle
Serinprotease (s. PROTEASEN) aus dem Bakterium *Bacillus subtilis*. Diese extrazelluläre
alkalische Protease wurde 1947 in den Labo-
ratorien der Carlsberg Brauerei in Kopenhagen entdeckt und ist heute das bedeu-
tendste Waschmittelenzym. – *72*

Sulfitablauge. Der wäßrige Ablauf bei der Zellstoff-Gewinnung aus Holz nach dem Calciumbisulfit-Verfahren. Die dunkelbraune Sulfitablauge ist stark sauer und enthält 12 – 16% Trockensubstanz, in erster Linie das Lignin aus dem verwendeten Holz. Die POLYOSEN des Holzes werden während der Zellstoff-Kochung teilweise hydrolysiert, so daß die Sulfitablauge etwa 4 – 5% Zucker enthält, die zu Alkohol vergoren (*Sulfitsprit*) oder zur *Futterhefe*-Erzeugung genutzt werden können. Zur Vermeidung der starken Umweltbelastung wird in den deutschen Zellstoff-Fabriken heute die gesamte Sulfitablauge ohne eine biotechnische Nutzung thermisch konzentriert und dann verbrannt. – *38*

Supplementierung von Samenproteinen. Verfahren zur Erhöhung der biologischen Wertigkeit (Fütterungswert) von PROTEINEN, insbesondere in Getreidemehlen, bei denen der Mangel an ESSENTIELLEN AMINOSÄUREN (z.B. LYSIN) durch den Zusatz von reinen Aminosäuren ausgeglichen werden soll.

Symbiose. Das Zusammenleben artverschiedener Organismen in enger morphologischer und physiologischer Gemeinschaft, von dem beide Partner Nutzen haben. Wenn keine der beiden Arten ohne die andere überleben kann, nennt man das auch eine obligate Symbiose oder *Mutualismus*. Beispiele sind die Symbiose der RHIZOBIEN in den Wurzelknöllchen der LEGUMINOSEN und die MYCORRHIZA. – *96, 143, 155*

T

T-DNA s. Ti-Plasmide. – *138ff*

Technikfolgenabschätzung. Die Technikfolgenabschätzung befaßt sich damit, Risiken abzuschätzen, die von (neuen) Technologien ausgehen können. Die Folgen können auf ökologischen, sozialen oder medizinischen Gebieten liegen. Im Bereich der BIOTECHNOLOGIE sind insbesondere für die Freisetzung von genetisch veränderten Organismen umfangreiche Modelle für eine Gefährdungsrisikoabschätzung entwickelt worden. Nach § 6 des GENTECHNIK-GESETZES muß zu-

sammen mit der Errichtung und dem Betrieb gentechnischer Anlagen, der Durchführung gentechnischer Arbeiten und dem Inverkehrbringen von Produkten aus gentechnisch veränderten Organismen eine Risikobewertung der Eigenschaften der beteiligten Spender- und Empfängerorganismen sowie der VEKTOREN vorgenommen werden.

Technische Biochemie s. Biotechnologie.

Tertiäre Erdölförderung. Die Verfahren zur Gewinnung der Erdölmengen, die nach der Primär- und Sekundärförderung aufgrund ihrer Viskosität und von Kapillarkräften in den Lagerstätten zurückgehalten werden. Es handelt sich dabei mitunter um Mengen in der Größenordnung von 60 – 70% des gesamten Vorkommens, für deren Gewinnung unter anderem auch das Verfahren des *chemischen Flutens* (mit Natronlauge, Tensiden und hochmolekularen Polymeren) in Frage kommt. Die *mikrobielle tertiäre Erdölförderung* verwendet polymere Stoffwechselprodukte aus Mikroorganismen sowie solche Bakterien, die hochwirksame oberflächenaktive Komponenten ausscheiden, mit deren Hilfe die Fließfähigkeit des Erdöls wesentlich erhöht werden kann. – *152*

Tetracycline. Eine wichtige Gruppe von ANTIBIOTIKA aus verschiedenen *Streptomyces*-Stämmen mit einem viergliedrigen Naphthacen-Grundgerüst. Wegen ihres breiten Wirkungsspektrums werden Tetracycline oft zusammen mit anderen Antibiotika verabreicht (Kombinationspräparate). Die früher übliche Verwendung von Tetracyclinen als Futtermittelzusätze ist in Deutschland und einigen anderen Ländern inzwischen gesetzlich verboten. – *63*

Thiobacillus (von griech.: theion = Schwefel). Eine Gattung der *schwefeloxidierenden Bakterien*, die zumeist AUTOTROPH leben, d.h. Kohlendioxid assimilieren können und die dazu erforderliche Energie aus der Oxidation von anorganischen Schwefelverbindungen zu Sulfat oder von Eisen(II)- zu Eisen(III)-Verbindungen beziehen. Einige besonders säuretolerante Thiobacillen spielen eine Rolle bei der mikrobiellen ERZLAUGUNG. *Thiobacillus* *denitrificans* kann unter anaeroben Bedingungen Nitrat als Wasserstoff-Akzeptor verwenden (s. NITRATATMUNG) und verursacht dadurch eine DENITRIFIKATION des Ackerbodens. – *100, 154*

Thymin (= 5-Methyluracil), eine der vier Basen in der DNA, s. Basen. – *104*

Tierzellkulturen s. Zellkulturen. – *145, 147*

Ti-Plasmide. Ringförmig geschlossene DNA-Moleküle (PLASMIDE) in den pflanzenpathogenen AGROBAKTERIEN, welche die beim Befall von zweikeimblättrigen Pflanzen mit den Bakterien entstehenden WURZELHALS-GALLEN verursachen. Ein spezieller DNA-Abschnitt der Ti-Plasmide (die *T-DNA*) wird dabei in das Erbmaterial der Pflanze integriert. Mit Hilfe von GENTECHNISCH veränderten („entschärften") Ti-Plasmiden, die zwar noch in die Pflanze eingebaut werden, aber keinen Tumor mehr auslösen können, gelingt es, fremdes genetisches Material gezielt auf höhere Pflanzen zu übertragen. – *138ff*

Totipotenz. Die Fähigkeit, aus einer einzigen Zelle einen vielzelligen, differenzierten Organismus bilden zu können. Das trifft für alle KEIMZELLEN von Tieren und Pflanzen zu. Darüber hinaus haben aber auch entdifferenzierte, somatische Zellen bestimmter Pflanzenarten die Fähigkeit zur Totipotenz. Durch Kultivierung von Gewebestückchen IN VITRO (s. ZELLKULTUR) entstehen zunächst entdifferenzierte Zellen (s. KALLUSKULTUR), aus denen unter geeigneten Kultivierungsbedingungen wieder intakte Pflanzen regeneriert werden können. – *135*

Toxine. Stoffe unterschiedlicher Herkunft, die starke Giftwirkungen auf Menschen und Tiere ausüben. Toxine sind oft für Lebensmittelvergiftungen verantwortlich oder verursachen allergische oder schockähnliche Zustände. – *128*

TPA (von engl.: tissue = Gewebe; Abk. für „Gewebs-Plasminogen-Aktivator"). Ein ENZYM, das im Säugetierorganismus die Entstehung von *Plasmin* katalysiert und damit eine Auflösung von Blutgerinnseln einleitet. TPA

hat sich als äußerst erfolgreich bei der Behandlung von Herzinfarkt-Patienten erwiesen, weil es die Thrombose behebt, ohne dabei beim Patienten eine allgemeine Blutungsneigung auszulösen. In dieser Beziehung unterscheiden sich andere thrombolytisch wirkende Proteine von TPA, wie *Streptokinase* (aus *Streptomyces haemolyticus*) und *Urokinase* (aus der menschlichen Niere). Verschiedene Biotechnologiefirmen stellen diese für zahlreiche Patienten lebensrettenden Proteine bereits mit Hilfe von REKOMBINANTEN BAKTERIEN oder aus ZELLKULTUREN her. – *127, 147*

Trägerfixierung s. immobilisierte Biokatalysatoren. – *76*

Transfer-RNA s. tRNA. – *107*

Transformation. 1) Jede Art von Veränderung der Wachstumseigenschaften, der Morphologie oder des sonstigen Verhaltens einer Zelle in der ZELLKULTUR.
2) Das Auftreten neuer GENE in einer Zelle durch die Aufnahme von DNA-Molekülen. Ein Beispiel ist die Einführung eines PLASMIDS in eine Bakterienzelle. Die so „transformierte Zelle" wird auch als *Transformant* bezeichnet.

Transgene Organismen. Organismen, die in ihrem GENOM fremde DNA enthalten. Die Ausdrücke „transgene Pflanzen" und „transgene Tiere" beschränken sich jedoch auf solche Spezies, die auf andere Weise entstanden sind als durch die Methoden der konventionellen Pflanzen- oder Tierzüchtung.

Transkription. Der Prozeß, bei dem ein Strang der DNA-DOPPELHELIX mit Hilfe einer RNA-POLYMERASE abgelesen und in ein mRNA-Molekül mit komplementärer NUCLEOTID-Sequenz umgeschrieben wird. Die mRNA dient anschließend als Bauanleitung für die Synthese eines entsprechenden PROTEINS an den RIBOSOMEN (s. TRANSLATION).
Bei der *„umgekehrten Transkription"*, wie sie sich in einigen RNA-VIREN abspielt, entsteht ein DNA-Molekül aufgrund der Nucleotidsequenz einer RNA-Matrize mit Hilfe des Enzyms REVERSE TRANSKRIPTASE. – *12, 107, 108*

Translation. Synonym für die Protein-Biosynthese an den RIBOSOMEN. Der sequenzgetreue Einbau der AMINOSÄUREN in die POLYPEPTID-Kette erfolgt mit Hilfe einer mRNA, in der jeweils drei aufeinanderfolgende NUCLEOTIDE den Einbau einer definierten Aminosäure bestimmen (s. GENETISCHER CODE). Jede Aminosäure wird zuvor durch die Bindung an ein bestimmtes tRNA-Molekül markiert und aktiviert, bevor sie in die Peptidkette eingebaut werden kann. Die Translation beginnt an einem *Startcodon* (meistens bei dem BASEN-Triplett AUG) und endet, sobald ein *Stopcodon* (UAA, UAG oder UGA) im LESERASTER erscheint. – *12, 53, 107ff, 124*

Treibstoffalkohol s. Gasohol. – *43ff*

Tricarbonsäure-Cyclus s. Citratcyclus.

tRNA (Transfer-Ribonuleinsäure). Spezielle, relativ kleine, aus durchschnittlich 75–85 NUCLEOTIDEN aufgebaute RNA-Moleküle, die während der TRANSLATION jeweils eine AMINOSÄURE binden und zu dem zugehörigen Codon im mRNA-RIBOSOMEN-Komplex bringen (s. GENETISCHER CODE). Zu jeder Aminosäure gehören eine oder mehrere tRNA-Spezies. Am Aufbau der tRNA-Moleküle sind auch einige abnormale BASEN beteiligt, die üblicherweise in Nucleinsäuren nicht vorkommen. Die tRNA-Moleküle liegen in einer in sich zurückgefalteten räumlichen Struktur vor, die auch als „*Kleeblattstruktur*" bezeichnet wird. – *107*

Tropfkörper. Ein FESTBETTREAKTOR einfacher Bauweise (meist ein runder Betonbehälter mit 2–10 m Höhe) für die aerobe ABWASSERREINIGUNG. Das Wasser wird mit einem Drehkreuz auf eine lockere Packung von Steinen, Schlacke, Lavatuff oder ähnlichen Materialien aufgesprüht. An den Füllmaterialien haftet eine BIOZÖNOSE von unterschiedlichen Mikroorganismen (*Biofilm*), die den biologischen Abbau bewirken. Durch die dabei gebildete Wärme entsteht ein Luftzug, durch den die Organismen ausreichend mit Sauerstoff versorgt werden. Das gereinigte Wasser wird, zusammen mit großen Schlammflocken, die sich gelegentlich von ihrer Unterlage ablösen, unten abgezogen. – *77*

Tumor-Gallen s. Wurzelhals-Gallen. – *137, 138*

Tumorinduzierendes Prinzip s. Ti-Plasmide. – *138ff*

Turmbiologie. Bezeichnung für moderne Anlagen der chemischen Industrie zur aeroben Reinigung von Industrieabwässern. Im Unterschied zu den konventionellen, flachen Becken (s. BELEBTSCHLAMMVERFAHREN) erreichen die Anlagen der `Turmbiologie Bauhöhen über 25 m. Der Vorteil ist die bessere Löslichkeit von Sauerstoff unter dem Einfluß des hohen hydrostatischen Druckes, die längere Verweilzeit der aufsteigenden Gasblasen in der Flüssigkeit und damit eine bessere Sauerstoff-Ausnutzung bei geringerem Energieeintrag. – *89, 94*

U

Überschußschlamm. Bei der aeroben, biologischen ABWASSERREINIGUNG der Schlamm, der nicht in die Anlage zurückgeführt wird, sondern entsorgt werden muß (s. KLÄRSCHLAMM). – *94*

Ultrafiltration. Eine Separationstechnik unter Verwendung von *mikroporösen Polymermembranen* mit Porendurchmessern zwischen einem und 50 millionstel mm. Die üblicherweise angewendeten Drücke liegen bei 2–10 bar. Die Ultrafiltration dient zur Abtrennung kleinster Partikel aus Suspensionen (also auch zur *Sterilfiltration*, s. STERILISATION). Es werden aber auch gelöste Makromoleküle zurückgehalten, deren Molmassen über 5000 liegen, während kleinere Moleküle, Salze usw. die Membran ungehindert passieren. Die Ultrafiltration dient daher auch zur Entsalzung und zur Reinigung von Eiweißlösungen, z.B. bei der ENZYM-Aufarbeitung. – *78, 88, 145, 146*

Ultrazentrifugation. Verfahren zur Trennung und zur Analyse von PROTEINEN und von Nucleinsäuren. Dazu werden Spezialzentrifugen eingesetzt, in denen bei Umdrehungsgeschwindigkeiten bis zu einer Million pro Minute Fliehkräfte auftreten, die dem vielmal hunderttausendfachen der Erdbeschleunigung entsprechen. Die Makromoleküle sedimentieren in diesem Schwerefeld mit unterschiedlicher Geschwindigkeit, abhängig von ihrer Dichte, von der Molekülmasse und der Molekülform. Auf diese Weise lassen sich auch die Molekulargewichte von polymeren Molekülen bestimmen. – *113*

Umkehrosmose (auch Revers-Osmose oder Hyperfiltration). Ein spezielles Verfahren der *Membrantrenntechnik* zur Trennung von gelösten Stoffen von ihrem Lösungsmittel. Osmotische Effekte treten an *semipermeablen Membranen* auf, die nur für das Lösungsmittel (z.B. Wasser), nicht aber für die gelösten Stoffe (z.B. Salze) durchlässig sind. Es stellt sich ein *osmotischer Druck* ein, durch den reines Lösungsmittel aus der verdünnteren Lösung in die konzentriertere hinübertritt, bis die Konzentrationen beiderseits der Membran einander gleich geworden sind. Bei der Umkehrosmose müssen Drücke angewendet werden, die höher sind als der osmotische Druck der Lösung, so daß das reine Lösungsmittel gezwungen wird, in entgegengesetzter Richtung aus der konzentrierten Lösung zu strömen. Auf diese Weise können verdünnte Lösungen von Salzen, Zuckern, AMINOSÄUREN usw. konzentriert werden. Andererseits können Lösungen von den gelösten Stoffen befreit werden (z.B. Entsalzung von Meerwasser zur Trinkwassergewinnung).

Umweltverträglichkeit. Ein Begriff für die Übereinstimmung neuer Vorhaben mit den Erfordernissen des Umweltschutzes. Nach dem Gesetz zur Prüfung der Umweltverträglichkeit (UVPG von 1990) muß vor dem Errichten oder Betreiben neuer Anlagen sowie vor Eingriffen in Natur und Landschaft eine Umweltverträglichkeitsprüfung vorgenommen werden. Durch sie soll eine frühzeitige Ermittlung und Bewertung der Auswirkungen geplanter Maßnahmen nach einheitlichen Grundsätzen ermöglicht werden.

Uracil (2,4-Pyrimidin-diol), eine der 4 Basen in der RNA, s. Basen. – *107*

Urokinase. Eine PROTEASE zur Aktivierung des Blutplasma-Proteins *Plasminogen*. Dieses

bewirkt den Abbau der *Fibrinfasern* in Blutgerinnselpfropfen. Urokinase wird aus Harnextrakten gewonnen, neuerdings aber auch mit gentechnisch rekombinierten ESCHERICHIA COLI-Zellen oder mit Nierenzellkulturen hergestellt. Urokinase dient zur Behandlung von Thrombosen und Herzinfarkt (s.a. TPA). – *127*

V

Vakzine (Impfstoffe). Substanzen mit *immunogener* Wirkung, die zur aktiven IMMUNISIERUNG (s. dort) zum Schutz vor bestimmten Erkrankungen verabreicht werden. Vakzine bestehen aus lebenden, aus *attenuierten* (d.h. in ihrer VIRULENZ abgeschwächten) oder aus abgetöteten Krankheitserregern. – *146*

Vaterschaftsnachweis. Feststellung der biologischen Vaterschaft oder Verwandtschaft anhand medizinischer oder genetischer Gutachten. Ein in der Gerichtsmedizin mittlerweile anerkanntes Verfahren ist die Prüfung der Übereinstimmung von gewissen Sequenzen auf der menschlichen DNA mit den modernen Methoden der GENTECHNIK (s. molekularer FINGERABDRUCK). – *122, 133*

Vektor (Klonierungsvektor). Bezeichnung für ein kleines PLASMID, ein TI-PLASMID, ein VIRUS-Genom, einen BAKTERIOPHAGEN usw. mit der Fähigkeit, sich in einer Wirtszelle selbständig zu replizieren. Der Vektor dient in der GENTECHNIK als Transportvehikel, um REKOMBINANTE DNA in eine Empfängerzelle einzuschleusen. – *115ff*

Vermehrungsrate s. Wachstumsrate von Mikroorganismen. – *7, 86*

Verursacherprinzip. Ein Grundprinzip im Umweltrecht, wonach derjenige für die Kosten der Beseitigung einer Umweltbelastung oder eines umweltrelevanten Schadens aufkommen muß, der für ihre Entstehung verantwortlich ist. Neben dem Hersteller eines Produktes gilt als Verursacher auch der Benutzer, der das Produkt unsachgemäß handhabt.

Virulenz (so viel wie Giftigkeit). Ein Maß für die krankmachende Wirkung eines Mikroorganismus (oder BAKTERIOPHAGEN), das quantitativ bestimmt werden kann. Im Gegensatz dazu ist *Pathogenität* eine konstante, qualitative Eigenschaft. – *138, 146*

Viren (von lat.: virus = Gift, Saft). Aus NUCLEINSÄUREN und PROTEINEN aufgebaute Gruppe von infektiösen Zellparasiten. Sie haben keinen eigenen STOFFWECHSEL und können sich nur in lebenden Zellen vermehren. Das Virus-GENOM enthält nur wenige GENE für virale Strukturproteine sowie für einige ENZYME, die für die virale GENEXPRESSION erforderlich sind.
Tumorviren (Onkoviren) haben die Eigenschaft, normale Zellen zu *Tumorzellen* zu transformieren (s. TRANSFORMATION), wobei sie ihr Genom (DNA) in die Wirtszelle integrieren. RNA-Viren benötigen hierzu ein spezielles Enzym, die REVERSE TRANSKRIPTASE. – *146*

Vitamin B$_{12}$ s. Cyanocobalamin. – *42*

Vitamin C s. L-Ascorbinsäure. – *25, 33, 58, 60*

W

Wachstumsrate. Die spezifische, stündliche Wachstumsrate (μ) ist definiert als die Zunahme an Zellmasse in Gramm pro Stunde und pro Gramm Ausgangszellmasse in einer wachsenden Kultur. Bakterien vermehren sich durch Zweiteilung ihrer Zellen und die Zeit zwischen zwei aufeinanderfolgenden Teilungsschritten heißt „*Generationszeit*". Nach Ablauf je einer Generationszeit hat sich also die Zellmasse in der Kultur je einmal verdoppelt (*exponentielles Wachstum*). Die Generationszeiten liegen im Bereich von Stunden und einige Bakterien können sich – unter optimalen Kulturbedingungen – sogar alle 20 Minuten teilen. Das bedeutet, daß die Ausgangsmasse an Zellen innerhalb von z. B. 7 Stunden theoretisch um den Faktor 2^{21} zunimmt, also etwa auf das zweimillionenfache! In diesem Fall hat μ den Wert 2,1 pro Stunde. – *7, 86*

Wachstumshormone. Körpereigene Wirkstoffe, die für das normale somatische Wachstum des Organismus essentiell sind. Das menschliche Wachstumshormon wird im Hypophysen-Vorderlappen gebildet und besteht aus einer einzelnen POLYPEPTID-Kette von 191 AMINOSÄUREN. Es wird inzwischen durch Methoden der GENTECHNIK, sowohl aus rekombinierten Bakterien als auch aus Säugetier-ZELLKULTUREN, hergestellt und für die therapeutische Behandlung bei Zwergwuchs eingesetzt. – *88, 116, 135*

Waschmittelenzyme s. Proteasen. – *72*

Wasserstoffbrücken-Bindungen. Bindungen zwischen zwei elektronegativen Zentren unter Vermittlung eines Wasserstoffatoms. Voraussetzung für die Wasserstoffbrücken-Bindungen sind Atome mit *einsamen Elektronenpaaren*, die nicht an kovalenten Bindungen beteiligt sind, in erster Linie Sauerstoff und Stickstoff. Beispiele:

$$-OH\cdots O=\, ;\quad -OH\cdots N-\, ;\quad =NH\cdots O=\ \text{usw.}$$

– *104, 105*

Wuchsstoffe. Substanzen, zu deren Biosynthese der Organismus selbst nicht in der Lage ist, die aber – oftmals in geringen Konzentrationen – für das Wachstum erforderlich sind. Wuchsstoffe können Vitamine sein, in besonderen Fällen aber auch AMINOSÄUREN, NUCLEOTIDE usw. Wuchsstoffbedürftige MUTANTEN der Wildstämme bezeichnet man als „*auxotrophe Stämme*".

Wurzelhals-Gallen. Wucherungen aus krebsartigen, rapide wachsenden Pflanzenzellen im Übergangsbereich von der Sproßachse zur Wurzel, die nach dem Befall durch virulente Stämme von AGROBAKTERIEN in zweikeimblättrigen Pflanzen auftreten. Die INFEKTION wird durch die TI-PLASMIDE der Bakterien ausgelöst. – *137, 138*

Wurzelknöllchen s. Rhizobien und Leguminosen. – *143, 155*

X

X-Chromosom   s. Geschlechts-Chromosomen. – *124*

Xanthan. Ein extrazelluläres POLYSACCHA-RID, das von *Xanthomonas campestris* und einigen anderen Bakterienstämmen unter geeigneten Kulturbedingungen ausgeschieden wird. Xanthan ist aus D-GLUCOSE-, D-Mannose-, D-Glucuronsäure-, Acetat- und Pyruvat-Einheiten aufgebaut und erreicht Molmassen von 2–12 Millionen. Strukturviskose Xanthanlösungen werden als Dickungsmittel und Stabilisatoren in Nahrungsmitteln, Kosmetika, Farben und zur TERTIÄREN ERDÖLFÖRDERUNG eingesetzt. – *13, 51, 152*

Xenobiotische Verbindungen. Sammelbezeichnung für biologisch schwer abbaubare chemische Verbindungen, die technischen (*anthropogenen*) Ursprungs sind (z. B. Lösungsmittel, Plastikmaterial, Pflanzenschutz- und Schädlingsbekämpfungsmittel usw.). Wegen ihrer PERSISTENZ reichern sie sich in Ökosystemen an und ihr biologischer Abbau im Boden, in der Luft oder in Gewässern ist äußerst problematisch, da weder Mikroorganismen noch höhere Lebewesen die dazu erforderlichen ENZYME besitzen.
Zu den besonders problematischen Verbindungsgruppen gehören die *Perfluorkohlenwasserstoffe* (PFKs), die *Fluorchlorkohlenwasserstoffe* (FCKWs), *polychlorierte Biphenyle* (PCBs), *polycyclische, aromatische Kohlenwasserstoffe* (PAKs), *Dioxine* u. a. – *100, 154*

Xylose s. Pentosen.

Xyloseisomerase. Ein ENZYM, das die Umwandlung von Xylose in Xylulose und umgekehrt katalysiert und unter dem Namen GLUCOSEISOMERASE besser bekannt ist. – *75*

Z

Zelldichte. Bezeichnung für die Konzentration an Mikroorganismenzellen im Fermentationsmedium (Gramm Zellen pro Liter).

B-Zellen s. Lymphozyten. – *128, 145*

Zellfusion. Die Verschmelzung von zwei oder mehr Zellen zu einer neuen Zelle, die dann die genetischen Eigenschaften der Fusionspartner

in sich vereinigen kann. Zur Zellfusion von Mikroorgansimen verwendet man zumeist PROTOPLASTEN, das sind Zellen, von denen durch Behandlung mit geeigneten ENZYMEN die äußere ZELLWAND entfernt wurde (*Protoplastenfusion*). Die Zellfusion kann auch durch die Einwirkung von kurzen elektrischen Impulsen unterstützt werden (ELEKTROFUSION). – *137*

Zellinie. Einheitliche Zellpopulation von definiertem Ursprung, die sich permanent IN VITRO vermehren läßt und zumeist charakteristische Eigenschaften aufweist. – *145*

Zellklonierung s. Klonierung. – *73, 116, 128, 141, 146*

Zellkultur. Die Haltung und Vermehrung von tierischen oder pflanzlichen Zellen IN VITRO in einem flüssigen oder festen NÄHRMEDIUM unter kontrollierten Bedingungen. Im Gegensatz zu *Organ-* oder *Gewebekulturen* sind die Zellen in der Zellkultur nicht mehr in Verbänden organisiert. – *124, 127, 135, 141, 145*

Zellmembran s. Plasmamembran. – *120*

Zellwand. Die äußere Umhüllung von Zellen. Tierzellen, die in Verbänden organisiert sind (GEWEBE), benötigen in der Regel keine Zellwand, während bei den meisten Einzellern die begrenzende PLASMAMEMBRAN noch von einer Zellwand umgeben ist. Sie verleiht der Zelle Form und Stabilität und wirkt dem mitunter beträchtlichen *osmotischen Innendruck* der Zelle entgegen. Die bakterielle Zellwand besteht aus Peptido-Glykan-Schichten, dem sog. MUREIN (s. dort). Die wichtigste Gerüstsubstanz der Pflanzenzellen ist die *Cellulose*, die zur weiteren Erhöhung der Stabilität (z. B. im Holz) noch von *Lignin* durchsetzt ist. Die Zellwand von höheren PILZEN besteht aus dem POLYSACCHARID *Chitin*, das aus N-Acetylglucosamin-Resten aufgebaut ist. – *10, 120*

Zentrale Kommission für Biologische Sicherheit (ZKBS). Eine Sachverständigenkommission beim Bundesgesundheitsamt, die sicherheitsrelevante Fragen nach den Vorschriften des GENTECHNIK-GESETZES prüft und bewertet sowie in diesen Fragen die Bundesregierung und die Länder berät.

Zentrum, asymmetrisches s. Asymmetrisches Kohlenstoffatom. – *53*

Zuckerkrankheit s. Diabetes mellitus. – *79*

Zulaufverfahren (engl.: fed batch fermentation). Fermentationsverfahren, das ursprünglich für die BACKHEFE-Erzeugung entwickelt wurde. Da bei vielen mikrobiellen Prozessen die Aktivität der Organismen durch hohe Nährstoffkonzentrationen vermindert (*Substrat-Überschuß-Hemmung*) oder der STOFF-WECHSEL in unerwünschte Richtungen gelenkt wird, legt man beim Zulaufverfahren zu Beginn des Prozesses nur einen geringen Teil der Nährstoffe vor und füttert anschließend die Hauptmenge der Nährstoffe entweder kontinuierlich oder portionsweise in dem Maße zu, wie sie von den Mikroorganismen aufgebraucht werden. Dadurch wird die aktuelle Nährstoffkonzentration im BIOREAKTOR immer unter einem bestimmten Grenzwert gehalten und dadurch die Substrathemmung (auch *katabolische Repression* genannt) vermieden. – *86*

Zymomonas mobilis. Ein BAKTERIUM, das ursprünglich aus dem gärenden Saft (Pulque) der Agave isoliert wurde und, wie viele HEFEN, in der Lage ist, GLUCOSE zu Ethanol und Kohlendioxid zu vergären (s. ALKOHOLISCHE GÄRUNG). Das Bakterium hat gewisse Vorteile gegenüber den Hefen, ist aber osmotisch empfindlicher als diese und daher nicht geeignet, technische SUBSTRATE wie MELASSE zu vergären. – *45, 51*

Für die freundliche Überlassung von Bildvorlagen danken wir:

Blackwell Scientific Publication, Oxford (S. B. Primrose, Modern Biotechnology, 1987. – *Abb. Nr. 2.1, 4.6, 5.3, 5.8, 9.18, 10.6*)

W. A. Benjamin, INC., New York (J. D. Watson, Molecular Biology of the Gene, 2nd ed., 1970. – *Abb. Nr. 9.1*)

Steinkopff Verlag, Darmstadt (K.-H. Wallhäußer, Lebensmittel und Mikroorganismen, 1990. – *Abb. Nr. 2.2, 2.4*)

Fonds der Chemischen Industrie, Frankfurt/M (Folienserie des Fonds der Chemischen Industrie, 1985. – *Abb. Nr. 0.1, 1.4, 6.7, 9.10*)

Professor Wandrey, Jülich. – (*Abb. Nr. 6.9*)

Erhard Friedrich-Verlag (Unterricht Biologie. – *Abb. Nr. 8.9*)

Spektrum-Verlag. – (*Abb. Nr. 11.6*)

Gustav Fischer Verlag, Stuttgart. – (A. Wartenberg, Einführung in die Biotechnologie, 1989. – *Abb. auf S. 169*)